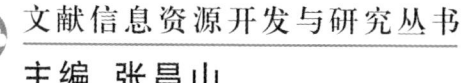

文献信息资源开发与研究丛书

主编 张昌山

竞争情报理论、方法与应用

马自坤 吉利 编著

中国社会科学出版社

图书在版编目（CIP）数据

竞争情报理论、方法与应用/马自坤，吉利编著.—北京：中国社会科学出版社，2015.10（2018.12 重印）

ISBN 978-7-5161-7068-7

Ⅰ.①竞… Ⅱ.①马…②吉… Ⅲ.①竞争情报—研究 Ⅳ.①G350

中国版本图书馆 CIP 数据核字（2015）第 263154 号

出 版 人	赵剑英
责任编辑	孔继萍
责任校对	李　楠
责任印制	李寡寡

出　　版	中国社会科学出版社
社　　址	北京鼓楼西大街甲 158 号
邮　　编	100720
网　　址	http://www.csspw.cn
发 行 部	010-84083685
门 市 部	010-84029450
经　　销	新华书店及其他书店

印刷装订	北京君升印刷有限公司
版　　次	2015 年 10 月第 1 版
印　　次	2018 年 12 月第 2 次印刷

开　　本	710×1000　1/16
印　　张	31.5
插　　页	2
字　　数	529 千字
定　　价	115.00 元

凡购买中国社会科学出版社图书，如有质量问题请与本社营销中心联系调换
电话：010-84083683
版权所有　侵权必究

《文献信息资源开发与研究丛书》编委会

主　编　张昌山
副主编　郑　文　万永林　华　林　周　铭
编　委　杨　勇　罗茂斌　陈子丹　杨　毅
　　　　胡立耘　马自坤
编　务　侯明昌　陈海玉　甘友庆

总　序

　　文献是文明的结晶，也是文明的载体。人类创造文献，积累文献，开发利用文献信息资源，不断推动文明的进程。

　　中国乃人类文明古国，中华文明史也可以说是文献的历史。其文献类型之多样，内容之丰赡，数量之巨大，正所谓"浩如烟海""汗牛充栋"。而今，由于新技术的广泛使用，信息时代的迅速来临，文献已呈"爆炸"之势；尤其是互联网的出现，使人类社会又进入了一个崭新的时代。

　　与此同时，我们亦面临诸多的问题与挑战，比如，传统文献怎样才能在保护中得到更好的开发和利用，现代文献在充分传播利用的同时又怎样才能得以有效传承，人类文献资源如何才能更好地实现共享，而对于按几何级数增长的文献，怎样才能真正管好用好，怎样才能处理好文献的多样性与一体化的关系，等等。这些都需要文献学者和实际工作者进行更广泛、更深入的调查与研究，努力探求并切实遵循"文献之道"，以文献积淀文化，以文献创新文化，进而实现中华文化的伟大复兴。

　　云南地处祖国的西南边疆，中原文化很早就在这里传播，大量的汉文典籍源源不断地传入并积累，成为云南文化的主流与传统。而其地方、民族与边疆诸特色亦在云南文献中得以彰显。以地方特色而言，编史修志从来都是文化盛业，且成绩斐然。专著、文集不断被创制和保存，民国年间辑刻的《云南丛书》，"初编""二编"即达二百零五种一千六百三十一卷及不分卷的五十册。其后更有数千种图书文献问世。从民族特色来说，云南民族众多，文化多元，民族典籍文化源远流长，傣族的贝叶文献、彝族的毕摩文献、纳西族的东巴文献、藏族文献、白族文献等，早已产生了国际性影响，是人类共同的文化财富。就边疆特色来看，记载或论述边地、边境、边界、边民、边防及边贸等内容的边疆文献，种类多，价值高，历来都受重视；尤其是在西部大开发、中国面向西南开放重要"桥头堡"的建设及文化强省的建设中，云南文献的研究与建设被赋予了神圣的文化使命，推进到了新的发展阶段。

云南大学是西南地区建立最早的综合性大学之一。其前身东陆大学奠基于云南贡院故地，承续着悠久深厚的历史文化，而今日云南大学的步伐正向着她的第一个百年迈进。建校之初即已呈现出"西学""国学"以及"滇学"并重的特质，而文献的研究、整理与开发利用，一直被视为学术的根基，袁嘉谷、方树梅、刘文典、钱穆、顾颉刚、姜亮夫、吴晗、向达、白寿彝、徐嘉瑞、方国瑜、江应樑、谢国桢、李埏等诸多学术泰斗、文献大家都曾执教于斯，他们的学术著述多已成为传世之作，他们的文献学成就早已名垂青史。特别是自20世纪80年代以来，相继建立了档案学、图书馆学、信息资源管理等专业，经过一代代学者的努力，继承传统，开拓创新，文献学科获得长足发展。培养出的学士、硕士和博士，多已成为业务骨干；培育出的学术成果，已显现出自身的优势和特色。更可喜的是，资深学者不断推出自己的力作，学术新秀正在脱颖而出。

为促进文献学科的发展，繁荣学术文化，进一步做好文献工作，在云南大学的大力支持下，我们组织出版这套《文献信息资源开发与研究丛书》。我们的初衷，概言之就是求真求新、继承创造。求真是科学研究的本义，无论是文献学学术研究，还是文献资源的整理实践，定当以求真为基本原则，否则，绝无科学可言。求新是我们的学术追求，没有独到的见解，没有新意，不足以言学术贡献。继承是学术创造的源泉，创造是学者永恒的使命。这是我们的学术心愿。古人说，取法乎上，仅得其中，虽不能至，心向往之。我们秉承这种精神，朝着这个方向，努力前行。

是为序。

张昌山

2013年9月于云南大学会泽院

目 录

理论篇

第一章 绪论：竞争情报的起源与发展 …………………………… (3)
 第一节 竞争情报经典案例 ………………………………………… (3)
 第二节 竞争情报从业者协会的成立 ……………………………… (8)
 第三节 国外竞争情报发展现状 …………………………………… (12)
  一 美国竞争情报的发展及特征 ………………………………… (12)
  二 日本竞争情报的发展及特征 ………………………………… (16)
  三 欧盟各国竞争情报的发展及特征 …………………………… (21)
  四 韩国竞争情报的发展及特征 ………………………………… (22)
 第四节 我国竞争情报发展现状 …………………………………… (23)
  一 大陆竞争情报发展及特征 …………………………………… (23)
  二 台湾地区竞争情报发展及特征 ……………………………… (25)

第二章 竞争情报概述 ……………………………………………… (27)
 第一节 竞争与企业竞争的基本概念 ……………………………… (27)
  一 竞争的含义和类别 …………………………………………… (27)
  二 企业竞争的含义和特征 ……………………………………… (28)
  三 企业竞争力及其构成 ………………………………………… (32)
 第二节 竞争情报的基本概念 ……………………………………… (35)
  一 竞争情报的内涵 ……………………………………………… (35)
  二 竞争情报的类型和特征 ……………………………………… (41)
 第三节 竞争情报的功能与作用 …………………………………… (42)

一　竞争情报的功能 …………………………………………… (42)
　　二　竞争情报在企业信息化中的作用 ……………………… (43)

第三章　竞争情报的主要研究内容 …………………………… (48)
　第一节　竞争环境 ……………………………………………… (48)
　　一　什么是企业竞争环境 …………………………………… (48)
　　二　竞争环境信息分析的着眼点 …………………………… (49)
　　三　行业结构分析法 ………………………………………… (51)
　　四　行业因素评价法 ………………………………………… (55)
　第二节　竞争对手 ……………………………………………… (60)
　　一　竞争对手的确定 ………………………………………… (60)
　　二　竞争对手分析的目的 …………………………………… (63)
　　三　竞争对手的识别 ………………………………………… (64)
　　四　竞争对手分析要素 ……………………………………… (65)
　　五　竞争对手情报的表述方式 ……………………………… (67)
　第三节　竞争战略 ……………………………………………… (69)
　　一　竞争战略理论的发展 …………………………………… (69)
　　二　战略差异性研究 ………………………………………… (74)
　　三　竞争战略分析方法设计 ………………………………… (75)
　　四　竞争战略的制定步骤——以白象食品集团为例 ……… (79)

第四章　竞争情报工作体系与竞争情报系统 ………………… (87)
　第一节　竞争情报工作流程 …………………………………… (87)
　第二节　竞争情报系统 ………………………………………… (90)
　　一　竞争情报系统概述 ……………………………………… (90)
　　二　竞争情报系统的背景与发展 …………………………… (91)
　　三　竞争情报系统对企业的作用 …………………………… (92)
　　四　竞争情报系统的结构 …………………………………… (93)
　第三节　竞争情报工作体系 …………………………………… (94)
　　一　竞争情报工作体系及其构成 …………………………… (94)
　　二　建立竞争情报工作体系的过程 ………………………… (97)
　　三　竞争情报工作体系的几类模型 ………………………… (100)

第四节　竞争情报系统软件简介 ……………………………… (106)
- 一　竞争情报软件基本定义 …………………………………… (106)
- 二　国内外几种竞争情报软件的功能与特点 ………………… (107)
- 三　国内外竞争情报软件对竞争情报活动的支持 …………… (111)
- 四　国内外典型 CIS 软件的功能差异比较分析 ……………… (123)

第五节　国内外竞争情报网站分析 …………………………… (130)
- 一　竞争情报网站类型比较 …………………………………… (130)
- 二　竞争情报网站内容比较 …………………………………… (132)

第五章　反竞争情报 …………………………………………… (134)

第一节　企业反竞争情报能力 ………………………………… (134)
- 一　企业反竞争情报能力的内涵 ……………………………… (134)
- 二　企业反竞争情报能力影响因素 …………………………… (136)
- 三　企业反竞争情报能力结构模型 …………………………… (139)

第二节　竞争情报活动中的反竞争情报方法 ………………… (145)
- 一　反竞争情报方法的原理 …………………………………… (145)
- 二　常规反竞争情报方法 ……………………………………… (146)

第三节　企业反竞争情报工作模式 …………………………… (154)
- 一　企业反竞争情报工作的具体内容 ………………………… (154)
- 二　明确反竞争情报工作目标 ………………………………… (157)
- 三　利用先进手段积极开展竞争情报工作 …………………… (158)
- 四　通过情报分析挖掘深层价值 ……………………………… (159)
- 五　撰写反竞争情报报告 ……………………………………… (159)
- 六　决策实施 …………………………………………………… (159)
- 七　构建反竞争情报工作模式 ………………………………… (160)

第四节　反竞争情报的法律保障 ……………………………… (161)
- 一　规章制度层面 ……………………………………………… (161)
- 二　信息产权层面 ……………………………………………… (161)
- 三　契约关系层面 ……………………………………………… (162)
- 四　市场秩序层面 ……………………………………………… (162)
- 五　司法救济层面 ……………………………………………… (163)

方法篇

第六章 竞争情报的研究方法 (167)

第一节 竞争情报方法概述 (167)
一 竞争情报方法评价 (167)
二 竞争情报需求识别方法 (168)
三 竞争情报收集方法 (169)

第二节 SWOT分析方法 (172)
一 方法简介 (173)
二 分析框架 (176)
三 SWOT分析模式 (176)
四 SWOT分析步骤 (177)
五 注意的问题 (179)
六 案例分析——以企业的专利战略选择为例 (180)

第三节 专利分析方法 (185)
一 产生背景 (185)
二 专利文献与专利情报分析 (186)
三 专利的信息特征 (187)
四 专利分析的方法 (188)
五 主要分析指标 (191)
六 主要战略应用 (192)
七 专利分析法的缺陷 (193)
八 案例分析——以企业技术引进中的专利分析法为例 (194)

第四节 定标比超法 (197)
一 基本内涵 (198)
二 定标比超的类型 (199)
三 定标比超的特点 (201)
四 定标比超的过程 (202)
五 具体方法 (202)
六 定标比超的工作步骤 (205)
七 案例分析——以应用定标比超法提升企业竞争力为例 (207)

第五节 战争游戏法 (210)
　　一　产生背景 (210)
　　二　基本内涵 (211)
　　三　战争游戏法的目标 (211)
　　四　适用范围 (212)
　　五　战争游戏法的实施 (212)
　　六　案例分析——谷歌、微软、美国在线、雅虎之战争游戏 (215)

第六节 波士顿矩阵分析方法 (218)
　　一　产生背景 (219)
　　二　基本简介 (219)
　　三　基本原理与步骤 (220)
　　四　应用法则 (223)
　　五　波士顿矩阵的运用 (224)
　　六　波士顿矩阵分析法的缺陷 (225)
　　七　波士顿矩阵法的改进 (227)
　　八　案例分析——以分析李宁的各品牌产品为例 (229)

第七节 价值链分析方法 (234)
　　一　基本内涵 (235)
　　二　价值链中节点 (236)
　　三　价值链分析的主要内容 (238)
　　四　基本步骤 (239)
　　五　价值链分析中的不确定因素 (241)
　　六　案例分析——以确定企业竞争优势为例 (243)

第八节 情景分析法 (249)
　　一　基本内涵 (249)
　　二　基本特点 (251)
　　三　基本作用 (251)
　　四　实施步骤 (252)

第九节 内容分析法 (256)
　　一　基本内涵 (256)
　　二　基本类型 (257)
　　三　基本特征 (258)

四　内容分析法的优点 ………………………………………… (259)
　　五　基本步骤 …………………………………………………… (260)
　　六　内容分析法的软件工具 …………………………………… (262)
　　七　应用领域 …………………………………………………… (263)
　　八　应用模型 …………………………………………………… (264)
　　九　案例分析——以网络购物研究为例 ……………………… (266)
第十节　文本分析法 ………………………………………………… (271)
　　一　产生背景 …………………………………………………… (271)
　　二　基本概念 …………………………………………………… (272)
　　三　优势与意义 ………………………………………………… (273)
　　四　基本步骤 …………………………………………………… (274)
　　五　文本分析方法的应用 ……………………………………… (276)
第十一节　财务分析法 ……………………………………………… (278)
　　一　基本内涵 …………………………………………………… (279)
　　二　财务分析的作用 …………………………………………… (280)
　　三　具体分析方法 ……………………………………………… (280)
　　四　案例分析——以竞争对手分析为例 ……………………… (286)

第七章　竞争情报技术 ……………………………………………… (291)
　第一节　数据仓库技术 …………………………………………… (291)
　　一　数据仓库的定义 …………………………………………… (291)
　　二　技术特点 …………………………………………………… (292)
　　三　数据仓库的组成 …………………………………………… (293)
　　四　数据仓库的步骤 …………………………………………… (296)
　　五　安全合规 …………………………………………………… (297)
　第二节　数据挖掘技术 …………………………………………… (299)
　　一　数据挖掘 …………………………………………………… (299)
　　二　数据挖掘系统的组成 ……………………………………… (300)
　　三　数据挖掘与传统分析方法的区别 ………………………… (301)
　　四　数据挖掘工具分类 ………………………………………… (301)
　　五　主要的数据挖掘工具介绍 ………………………………… (302)
　　六　数据挖掘与客户关系情报分析 …………………………… (304)

七　有效的客户情报管理中数据挖掘的基本步骤 ……………（308）
第三节　OLAP 技术 ……………………………………………（310）
　　一　联机分析处理 ………………………………………（311）
　　二　OLAP 的功能结构及其基本分析操作 ……………（314）
　　三　OLAP 建模 …………………………………………（316）
　　四　OLAP 服务器 ………………………………………（317）
　　五　OLAP 前端 …………………………………………（318）
　　六　OLAP 技术的具体运用——以企业财务预算数据
　　　　分析为例 ……………………………………………（320）
　　七　OLAP 的新发展——OLAM ………………………（323）
第四节　信息融合技术 …………………………………………（323）
　　一　信息融合技术概述 …………………………………（323）
　　二　信息融合的结构和分类 ……………………………（328）
　　三　信息融合的一般方法 ………………………………（330）
　　四　信息融合的实例 ……………………………………（336）
第五节　案例推理技术 …………………………………………（337）
　　一　案例推理的基本原理 ………………………………（337）
　　二　案例推理技术的特点 ………………………………（339）
　　三　案例推理的具体应用——以钢铁 MES 系统为例 …（340）
第六节　文本可视化技术 ………………………………………（343）
　　一　文本内可视化 ………………………………………（344）
　　二　文本间可视化 ………………………………………（347）

应用篇

第八章　晋煤集团产业发展竞争情报研究 ……………………（355）
第一节　案例研究背景及研究意义 ……………………………（355）
　　一　案例背景 ……………………………………………（355）
　　二　研究意义 ……………………………………………（356）
第二节　煤炭产业行业概况分析 ………………………………（356）
　　一　行业定义 ……………………………………………（356）
　　二　行业分类 ……………………………………………（357）

三　行业概况 …………………………………………………… (358)
　　四　煤炭行业整体发展趋势 …………………………………… (362)
第三节　晋煤集团煤炭产业概况分析 ………………………………… (365)
　　一　晋煤集团简介 ……………………………………………… (365)
　　二　主营项目 …………………………………………………… (366)
　　三　晋煤集团核心产品——无烟煤 …………………………… (368)
　　四　产业板块 …………………………………………………… (369)
　　五　晋煤集团外部环境分析——PEST 分析 ………………… (372)
　　六　晋煤集团行业分析——五力模型分析 …………………… (375)
　　七　晋煤集团 SWOT 分析 …………………………………… (377)
第四节　晋煤集团煤炭产业发展竞争力研究 ………………………… (382)
　　一　晋煤集团晋城煤矿煤炭资源采矿权价值评估 …………… (382)
　　二　晋煤集团煤炭资源产业链分析 …………………………… (399)
　　三　晋煤集团煤化工产业发展研究 …………………………… (402)
第五节　晋煤集团煤炭资源产业发展风险分析 ……………………… (408)
　　一　财务风险 …………………………………………………… (408)
　　二　经营风险 …………………………………………………… (409)
　　三　管理风险 …………………………………………………… (412)
　　四　政策风险 …………………………………………………… (412)
第六节　晋煤集团煤炭资源产业发展竞争力优势研究 ……………… (414)
　　一　晋煤集团行业地位分析 …………………………………… (414)
　　二　晋煤集团竞争优势 ………………………………………… (414)
　　三　晋煤集团煤炭产业发展面临的主要问题 ………………… (416)
　　四　保障措施和政策建议 ……………………………………… (417)
　　五　晋煤集团煤炭产业核心竞争力的培育与提升 …………… (419)

第九章　云南烟草制品业竞争情报研究 ……………………………… (425)
第一节　案例研究背景及意义 ………………………………………… (425)
第二节　烟草制品业的范围与分类 …………………………………… (426)
　　一　烟草制品业分类范围 ……………………………………… (426)
　　二　卷烟制品业在全国的地位及近几年的发展概况 ………… (428)
第三节　我国烟草行业现状及分析 …………………………………… (430)

一　我国烟草行业现状 …………………………………… (430)
　　二　中国烟草在世界烟草中的地位 ………………………… (431)
第四节　云南烟草业的现状分析 ………………………………… (433)
　　一　云南省概况及地理气候条件 …………………………… (433)
　　二　省烟草专卖局及云南中烟现状 ………………………… (434)
第五节　云南烟草业在云南经济中发挥的重要作用 …………… (435)
　　一　烟草种植业是云南农业的重要组成部分 ……………… (435)
　　二　云南烟草业对财政收入的贡献 ………………………… (435)
　　三　烟草行业对云南烟区的贡献 …………………………… (436)
　　四　云南烟草企业居云南省各企业百强首位 ……………… (436)
第六节　云南烟草业SWOT分析 ………………………………… (437)
　　一　云南烟草业的优势分析 ………………………………… (437)
　　二　云南烟草业的劣势分析 ………………………………… (440)
　　三　云南烟草业的机会分析 ………………………………… (442)
　　四　云南烟草业的威胁分析 ………………………………… (444)
第七节　云南烟草业外部环境分析 ……………………………… (447)
　　一　宏观经济影响分析 ……………………………………… (447)
　　二　财政政策对行业的影响分析 …………………………… (448)
　　三　货币政策对行业的影响分析 …………………………… (449)
　　四　产业政策对行业的影响分析 …………………………… (450)
　　五　行业外部环境综合评价 ………………………………… (451)
第八节　云南省烟草业经营情况分析 …………………………… (453)
　　一　烟草制品业运行情况 …………………………………… (453)
　　二　烟草制品行业进出口情况 ……………………………… (455)
　　三　烟草制品行业投资情况 ………………………………… (456)
　　四　烟草制品行业经营情况 ………………………………… (456)
　　五　行业经营水平综合评价 ………………………………… (458)
第九节　云南省烟草业产业链分析 ……………………………… (459)
　　一　产业链结构及工艺流程图 ……………………………… (459)
　　二　上游行业及其对烟草制品业的影响分析 ……………… (460)
　　三　下游行业及其对烟草制品业的影响分析 ……………… (464)
　　四　产业链风险综合评价 …………………………………… (465)

第十节　云南省烟草业核心竞争力分析及提升策略 ……………(466)
　　一　云南烟草企业竞争概况 ………………………………(466)
　　二　烟草企业核心竞争力组成要素 ………………………(468)
　　三　提升云南烟草业核心竞争力的策略 …………………(473)

参考文献 ………………………………………………………(477)

理论篇

竞争情报简称 CI，即 Competitive Intelligence，也有人称为 BI，即 Business Intelligence。竞争情报是指关于竞争环境、竞争对手和竞争策略的信息和研究，是一种过程，也是一种产品。过程包括了对竞争信息的收集和分析；产品包括了由此形成的情报和谋略。竞争情报理论篇的主要内容有：竞争情报的起源与发展、竞争情报概述、竞争情报的主要研究内容、竞争情报工作体系与竞争情报系统和反竞争情报。

第一章

绪论：竞争情报的起源与发展

竞争情报这一术语出现于20世纪80年代初。虽然在人类社会的广泛领域中，与竞争活动相伴随的情报活动普遍存在，但作为有理论、有实践、有组织并且有职业化特征的竞争情报概念的出现，只有十几年的历史。竞争情报产生的背景是全球商战的加剧。1990年，"柏林墙"被推倒，标志着东西方"冷战"的结束，世界处于相对和平的环境，各国竞相发展经济。国际情报领域转向了激烈的商业情报战。例如，1993年，有人把法国针对美国高技术和大公司收集的一份文件扔进美国驻法使馆院内，引起轩然大波；1991—1992年，美国控告日本三家公司专利侵权案索回近4.3亿美元的赔偿费。专家们认为，在全球商业竞争加剧的环境下，传统的情报活动和市场研究已很难满足这种需求，以"竞争情报"为主题的情报活动，被推上了历史的舞台。

第一节 竞争情报经典案例

北京小米科技有限责任公司是一家专注于高端智能手机自主研发的移动互联网公司。小米的产品主要包括MIUI（基于Android的手机操作系统）、米聊、手机、电视、盒子等。小米成立于2010年4月，历经4年时间，在中国市场的销量已经超过苹果。2013年，小米总计售出了1870万台手机，比2012年增长160%；含税收入316亿元，比2012年增长150%，其中小米配件及周边产品超过了10亿元；MIUI用户数突破了3000万。此外，小米拥有6大仓储中心、18家小米之家旗舰店、436家维修网点。至2014年年初，公司员工逾4000人。2014年1月2日，小米科技 CEO 雷军表示当年至少供货 4000 万台手机。而随后在 3 月 30 日雷军透露，小米当年第一季度出货量已经达到 1500 万台，因此，4000 万台只是及格成绩，2014 年全年出货量达到 6000 万台，2015 年目标设定为 1 亿台。①

小米为什么能在 4 年时间内取得如此巨大的成功？

一种观点认为，小米的成功在于饥饿营销。但是，小米手机问世之后，效仿者不在少数，甚至包括三星、华为，为何小米一骑绝尘？

资深分析师认为，小米成功的根本原因在于其独特的商业模式：硬件＋软件＋互联网服务。在业务层面，小米不仅向用户销售硬件，还提供软件和服务；在战略层面，小米将互联网服务的思维导入硬件和软件业务，产生了众多创新。小米的"铁人三项"战略有如下特点：追求互联网入口价值，用户参与，互联网营销，少就是多，广交朋友。小米不追求在其中某一项的第一，而追求三项综合得分的领先。小米实现了"铁人三项"在业务层面的整合。为方便理解，下文将对小米的"铁人三项"作分别阐述。需要注意的是，"铁人三项"其实密不可分，小米追求的是三者从战略层到业务层的交互效应（见图 1—1）；而一个拥有小米产品的用户，体验的也是三者的综合效应。②

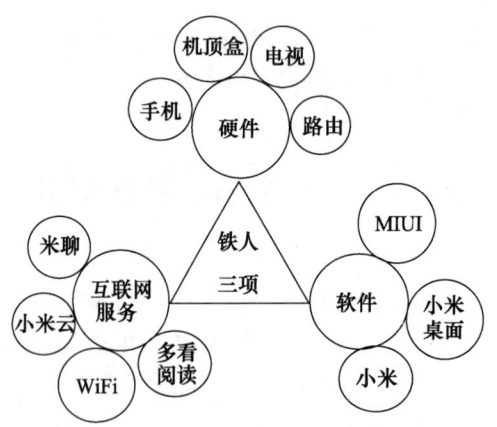

图 1—1　小米的"铁人三项"商业模式

---

① 庄晓东：《小米手机销量比增近 300%　软硬结合生态圈效应显现》，《通信信息报》2014 年第 7 期。

② 证券导刊：《小米的成功之路》，东方财富网，2014 年 7 月 2 日。

小米不止是手机公司。目前为止，小米的销售收入绝大部分来自硬件，且其中大部分来自手机，给人"小米是一家手机公司"的感觉。然而，小米将手机硬件卖给用户之后，其软件支持和互联网服务才刚刚开始，有别于以硬件为核心的传统手机公司；另外，小米的产品线已经拓展到电视、机顶盒、路由器，我们相信随着时间的推移，小米的触角还将延伸到更多的品类。

对小米而言，硬件终端是其软件、互联网服务的载体。以小米3手机为例：硬件上，这款4核、5英寸屏的手机在推出时采用高端配置，外观设计简洁大方，性能在国产手机中处于前列；软件上，小米手机的操作系统是基于安卓开发的MIUI，这个操作系统开发完善，有很多贴心的设计，而且还在不断吸收用户的意见，每周更新；服务上，小米用户可以获得WiFi快速登录、小米云服务等一系列互联网服务，用户在小米论坛、小米微博上发帖提问或者表达不满，一般能在一小时内得到回复。

小米"铁人三项"已经产生了互补效应。小米的"铁人三项"中，软件是小米的最强项，其MIUI系统是目前国内业界公认最好的应用层操作系统；硬件是重要的得分项，高配低价的策略为小米聚集了大量粉丝，是小米抢占互联网入口的重要工具，也是小米现金流的重要来源；而互联网服务是小米的弱项，但用户并未由于互联网服务差强人意而放弃小米，很大程度上得益于"铁人三项"模式的互补效应：用户被小米的软件、硬件吸引，因此也包容了小米互联网服务中等的表现。更进一步地，小米实现了"铁人三项"的战略整合。小米借鉴了很多互联网企业的理念，比如雷军提出的"专注、极致、口碑、快"，并将其导入硬件和软件的经营。很多业内人士说小米"看不懂"，一个重要原因就在于小米将互联网思维带入硬件和软件领域，由此派生出很多新的经营策略，比如硬件高配低价、软件快速迭代，都是传统的硬件、软件企业没有做过的。

具体而言，小米的"铁人三项"战略有如下几个要点：

（1）追求互联网入口价值。小米定位于移动互联网公司，意味着小米最终的目标是成为移动互联网流量的入口。当下实现利润并不是小米最主要的目标。只要小米掌握用户群体，未来就可以借此产生利润。因此，小米硬件产品的定价始终低于同类产品，软件、互联网服务都免费提供。这与众多互联网企业的免费模式异曲同工。

（2）用户参与。雷军经常在微博上征集网友意见，小米产品也像游戏一样推出公测版，小米论坛上用户的帖子会得到快速回复。小米尊重用户意见，也借此改进了自己的产品，增强了竞争力。国内很多公司都强调希望用户参与，然而小米是在这方面做得最好的。在这背后，小米投入了大量的人力和资金，来响应用户意见、组织用户互动、免费赠送产品等。

（3）互联网营销。小米不走传统的3C卖场、专卖店渠道，只走线上渠道和运营商渠道，且广告投入极低。当然，这是以小米成熟的互联网营销手法为支撑的。

（4）少就是多。与传统的硬件公司相比，小米的产品型号很少，这使小米能够集中力量开发和完善单品，最终赢得更多的用户。

（5）广交朋友。小米与众多原材料供应商、代工商、配件生产商、应用开发商、素材开发商进行业务合作，还对一些产业链相关企业进行投资。雷军在2014年年初表示，将在未来5年内投资约50家类似于小米的公司。[①]

这就是众所周知的小米"逆袭"成功的商业模式，然而，大家不知道的是，成功实现此服务模式的重要前提是小米公司对国内智能手机市场的精准分析。小米公司深刻认识竞争情报在企业经营发展中的重要作用，并成立了专门的竞争情报研究部门，先后通过运用竞争者动态分析、定标比超等竞争情报分析技术，将自己的运行方式与业内最好的公司进行对比，重新审视自己产品的质量和生产程序，同时针对华为、联想等竞争对手企业的优势、运营状况及其销售态势进行情报研究。

例如，小米公司联合艾媒咨询[②]发布的《2013Q1中国智能手机市场季度报告》显示，2013Q1中国智能手机市场品牌占有率（市场存量）方面，三星、诺基亚、苹果分别占比24.5%、14.6%、12.9%。2013年第一季度，国内品牌市场份额均有不同程度的上升，其中联想、华为、酷派、中兴市场份额分别为9.1%、8.5%、8.2%、7.2%。[③]

在智能手机出货量进入高速增长的尾声，但是手机市场并没有受此影响，国内手机用户数量和手机市场销售量仍然处于增长阶段。截至2013

[①] 李丽河：《基于CRM导向的知识型企业商业模式创新研究——以小米公司为例》，《市场论坛》2015年第7期。

[②] 艾媒咨询（iiMedia Research），全球领先的移动互联网第三方数据挖掘和整合营销机构。

[③] 张惠：《国内手机厂商陷"有量无利"窘境》，《中国商报》2013年第5期。

年第一季度,中国智能手机用户规模已经达到4.2亿,环比增长10.3%;中国智能手机市场销量突破5900万台,达到5930万台,较上一季度增长13.2%。

在销量方面,三星以17.9%的比例领先,但是领先优势较上一年度有所放缓;国产品牌中,联想、酷派、华为、中兴销量占比分别为12.0%、11.8%、11.2%、9.3%;小米当季收获3.9%,后劲强大。

受手机厂商快速推出新品、加快产品迭代速度的影响,报告数据显示,2013Q1,在受访用户中有73.1%表示在未来一个季度内有购机打算,只有26.9%的用户表示暂时没有购机计划。数据同时显示,在有购机打算的用户中,78.3%表示自己买手机主要是用来替换现有手机。另外,有计划购买智能手机的用户会优先考虑运营商渠道与电商渠道。

分析师认为,手机渠道扁平化趋势明显,国内一线手机品牌对于电商渠道的重视度在不断增强,未来,电商渠道在手机渠道中的比重将不断扩大。[①]

以上报告可以反映出:

(1) 随着智能手机的不断普及与性能的不断提升,智能手机对于部分电子产品的替代作用更加明显,其中,对于相机与游戏机等产品的冲击尤为明显。

(2) 中国国内智能手机市场竞争激烈,部分国产手机厂商加速发力海外市场,国内一线手机厂商对于海外市场的热情度不减。

(3) 国内主流智能手机商场不再追求单一量的增长,同时开始关注利的增长。但这种"有量无利"的尴尬处境在短期内不会有太大的改变。国内的一线手机厂商在追求利的同时,更为注重手机品牌的建设,追求品牌溢价与品牌影响力,逐渐从价格导向向品牌建设过渡。

(4) 手机厂商在快速推出新品、加快产品迭代速度的同时,也要防范供应链可能存在的风险,对于供应链的管理能力将可能对品牌在市场上的表现有重要影响。

综合多种因素,小米最终定位于移动互联网公司,其目标是成为移动互联网流量的入口,实现利润并不是小米当下最主要的目标。只要小米掌握用户群体,未来就可以借此产生利润。因此,小米硬件产品的定价始终

---

① 张惠:《国内手机厂商陷"有量无利"窘境》,《中国商报》2013年第5期。

低于同类产品，软件、互联网服务都免费提供。这为小米的成功"逆袭"奠定了基础。

韩国产业联盟（FKI）发布的报告显示，2013年第二季度，中国九大手机制造商所占的全球市场总份额超过了韩国三星和LG的总份额。中国九家全球性的智能手机制造商指华为、联想、小米、酷派、中兴、TCL、Vivo、Oppo、金立，总体在2013年第二季度占全球市场份额的31.3%。其中，华为、联想和小米的联合市场份额达17.3%，比苹果还多出5.4个百分点。而在2012年的第二季度，中国智能手机在全球市场仅占14.6%，当时中国也只有五家全球性的供应商，小米仍处于起步阶段。与此相对比的是韩国厂商三星和LG市场份额的下滑。韩国在2012年第二季度的市场份额是中国的两倍多，占34.8%，2013年第二季度，仅三星的市场份额就上年同季度下跌超过了6%。FKI称，导致韩国手机市场份额大幅度下降的直接原因之一，就是以来势汹涌的小米为代表的中国高性价比智能手机的面世。

第二节　竞争情报从业者协会的成立

美国是世界上情报研究力量最强、资金投入最多的国家之一。在"二战"期间，美国曾通过破解敌国的通信密码和先进的分析手段，掌握敌军的行动计划而取得了作战的胜利。"二战"后，美国政府更加重视情报工作，由美国政府扶持的情报研究机构及时地网罗世界各地的商业、技术等信息，并积极地向企业提供情报产品和服务。竞争情报从政治、军事延伸到经济和科技等领域，许多曾在政府情报机构工作过的情报专家投身到竞争情报研究中。情报成为增强全球经济、科技竞争力战略资源的重要组成部分；进入20世纪末，信息技术的快速发展，尤其是国际互联网的出现，加快了信息的传递速度，人类获取信息的能力，无论是信息资源的数量还是存取信息的速度都达到了空前的水平，为建立竞争情报分析研究系统创造了良好的技术基础条件；情报理论和竞争理论的研究为竞争情报产生奠定了理论基础，在竞争领域建立了自己独特的理论体系，为竞争情报的产生提供了可借鉴的理论。① 随着世界高科技产业的迅速发展,全球性经济竞争的激化,信息化水平的不断提高,情报研究对决策的支持功能已成为促进经济发展和科技进步的重要因素。

竞争性情报研究受到各国的重视,美国竞争情报从业者协会(Society of Competitive Intelligence Professionals,SCIP)就是在这种背景下于1986年成立的。当时只有8名会员,靠每个会员各拿出100美元作为推动协会运行的启动资金。而到1992年,SCIP(简称协会)已有2000余名会员,并且会员人数仍在增加中。协会是一个非营利性组织,其任务主要是帮助会员改进竞争情报分析技能。会员主要从事评价竞争者及其竞争态势的工作。②

协会的宗旨是:建立和促进竞争情报工作作为一种专业;帮助协会会员提高专业技能;为竞争情报工作倡导高水准的行为规范;维护会员利益。

为了加强各会员间的网络联系,协会还组建了城市或地区分会。目前已在华盛顿、达拉斯、洛杉矶、纽约、芝加哥等地区或城市建立了分会。分会每季度开会一次,为会员提供讨论竞争情报的方法手段、存在问题及所取得成绩的机会。协会每年召开一次,就共同感兴趣的问题进行广泛的研讨。

美国竞争情报从业者协会出版会刊《竞争情报评论》(Competitive Intelligence Review)刊登有关竞争分析和商业情报方面的研究情况,包括竞争情报理论问题探讨、竞争情报的方法手段和应用案例介绍以及竞争情报有关的各种动向发展等内容。会刊出版的目的旨在:介绍竞争情报专业发展的热点问题;报道会员感兴趣的动态和消息;将美国竞争情报从业者协会介绍给外界,其中包括潜在的会员。

继美国的SCIP组织成立和迅速发展之后,世界各国的同行纷纷效仿,也建立了各种类似但又独立的机构。欧洲竞争情报从业者协会(SCIP EUROPE)于1990年9月由35个公司的代表发起成立。欧洲协会在组织机构、规章制度、财政管理上独立于美国竞争情报从业者协会,但与后者保持密切的联系,瞄准同一专业目标,利用类似的信息资源。日本是一个

---

① 李桂林:《SCIP的发展及其对我国的启示》,《现代情报》2007年第10期。
② 孟召鹏:《国外竞争情报与竞争情报专业人员协会》,《中国信息导报》1994年第1期。

"情报大国"，1991年11月召开日本SCIP筹备会。1992年2月举行第一次大会，正式成立日本SCIP，日文名称为"日本工商竞争情报专门家协会"，中川十郎为会长。并聘请瑞典隆德大学（Lund University）德迪约教授等3人为名誉顾问，日本国内著名人士7人为顾问。副会长3人，分别兼东京、大阪和名古屋支会长。日本SCIP成立以来，活动非常频繁，每月召开一次会议，还准备出版会刊。1993年2月17日，澳大利亚的SCIP AUST正式成立。另外，一个特别工作小组正在环太平洋地区活动，其目的是帮助建立一个竞争情报专业人员的环太平洋组织。[①]

美国SCIP每年召开年会一次，分会每季度活动一次。来自公司、高校、研究机构和政府的参会人员多达千人，与会者分不同的议题和讨论组，开展各种讨论。会议对竞争情报发展的影响很大，是竞争情报专业技术人员队伍迅速壮大的推进器。[②]

美国SCIP的分会遍布全国各地，在美国有34个分会，通过SCIP的会员网络吸纳世界精英人才的研究成果率先在美国发布与传播；有影响的竞争情报学术专著大多出自美国学者之手，各种竞争情报演讲和专门机构的培训班在各地频繁活动；许多大公司设立专门的竞争情报部门，建立企业竞争情报系统，进入世界500强的美国公司中的90%设有竞争情报部。美国企业对竞争情报的重视，使它们能够应对各种变化的市场环境和竞争对手，在竞争市场上捕获时机，赢取竞争的主动权。

随着经济全球化浪潮的到来，竞争情报研究活动也呈现出国际化的趋势。为此美国SCIP组织近年来努力向全球开拓竞争情报研究领域，加强各国SCIP之间的协调，于1994年专门成立了全球性的SCIP国际组织（SCIP IN-TERNATIONAL），即SCIP全球拓展工作推进小组，并先后召开了多次有美国、英国、法国、日本、瑞士、以色列、澳大利亚、墨西哥、瑞典、克罗地亚和中国等10多个国家或地区代表参加的国际会议，集中讨论各国竞争情报的发展及SCIP组织活动的应用推广，就形成一个全球性的SCIP组织的基本框架等问题进行了交流。[③] 1986年美国SCIP成立的时候总共有150个会员，到1999年时会员达到7000多人，目前世界各地

---

① 孟召鹏：《国外竞争情报与竞争情报专业人员协会》，《中国信息导报》1994年第1期。
② 李桂林：《SCIP的发展及其对我国的启示》，《现代情报》2007年第10期。
③ 姬霖：《基于战略成本管理的竞争情报系统构建》，吉林大学硕士学位论文，2007年。

已有60多个分会，分属五大洲20多个国家，会员达到2万多人（见表1—1）。

表1—1　　　　　　　　SCIP 各分会一览

国家、地区	分会数（个）	备注
美国	34	有的州有多个分会，如加州有3个
加拿大	3	安大略、阿尔伯达、魁北克省
英国	2	伦敦、曼彻斯特
墨西哥	2	墨西哥城、蒙特里亚
德国	2	法兰克福、慕尼黑
西班牙	2	巴塞罗那、马德里
欧洲其他国家	8	法国、捷克、卢森堡、意大利、荷兰、比利时、葡萄牙、斯堪的纳维亚
澳大利亚	2	墨尔本、悉尼
非洲	1	南非共和国
亚洲	4	中国、日本、韩国、新加坡、以色列
南美	1	巴西

如果某人希望加入SCIP，手续相对比较简单，除了交纳数额不等的会费以外，还要求经常参加协会组织的各种会议和活动，最重要的是必须遵守其职业道德规范（Code of Ethics for CI Professionals），登录竞争情报从业者协会网站（http：//www.scip.org），在about scip菜单下，第一项就是道德规范，总共有7条必须遵守的道德规范：①不断促进社会各界承认和尊重本地区、州和国家各级竞争情报工作。②遵守所有现行国内和国际法律。③在所有访谈之前，向所有咨询者准确无误地介绍所有相关信息，包括专业人员以及所属机构的身份。④在履行职责中避免发生利益冲突。⑤在履行职责中提供诚实的现实的建议和结论。⑥促进并鼓励充分遵守本公司的、与合同第三方有关的及全行业的行为规范。⑦忠诚地坚持和执行所在公司的目标、路线和方针政策。在正式成为注册会员前必须了解其职业操守，在SCIP的各项章程里面一再重申，无论是个人会员还是集体会员，一旦违反SCIP的职业道德规范，将被取消会员资格。可以看出，世界各国企业竞争情报活动已经基本上达成这样的共识：努力采用合乎法

律、社会道德伦理的手段来从事竞争情报活动。没有规矩，不成方圆，由于 SCIP 是一个自发组成的民间组织，所有人都可以自愿加入，但是，如果没有有效的约束机制和管理规范，势必会良莠不齐，因此，SCIP 比较自律，规定未经授权，不得擅用 SCIP 的名义和徽标，这保证了队伍的健康发展。①

第三节 国外竞争情报发展现状

一 美国竞争情报的发展及特征②

美国作为竞争情报实践和理论的发源地之一，也是竞争情报研究与服务产业化水平较高的国家。早在 20 世纪 60—70 年代，随着经济全球化的发展和国际市场竞争的日益激烈，以及日本企业在全球范围内的迅速崛起，美国在传统优势产业的全球霸主地位受到了严重威胁。面对挑战，工商企业经过反思和总结经验教训，在美国竞争力委员会的指导下，积极推动军、民情报系统的有机融合，通过生产力与质量中心（APQC）、竞争与商业情报联合会（CBIC）、企业情报智囊团（BTEI）和竞争情报从业者协会（SCIP）等民间组织，不断加大竞争情报研究、应用和推广普及的力度，纷纷建立各种竞争情报服务机构，有效地收集、分析和利用竞争情报，使企业在市场争夺战中陆续夺回了竞争主动权。据美国未来趋势国际集团对其国内竞争情报服务作用的调查，2000 年实施竞争情报活动对企业利润增长的贡献率，微软为 18%，摩托罗拉为 12%，IBM 为 9%，通用电气为 7%，惠普为 5%，Intel 为 5%，与上年相比均有不同程度的提高，经济发展与竞争情报应用之间呈现出越来越紧密的联系，竞争情报工作的绩效十分明显。

由于受国家重视战略研究传统的影响，美国企业家一般都具有强烈的竞争意识和战略情报观，非常重视竞争情报研究与服务对竞争战略的支撑作用，因而其竞争情报服务活动通常是以提升企业战略决策能力为主要目

---

① 李桂林：《SCIP 的发展及其对我国的启示》，《现代情报》2007 年第 10 期。
② 彭靖里、李建平、杨斯迈：《国内外竞争情报的发展模式及其特征比较研究》，《情报理论与实践》2008 年第 2 期。

标,以竞争情报系统建设为手段,促进竞争情报活动目标、组织、流程、技术和文化的一体化,所以企业的竞争情报过程能够获得最高决策层的支持并且直接参与研究,从而保证了高层管理者所拥有的丰富信息源和广博经验在竞争情报分析过程中得到有效利用,这推动了竞争情报融入企业战略管理的关键环节和核心业务中去,实现企业盈利水平的提高。因此,美国在竞争情报服务实践中相继创造出了关键情报(KIT)项目分析、情报用户与竞争情报职能部门的信誉/信任度模型、战略情报与战术情报协调机制(TAP—IN)等一批竞争情报战略分析模型和工具,也形成了以自由市场经济为导向、为企业战略管理服务的竞争情报发展模式。

(一) IBM通过建立竞争情报体系,实现企业扭亏为盈

在20世纪80年代末期,由于IBM公司对市场竞争趋势的判断出现重大失误,忽视了当时迅速发展的个人电脑革命,仍然认为大型主机硬件设备的研制开发会给公司带来持续的繁荣。面对瞬息万变的市场,IBM集权化的组织结构和官僚化的管理体制,加快了公司经营危机的来临。到20世纪90年代,公司终于陷于严重的困境中,在1991—1993年,IBM公司的亏损超过147亿美元,成为美国公司历史上最大的净亏损户,其在全球电脑市场上的销售排名1994年下降到第三位,股票价格下跌了50%,公司发展和生存面临严峻的挑战。1993年1月,IBM董事会决定辞退公司总裁,并由曾任职于麦肯锡管理咨询公司的原美国RJR食品烟草公司总裁路易斯·郭士纳临危受命,担任IBM新的董事长兼首席执行官。

郭士纳一上台就发现该公司的竞争地位已受到实质性侵害,决定对公司的最高决策层和管理层进行改组,以完善具备战略性的领导体制,成立了IBM中、长期战略决策组织,即政策委员会和事业运营委员会。并认识到建立一个公司层面统一和正式的竞争情报体制的重要性,提出要"立即加强对竞争对手的研究","建立一个协调统一的竞争情报运行机制","将可操作的竞争情报运用于公司战略、市场计划及销售策略中"。在郭士纳的大力支持下,IBM公司启动了一个建设和完善竞争情报体系的计划,并建立了一个遍及全公司的竞争情报专家管理其全部运作的核心站点。IBM公司的决策层希望通过该计划,能够及时准确地判断企业竞争对手拉拢IBM公司客户的企图。为了对付这些竞争对手,公司组织实施了

"竞争者导航行动"竞争情报项目，重点针对IBM在市场中的12个竞争对手，派出若干名高级经理作为监视每个竞争对手的常驻"专家"，责任是确保IBM公司掌握其竞争者的情报和经营策略，并在市场上采取相应的行动，在此基础上建立公司的竞争情报体系。该竞争情报体系包括完善的管理信息网络和监视竞争对手的常驻"专家"和与之协同工作的IBM公司的竞争情报人员，以及生产、开发、经营和销售等职能部门的代表，由这些人员构成一个个专门的竞争情报工作小组，负责管理整个计划中相关方面的竞争情报工作。分布在整个公司的各个竞争情报工作组每天对竞争对手进行分析，通过基于Lotus公司Norse软件的系统为工作组提供在线讨论数据库，能够使IBM公司全球各地的经理和分析家通过网络进入竞争情报数据库，并做出新的竞争分析。竞争情报小组还使用IBM公司的全球互联网技术获取外界信息，利用IBM公司的内部互联网技术更新企业内部的信息。随着这一体系的不断完善，竞争情报开始融入IBM公司的企业文化中，在经营过程中发挥出越来越重要的作用。

通过调整竞争情报工作重点及建立新的竞争情报体系，使IBM公司各部门的竞争情报力量能够有效地集中对付主要竞争对手和主要威胁，并提供各种办法提高各竞争情报小组的协作水平，优化了原有的情报资源，增强了公司适应市场变化和对抗竞争的能力，最大限度地满足了全球市场上客户们的需求，公司销售收入持续增长。竞争情报在IBM公司经营改善中的作用也逐步显现出来。据调查，在1998—2000年期间，竞争情报对整个公司业绩增长的贡献率分别为6%、8%和9%。以后IBM公司在信息技术行业中又重新获得了领先地位，到2001年公司利润总额达80.93亿美元，股东权益为194.33亿美元，IBM高速增长的商业利润再次受到公众的关注。

（二）施乐公司加强对竞争对手分析，反败为胜

美国施乐公司作为世界复印机行业的巨人之一，于20世纪60年代在世界首次推出办公用复印机（型号为Xerox914），从而改变了人们的工作方式，施乐公司也因此垄断世界复印机市场长达10多年之久。后来，随着理光、佳能等日本企业先后进入复印机市场，该行业的竞争日益激烈，而施乐公司忽视了全球性的竞争威胁情报研究，不能及时对经营战略进行调整，最后被迫进入防御状态。到20世纪80年代初，施乐公司的复印机

全球市场份额由82%下降到35%。这时施乐公司才开始分析日本的产品和价格,结果令他们大吃一惊——日本佳能公司竟然采取了以施乐公司的成本价销售复印机。起初与其他美国企业一样,施乐公司怀疑日本产品质量差,但事实证明并非如此;施乐公司又认为日本产品采取低价倾销策略,价格如此之低肯定赚不到钱,结果又错了。经过对日本产品深入细致的竞争情报分析对比后,施乐公司才发现竞争对手企业在产品导入市场的时间和投入的人力都只有本公司的1/2,而且设备安装时间仅是本公司的1/3,这就是竞争对手可以大幅度降价的关键原因。

为了夺回已失去的市场份额,施乐公司加强了对竞争对手情报的收集、处理和分析工作,决定以公司市场调研部为基础,成立专门的竞争情报研究部门,协调和领导整个公司的竞争情报工作。为了时刻获得情报信息,施乐公司在三个层次上开展了竞争情报研究:

(1)全球性的,由施乐公司的营业部负责收集和分析影响公司长期计划或战略计划的信息;

(2)全国性的,由美国顾客服务部收集美国国内的竞争情报;

(3)地区性的,充分利用公司遍布美国的37个销售服务网点,要求通过各自的市场经理收集和分析所在地区的信息,并在此基础上公司建立"竞争数据库"和"顾客数据库"。

为了实施竞争情报分析,施乐公司还成立了竞争评估实验室,组织实施反求工程(reverse engineering),专门用以剖析竞争对手产品或有竞争威胁的产品。情报专家们通过合法渠道将这些产品买来并拆开,对其进行非常细致的分析,包括每一个细节、每一个特点、每一个优点和每一个缺点,尤其是公司可能面临的专利技术和秘密技术的应用及其特点,以了解竞争对手产品降低成本、提高质量的实用方法和制造原理,而后将分析报告传送给设计师和工程师,使他们能够了解竞争对手的产品开发动态。这些竞争策略的实施使施乐公司最终从日本佳能公司那里夺回了其应有的市场份额。

实践证明,由于运用竞争情报,使施乐公司面对众多的对手,特别是不断加入的强大的新对手,能够处变不惊,从大局着眼把握竞争形势,始终保持竞争的主动性。关于竞争情报的重要性,施乐公司的副总裁 Judity M. Vezmar 认为:"竞争情报应成为企业营销活动的一部分,每一项受竞争影响的活动都需要竞争情报,而且最重要的是要确保将正确的信息在正确的时间里传递给正确的人。"[①]

二 日本竞争情报的发展及特征

二战后日本经济的复兴和繁荣在很大程度上依赖于其拥有的世界上最有效率的竞争情报服务机制和组织体系。早在1958年，日本通产省就设立了贸易振兴会，系统地收集整理、分析加工和传递报道国外经济发展和产业技术的情报，1992年又成立了"工商情报专业协会"（SCIP-Japan），并在名古屋、大阪等城市建立了分会，逐渐形成了政府机构、综合商社和企业情报网络三大支柱为核心的竞争情报组织体系。现在日本的综合商社和800人以上的企业都100%拥有信息（情报）中心，尤其是日本的综合商社，集贸易、金融、信息功能为一体，先进的信息收集处理、强大的竞争情报分析和快捷的传递能力堪称世界一流。[②]

日本的竞争情报研究和服务产业化的发展，不仅始终与产业结构调整提升和科技进步紧密结合在一起，而且还根据其竞争情报工作的实践，不断在理论和方法上有所创新。近几十年来日本企业尤其是跨国公司通过充分利用新闻媒体、公开出版物和数据库信息，以及向海外派驻情报收集人员，与各国的大学和研究机构建立密切联系的人际情报网络等渠道来获取最新技术发展领域和竞争对手动向的竞争情报，并在实践中逐渐形成以专利情报研究为核心的竞争情报研究与服务机制，先后创造出"研究网络与关系树分析""发明创新主题跟踪"和"专利技术分析地图"等竞争情报研究理论方法，从而形成了日本面向海外、以企业为主体和官产研学相结合的竞争情报服务发展模式。

由于日本中小企业数量占到企业总数的99%以上，受自身财务、技术所限，大部分中小企业主要依靠外部信息系统的支持。为此，日本还成立了中小企业情报社团、大阪中小企业情报中心等机构，专门为中小企业提供竞争情报服务。而且政府在充分发挥综合商社等企业积极开展竞争情

---

① 彭靖里、邓艺、刘建中、杨斯迈：《国内外竞争情报产业的发展与研究述评》，《情报理论与实践》2005年第4期。
② 彭靖里、李建平、杨斯迈：《国内外竞争情报的发展模式及其特征比较研究》，《情报理论与实践》2008年第2期。

报活动的基础上，还通过建立国家"产业安全学院"和"战略研究开发中心"等国家竞争情报机构，不断加强对竞争情报研究与服务活动的指导以及推广应用的扶持，大力培养高素质的竞争情报人才，使竞争情报服务在国内深入人心，在提升国家与企业的核心竞争力和技术创新能力等方面发挥了重要的作用。

日本是最早进行竞争情报研究和应用的国家之一。战后日本经济的迅速崛起并发展成为资本主义第二大经济强国，得益于日本政府及日本企业对信息产业的极大重视与支持。日本政府引导、鼓励、支持企业建立信息服务系统，并为企业提供信息支持。中国入世法律文件的签署，日本第一反应是将中国视为最大的经济竞争对手，设立至亚商贸有限公司（ASIA INFONET），重点构筑有关中国经济、投资、企业、市场统计及产业等各领域商业信息的数据库，面向日本企业提供信息服务。日本的竞争情报主要是从"二战"之后发展起来的，日本的竞争情报系统主要有三大块：综合商社、企业情报部和政府机构。这些组织和机构每天在全世界收集信息，然后传送给国内公司总部处理、分析和使用。

（一）综合商社的情报网络

强大的情报网络对贸易公司的商品交易特别重要，因为即使在很遥远的地方发生的危机都可能对商品价格产生深刻的、直接的影响。因此，日本的六大综合商社都不遗余力地建立强大的情报系统。它们在全世界有180多个办事处，1万多名雇员，每天收集大约10万条信息。来自全球的信息每天24小时不停地送到日本，在日本进行选择、分解、分析，然后向各从属公司扩散。每家综合商社每年在情报上的支出约6000万美元。六家综合商社中收集情报最多的是三菱商社。它在全世界有200多个办公室，1.3万多名专门人员，每天收集的商业和竞争信息超过3万条。它将收集到的资料加以过滤、分析之后传送到三菱家族的各公司。竞争情报是三菱家族全球竞争的有力武器。收集有关中国的情报最多的是伊藤忠商社。1997年它在中国有230家合资企业，21个联络处。联络处共有70多名日本雇员，360多名中国雇员。他们利用在中国获得的大量竞争情报为其他日本公司提供咨询。伊藤忠商社声称他们在中国的情报资源超过许多国家政府的情报资源。综合商社收集的信息除了供其下属企业使用外，还供日本政府使用。日本的海外大使馆在从事某些项目研究时向所在城市的综合商社的办事处请求帮助是经常的事。日本政府在"二战"期间也利用了综合商社的情报功能，三井广泛的情报网络被用来为日本的战争机器收集情报，1991 年日本外交部也利用三井的网络随时了解苏联发生的试图推翻戈尔巴乔夫的政变的情况。三井提出"信息是公司的生命线"的口号一点也不奇怪。①

（二）大公司的情报系统

日本企业家把信息看成企业的生命线，索尼公司总裁说："本公司之所以名扬全球，靠的是两手：一是情报，二是科研。"三井物产负责人认为："人才是企业的支柱，信息是企业的生命。"松下电器总经理山下俊彦说："自己动手收集、判断信息是铁的原则。"20 世纪 60 年代日本的大公司纷纷建立自己的竞争情报部门来弥补综合商社提供的情报的不足。佳能、NEC、东芝和丰田都有很好的竞争情报部门。

驻日本近 20 年的美国情报官员卜奎恩讲述的一个故事可看出日本公司竞争情报的深度："有一天我代表客户去拜访东芝公司，我想同他们讨论我代表的客户想同他们联盟生产远程会议系统的事。我给他们发去传真，告诉他们我在星期四 11 点同他们见面，这是很正常的做法。当我到达见面地点时，我看见我发去的传真上面有一段文字这样写道：'此人在日本已待了很长时间，会说流利的日语，妻子是日本人，某某大学毕业等。'我并没有告诉他们这些信息。这些人真是能干。"美国另一位在东京的计算机公司总裁说，日本公司员工在见了外国人员以后，便要举行汇报会，人们把他们获得的信息记下并被加以分析。重要的资料被印出来在公司内自由传阅，资料通常都附有美国技术杂志上的相关文章或技术会议的报告。简单的活动在他们那里变成了一门科学。这个例子很好地说明了为什么日本公司在同竞争对手谈判时能占上风。

日本公司对竞争情报的投入很大。比如日产汽车公司在公司总部建立了日产企业研究图书馆，其所属的 5 个分馆收藏的书籍、文件和报告超过 10 万种。公司的每一个人都可以使用，联网以后，职工使用该馆的信息尤其方便。信息工作是所有人的工作。在美国的日本经理为日本公司剪辑当地报刊文章，用传真发回日本总部是常见的事。事实上，驻在海外的所

---

① 王磊、丛玲：《日本企业竞争情报的探讨与启示》，《情报杂志》2011 年第 2 期。

有雇员都要定期（按周或按月）向公司竞争情报单位提交报告。公司竞争情报单位将信息分类，然后向全公司分发。如遇到关键的或紧急的信息，员工将把信息直接通过电话或传真送给有关人员，以尽快得到反应。一般而言，公司总部专门从事竞争情报工作的人有 10—20 人，他们一律属战略规格部或研究部管辖。这些竞争情报人员许多在政府培训机构——产业保护学院接受过培训。日本政府在 20 世纪 60 年代建立的产业保护学院，名字看起来好像是为了保护产业安全，但实际上这只是其部分工作。在保护学院经过 4 个月训练的毕业生进入企业之后，许多都从事商业信息的收集和分析工作。[①]

（三）政府的情报活动

除了综合商社和大公司以外，日本政府也积极参与竞争情报工作。同日本大企业联系密切的政府部门是日本通商产业省。通产省负责制定促进产业发展的政策，确定日本企业的发展计划，决定哪些领域为发展重点，应得到研究基金、税收优惠、关税保护，等等。

最近一些年，通产省挑选计算机（特别是软件开发）、生物技术、机器人和半导体作为优先发展领域，要求在这些领域的日本企业努力在全球领先。政府积极给企业提供帮助，帮助的一项内容是为这些产业的公司提供信息。为达到这一目的，政府利用了日本对外贸易组织（JETRO）。对外贸易组织成立于 1958 年，是一个半官方组织。其官方使命是促进日本与其他国家的贸易，但主要作用是为日本综合商社和单独的公司提供竞争情报。JETRO 中的 E 原先代表"出口"（Export），20 世纪 80 年代改成了"对外"（External），因为当时日本已有大量的对外顺差。JETRO 是世界上唯一受政府支持的大型竞争情报机构。JETRO 发表大量的信息，任何愿意花时间和精力的人都能得到。信息大部分是日语的，但英语译文正日渐增加，尤其是在美国的 JETRO 中心的信息资料。然而，不懂日文，要充分利用 JETRO 信息是不可能的。JETRO 的总部在东京，在日本国内有 32 家办事处，在海外 57 个国家有 79 个办事处。此外，JETRO 在美国各州还有 20 名高级贸易顾问，其全球员工总数 1300 人。该机构在美国首都设有办事处，即这里的工作由大使馆承担。JETRO 的人员利用大使馆为

---

① 陈建宏、王珏：《日本竞争情报的分析与启示》，《竞争情报》2008 年第 1 期。

通产省人员提供几个位子从事情报工作是常有的做法。要了解 JETRO 信息的深度，可到其东京图书馆看一看。书架上陈列了几乎世界每一个城市的每一种电话簿。在 JETRO 的日本人的办公室里，你总会看到人们在研究大堆的资料、图表和有大量数据的文件。JETRO 的许多信息是通过其自己的出版物公开发表的，它出版的刊物有《日本新技术》、《日本聚焦》等。前者是关于日本的产业和技术的月刊，后者是有关日本经济、贸易和产业趋势的新闻月报。JETRO 也发表有关中国的经济和贸易趋势的双月刊：《中国通讯》。尽管 JETRO 的资料许多是公开发表的，比如 50 美元便可买一份日本通产省指南，从中可了解到日本高科技研究的目标，但也有许多东西是不公开的。JETRO 为日本客户提供所谓"用户报告"，其中的信息是一般人得不到的。JETRO 也编制针对具体主题的保密报告。要得到这种报告，必须在日本贸易公司工作或同日本企业界关系密切，一般而言必须是日本公民。这一信息通常不向海外竞争对手提供。保密的经济报告是由 JETRO 的"领域专家"撰写的。所谓"领域专家"是指某些产业部门的专家，如半导体部门或石油部门。

尽管对大多数人而言，通过分别了解日本的三大信息收集部门来了解日本的信息系统比较容易，但我们必须明白，日本文化是共享文化。日本的企业内部所有公司之间有着分享信息的传统。为了对付共同的敌人，不同企业系列之间的竞争对手也时常交流信息。信息在综合商社、大公司和政府这三大块之间自由流动，三大块都是日本竞争情报机器的一部分，都为一个共同目标而运行。

日本对竞争情报的大量投入为日本带来了什么实际成果呢？据估计，竞争情报工作对日本的超大规模集成电路（VLSI）在世界的领先地位，及其仅次于美国的计算机技术做出了很大的贡献。VLSI 是由日本通产省协调，为期 4 年，耗资 2.8 亿美元的项目，该项目在 1979 年完工。竞争情报工作提供了不少于项目 35%—40% 的基本资料。根据这些资料，日本人得以制订计划并于 1979 年完成。日本的集成电路贸易在 1978 年以前一直是赤字，1978 年赤字变成了盈余，到 1984 年盈余已高达 5500 亿日元（约合 36 亿美元）。

最具有代表性的例子是日本三菱商社的竞争情报工作。三菱商社拥有世界一流的情报收集和传递系统，每年在情报收集上的花费达到 6000 万美元，其情报人员以"旅游者"、"摄影家"、"投资商"等身份遍布全球,他们对各自周围的一切,甚至一张报纸、一本杂志、一幅广告都要研究个透,并能在5分钟内将世界各地的相关情报传至公司总部,素以高速度、高效率著称。在20世纪80年代,三菱商社的情报专家曾根据从欧美各国汇集的综合情报做出预测,正遭受西方国家严厉制裁的伊朗将在近期内获得全面解禁。据此,三菱商社加大了对伊朗环境竞争情报的分析研究并做出了重大举措:就在以美国为首的西方国家宣布取消对伊朗实行经济制裁和贸易禁运之前的一个月,由三菱商社总裁率领的代表团秘密飞往伊朗,立即请伊朗商业、工程、运输、机械等部门进行贸易或投资合作协商,并以"防止美国人阻挠"为由,要求谈判秘密进行。饱受多年制裁和禁运之苦的伊朗人欣喜若狂,在谈判中全面合作,并提供了各种优惠条件,仅一个星期,双方就签署了数十亿美元项目的协议。这正是三菱商社开展环境竞争情报、先声抢占伊朗市场,使世界商界为之震动的典型范例。[①]

三 欧盟各国竞争情报的发展及特征

欧盟各国为适应市场经济发展中决策多元化,以及情报工作由传统的政治、军事领域向经济、科技和社会等众多领域拓展的趋势,不仅将情报作为维护国家安全和稳定的工具,而且还把情报工作作为促进国家经济社会持续健康发展的重要手段,将开展竞争情报活动作为联结市场调节与政府干预的桥梁,不断加大对竞争情报研究与服务产业化发展的引导和支持力度,鼓励和支持竞争情报研究在企业中的应用。如英国就根据其经济发展的特点,十分注重竞争情报理论与市场营销和技术管理等学科的结合,先后在大学里开设了市场战略规划竞争情报教育课程,积极培养具有竞争情报背景的高级营销管理人才;法国成立了经济安全与竞争情报委员会,加强政府在经济科技情报领域的指导与协调,将企业应用竞争情报纳入信息咨询服务业范畴加以扶持,并组织开展竞争情报活动绩效评价模型理论的研究,应用六西格玛质量控制和平衡计分卡(BSC)等方法来评估竞争情报活动的流程与效果,对其体系建设的绩效进行全面评价。[②]

---

① 彭靖里、李建平、杨斯迈:《国内外竞争情报的发展模式及其特征比较研究》,《情报理论与实践》2008年第2期。

② 同上。

目前，许多欧盟企业都普遍开展了竞争情报研究与应用活动，并设有"竞争情报或工商情报主管"等高层管理职位，如瑞典的 ABB 公司就设有工商情报副总裁，专门负责企业竞争情报活动的管理、组织协调和《竞争对手情报通报》内部刊物的发行，竞争情报活动已成为管理工作不可分割的部分，与企业的创新行为融合在一起；德国汉高公司通过实施技术创新战略情报的早期监测预警，能够根据所掌握的竞争对手技术创新和研究开发过程中的各种信息，及时启动特定的竞争反击行动。这些举措在提高企业竞争力和情报系统服务效率等方面起到了积极的作用。为此，法国学者 Henri Dou 教授认为，通过开展竞争情报活动可以提高人们利用信息技术的能力、创造新知识的能力以及应用知识解决问题的能力，将最终改变社会的思维模式，并且提出了要通过"创造、培育公开情报文化"，以更有效地提高欧盟国家的竞争情报研究和应用能力。

同时在推动竞争情报研究与服务业发展的过程中，欧盟委员会一方面通过《罗马条约》等欧盟经济共同体竞争政策的实施，"建立起一种保证欧盟内部共同市场中竞争不受扭曲的制度"，为维护欧盟统一市场的竞争秩序和情报咨询服务业健康发展创造了良好的环境；另一方面不同层次的竞争情报研究，又为调整欧盟内部各国之间的市场竞争关系和实施竞争政策提供依据，较好地解决了情报工作在国家安全与经济发展两方面应用的问题。随着欧盟各国竞争情报研究与服务的不断深入发展，竞争情报活动涉及的领域也由主要为市场竞争服务，逐渐拓展到科技创新、社会发展甚至生态环境保护和全球气候变化监视等众多领域，从而形成了欧盟国家以市场需求推动为特征、情报服务与竞争政策相互促进的竞争情报发展模式。①

四　韩国竞争情报的发展及特征

韩国作为发展中国家应用竞争情报的典范，具有自己独特的做法和经验。早在 20 世纪 70 年代中期，韩国政府就借鉴日本依靠情报实现经济腾飞的经验，建立韩国贸易投资促进会，专门系统地收集和分析关于外国贸

---

①　彭靖里、李建平、杨斯迈、邓艺：《竞争情报研究与服务业的发展态势及其述评》，《情报杂志》2008 年第 5 期。

易和投资方面的竞争情报,并且通过整合"国家情报院"和"韩国科技信息研究院"等国家情报服务机构的力量为企业竞争提供信息服务。如2004年国家情报院就与三星电子、现代汽车、韩国半导体产业协会等69个企业及团体合作成立了"产业安全协议会",共同开展竞争情报咨询服务活动,现在韩国的一些跨国公司,如三星、LG、现代等大企业的竞争情报专家大多都来自国家情报服务机构和政府部门,并逐步形成了以政府为主导、企业积极参与的竞争情报发展模式。

在政府的大力支持和帮助下,目前韩国许多公司尤其是财阀企业,通过努力收集、分析、传播和利用有关外部环境——竞争对手、客户、技术和政府等方面的情报来改进决策和实施战略管理,竞争情报活动在提高企业经营管理和技术创新水平中起到了决定性的作用,并且竞争情报研究与服务业活动有以下显著特征:将技术学习作为竞争情报的组织形式和重点内容;强调对企业情报竞争能力的培育,使竞争情报在技术创新过程中扮演关键性的角色;通过实施"反求工程"(reverse engineering)等竞争情报研究与服务活动,在模仿的基础上主动向国外先进厂商学习;注重应用定标比超和价值链分析等竞争情报工具进行新产品、新设备开发以及新生产工艺体系的创新。从而推进技术能力从简单模仿、模仿创新到自主创新的转变,实现了化工、钢铁、机械制造和电子信息重点行业的跨越式发展。因此,目前韩国的大学、研发机构和企业技术中心都大多建立有"竞争评估实验室"等基础设施,形成了以反求工程与战略成本管理相结合、市场环境监视与技术动态跟踪相结合的竞争情报研究工作体系,在建设创新型国家中发挥着重要作用。[①]

第四节 我国竞争情报发展现状

一 大陆竞争情报发展及特征

自1994年我国大陆成立"中国科学技术情报学会竞争情报分会"

---

① 彭靖里、张汝斌、王建彬、Kwangsoo Kim:《亚洲"四小龙"的竞争情报发展现状与特征分析》,《情报探索》2008年第11期。

(SCIC)以来，国内的竞争情报研究与服务得到了迅速发展，并先后与日本、美国、加拿大、澳大利亚及新加坡等国建立了竞争情报（或工商情报、产业竞争分析等）的学术交流或合作研究关系，如在2003年邀请加拿大竞争情报学院院长Jonathan Calof教授来华，就政府如何在推动竞争情报产业发展中发挥作用进行交流；相继开展了"中美两国竞争情报的比较研究"等国际合作课题的研究。这些合作改变了长期以来国内情报科学研究缺乏与世界各国同行进行交流渠道的被动局面，推动我国情报研究走上了一条与国际竞争情报研究和服务产业发展接轨的道路。据不完全统计，截至2007年12月底，大陆地区在国家、省部级机构和高校等单位列项的竞争情报理论与应用研究课题已累计超过100项，研究内容涉及竞争情报对竞争决策的支持机制、系统模式与运行机制、网络环境下的竞争情报理论与方法，以及人际情报网络建设和国家竞争情报研究等领域。①

随着竞争情报研究的不断深入和企业界的加入，大陆竞争情报研究与咨询服务活动也由理论研究转向企业实际应用。1993年上海科技情报所率先开展了"上海轿车工业竞争环境监视系统研究"；1995年北京市科委实施了竞争情报示范工程，开展以企业竞争力评价和竞争情报系统建立为重点的竞争情报咨询服务；2000年由云南省科技情报研究所与大学合作，开展了"企业竞争情报示范工程"研究项目，取得了良好的效果；2004年广东深圳市为提升企业竞争力，实现把深圳建设成国际化大都市的宏伟目标，组织开展了"企业竞争情报普及工程"；2006年湖南省为构建政府竞争情报体系和企业竞争情报体系，提升竞争情报特别是科技情报的收集、分析及综合应用能力，启动了"竞争情报普及工程"；2006年中国国家图书馆专门设立了"企业信息服务中心"，为企业提供竞争情报服务；中国石油化工协会与中国化工信息中心等单位合作，为帮助企业应对国外反倾销贸易壁垒，联合建立了"中国化工产业预警机制"，开展反倾销竞争情报研究与服务。上述活动对推动国内竞争情报服务的应用和竞争情报发展模式的转型发挥很好的作用。

近年来，在百度、中国网络情报中心、TRS、赛迪数据等一批竞争情报系统开发与服务商的努力下，大陆相继推出了第一代国产竞争情报S软件产品，并在100多家企业的信息化建设中得到推广应用。目前内地一批

---

① 党芬、王敏芳：《我国竞争情报发展分析》，《情报探索》2005年第5期。

有远见的企业，结合自身实际，纷纷成立了自己的竞争情报机构和引进竞争情报系统，通过各种手段收集分析竞争环境和竞争对手等方面的情报，不仅为企业的迅速成长提供了有力的信息保障，也推动了大陆竞争情报服务的产业化进程，已初步形成了以研究机构和部分信息服务企业为主体，理论研究及应用推动相结合的竞争情报发展模式。但是与国外尤其是西方发达国家相比，大陆的竞争情报研究与服务产业化的发展在社会法制环境建设、政府支持力度和服务技术水平等方面还存在很大差距。①

二 台湾地区竞争情报发展及特征

我国台湾地区的竞争情报咨询服务活动是伴随着岛内产业结构调整和提升逐步兴起和发展起来的，为其机械制造、电子信息、生物医药和纳米材料等高科技产业的迅速发展提供了强有力的支撑，已成为岛内资讯服务业发展的热点。② 早在20世纪80年代初，台湾当局就与民间企业合作，陆续成立了资讯工业策进会"市场情报中心"（MIC）和工业技术研究院"产业经济与资讯服务中心"（IEK）等竞争情报研究与服务机构，组织开展针对日本、韩国、新加坡、马来西亚等国以及香港地区的产业发展态势及其政府扶持政策等信息的跟踪调查和竞争分析，并逐步形成了"MIC产业资料库系统"和"竞争分析剪报资料库系统"等产业竞争情报服务基础平台，积极为企业提供有效的竞争情报服务。

同时台湾当局还针对岛内中小企业较多，在开展竞争情报活动时受经营规模和产业分析人才限制、信息资源共享不足等实际情况，自1989年开始由"经济部技术处"推出了政府扶持企业竞争情报活动的专门计划——"产业技术资讯服务推广计划"（ITIS），旨在通过加强政府对竞争情报咨询服务发展的指导，并整合研究机构、大学和企业从事产业竞争情报研究与服务的力量，积极开展以产业、产品、市场与技术四个层面竞争情报为核心的全方位服务，推进竞争情报服务人才的培养与流动，为促

---

① 彭靖里、李建平、杨斯迈、邓艺：《竞争情报研究与服务业的发展态势及其述评》，《情报杂志》2008年第5期。

② 焦慧敏、唐惠燕、任延安：《国内外竞争情报研究与应用综述》，《农业图书情报学刊》2009年第3期。

进产业结构调整提供情报支撑。该计划实施以来，不仅先后累计投入的资金超过 30 多亿新台币，而且推动了台湾竞争情报教育发展和专业人才培养。

从 2000 年以来台湾当局根据其竞争情报服务业的发展状况，通过亚太产业分析专业协进会（APIAA），逐步建立和实施"产业资讯分析"专业人员的职业资格认证制度，以推进产业分析（竞争情报）服务业的规范化，并形成了以 ITIS 计划管理办公室、工业技术研究院、资讯工业策进会和竞争情报服务行业管理社团组织为核心、众多企业积极参与、社会各界主动配合的发展格局。竞争情报活动已经与电子信息、生物技术、纳米材料等高科技产业的发展和企业经营行为融合在一起，成为管理工作不可分割的部分，并且逐渐形成了以政府主导、企业与研究机构合作为特征，竞争情报活动与产业结构提升相互促进的竞争情报服务发展模式，对提升台湾地区的国际产业竞争力和推动竞争情报研究与服务业健康发展起到了重要的作用。[①]

[①] 彭靖里、李建平、杨斯迈：《国内外竞争情报的发展模式及其特征比较研究》，《情报理论与实践》2008 年第 2 期。

第二章

竞争情报概述

为什么要学习竞争情报的相关知识？简单地说，在今天这样一个世界范围内的激烈竞争的条件下，传统的只从本企业情况出发来决策的做法，已经不能适应企业的需要。正如当下激烈的竞争环境中，你的计算机功能好不好不仅取决于其本身，而且取决于市场上其他计算机的功能；这家航空公司的机票价位高不高，不仅在于它票价绝对值，而且取决于其他公司的票价；你的服务质量好不好，不仅是你自己的问题，而且取决于对手的服务质量。这就需要掌握竞争对手、竞争环境的情报。还是像过去那样，只是非正式地、简单随意地进行分析已经无法满足企业竞争的需求，企业需要更系统、更科学的竞争性情报。

第一节 竞争与企业竞争的基本概念

一 竞争的含义和类别

（一）竞争的含义

在古汉语中，并逐曰竞、对辩曰争。现代意义的竞争是指两方或两方以上的个人、企业或组织在一定范围内为夺取他们所共同需要的对象而展开较量的过程。

竞争三大要素：

竞争者：竞争主体，参与竞争的个人、企业或组织。

竞争目标：竞争的客体，双方都需要的利益和资源。

竞争场：竞争者的活动场所。（经济竞争的市场，政治竞争的官场，体育竞争的运动场，军事竞争的战场等。）

竞争是优胜劣汰自然规律的具体体现，是人与人之间争优劣、比高下、求胜负的较量，广泛存在于政治、经济、文化、科学、体育等各个领域。本书讨论的是经济领域的竞争，经济竞争是市场参与者为维护自身经济利益而采取的各种自利行为的总和。

（二）竞争的分类

1. 按竞争的主体类型可分为：

个体竞争、企业竞争、地区竞争、国家竞争。

2. 按竞争的领域类型可分为：

经济竞争、文化竞争、军事竞争、政治竞争。

3. 按竞争的性质类型可分为：

正当竞争和不正当竞争、公平竞争和不公平竞争、恶性竞争和良性竞争、价格竞争和非价格竞争、完全竞争和不完全竞争（垄断竞争、寡头垄断）。

（三）竞争的特性

1. 普遍性

竞争无处不在，无时不有，普遍存在于自然界，也普遍存在于人类社会之中。

2. 排他性

竞争各方是针对共同需要的目标物展开的，只有竞争中的获胜方才能获取这一目标物，其他各方则被淘汰。我们常说的"优胜劣汰"就是排他性的体现。

二 企业竞争的含义和特征

（一）企业竞争的含义

企业竞争是在市场经济条件下，企业为了维护、提高自身的经济利益，并创造有利于自身的条件以与其对手持续抗衡而进行合法较量的过程。

企业竞争的目的：不但是"获得有利的产销条件"，而且是"有利于同竞争对手持续抗衡而进行的合法较量",企业竞争是一个过程。[①]

(二) 企业竞争的类型

1. 卖方之间的竞争

主要是生产者个人、企业以及销售商之间的竞争,卖方竞争常见于供大于求的买方市场。卖方竞争会导致努力提高商品质量,优化售后服务,增加商品技术含量等。适度的卖方竞争是有利的,但严重供大于求时,呈过度竞争,会使大批商品生产者和贸易商倒闭,浪费大量生产资料,甚至导致经济危机。

2. 买方之间的竞争

主要是消费资料的购买者、生产资料的购买者和以出售为目的而购买商品的中间商之间的竞争,买方竞争常见于供不应求的卖方市场。由于供不应求,导致商品质量下降,价格上扬;在商品严重供不应求的时候,呈过度竞争态势,其后果是商品质量低劣,商品价格大幅度上扬,甚至导致通货膨胀。

3. 买卖双方之间的竞争

买卖双方的竞争按等价原则进行,表现为讨价还价,在买方市场和卖方市场都会发生。供求趋于平衡时,买卖双方的竞争最为激烈;竞争的结果决定于当时供求关系的对比,以及双方贸易洽谈的技巧。

由此可见,不能把竞争只理解为生产商企业与生产商企业之间的竞争。

(三) 企业竞争社会作用的两重性

1. 企业竞争的积极作用

企业为了在竞争中获胜,就会努力改进生产技术,缩短生产时间和流通时间,降低成本,提高质量,适应市场需求。所以,企业竞争可以给企业注入强大的动力,促进企业增强实力,提高素质;也可以暴露企业弱点,给企业带来巨大的外在压力,迫使企业改善管理,求得生存。

2. 企业竞争的消极作用

只注意追求自身利益最大化,导致企业生产的盲目性;加剧社会生产

[①] 仲超生:《浅议竞争情报与企业竞争》,《山西科技》2003 年第 6 期。

的无政府主义，不遵守法律法规，不讲职业道德（如假冒伪劣）；导致经济封锁，走向垄断。这些现象一旦出现，对社会经济的正常发展是极为不利的。

（四）企业竞争的类型特征

企业竞争作为竞争的一种，具有各类竞争共有的特征：

1. 企业竞争的客观性

竞争是客观存在的自然规律和社会发展规律。只要有人类社会，就会有竞争。在市场经济条件下的企业更是如此，这是不能用行政手段禁止的，也不能人为地否认它的存在。计划经济时期否认竞争，在企业中遗留下的不良后果，至今还消除不了。所以，企业管理者只能面对现实，增强竞争意识，主动迎接和参与竞争。

2. 企业竞争的市场导向性

市场是企业竞争的场所。所以竞争的进行要受到市场的导引。企业应该按照市场需求管理企业的生产和经营活动，参与竞争时要遵循市场规则，把提高企业市场占有率作为企业衡量经营管理效益的重要指标。

3. 企业竞争的策略性

由于市场瞬息万变，风云莫测，所以企业在应对竞争时必须讲究策略。为此，要高度重视信息和情报在竞争决策中的作用，反对盲目竞争。商场如战场，必须研究竞争应对策略，讲究竞争艺术。

（五）企业竞争的时代特征

当代的企业竞争，又具有以往时代所没有的特征：

1. 企业竞争内容的信息化、知识化

首先，企业竞争是信息竞争。企业的竞争力表现在信息方面是否具有超过竞争对手的优势。

信息量浩如烟海，考验企业的信息获取能力；原始信息需要加工——考验企业的信息处理能力；信息的情报化——考验企业的信息使用能力。

其次，企业竞争是规范与标准的竞争。

途径一：公开标准，无偿使用，不断更新。例如，英特尔公司在一开始就公布了 8086CPU 的系列标准。途径二：制定标准，有偿许可使用，企业可以从两个方面获取利润。

再次，企业竞争是品牌竞争。

品牌具有巨大的潜在价值，品牌就意味着高附加值、高利润，培育品牌比经营产品更具有经济意义。品牌代表了企业综合实力，成为企业参与国内外竞争的有效工具。

最后，企业竞争是研究与开发的竞争。

创新是企业赖以生存的根本，研发是企业创新的前提和基础。没有研发就不可能有创新，没有创新就只能被淘汰。据世界经济合作与开发组织统计分析，企业研发的总经费占营业额的比例小于1%时企业就无法生存；达到2%—5%时企业勉强生存；超过7%时企业具有竞争力。遗憾的是，我国大多数企业这个比例都不到1%。

2. 企业竞争方式的创新性

以企业的生产能力、营销能力为导向的传统竞争方式转变为以企业形象力、企业整合力为导向的创新竞争方式。

传统竞争方式中，企业以产品的质量、品种、价格等传统竞争要素为手段，以扩大产销量为目的。表现为：产品质量竞争、产品品种竞争、价格竞争、营销竞争、服务竞争和广告竞争。

在创新竞争方式中，企业以企业的形象、品牌、经营方式等综合性要素为手段，以提升企业形象、能力来增强竞争力。表现为：企业品牌竞争、企业形象竞争、经营形态竞争、发展战略竞争和管理创新竞争。

3. 企业竞争环境的电子商务化

在这种环境下，竞争优势就表现为比竞争对手具有更强的适应和利用电子商务环境的能力。

4. 企业竞争模式的合作性、联盟性

企业竞争的模式，已经经历了对抗性竞争、差别化竞争，正向合作性竞争发展。

对抗性竞争是在产业发展初期，大多数企业能力薄弱，营销方式落后，对市场的调节能力弱，企业唯一能够使用的有效策略就是以低价吸引消费者，达到打击竞争者的目的。这种方式可能导致恶性竞争或过度竞争，使竞争者两败俱伤。

差别化竞争是通过对消费者需求类别和层次的细分，寻找最适合自己的细分市场，在细分市场定位上不与竞争对手发生直接的、正面的对抗。这种方式大大降低了企业在竞争中的风险，做好市场细分工作可以获得较高的收益。

合作性竞争是在创新和差异的寻找越来越难，风险越来越高，成功率却越来越小的大环境下，企业只有通过合作，在创新上实现优势互补，风险共担，成果共享。一般企业合作的两种模式是组织战略联盟和供应链管理。

5. 企业竞争主体的新型化、现代化

企业管理者作为企业竞争的主体随之发生变化，向有利于提升企业竞争力的方向发展。

新型的竞争主体将具有以下几个方面的转变：

价值观念：将由被动借鉴理念转向主动创新理念。在市场环境下，企业只有不断主动创新才可能保持竞争力，获得持续发展。

管理模式：将由传统管理模式转向信息管理模式。企业必须不断地提高企业的信息化水平，才能够适应信息社会的各种变化。

企业规模：规模经济理念将会被逐步突破。

决策机制：将是决策分散化和集中化的统一。

企业组织：将是内外合作，实体和虚拟并存。

三　企业竞争力及其构成

（一）企业竞争力概述

1. 企业竞争力的含义

企业竞争力的概念使用得十分广泛，但是还没有一个统一的说法。不同学科领域的专家、学者从不同的角度予以阐述。

传统经济学家认为，企业竞争力是企业在劳动力、资金和自然资源等基本生产要素上所拥有的相对于竞争对手的优势。

增长经济学家认为，企业竞争力是企业内部革新与效率方面相对于竞争对手的更高的水平。

经济历史学家认为，企业竞争力是企业家和企业在适应、协调和驾驭外部环境的过程中成功地从事经营活动的能力。

信息经济学家则认为，企业竞争力是企业具有较竞争对手更强的获取、创造、应用信息的能力。

波特认为，企业在生产经营过程中所进行的一系列相互独立的活动构成企业价值链，供应商是其上游环节，销售商和顾客是其下游环节，企业竞争力则取决于企业价值链每一个环节相对于其他企业的优势以及各个环节之间相互结合的优势。

以上观点的共同之处在于相对于竞争对手的优势和更强的能力；不同点是优势和能力的内容范畴。

综合多种观点，本书认为企业竞争力是作为独立经济实体的企业，在市场竞争过程中，通过自身要素的优化及与外部环境的有机交互，所表现出来的相对于其他企业的优势和更强的能力。

2. 企业核心竞争力

企业核心竞争力是指企业独具的、支撑企业可持续性竞争优势的核心能力。它可更详细表达为，企业核心竞争力是企业长时期形成的，蕴含于企业内质中的，企业独具的，支撑企业过去、现在和未来竞争优势，并使企业长时间内在竞争环境中能取得主动的核心能力。

企业核心竞争力与其他类型竞争力之所以不同，是因为它具备如下三个主要特性。

（1）价值性。核心竞争力富有战略价值，它能为顾客带来长期性的关键性利益，为企业创造长期性的竞争主动权，为企业创造超过同业平均利润水平的超值利润。

（2）独特性。企业核心竞争力为企业独自拥有。它是在企业发展过程中长期培育和积淀而成的，孕育于企业文化，深深融合于企业内质之中，为该企业员工所共同拥有，难以被其他企业所模仿和替代。

（3）延展性。企业核心竞争力可有力支持企业向更有生命力的新事业领域延伸。企业核心竞争力是一种基础性的能力，是一个坚实的"平台"，是企业其他各种能力的统领。企业核心竞争力的延展性保证了企业多元化发展战略的成功。[1]

3. 产业竞争力

这是产业在市场竞争过程中，在本产业所属企业的支持下所表现出来的相对于其他产业有更强的能力。比如，由产业长期盈利能力及其影响因素所决定的产业吸引力就是产业竞争力的一种。

---

[1] 陈海秋：《企业竞争力与企业核心竞争力》，《河北企业》2003年第10期。

4. 国际竞争力

国际竞争力的主体是指一个国家，还是指一个产业、一个企业，在认识上还有差异。通常，其主体是指一个国家，即一个国家在世界市场经济竞争的环境和条件下，与世界整体中各国的竞争比较，所能创造的增加值以及国民财富持续增长和发展的系统能力水平。

（二）企业竞争力的构成

1. 企业生存能力

包括：企业产品的生产能力，即全员劳动生产率；产品的市场占有能力，即市场占有率；企业资产回报能力，即投资收益率；企业经营风险抵抗能力，即资产负债率和货款回收率。

2. 企业发展能力——潜在能力

包括：将潜在能力、内外环境转化为现实生产力的能力。

3. 企业的内外环境和转化能力

包括：企业的研究开发能力，即研发经费比率；资金的支持能力，即企业资信度；自有资产增值率。

当然，企业竞争力不是上述三个部分的简单叠加，而是各种竞争力要素系统化整合的结果。在企业发展的不同时期，具体到某一个因素，可能表现尤为重要。

（三）影响企业竞争力的因素

A. 企业内部环境因素。企业内部环境包括企业的经营战略、企业的组织环境和企业的人力资源结构。企业的经营战略是指企业的整体计划，对所有的经营活动都有指导作用。企业的经营战略包括企业的目标、产品组合、市场组合、经营范围、生产技术、竞争、财务及利润目标等。企业的组织环境包括现有的组织结构、管理体系、薪酬设计、企业文化等。企业的人力资源结构就是现有的人力资源状况，包括人力资源数量、素质、年龄、职位等，有时还涉及员工的价值观、员工潜力等。

B. 企业外部环境因素。企业外部环境包括宏观环境、行业环境（行业竞争因素）和竞争对手因素。企业的宏观环境包括政策环境、经济环境、人文环境、科技环境等。行业竞争因素主要有行业当前的竞争状况、新进入者的威胁、来自替代品的压力和行业容量（或生产能力）等。竞争对手因素作为一个影响企业竞争力的战略环境因素，主要分析其对企业在市场份额、财务状况、管理水平、产品质量、员工素质、用户信誉等多方面的影响。

第二节 竞争情报的基本概念

一 竞争情报的内涵

（一）信息的含义

信息，指音讯、消息、通信系统传输和处理的对象，泛指人类社会传播的一切内容。人通过获得、识别自然界和社会的不同信息来区别不同事物，得以认识和改造世界。在一切通讯和控制系统中，信息是一种普遍联系的形式。1948年，数学家香农在题为《通讯的数学原理》的论文中指出："信息是用来消除随机不定性的东西。"[1]

世界是由物质组成的。物质是运动变化的。客观变化的事物不断地呈现出各种不同的信息。人们需要对获得的信息进行加工处理，并加以利用。"信息无处不在，信息就在大家身边。"人们通过自身的五种感觉器官，时刻感受着来自外界的信息。人们感受到的各种各样的信息，按照参与获取信息的人来划分，可分为：参与前的信息和参与后的信息。①参与前的信息是指获取信息的人没有参与情况下的信息。由于没有人为因素的参与，这个信息是客观真实的，不存在真假的问题，只是存在每个人的认知能力和认知水平问题。②参与后的信息是指获取信息的人，参与了信息活动而获得的信息。由于有获取信息的人的参与，这个信息就会掺入一些人为因素在里面，使获取的信息不再是原来状态下的信息了，这个信息就会或多或少地失去一些客观真实的内容。

文字、图形、图像、声音、影视和动画等不是信息，而文字、图形、图像、声音、影视和动画等承载的内容才是信息。信息是指运动变化的客观事物所蕴含的内容。信息只是客观事物的一种属性。

---

[1] ［美］克劳德·艾尔伍德·香农：《通讯的数学原理》，《贝尔系统技术杂志》1948年。

(二) 情报的含义

1. 情报定义的表述

情报是那些对于用户有用，并经过传递到达用户的知识或者信息。

情报的三层含义：

某类知识或信息对用户有用，且可以传递到用户，此类知识或信息是情报。

某类知识或信息对用户有用，但没有传递到用户，此类知识或信息不是情报。

某类知识或信息对用户没用，且可以传递到用户，此类知识或信息不是情报。

情报是人们在解决一个特定问题时所需要的具有参考价值的信息，是人类社会赖以生存和发展的信息资源。

《辞海》不同年份版本对情报的定义见表2—1。

表2—1　　　　　　　　　　情报的定义

版本（年）	情报的定义
1915	军中集种种报告，并预见之机兆，定敌情如何，而报于上官者
1939	战时关于敌情之报告，曰情报
1965	对敌情和其他有关敌人斗争情况进行分析研究的成果，是军事行动的重要依据。亦泛指一切新的情况报道，如科技情报
1979	在军事上以侦察手段或其他方法获得的有关敌人军事、政治、经济等各方面的情况，以及对这些情况进行去粗取精，去伪存真，由此及彼，由表及里的分析研究的成果，是军事行动和战略决策的重要依据。亦泛指一切最新的情报报道，如科学技术情报
1989	获得他方有关情况及对其分析研究的成果，按内容和性质分为政治情报、经济情报、军事情报和科技情报等，军事情报与政治、经济、科技等情报是紧密联系的

2. 情报与信息、知识的区别

信息是对客观事物（物质）的存在方式或运动状态的直接或间接的反映。

知识是人类认识世界、改造世界的社会实践上升到一定阶段的产物，是对信息的加工、吸收、提取、评价的结果。

情报是那些对于用户有用,并经过传递到达用户的知识或者信息。

情报、信息、知识的关系如图 2—1 所示。

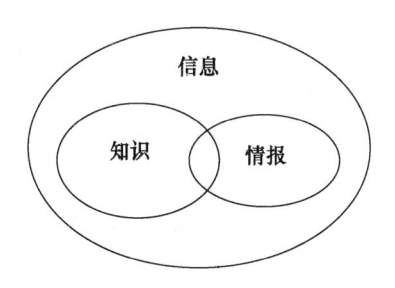

图 2—1 情报、信息、知识的关系

情报:相对于用户而言,是一种特定的信息接受者。

对应的英文词:Intelligence

信息:相对于信息接受者而言,接收者不一定都是用户。

对应的英文词:Information

例如,电视上每天播出的股市行情信息,股票购买者看了获得的是情报(用户);没有买股票的人看了是接受了信息(接收者)。

3. 信息的情报价值是相对的

信息的情报价值不在于信息本身,也不在于你是否掌握这一信息,而在于你掌握该信息之后对信息的思考,即对信息的"情报化"过程。具体的某一信息,其情报价值并不是确定的,而是相对于不同的信息持有者有所不同。

例如:《洛杉矶时报》关于美国关闭吉他工厂的报道。韩国三星公司一名雇员在洛杉矶读到报上关于美国将关闭最后一家吉他工厂的消息,当作喜讯报告给汉城总部,总部却认为不是喜讯,美国一定会通过法律保护吉他生产。[①]

雇员认为信息是喜讯的,没有任何情报价值;总部认为:信息不是喜讯的,具有情报价值。这说明信息的情报价值是相对的。

---

① 包昌火:《竞争情报与企业竞争力》,华夏出版社 2001 年版。

(三) 竞争情报的含义

竞争情报简称 CI，即 Competitive Intelligence，也有人称为 BI，即 Business Intelligence。现代的竞争情报是市场竞争激化和社会信息化高度发展的产物，是军事学——军事情报、经济学——竞争理论、管理学——工商管理和情报学相互交融的结果。Competitive Intelligence 的核心是 Intelligence，Intelligence 既有中文情报的含义，即经过分析的信息，又有智能的含义，即智力和谋略。它的基本定义为：一个组织感知外部环境变化，并做出反应，使之更好地适应环境变化的能力。即获取环境信息并与之适应的能力，也就是情报能力和对策能力。因此，从广义上来讲，Competitive Intelligence 包含着竞争信息和竞争谋略两大竞争。因此，所谓竞争情报，就是关于竞争环境、竞争对手和竞争策略的信息和研究，它既是一种过程，又是一种产品。过程包括对竞争信息的收集和分析；产品包括由此形成的情报或谋略。它是市场激烈竞争和社会信息化高度发展的产物，既是企业发展的重要基础，也是情报研究工作的延伸和发展，已成为信息界和企业界关注的热点。[①]

根据 SCIP（竞争情报从业者协会）的定义，竞争情报是一种过程，在此过程中人们用合乎职业伦理的方式收集、分析、传播有关经营环境、竞争者和组织本身的准确、相关、具体、及时、前瞻性以及可操作的情报。既是一个产品，又是一个过程。作为一个产品，它是一种信息，这种信息必须是：a. 关于组织外部及内部环境的；b. 专门采集而来，经过加工而增值的；c. 为决策所需的；d. 为赢得和保持竞争优势而采取行动所用的。

竞争情报的核心内容是对竞争对手信息的收集和分析，是情报与反情报技术。竞争情报主要涉及环境监视、市场预警、技术跟踪、对手分析、策略制定、竞争情报系统建设和商业秘密保护等重要领域，是企业参与市场竞争的导航，是商战中知己知彼、百战不殆的良策。美国著名竞争情报专家、竞争情报专业咨询公司 Fuld & Company 创始人及总裁 Leonard Fuld 这样诠释竞争情报[②]：

---

① 宋天和：《论竞争情报在企业信息化中的作用》，《图书馆学研究》1998 年第 4 期。
② 张树良：《竞争情报在企业发展中的作用》，《图书与情报》2004 年第 3 期。

竞争情报是：
- 为了帮助决策而经过深入分析加工的信息；
- 一种预警工具，它能够及早地提醒管理者将面临的机会与威胁；
- 提供合理评估的一种手段：竞争情报能够以最佳的视角看待市场与竞争。现代的企业家需要的是对市场与竞争进行定期的、合理的评估与分析，他们并不关注琐碎的细节；
- 以多种形式提供：对于不同的使用者，竞争情报意味着不同的内涵。研发人员看到的是竞争对手的最新研发计划；销售人员考虑的是本企业如何在竞标中战胜对手，赢得合同；高层管理者需要的是对手企业及市场的长期发展趋势，等等；
- 改善企业运行的一种方式：许多企业通过使用竞争情报，其销售额明显提高；
- 一种工作方式和工作流程：如果使用正确，竞争情报应成为企业每一个员工的一种工作方式，而不应当仅仅局限于战略规划和市场营销部门。竞争情报是一个工作流程，它可以通过企业内部网络为任何人提供所需的关键信息；
- 国际一流企业工作中的重要部分：一流的大型企业都在持续不断地进行竞争情报工作，如摩托罗拉、IBM、爱立信、壳牌等企业都设立了专职的情报部门；
- 应由企业高层管理者指导：只有在 CEO 的指导与推动下，情报工作才能获得最佳效果。当然 CEO 们不必亲自参与项目的实施，但要给予必要的资金与人力的支持；
- 目光时刻关注企业以外：竞争情报赋予企业时刻关注外界的能力，并将对手及市场的动向作为企业决策的重要依据；
- 短期和长期决策都不可或缺：竞争情报可为快速的战术决策服务，如产品定价和广告投放等；而同样的数据又可用于长期规划，如战略产品的开发和市场定位等。

竞争情报不是：
- 工业间谍：间谍是用非法的或不道德的手段获取情报。没有哪一家企业愿意被对手告上法庭或被迫撤换董事会成员，因此，工业间谍并不受欢迎；
- 女巫手中的"水晶球"：即使最优秀的竞争情报人员也不能先知先

觉。他只能提供对未来世界较为合理的估计，包括近期和远景，可为管理者提供关于对手和市场动向等的预警信号；

• 数据库检索：数据库是获取数据的极好工具，但它无法分析数据。数据库不能代替人们做决策，因为决策要在对数据进行充分分析基础上，融合经验、直觉等才能做出；

• 因特网上的流言蜚语：因特网奇迹般地提高了我们获取信息的能力，但它只是一种传播媒体。它的价值在于多了一种信息的来源，但要警惕那些无稽之谈和经过粉饰、企图误导人们的伪信息；

• 独角戏：某些企业的 CEO 会指定某一个员工具体负责竞争情报工作，但切记一个人是无法完成全部竞争情报工作的。一个优秀的竞争情报工作者应随时与企业管理层保持密切的联系，并且要对企业其他部门（尤其是那些直接面对客户的部门）的员工进行竞争情报采集与使用的培训，以使竞争情报工作发挥更大的作用；

• 20 世纪的发明：竞争情报和商业一样古老，过去它被冠以多种名称，或者根本就没有名字，但类似的工作却一直存在着；

• 能产生情报的软件包：目前，世界上的确有许多软件系统对竞争情报工作有所帮助（如数据仓库和数据挖掘产品等）。但软件不能代替人的分析。软件所能做的只是对信息进行采集和比较，真正的分析只能来源于人对信息的深入研究；

• 数据表格：提供情报的形式多种多样，数据表格或量化分析结果只是其中的一种形式，数字只能表现问题的一个方面。诸如管理思路、市场战略及创新能力等重要信息，则只能依赖于人的定性分析判断；

• 新闻故事：在企业竞争情报工作的初始阶段，收集出版的新闻是重要的第一步。但这类信息通常不够及时，因此不能对此过于依赖。如果一个企业的第一消息是来自报纸，则该企业很有可能是最后一个得知此事，并且已经延误了准备应对措施的最佳时机。出版物必须与其他信息源配合使用，或作为印证其他信息的一种手段。[1]

美国竞争情报学家约翰·普赖斯科特[2]认为："竞争情报是一种复杂

---

[1] 宋天和：《论竞争情报在企业信息化中的作用》，《图书馆学研究》1998 年第 4 期。
[2] ［美］约翰·E. 普赖斯科特、［美］斯蒂芬·H. 米勒：《竞争情报应用战略——企业实践案例分析》，包昌火、谢新洲等译，长春出版社 2004 年版。

的研究。它是一种过程,这个过程是想要看到简单收集的统计数据、消息、广告等以外的东西。竞争情报不是对特定问题的一时的回答,它是逐步地、有条理地、连续不断地、有系统地收集可能与全面竞争力有关的一切信息。竞争情报是要创造关于变化中的竞争环境的全面图像。"

我国竞争情报学会理事长包昌火定义:"竞争情报是关于竞争环境、竞争对手和竞争策略的信息和研究。它既是一种过程,又是一种产品。作为过程,是指对竞争情报的收集和分析过程;作为产品,是指情报研究最终要形成情报或策略。"[1]

司有和定义:竞争性情报是关于竞争环境、竞争对手、自身竞争策略的信息产品和研究过程,是为了提高竞争力而进行的合法的专门情报活动。[2]

本书认为:竞争情报是一个组织为了获得竞争优势,系统并合乎职业道德地收集、分析和管理竞争对手、竞争环境以及组织自身的信息的情报活动过程。

竞争情报可以广泛地适用于个人之间、企业之间、非营利组织之间,乃至于各个国家之间的竞争活动。应用于企业的竞争情报则称为企业竞争情报。

二 竞争情报的类型和特征

(一)竞争情报的类型

按时间类型可分为:过去的竞争情报、现在的竞争情报、将来的竞争情报。

按功能类型可分为:决策竞争情报、预测竞争情报、技术与产品开发竞争情报、市场营销竞争情报、法律法规竞争情报。

按内容范畴类型可分为:环境竞争情报、竞争对手竞争情报、战略竞争情报。

再细分则有:技术竞争情报、产品竞争情报、市场竞争情报、经济竞争情报、管理竞争情报和法律法规竞争情报。

---

[1] 包昌火、谢新洲:《企业竞争情报系统》,华夏出版社2002年版。
[2] 司有和:《竞争情报理论与方法》,清华大学出版社2009年版。

(二) 竞争情报的特征

1. 强烈的对抗性

竞争情报不是竞争对手主动给予的，而是在竞争对手不知道、不协助甚至反对的情况下进行的。在激烈的竞争中，竞争情报人员不但要竭尽全力、采用各种方法如文献收集、市场调查、高新技术监测、反求工程等有效地收集情报，而且要采取多种措施保护本企业的秘密信息，防止竞争对手窃密或通过隐蔽的竞争情报手段获得。因此，竞争情报具有强烈的对抗性。[①]

2. 高度的智慧性

在竞争情报分析过程中，竞争情报分析员要融入较多的智力活动，包括分析推理、审时度势、战略分析、创新性思维、超前预测等。通过思维创新发现新效用、创造知识的新概念、产生管理新理念；通过方法创新，去伪存真，产生利于决策的情报。

3. 绝对的合法性

为促进竞争情报事业的健康发展，在从事竞争情报活动时必须严格地采用合法和合乎伦理道德的手段获取信息。据调查，在企业想要得到的竞争情报中约有95%都可以通过合法的、符合道德规范的途径获得。竞争情报不同于工商间谍活动，竞争情报强调采用正当的、合法的手段收集各式各样的信息，如新技术、新产品、行业情报、市场情报、政策情报等。

第三节 竞争情报的功能与作用

一 竞争情报的功能

某种意义上可以说，竞争情报具有三大核心功能：
- 预警系统（监测、跟踪、预期、发现）
- 决策支持（竞争方式、生产决策、新市场、技术研发）
- 学习系统（借鉴、比较、管理方法和工具、避免僵化）

---

① 王玥：《企业获取竞争情报的途径与方法》，《图书情报知识》2002年第4期。

竞争情报工作就是建立一个情报系统，帮助管理者评估竞争对手和供应商，以提高竞争的效率和效益。情报是经过分析的信息。决策情报是对组织具有深远意义的情报。

竞争情报帮助管理者分析对手、供应商和环境，可以降低风险。竞争情报使管理者能够预测商业关系的变化，把握市场机会，抵抗威胁，预测对手的战略，发现新的或潜在的竞争对手，学习他人成功或失败的经验，洞悉对公司产生影响的技术动向，并了解政府政策对竞争产生的影响，规划成功的营销计划。竞争情报已成为组织的长期战略资产。[①]

二　竞争情报在企业信息化中的作用

竞争是现代市场经济的本质体现，市场经济条件下企业竞争日益激烈，企业信息化已成为企业实力与地位的重要标志和象征。企业竞争是经济竞争的主流，而竞争情报则是企业信息化的主流。现代企业的成长离不开信息化，竞争情报促进了企业信息化的发展。企业要在竞争上赢得优势，就必须明确认识和发挥竞争情报在信息化中的作用。企业只有依靠竞争情报才能不断更新企业面貌，提高企业经济效益，增强企业竞争能力，才能更好地满足社会的需求，适应社会经济的发展和激烈竞争的要求。[②]

（一）战略竞争情报在企业信息化中的导向作用

竞争情报与经济谍报不同。竞争情报主要通过公开的渠道，如报纸、杂志、政府报告、商情报道、各类统计年鉴及专利说明书、会议记录和展览会等，以一种合法、道德的手段获取。竞争情报比一般的经济情报具有更强的目的性、时效性、实用性。企业的决策，依赖于战略分析。战略竞争情报通过产品特征，包括产品本身的特点、优势、社会意义信息透视，使企业能够做出肯定性的结论，这种结论快速、准确，来源于战略竞争情报。

日趋激烈的市场竞争使越来越多的企业认识到战略竞争情报在企业信

[①] 宋登平、张荷立：《浅析竞争情报与现代企业发展》，《科技情报开发与经济》2011年第17期。

[②] 宋晓枫：《竞争情报如何在企业信息化中发挥作用》，《现代情报》2006年第1期。

息化中的导向作用。企业信息化的程度首先要看企业对社会信息的广泛吸纳能力和渗透能力。然而，由于传统观念和惯性思维的作用，许多企业仍然忽视战略竞争情报的导向作用，这在一定程度上制约了企业信息化的战斗力。在进入市场经济的初期，百业待兴，机会很多，没有战略竞争情报企业也能发展。但当市场竞争激烈时，有一个在市场竞争理论指导下系统地设计的战略来指导企业则十分重要。由于竞争的加剧，西方国家的许多企业在产品开发、行销等方面，不断从根本观念上改变，以求更好地建立以顾客为导向的战略。战略竞争情报的导向作用正迫使企业把它作为制订营销计划和经营策略的重要内容和依据。以战略竞争情报作为企业决策的实例，在国际市场的商战中比比皆是。著名的摩托罗拉公司实行所谓"技术公路交通图"的技术创新机制，该机制并非着眼于满足消费者需求，而是以自己的竞争对手为基础，衡量自己在技术上的进步。号称世界民用飞机"巨无霸"的美国波音公司在经营计划中，创立了一种"敌人对我们怎么看"的经营计划程序，专门研究竞争对手为击败波音公司可能采取的战略措施。在计划程序中，列出"竞争对手会利用波音公司的什么弱点"、"竞争对手会发挥自己的什么优势"、"波音公司的什么市场容易被夺走"等。波音公司这一计划程序的制订也并非出自满足顾客的需求，而是基于战略竞争导向。[1]

（二）市场竞争情报在企业信息化中的带头作用

在现代社会中，企业获得了市场才能获得发展壮大的机会。企业的生产经营以市场需求为目标，以销定产，没有需求的产品是不去生产的，这是市场经济的原则。市场需求是客观的，是不以人的意志为转移的物质力量。企业的生产行为是围绕市场需求转变，以市场需求变化为带动，从而决定了企业信息化对市场竞争情报的供给。[2]

美国著名市场专家菲利普·科特勒[3]根据企业在行业中所处的地位，将企业分为市场领先者、市场挑战者、市场追随者和市场补缺者四种不同

---

[1] 周晓惠：《竞争情报在企业信息化中的作用》，《现代商业》2010年第12期。

[2] 李建华：《竞争情报（CI）对企业信息化的作用探讨》，《2005第九届办公自动化国际学术研讨会论文集》2005年第12期。

[3] ［美］菲利普·科特勒：《营销管理》，卢宏泰、高辉译，中国人民大学出版社2009年版。

的类型。企业在通过对竞争对手情报的分析，明确其竞争地位之后，就可以制定具有针对性的竞争举措。属于市场领先者的企业，应通过良好的防御和进攻策略来保护现有市场份额，并在此基础上寻找扩大总需求的方法，以扩大市场份额。属于市场挑战者的企业，应集中优势向竞争对手发起攻击，以迅速达到自己的目标。属于市场追随者的企业，其营销目标是盈利而不是市场份额，因此，应把主要精力放在仿效市场领先者，为消费者提供相似的产品和服务，以保持高度稳定的市场份额，为向市场挑战者过渡创造条件。属于市场补缺者的企业，应根据实力寻找一个或者多个安全且有利可图的市场补缺基点，增强企业生存的机会，以便寻找时机向市场追随者过渡。

企业信息化的深入必将推进产品情报、销售情报、竞争能力情报的收集、分析、研究。这就要求企业不断掌握产品生产量、增长和衰减的可能范围、产品的营销范围、外销的可能性。对用户和销售部门调查新产品在品种、质量、价格、服务等方面的情报，及时分析产品的缺点和不足，为新产品的发展提供竞争能力创造条件。市场竞争情报开发的内容包括：市场占有率，流通渠道和机构，产品概念，产品价格动向，竞争力的要素，尤其是行业、市场、技术、价格、销售等要素的预测。目前，日本大企业中有50%、中小企业100%的新产品研制开发都是通过与情报咨询部门合作，在广泛收集市场竞争情报的基础上搞成功的。因此，发挥市场竞争情报的带头作用，可以帮助企业克疲制软，融通资金，启动市场。[①]

（三）技术竞争情报在企业信息化中的重心作用

企业产品生产必须达到计划设计的性质、质量、功能、样式等要求，且从产品的最初模型一直到日趋完善，都需要在企业信息化中发挥技术竞争情报的作用。企业是以产品完善为目的的。技术竞争情报可以给企业带来巨大的经济利益，率先发明或应用的企业所产生的利益效应，会在技术竞争情报的传播过程中引发其他企业对该项技术的渴求。如果一个企业具备了应用该技术的能力和经济需求，就会促使企业应用该技术竞争情报。这样，技术竞争情报将转化为技术优势，技术竞争情报在这里起到了重心

---

① 宋晓枫：《竞争情报如何在企业信息化中发挥作用》，《现代情报》2006年第1期。

作用。[1]

　　竞争优胜劣汰的法则，使一些具有相当实力的企业得以并存。因此，其产品技术指标和性能往往相差无几。在此情况下，企业必须通过产品技术指标和性能价格比来提高企业的竞争力。由于竞争的激烈、产品的丰富，企业生产的产品不仅要花样翻新，在技术上也要超前改进，使企业必须通过获取技术竞争情报来推动产品的革新。企业对技术竞争情报无休止地渴求，使技术竞争情报在企业信息化中发挥着重心作用。企业作为技术引进单位时刻关注技术竞争情报及由此引起的产业变动。产业发展的关键是靠技术竞争情报及时提供支持企业所采用技术的相关理论研究和产品开发工作，从而使企业在信息化中不断掌握可供利用的技术竞争情报。

　　技术竞争情报的运用不仅能够开发新的产品，也可以避免由于技术变动而引致的市场风险。技术竞争情报还可以有效地检验企业产品对市场的适应程度，以便有效地调整产品的技术含量。技术竞争情报的快速传递，迫切需要企业提高信息化的程度。信息化程度较高的企业，都具有普遍的技术采用能力和技术创造能力，并针对产品目标采取具体行动。现代世界每时每刻都在产生新技术。对于新技术的了解，必然通过技术竞争情报才能实现。企业作为技术组织将时刻关注科学技术发展的信息以及由此引起的产业变动。产业信息可提供产业的技术层次、技术种类、技术水平以及技术生产业之间的渗透与扩散状况，使企业进行产业技术定位，从而确定相应的技术竞争策略。企业产品是在企业优势成果基础上，经过开发、中试、设计、工艺完备而后批量生产、投向市场的，因此，产品的竞争也就是技术竞争情报的竞争。技术竞争情报要及时为科技活动提供定性情报和定量情报服务，以克服企业科技活动中"想当然"所造成的失误。[2]

　　竞争情报在企业信息化中的作用是多方面的。正如有关专家所言，21世纪是竞争情报的世纪，一个不明确、不发挥竞争情报作用的企业将成为明日的落伍者。

　　专家认为，良好的竞争情报体系是企业生存的第四大理由。[3]

　　（1）预测和监控市场变化，及时调整市场策略，删减各类无必要投

---

[1]　潘杏梅：《竞争情报促进企业信息化发展》，《信息化建设》2008年第12期。
[2]　宋晓枫：《竞争情报如何在企业信息化中发挥作用》，《现代情报》2006年第1期。
[3]　胡玉婷：《竞争情报与企业创新》，《情报学报》2006年第12期。

入，提高市场产品份额，提高产品利润，最终提高销售利润。

（2）监测竞争者动作，预计竞争者决策及市场行为，避免竞争者对公司造成伤害，同时制定针对竞争者策略，预先抢占市场，同时维护自己的市场份额，减少低价竞争的使用频度。

（3）及时发现对公司产品造成强有力竞争的替代品，保护公司现有产品的市场，使公司损失降至最低，并及时调整市场策略，对产品进行调整，重新夺回失去的市场份额，获得新的市场份额。

（4）发现新技术，及时采纳新技术，提高自身竞争力或改变市场策略，保护自己产品不受新技术的冲击。

（5）对各类有利于或不利于公司的新政策、法规、新闻、舆论等非市场因素做出及时反应，发现新机遇或保护公司的现有利益。

（6）提高员工整体素质，使员工树立正确的市场观念和竞争情报意识，最终达到公司综合竞争力的提高。

总之，公司在建立一个有效的竞争情报体系之后，公司在花费不大的情况下，所有决策都将有客观的情报所支持，避免决策失误，有效地提高产品市场占有率，扩大销售额，使企业利润在相当长的时间内稳步增长。

第三章

竞争情报的主要研究内容

第一节 竞争环境

竞争环境是竞争情报研究的重要内容，包括行业情报、市场情报、消费者需求情报、客户情报、宏观环境情报等。由于竞争环境中包含了许多可测和不可测的要素，大多数情况下，企业在市场竞争中失败的原因不是自身实力造成的，而是由于对外部环境没有足够的认识。为了使企业能够在生产经营中不断适应竞争环境的变化并做出积极的反应，竞争情报研究应根据企业的宗旨和目标，对企业的外部环境、内部优势、行业现状以及市场机会等各方面进行系统而具体的分析。[①]

一 什么是企业竞争环境

企业的竞争环境，是指企业所在行业及其竞争者的参与、竞争程度，它代表了企业市场成本及进入壁垒的高低。

竞争环境是企业生存与发展的外部环境，对企业的发展至关重要。竞争环境的变化不断产生威胁，也不断产生机会。对企业来说，如何检测竞争环境的变化，规避威胁，抓住机会就成为休戚相关的重大问题。随着经济全球化进程不断加速，我国企业的竞争环境出现了急剧的变化，行业结构、竞争格局、消费者需求、技术发展等都发生了急剧的变化，不确定性

---

① 郑兵云、李邃:《环境对竞争战略与企业绩效关系的调节效应研究》,《中国科技论坛》2011年第3期。

增强。任何企业都必须时刻关注环境的变化,才能趋利避害。任何对环境变化的迟钝与疏忽都会对企业造成严重的甚至是决定性的打击。这是催生企业对信息管理需求的外部原因。

在任何市场上销售产品,企业都面临着竞争。市场上从事同类商品生产经营的企业,其竞争者包括现实的竞争者和潜在的竞争者;同一市场,同类企业数量的多少,构成了竞争强度的不同。

企业调查竞争环境,目的是认识市场状况和市场竞争强度,根据本企业的优势,制定正确的竞争策略。通过竞争环境调查,了解竞争对手优势,取长补短,扬长避短,与竞争者在目标市场选择、产品档次、价格、服务策略上有所差别,与竞争对手形成良好的互补经营结构。竞争环境调查,重在认识本企业的市场地位,制定扬长避短的有效策略,取得较高的市场占有率。

二 竞争环境信息分析的着眼点

在制定竞争战略、评估外部环境时,需要回答一个基本问题:企业在选择竞争市场时可能会出现什么情况?在回答这个问题的同时可能会提出某些其他的有关问题。[①]

首先是:企业参与竞争的是什么市场:为了给市场定位,企业必须了解客户的需求,并且使他们明白企业的竞争对象是谁。俗话说,知己知彼方能百战百胜。

为了探索这个问题,我们不妨以一家出售珠宝的小小连锁店为例来分析一下。这家商号从事珠宝零售业,因此,它的竞争对手是其他的珠宝零售商,通常它的市场在商业区的珠宝行。然而,如果我们继续对影响珠宝市场的宏观大环境的趋势进行评估,就会发现竞争来自城外的商店和邮购订货等经营方式。这家商号有一个小店开在半岛边缘的一个废弃的假日营。那里是通向某著名旅游景点的必由之路。毫无疑问,这家小店非常成功。

为什么人们要去这家珠宝店?很少有人为了买一串珍珠项链专程光顾该店。然而,当旅游者返家时往往都买一串带回去。实际上这家珠宝店也是一个旅游景点。尽管这家店的大部分商品都是在海外加工的,但是,他

---

① 孙月珠:《竞争环境分析》,《中国中小企业》2000 年第 6 期。

们还是设了一个车间，在那里人们可以亲眼目睹珠宝加工。那里还有茶座、儿童游乐场、动物园和蜡像馆等。当人们在海边坐着感到太冷了，可以去那小店坐坐，看看书，聊聊天……

客户在买珠宝的同时还需要些什么？比如，买鲜花送人，买服装，等等。因此，根据消费者的需要，这家珠宝店还可以增设饭馆和服装店等。这种集旅游和珠宝生意为一体的连锁店是内地和繁华商业区的珠宝店所不能匹敌的。

由此可见，竞争战略的核心是消费者的需求。只有认准了这一点，才能战胜对手，在竞争中不断发展。

企业很少只有一个明确的单一市场。通常一个企业拥有几个市场；每个市场都有独特的需求群体，即多种需求类似的买家团体。比如法国的一家自行车制造厂，它既参与国内市场的竞争，也出口欧洲许多国家。法国市场需求群体要的是成人赛车、三岁至六岁的女童车等。欧洲市场呢？这就有必要对欧洲自行车整体市场及需求群体进行竞争环境的分析和评估。①

分析家认为每个行业都有五种竞争势力：行业内现有企业的竞争；来自新的竞争者（潜在进入者）的威胁；买方讨价还价的能力；供应商的议价实力；来自替代产品或服务体系的威胁（见图3—1）。

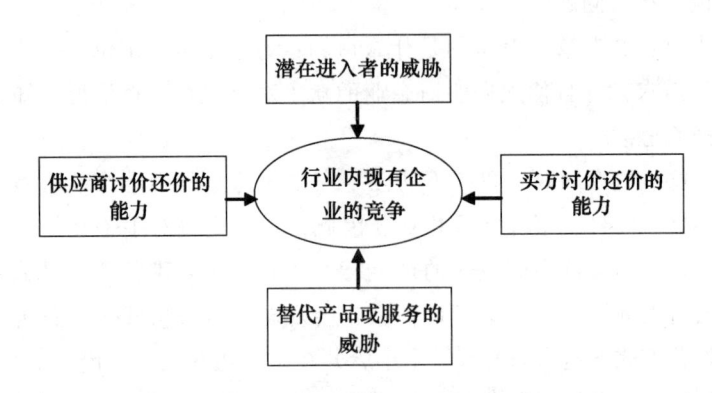

图3—1 行业内五力竞争图

竞争环境信息作为对企业制定战略是非常有用的信息，是由直接影响企业经营发展的众多因素组成的。它具体可分成两大类：一是由不可控制

---

① 孙月珠：《竞争环境分析》，《中国中小企业》2000年第6期。

的直接影响经营活动的因素所构成的行业环境，包括市场、产品、供应厂商、竞争对手和国家行业政策法规等。识别这些因素既是行业环境信息分析的基本内容，也是竞争环境分析和制定经营战略的关键性工作之一。二是由资源和能力这两种因素构成的可控因素，即企业的经营实力。有效地识别和评价这类信息，是确定经营战略必不可少的基础。竞争环境信息一般要从行业环境分析入手。但由于行业环境与一般外部环境是一个有机的整体，因而就得要首先弄清后者对前者的影响情况，然后才能找出行业环境中对企业有意义的关键因素。识别和评价这种关键因素的方法有两种，即行业结构分析法和行业因素评价法。前者适用于拟选择行业的企业，有助于透彻了解行业的性质；后者可用于已选好行业的企业。

三　行业结构分析法

行业结构通常可看作企业的行业环境因素与其相互关系的总和。现实中的企业行业环境比较复杂，应抓住构成行业结构的主要环境因素进行分析。因为行业结构的主要环境因素及关系，决定着行业结构的主体和基本性质。我国的行业结构的主体，一般是 5 种基本因素平衡的结果，需要对此做出有效的分析。[①]

（一）分析进出行业的障碍

主要分析以下几个内容：①规模经济。它能使企业得到高效益和低成本的利益。如果规模经济较小，那就不大合算。但大规模经济则会给企业进入行业带来困难，需要较大的投资。一旦投资费用超过规模经济带来的效益，就不宜进入这个行业。②资金。一般来说，动用经营的资金越多，进入行业的障碍就越大。对于那些有机构成较高、资金障碍很大的行业，比如铁路、石化等行业，一般都是较难进入的。③销售渠道。一个行业的销售渠道如果已被现有企业掌握或控制得很严，那么进入这个行业的障碍就很大。要想克服销售渠道障碍，就意味着要支付极高的代价。④技术。广义上讲，只要进入某一行业所需要的技术超过企业现有的接受或掌握能力，就会产生进入该行业的技术障碍。⑤产品差别。构成产品差别的因素

---

① 王淮海：《竞争环境信息分析的切入点与方法》，《情报理论与实践》1999 年第 7 期。

主要有原料配方、生产工艺、产品设计、价格、标准、质量、地理位置和用户服务等。当用户对产品差别反应强烈时,产品差别就成了进入行业的障碍。⑥成本。一般来说,能否取得优价原料、廉价劳动力和低息资金,以及能否获得优惠的税收政策的支持,都是进入成本障碍大的行业的关键因素。⑦退出障碍。主要指企业资产的构成和价值,以及企业的性质等。例如,若大部分设备是专用设备,或者不能拆卸转移,企业就会碰到较大的退出障碍。

(二) 分析替代产品的影响

就是分析来自行业内部的更新换代产品和其他行业的相关产品情况。它对行业的影响大致有3个方面:一是影响行业的盈利性,限制行业产品的高定价策略。一旦行业的当前产品所提供的价值低于替代品,用户就会购买替代品。二是影响市场对行业产品的需求,引起行业的增长或衰落。当某一替代品被用户广泛认识并使用,就表明该行业的当前产品已处于衰老阶段。三是影响行业的竞争范围和强度。如果行业替代品影响显著,就会大大缩小当前产品的用户市场,使行业竞争趋向强化。要找出与行业有关的替代品并确定它对行业特性和前景的影响,可采用以下方法加以识别和评价。①

首先,采用产品功能用途关联表的形式进行识别。就是将企业当前产品的功能、用途予以分类,在表上形成不同的产品功能、用途区(见表3—1),并要求在每一个产品功能区标出可能的替代品名称。

表 3—1　　　　　　　产品功能用途关联表

功能＼用途	用途 1	用途 2	……	用途 n
功能 1				
功能 2				
……				
功能 n				

其次,从用户角度评价已识别的替代品,确定出行业的关键替代品

---

① 张杨:《动态竞争环境与边缘竞争战略》,《经济师》2008 年第 4 期。

（见表3—2）。其中，替代收益包括替代品与被替代品的差价造成的收益在内；替代费用亦即用户转向替代品必须支付的代价；替代利益是替代收益与替代费用之比；替代时机主要是指发生替代过程的预计时间，以便区分当前替代品和潜在替代品。

表3—2　　　　　　　　　　识别关键替代品

评价项目	替代品1	替代品2	……	替代品n
替代品所属行业				
替代收益 替代费用 替代利益 替代时机 替代偏好				
关键替代品				

再次，用表3—3的形式评价关键替代品对行业的影响。表中只列出了4个一般评价项目，其他评价项目可根据行业和替代品的特性研究。替代强度反映替代品对用户吸引力的大小；行业吸引力反映替代品供应方对其重视或投入资源的程度。每个评价项目加权值的大小取决于该项目相对于总评价的重要性，其评分按5级语义级差赋值，非常强5分，强4分，一般3分，弱2分，非常弱1分。[①]

表3—3　　　　　　　　　　评价关键替代品

评价项目 加权值	替代强度 加权值1	替代时机 加权值2	政府支持 加权值3	行业吸引力 加权值4	加权评价 分合计
关键替代品1	/	/	/	/	
关键替代品2	/	/	/	/	
……	……	……	……	……	
关键替代品n	/	/	/	/	

说明：（1）$\sum_{i=1}^{4}$加权值 $i=1$；（2）"/"为评价分/加权评价值。

---

① 王淮海：《竞争环境信息分析的切入点与方法》，《情报理论与实践》1999年第7期。

(三) 分析关键用户地位的强弱

主要是通过下列因素评价关键用户的影响水平：①用户数量少，但购买量大，其地位就强。②行业中有差别产品时，用户地位相对较强。③产品质量或成本不受本行业产品的影响时，用户地位容易变强。④用户能随意改变供货厂家或进货渠道，而不用支付额外的代价时，用户地位较强。⑤凡用户建有自己的原料基地，其地位也强。评价方式参见表3—4。

表3—4　　　　　　　　评价关键用户

评价项目	产品差别化	产品质量	……	产品价格	加权评价分合计
加权值	加权值1	加权值2	……	加权值m	
关键用户1	/	/	……	/	
关键用户2	/	/	……	/	
……			……		
关键用户n	/	/	……	/	

说明：(1) $\sum_{i=1}^{m}$ 加权值 $i=1$；(2) "/" 为评价分/加权评价值。

(四) 分析资源供应单位地位的强弱

决定资源供应单位地位强弱的主要因素有：①资源供应单位数量少，会出现供方市场。②资源供应单位提供的产品或服务有差别，用户就很难改变其资源供应方单位。③用方找不到资源替代品，对资源供应单位来说就构不成替代威胁。④用方购买量仅占资源供应单位货量的极小部分，供方就可以不担心失去这类用方。⑤供方的资源供应对用方的产品质量成本有很大影响。评价资源供应单位对行业特性的影响，与评价关键用户的过程相似，具体评价方法参见表3—5。[①]

---

① 王淮海：《竞争环境信息分析的切入点与方法》，《情报理论与实践》1999年第7期。

表 3—5　　　　　　　　　　评价资源供应单位

评价项目	资源供方数量	产品差别	……	替代品	加权评价分合计
加权值	加权值 1	加权值 2	……	加权值 m	
关键资源供方 1	/	/	……	/	
关键资源供方 2	/	/	……	/	
……					
关键资源供方 n	/	/	……	/	

说明：（1）$\sum_{i=4}^{m}$ 加权值 $i=1$；（2）"/"为评价分/加权评价值。

（五）分析竞争对手

竞争对手是竞争环境的主要组成部分。分析的关键是要找出其与行业竞争强度的关系。具体可先从人力资源、有形生产服务资源、市场开发、技术开发、财务、管理 6 个方面去识别竞争对手。只要将竞争对手与自己相比较，得出每个项目的评价分，再将加权评价分合计，就可得出竞争对手的评价结果。然后对结果进行比较，从中确定出主要竞争对手，并评价其对行业特性的影响程度。评价方法见表 3—6。

表 3—6　　　　　　　　　　评价主要竞争对手

评价项目	规模经济	产品差别	……	政府支持	加权评价分合计
加权值	加权值 1	加权值 2	……	加权值 m	
主要竞争对手 1	/	/	……	/	
主要竞争对手 2	/	/	……	/	
……	……	……	……	……	
主要竞争对手 n	/	/	……	/	

说明：（1）$\sum_{i=4}^{m}$ 加权值 $i=1$；（2）"/"为评价分/加权评价值。

四　行业因素评价法

行业因素评价主要是从企业所处的行业环境及其内部条件两个方面，

描述和评价企业在经营环境中的状态、地位，以能判断企业在行业中的前景，指导相应战略的制定。①

(一) 评价行业吸引力

由于行业环境的吸引力取决于行业本身的性质或特性，因而就需要通过对企业绩效指标的数据处理、识别和确定来评价影响行业特性的主要因素。评价方法如表3—7、表3—8所示。

表3—7　　　　　　　　　评价行业吸引力

行业特性	评分小计	加权值	加权评分值
竞争特性		加权值（1）	
需求特性		加权值（2）	
技术特性		加权值（3）	
增长特性		加权值（4）	
盈利特性		加权值（5）	
合计			

表3—8　　　　　　　评价行业特性主要影响因素

行业特性	主要因素	对行业特性影响程度					评价分
		− − −	− −	−	0	+	+ +	+ + +	
竞争特性	参与竞争的企业数 竞争企业间相对地位稳定性 竞争企业战略冲突性 竞争行为敏感度 竞争资源可靠性 潜在竞争企业 竞争企业开工率 政府政策								

---

① 王淮海：《竞争环境信息分析的切入点与方法》，《情报理论与实践》1999年第7期。

续表

行业特性	主要因素	对行业特性影响程度					评价分
		− − −	− −	0	+	+ +	+ + +
需求特性	市场需求增长率 用户稳定性 产品生命周期 产品差别化程度 销售渠道有效性 替代品可接受 用户需求弹性 互补性 潜在用户 政府政策						
技术特性	成熟程度 复杂性 相关技术影响程度 技术保护性 工艺和装备的生产率 研究开发费用增长率 技术进步作用 政府政策						
增长特性	生产能力增长率 规模经济程度 成品库存水平 投资水平 人力资源需求量 企业多样化、一体化发展速度 政府政策						

续表

行业特性	主要因素	对行业特性影响程度					评价分
		--- -- -	--	0	+	++ ++	+++	
盈利特性	平均利润率 平均贡献率 资金周转速度 利润增长率 投资收益率 通货膨胀率 政府政策						

表3—8中有关符号的语义及评分分别是:"+++"为非常有利,6分;"++"为有利,3分;"+"为稍有利,1分;"0"为无影响,0分;"-"为稍不利,-1分;"--"为不利,-3分;"---"为非常不利,-6分。将每种特性各因素的评分值求和,就成为评价行业吸引力的数据。

(二)评价企业经营实力

影响企业经营实力的资源性因素和能力性因素可划分成市场、财务、技术、生产服务、人力资源、一般管理6类。正确识别和评价这些因素,将有助于企业制定有关的经营战略。评价方法与行业吸引力相同,参见表3—9和表3—10。

表3—9　　　　　　　　　评价经营实力

经营实力因素	评分小计	加权值	加权评分值
市场经济			
财　务			
生产服务			
研究开发			
人力资源			

续表

经营实力因素	评分小计	加权值	加权评分值
一般管理			
合　　计			

表 3—10　　　　　　　　　影响经营实力因素分类

因素分类	主要因素
市场经营	市场占有率、产品生命周期位置、产品信誉、销售力量、市场策略有效性、掌握市场信息能力、售后服务水平、市场开发能力、市场经营与其他部门协调性、用户稳定性
财务	财务形象、资金筹措能力、资金占用结构合理性、负债水平、会计系统有制性、费用控制水平资金周转率、资金运用效率
生产服务	设备完好率、设备利用率、设备磨损程度、扩大生产能力的余地、原料控制程度、外部协作可靠性、生产成本水平、质量控制、生产工艺、设备对竞争的适应性
研究开发	开发研究能力、成果转化周期、与市场信息结合程度、投入资金占销售额的比例、超前期技术人才储备、专有技术
人力资源	高层管理人员组成结构、中层及现场管理人员能力、工人技能水平、工人工作态度、人力激励水平、人员流动率、人员培训有效性、人力资源储备
管理	计划有效性、组织结构适应性、协调与控制有效性、企业文化配合程度、规章制度激励性、规章制度完善性

需要说明的是，由于评价企业经营实力主要影响因素的方法与表 3—8 右半部的评价方法相同，所以为节省篇幅，在表 3—10 中只给出了影响经营实力的因素及其分类情况，而未列出"对企业经营实力的影响程度"及"评价分"这两个栏目。一旦利用上述两种方法得出了行业环境吸引力和企业经营实力的评价结果，便可采用 9 方格图（把行业吸引力和企业经营实力分别用高、中、低三个等级划分，形成有 9 个方格的矩阵图）确定企业在某一经营领域中的环境位置，用以检查企业在该经营领域中战略运用的合理性。

第二节　竞争对手

商场如战场。企业在你死我活的市场竞争中必须时刻提防对手的突然发难。同时要用比对手更高明的竞争手段击败对手，攫取其市场份额，争斗激烈的程度和残酷性决不逊于硝烟弥漫的战场。企业要在如此激烈的竞争中生存和发展，就必须充分运用作为市场竞争的导航和参谋的竞争情报这个工具，千方百计地了解竞争对手和竞争态势，知己知彼，方能百战不殆。

竞争对手研究是竞争情报研究的核心内容，其内容涉及竞争对手生产经营的方方面面。通常，仅有正确的发展战略并不能确保企业在竞争中取得胜利，还需要与竞争对手展开面对面的较量。企业必须充分了解竞争对手的实力，监视竞争对手的每一步行动，预测竞争对手可能采取的行动策略，并结合本企业的实际条件，制定出切实有力的竞争策略。竞争对手研究不但帮助企业采取积极的竞争策略，选择恰当的时机打击对手，而且还可以减少经营和投资的决策风险，使自己在整个行业竞争中处于有利的或合适的位置。

一　竞争对手的确定

竞争对手是指与本企业生产、销售同类产品或代用品的企业以及在建的相关企业。依据市场占有率的大小把竞争对手分为当前竞争对手和潜在竞争对手（指产品的市场占有率低或正在开发同类功能产品的厂家）。从企业与竞争对手的关联角度划分为直接竞争对手和间接竞争对手。

在进行竞争对手分析时，首先需要确定企业的竞争对手有哪些。根据竞争对手的定义，竞争对手可以划分为当前竞争对手和潜在竞争对手。竞争对手的识别就是通过收集相关情报，判断行业内外的主要竞争对手和可能的潜在竞争对手。当前竞争对手可以通过大致观察确定，观察的典型标准就是相同的客户基础服务。但是这个区分很难深入，因为对客户基础的界定比较困难，从长远来看几乎所有的企业都在试图吸引同类收入的客户。这种界定有点极端，但同时这种方法强调了在分析时要适当地扩大范围，以便有效地将潜在竞争者包括进来。

迈克尔·波特在他的著作《竞争战略》中提到，潜在竞争者可以从下面几种企业中辨识出来[①]：①不在本行业但是很容易克服本行业壁垒的公司；②进入本行业会与原有业务产生协同效用的公司；③战略延伸必将加入本产业的公司；④可能向前一体化的客户或者向后一体化的供应商。

通常企业的竞争对手有很多，不可能也没有必要收集所有竞争对手的情报。正确选择需要进行分析的竞争对手是进行竞争对手分析前必须做出的判断。

确定竞争对手的方法很多，依不同的产品、不同的企业而选用不同的方法，也可多种方法综合运用。例如，识别现有和潜在竞争对手的经理人员判断法，识别极不明显的潜在竞争对手的消费者评价法，传统的战略组分析法，识别目前竞争对手的行业细分法等。识别企业目前与潜在竞争对手最有价值的情报源主要有：企业的消费者、销售人员、分销商与运营经理。[②]

（一）竞争者与竞争对手的异同

分清竞争者和竞争对手，是开展竞争对手分析的重要前提。竞争者与竞争对手的含义相近，其英文翻译都为"Competitor"，它们均为竞争行为的主体。然而，确切地讲，两者存在着一些差异，竞争者是在中观层次上对竞争场上的一切行为主体的统称，以区分竞争环境。竞争对手则是从微观层次上基于所研究的企业的视角来观察分析竞争场上与之相匹敌的竞争者，将其称为"竞争对手"。竞争对手与竞争者之间的主要区别，一是竞争对手只是竞争者的一部分，不包括被研究的企业自身；二是只有那些有能力与该企业抗衡的竞争者，才算是竞争对手。因此，企业竞争对手的确切英文译名应为"Competitive Opponent"。

（二）竞争对手与合作者

既竞争又合作，这种竞合关系是20世纪90年代以来国际竞争态势的

---

① [美] 迈克尔·波特：《竞争战略》，陈悦译，华夏出版社1997年版。
② 毛晓燕、环菲菲：《竞争对手情报分析》，《情报探索》2006年第3期。

重大发展。因此，我们不仅要研究竞争对手，也需要研究合作伙伴。

1. 合作竞争

竞争对手的概念是相对的，在复杂而又激烈的商战中，没有永恒的敌人，也没有永恒的朋友。在现实生活中往往会出现既敌对又合作的复杂的社会关系。亚当·M. 布兰登勃格[①]等认为，当共同创建一个市场时，商业运作的表现是合作；而当进行市场分配时，商业运作的表现是竞争。换句话说，商业运作是竞争与合作的综合体。Novell 公司的创始人雷鲁达认为，"你不得不在竞争的同时与人合作"[②]。他创造了"合作竞争"（Co-opetition）这个新词汇，提倡"双赢"战略。在现实经济活动中，石油输出国组织（OPEC）的做法就是合作竞争的典型。当全球石油短缺时，石油输出国组织各成员各怀鬼胎，相互竞争，抢夺市场份额；而当石油生产过剩，市场需求疲软，油价下跌时，又紧急磋商，共同合作，限制石油生产，维持油价，保证各集团的利益。他们既是竞争对手，又是合作者。竞争是永恒的，合作是暂时的、有条件的，我们要辩证地理解竞争与合作。

2. 角色转换

莎士比亚在他的名著《只要你喜欢它》中写道："全世界是一个舞台，所有的男人和女人都只是演员，他们有自己出场和退场的时间，而有的人要在自己的出场时间里扮演许多角色。"[③] 企业在商业游戏中也是在扮演多重角色，这使市场竞争变得更加纷乱复杂。有时企业随机应变，变换着不同角色。有时甚至同时扮演两个或两个以上的角色：竞争对手、合作者、供应商或者买家，等等。在价值链中，一个企业可以扮演不同的角色，这是很普遍的。例如，电力设备公司可以利用 AT&T 公司和摩托罗拉公司的线路传输信息和数据，它们成了电话公司的竞争对手；但这并不能阻止电话公司与电力设备公司之间成为互补的合作者，因为这两个公司用共同的电线杆来架设电线和电话线，以节约资金，降低成本，提高企业竞争力。

---

① ［美］亚当·M. 布兰登勃格、［美］拜瑞·J. 内勒巴夫：《合作竞争》，王煜全译，安徽人民出版社 2000 年版。

② 桂萍、谢科范、何山：《企业合作竞争中的风险不守恒》，《武汉理工大学学报》2002 年第 1 期。

③ ［英］威廉·莎士比亚：《莎士比亚经典作品集》，世界图书出版公司 2009 年版。

在企业竞争的过程中，没有永恒的竞争对手，随着竞争双方的力量对比，原来的主要竞争对手由于实力削弱，构不成足以匹敌的"仇敌"，而另一个不起眼的竞争对手也许正悄悄地逼近，欲出其不意，攻其不备，"螳螂捕蝉，黄雀在后"。昔日的合作者也可能摇身一变，成为更为凶险的竞争对手。

二 竞争对手分析的目的

竞争对手分析是企业竞争战略的制定基础和有机组成。通过对企业主要竞争对手的分析，以求最大限度地利用企业与其竞争对手的不同之处，扬长避短，避实就虚，寻求战略优势，使企业在与竞争对手激烈的对抗中占得先机，立于不败之地。

（一）竞争对手分析所遵循的思路

制定竞争战略的中心任务之一是对企业竞争对手的调查分析。要摸清每个竞争对手可能采取的战略行动以及成功的可能性，把握各竞争对手对其他公司在战略动机范围内可能做出的反应，洞察各竞争对手对可能发生的行业变化和竞争环境的变化可能做出的反应。深入分析竞争对手时，需要对下列问题做出答案："在本行业中我们在与哪几个企业竞争？竞争对手的战略行动意味着什么？其严重程度如何？""竞争对手哪里易受攻击？""我们应当在哪些领域回避正面冲突？对哪些领域的攻击有可能导致拼命的反击？"对上述竞争对手的情况列出清单，有计划、有步骤地开展调查分析，最终形成一个系统化的基本思路，以辅助决策。

（二）竞争对手分析的本质

根据福克纳和鲍曼在《竞争战略》一书中的提法，竞争对手分析涉及竞争对手五种基本属性：竞争对手相对的市场实力；竞争对手的资源与核心能力；竞争对手当前的和未来可能的战略；竞争对手的企业文化；在公司和业务单位水平上的目标群和最终目的。[①]

---

① [英] 大卫·福克纳、[英] 克利夫·鲍曼：《竞争战略》，中国人民大学出版社1997年版。

企业的竞争对手及其行为是企业密切关注的焦点，是企业从事具体竞争环境监视的重要内容。竞争对手分析的实质是分析竞争对手的战略、意图、优势、弱点和反应，是竞争情报研究的核心内容。这是一个系统分析过程。

竞争对手分析包括如何识别和确认企业的主要竞争对手，探求竞争对手的战略，评估竞争对手的强势与弱点，预测竞争对手的反应，针对企业核心情报收集对手有关的信息，从而对企业的主要竞争对手的竞争力进行综合性的全面评估。

三 竞争对手的识别

（一）竞争对手的识别标准

竞争对手的识别标准主要有行业标准和市场标准。有些采用多元化经营的企业确定其主要竞争产品可能比较困难，此时可以依照这几条原则进行：企业目前以及若干年内产值最大的产品；企业未来的主要产品；企业正在开发的新产品；企业系列产品中的核心产品。

（二）竞争对手的识别方法

1. 产品市场矩阵图法

产品市场矩阵图是以产品分析为纵轴、以市场分析为横轴形成的二维矩阵图，通过连接两者可以帮助企业找准目前或未来一段时间将要面临的竞争对手。

2. 策略团体分析法

策略团体：一个产业内执行相同或相似策略并具有近似策略地位的一组企业。策略是否相同或相似，一般从下面几个方面来考察：①产品细分市场是否相同；②产品线长度与宽度是否相似；③品牌定位是否相近；④分销渠道一致与否；⑤产品价格与质量相似程度如何；⑥提供给消费者的服务与技术支持是否相近；⑦推动与拉动的关系怎么样，等等。

策略地位是否相近，主要取决于竞争双方在本市场的竞争实力对比。竞争对手可用来支撑其在市场竞争的资源也是确定竞争对手要考察的关键因素。

3. 经理人员判断法

经理人员是企业的中间管理层，他们依据其经验、销售人员的电话及报告、中间商的信息及其他信息等对企业现有和未来竞争对手有较高的判断能力。

4. 消费者评价法

这种方法适用于经常性购买的非耐用品，需进行以下几方面的信息分析：购买周期分析；品牌转换信息分析；需求的交叉弹性分析；产品删除信息分析等。

四 竞争对手分析要素

（一）竞争对手的未来目标

所有企业都是为追求最大利润而选择适当的行动方案。各个企业对短期利润和长期利润的重视程度不同，目标也就不同。了解竞争对手的未来目标有助于预测竞争对手对其目标内外部环境的满意程度，预测竞争对手如何制定战略，以及竞争对手对外部环境或其他公司策略行动的反应模式。除了要考虑竞争对手的利润目标，还应考虑其他目标。每一个企业均有目标组合，组合中每一个目标有不同的重要性，所以需要了解竞争对手对目前的获利能力、市场占有率的成长、现金流量、技术领先、服务领先以及其他目标的相对重视程度如何。了解竞争对手的未来目标，可通过分析竞争对手各项财务指标历年增长情况及趋势。因为经济增长的实际结果与企业前期提出的增长目标有直接的关系，因而对增长曲线的分析实际上可为把握竞争对手的未来增长目标提供重要依据。竞争对手的生产经营历史和管理层的背景也是分析未来目标的重要情报源。[①]

（二）竞争对手的假设

竞争对手分析的第二个关键要素是识别竞争对手的假设。假设通常有两类：竞争对手对自己的假设；竞争对手对产业及产业中其他公司的假设。每个竞争对手都会对自己的情形有所假设，这些假设将指导竞争对手的行动方式和竞争的反应。竞争对手的自我假设可能不准确，企业可利用这种认识上的偏差采取迷惑性的战略手段。同样，竞争对手对自己所处行业及竞争对手也存在假设。这些假设可能存在盲点及偏见，这可能使竞争

---

① 毛晓燕、环菲菲：《竞争对手情报分析》，《情报探索》2006 年第 3 期。

对手看不到战略行动的重要性，不能正确地认识它们，或者很慢才认识到它们。这些可以帮助企业辨识立即遭到报复的可能，从而有针对性地采取有效措施。

分析竞争对手的假设可以从竞争对手的公开言论、认识事物的角度以及表现出来的对竞争对手目标和能力的看法，对其所在行业传统思路或历史及产业中流行方式的相信程度等几个方面来判断。这些情报可以从竞争对手领导层、销售队伍的言论以及广告、企业及其高层领导层的历史背景、竞争对手在技术研讨会和媒体上发表的文章等中获得。[①]

（三）竞争对手的现行战略

在平稳的经济形势下，企业战略选择往往遵循一定的惯性，连续性很强，这也是进行现行战略分析的意义所在。通常我们把竞争对手的现行战略看成是其各职能领域的主要营销战略以及将各职能领域有效联系的战略。迈克尔·波特将现行战略分为三类，即总成本领先战略、差别化战略和目标集聚战略。现实中，企业战略未必都是明确的，有时很多是介于中间的战略。分析时要将战略类别融入竞争对手的每个业务职能领域的战略分析中。竞争对手的当前战略可以依据其目前的各个方面的言行加以确认，例如，生产、销售、财务等。

（四）竞争对手的能力

对竞争对手进行实力评估，确认竞争对手的长处和弱势，是判断竞争者的战略能力或竞争力的基础，也是知己知彼、参与市场竞争的必要准备。竞争对手的实力取决于其拥有的资源和对资源的利用与控制，企业的资源主要是指实物资源、人力资源、财务资源及无形资产资源等。竞争对手的资源及其利用控制能力方面的情报可通过公开情报源进行收集，如近期业务数据，其中的销售额、市场份额、边际利润、投资收益、现金流量等数据对分析判断竞争对手的能力非常有效。另外也可以通过调查法对顾客进行直接调查，了解竞争对手在顾客中的心理占有率、情感占有率及竞争产品的优劣等。

这里要特别强调的是竞争对手成长能力、快速反应能力以及适应环境

---

① 包昌火、谢新洲、黄英：《竞争对手跟踪分析》，《情报学报》2003年第4期。

变化的能力的分析，这些能力虽然也是基于企业各环节的表现而衍生，但是在竞争对手的价值链中很难直观体现。这就要求我们用发展的眼光来看待竞争对手的潜在能力，关注对手的现金储备能力、留存借贷能力、新产品的研发能力、成本管理能力、复杂产品的管理能力以及融资能力等。

对上述要素的分析可以整合为一个关于竞争对手的全面描述。竞争对手描述可以使企业站在自信、积极、主动的角度制定竞争战略，界定战略参数，从而在竞争中占据有利地位，而不仅仅是对突发事件做出被动反应。同时，对竞争对手的描述可以使企业准确而合理地预测竞争对手面对不同竞争压力的反应。攻击型竞争对手一般会做出主动反应，而防御型竞争对手则是会视其对手的战略不断调整防御。这些可为企业选择战场提供依据，最理想的战场是能够促进本企业利润迅速增长，同时又可以规避竞争对手强烈反攻的领域。[①]

五 竞争对手情报的表述方式

竞争对手的分析结果需要选择一种合适的表述方式。表述有许多方式，比较直观而且形象的是用图表方式。这里主要介绍比较方格法与颜色标记的竞争对手优势分析表。

（一）比较方格法

比较方格以本企业的绩效或行业平均水平作为参照点，然后依据绩效、能力和关键成功因素将竞争对手位置在相关变量交叉轴上标出。这样就可以及时对两个竞争参数的相对绩效做出比较（见图3—2）。[②]

在图3—2中，处于Ⅰ区中的竞争对手代表其研发能力和销售额都高于本企业或行业的平均水平；而Ⅱ区中的竞争对手代表其研发能力要高于本企业或行业的平均水平，而销售额则要低于本企业或行业的平均水平；Ⅲ区中竞争对手的销售额要高于本企业或行业的平均水平，而研发能力低于本企业或行业的平均水平；Ⅳ区的竞争对手的研发能力和销售额都低于

[①] 毛晓燕、环菲菲：《竞争对手情报分析》，《情报探索》2006年第3期。
[②] 彭靖里、赵光洲、宋林清、马敏象：《论企业竞争对手的模糊判别模型及其应用》，《情报理论与实践》2004年第2期。

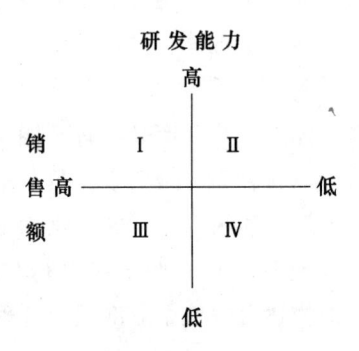

```
           研发能力
            高
销      I  │ II
售高 ─────┼───── 低
额      III │ IV
            │
            低
```

图 3—2 比较方格分区

本企业或行业的平均水平。

（二）颜色标记的竞争对手优势分析表

竞争对手优势分析表能够有效地描述出竞争企业之间的相对优越性。[①] 它用不同的颜色表示相对竞争程度（见表 3—11）。

表 3—11　　　　　竞争对手优势分析表（颜色标记）

资产与能力	竞争对手 A	竞争对手 B	竞争对手 C	竞争对手 D
产品线广度	红	黑	红	灰
专业广度	蓝	蓝	白	蓝
渠道覆盖广度	红	灰	灰	白
品牌认知度	白	蓝	白	白
融资能力	红	白	红	红
研发能力	蓝	白	蓝	黑

（注：红——强；篮——平均以上；白——平均；灰——平均以下；黑——弱）

上述图表制作完成后可以贴在墙上，相关参数言简意赅，一目了然，有利于促进头脑风暴法的应用。

通过对竞争对手的分析，不仅可以确认竞争对手未来的战略与计划，

[①] [加] 克雷格·弗莱舍、[奥] 芭贝特·本苏桑：《战略与竞争分析——商业竞争分析的方法与技巧》，王俊杰、沈峰等译，清华大学出版社 2004 年版。

了解竞争对手的弱点，给企业制定战略提供依据，还可以预测当企业取得竞争领先权时，竞争对手可能的反应，给企业竞争战场的选择提供方向。但是，竞争对手分析易导致盲目模仿竞争对手，最终会使企业成为行业的跟随者，对行业外潜在竞争对手的创新性方法视而不见。企业在实际应用中应加以注意。[①]

第三节 竞争战略

自 1965 年美国管理学家安索夫的著作《企业战略论》[②] 发表以来，"企业战略"一词被广泛地应用于社会经济生活中的各个领域，企业战略研究成为管理科学领域中一门年轻的学科。美国哈佛大学迈克尔·波特教授在《竞争战略》一书中认为，战略管理就是"采取进攻性或防守性的行为，在产业内建立起进退有据的地位，成功地对付五种竞争作用力，从而为公司赢得超常的投资收益"。[③] 竞争战略是竞争情报研究的首要内容，其研究内容包括竞争战略的类型、战略选择的依据、战略选择的方法等。在日益激烈的市场竞争环境中，竞争战略关系着企业市场竞争的成败。企业竞争战略的选择和制定，需要竞争情报研究为其提供决策参考和依据。

一 竞争战略理论的发展

国际前沿理论研究表明，企业组织特别是大公司、大集团的竞争优势，已构成一个国家或地区经济发展的微观基础。为了赢得国际竞争优势，西方经济学界和管理学界一直将企业竞争战略理论置于学术研究的前沿地位，从而大大推动了企业竞争战略理论的发展与创新，呈现出名家辈出、学派继起的蔚为大观之势。与西方市场经济发达国家不同，中国企业界直到 20 世纪 90 年代才真正开始接触国际先进的企业竞争战略理论。竞争是企业成败的关键，为了推动企业竞争战略研究，提高我国企业竞争优

[①] 毛晓燕、环菲菲：《竞争对手情报分析》，《情报探索》2006 年第 3 期。
[②] [美] 伊戈尔·安索夫：《企业战略论》，世界图书出版公司 1965 年版。
[③] [美] 迈克尔·波特：《竞争战略》，陈悦译，华夏出版社 1997 年版。

势，有效迎接国际竞争，我们着重思考 80 年代以来企业竞争战略的三大主要理论流派，以求为促进社会主义企业竞争战略理论的发展与创新，拓展学术视野。[①]

（一）结构学派：竞争战略的产业选择与竞争对手的分析框架

企业竞争战略，主要是指企业产品和服务参与市场竞争的方向、目标方针及其策略，其内容一般由竞争方向、竞争对象、竞争目标及其实现途径三个方面构成。综观近 20 年的国际理论研究成果，可将企业竞争战略研究思潮大致划分为三个前后继起的主要理论流派，即结构学派、能力学派和资源学派。

结构学派的创立者和代表人物，理应首推美国著名战略管理学家、哈佛大学商学院的迈克尔·波特教授。波特的新型企业竞争战略理论是对多年来相关研究成果的厚积薄发。在波特之前，已有诸多学者对企业竞争战略进行过深入研究，其中影响最广泛的当属哈佛大学商学院的安德鲁斯，[②] 他在《企业战略概念》一书中所提出的战略理论及其分析框架（又称为"道斯矩阵"）一直被视为企业竞争战略的理论始祖。在安德鲁斯的 SWOT 分析框架中，S 是指企业的强项（Strengths），W 是指企业的弱项（Weakness），O 是指环境向企业提供的机会（Opportunity），T 是指环境对企业造成的威胁（Threats）。波特指出，构成企业环境的最关键部分就是企业投入竞争的一个或几个产业，产业结构强烈地影响着竞争规则的确立以及可供企业选择的竞争战略。为此，波特反复强调："产业结构分析是确立竞争战略的基石"，"理解产业结构永远是战略分析的起点"。

与以往的研究相比，波特的理论贡献在于对产业组织经济学与企业竞争战略的创新性兼容。[③] 首先，他认为一个产业内部的竞争状态取决于五种基本竞争力的相互作用，即进入威胁、替代威胁、买方砍价能力、供方砍价能力和现有竞争对手的竞争。其中最强的一种或几种竞争作用力占据着统治地位并对一个企业战略的形成起着关键作用。他进一步指出："当

[①] 叶克林：《企业竞争战略理论的发展与创新——综论 80 年代以来的三大主要理论流派》，《江海学刊》1998 年第 11 期。

[②] ［美］安德鲁斯：《企业战略概念》，世界图书出版公司 1971 年版。

[③] ［美］迈克尔·波特：《竞争优势》，陈悦译，华夏出版社 1997 年版。

影响产业竞争的作用力以及它们产生的深层次原因确定之后，企业的当务之急就是辨明自己相对于产业环境所具备的强项与弱项"，据此，企业应"采取进攻性或防御性的行动，在产业中建立起进退有据的地位，成功地对付五种竞争作用力，从而为企业赢得超常的投资收益"。在上述分析基础上，波特提出了三种可供选择的竞争战略：总成本领先战略、差别化战略和目标集聚战略。当然，实施这三种战略不仅需要不同的资源和技能，同时还存在着程度不同的风险。

继产业结构分析之后，波特详尽阐述了关于企业竞争战略理论的另一个重要组成方面，即竞争对手理论分析模式。这主要包括如下三个方面内容：一是如何辨识竞争对手；二是如何分析竞争对手；三是如何把握竞争对手的市场行动信号。对于我国许多面临市场激烈竞争而又试图保持相对竞争优势的企业来说，波特的许多精辟论述和分析技巧则具有很强的现实针对性和操作借鉴意义。[1]

（二）能力学派：竞争战略的行为与过程分析理论

所谓能力学派，是指一种强调以企业生产、经营行为和过程中的特有能力为出发点，制定和实施企业竞争战略的理论思想。该学派有两种具有代表性的观点：一种观点是以哈默尔和普拉哈拉德[2]为代表的"核心能力观"；另一种观点是以斯托克、伊文斯和舒尔曼[3]为代表的"整体能力观"。前者所说的"核心能力"，是指蕴含于一个企业生产、经营环节之中的具有明显优势的个别技术和生产技能的结合体。后者所指的"整体能力"，"主要表现为组织成员的集体技能和知识以及员工相互交往方式的组织程序"。换言之，两种"能力观"虽然都强调企业内部行为和过程所体现出的特有能力，但前者注重企业价值链中的个别关键优势，而后者则强调价值链中的整体优势。

能力学派的理论创新，首先，体现在它对 20 世纪 90 年代以来企业竞

---

[1] 叶克林：《企业竞争战略理论的发展与创新——综论 80 年代以来的三大主要理论流派》，《江海学刊》1998 年第 11 期。

[2] ［印］C. K. 普拉哈拉德、［美］加里·哈默尔：《公司的核心竞争力》，《哈佛商业评论》1990 年第 5 期。

[3] ［美］小乔治·斯托克、［美］菲利普·B. 伊文斯、［美］劳伦斯·E. 舒尔曼：《基于能力的竞争：公司战略的新规则》，《哈佛商业评论》1992 年第 3 期。

争本质的重新认识上。在对西方国家一些大公司成败案例研究的基础上，能力学派指出，90年代以来企业竞争的基本逻辑发生了变化。在90年代以前市场处于相对平稳的状态下，企业竞争犹如国际象棋赛争夺棋盘中的方格一样，是一场"争夺位置的战争"，通常以其十分明确的市场细分产品来获得和防卫其市场份额；企业获取竞争优势的关键就是选择在何处进行竞争。但在90年代以来的激烈动荡的市场环境中，企业竞争呈现出动态化特征，类似于迅速多变的电视节目一样，已变成一场"运动战"；竞争能否成功，取决于对市场趋势的预测和对变化中的顾客需求的快速反应。在这种竞争态势下，企业战略的核心在于其行为反应能力；战略的目标在于识别和开发难以模仿的组织能力。

其次，能力学派的理论创新表现在如何识别和培育企业核心能力的理解上。在能力学派看来，如何识别核心能力已成为一个企业能否获取竞争优势的首要前提。能力学派坚持认为，核心能力来自企业组织内的集体学习，来自经验规范和价值观的传递，来自组织成员的相互交流和共同参与。

最后，能力学派的理论创新表现在如何制定和实施企业竞争战略的政策主张上。使企业成为一个以能力为基础的竞争者，是能力学派的最终目的。为此有关学者曾对企业核心能力、核心产品、最终产品及其关系做过一个著名而生动形象的比喻："一个实行多角化经营的公司犹如一棵大树，树干和主树枝是核心产品，较小的树枝是事业单元，树叶、花和果实就是最终产品，提供养分、支撑和稳定性的根部系统就是核心能力。"据此，能力学派主张，要建立或捍卫一个企业的长期领导地位，就必须在核心能力、核心产品和最终产品三个层面上参与竞争，并成为胜利者。

（三）资源学派：竞争战略的综合理论分析框架

资源学派的某些理论观点在20世纪80年代中期就已出现，经过80年代末90年代初的长足发展，目前已基本成为企业竞争战略研究领域中占主导地位的理论流派。强调"资源"问题的重要性，是资源学派的理论出发点和基础。在其主要理论代表人物柯林斯和蒙哥马利[1]看来，资源

---

[1] ［美］大卫·柯林斯、［美］辛西娅·A.蒙哥马利：《竞争资源：20世纪90年代的战略》，《哈佛商业评论》1995年第7期。

是一个企业所拥有的资产和能力的总和。因此，一个企业要获得佳绩，就必须发展出一系列独特的具有竞争力的资源并将其配置到拟定的竞争战略中去。然而，在一个企业所拥有的各类资源中，哪些资源可以成为企业战略的基础呢？在实践中又如何识别和判断不同资源的价值呢？对此，柯林斯和蒙哥马利认为，资源价值的评估不能局限在企业自身，而要将企业的资源置于其所面对的产业环境，并通过与其竞争对手所拥有资源进行比较，从而判断其优势和劣势。[1]

在柯林斯和蒙哥马利研究的基础上，英国学者福克纳和鲍曼[2]两人进一步拓展了资源学派导向的竞争战略理论体系和分析模式。他们不仅综合了结构学派和能力学派的有关理论思想，而且在分析技术工具上进行了富有成效的大胆创新，从而大大提高了企业竞争战略理论的实用价值。为了客观分析一个企业的市场竞争地位，福克纳和鲍曼首先创建了"顾客矩阵"。这是一个由可察觉的价格和可察觉的使用价值两组变量构成的两维坐标。一个企业要获取竞争优势，就必须以最低的可察觉价格向顾客提供最高的可察觉的使用价值。按照这一原则，在顾客矩阵中，一个企业有两种基本的战略选择，一是削减价格，二是增加可察觉的使用价值。一个企业到底选择哪种战略，还必须以企业对核心能力的开发与使用状况为依据。一个企业的核心能力主要包括运行能力和制度能力。而核心能力中能为企业带来竞争优势的又称为"关键能力"。

为了分析关键能力，福克纳和鲍曼又创建了"生产者矩阵"分析技术工具。在这一矩阵中，纵轴表示能产生价值的有效能力，横轴表示相对单位成本。综合运用"顾客矩阵"和"生产者矩阵"，就可以比较准确地把握一个企业的市场竞争地位。以上述研究为基础，福克纳和鲍曼最终概括出七种具有一般意义的战略选择：①什么都不做；②退出市场；③巩固市场；④市场渗透；⑤现有产品/新市场；⑥新产品/现有市场；⑦新产品/新市场。一个企业究竟选择上述哪种竞争战略，必须从战略的适宜性、可行性和可接受性三个方面进行详细评价。一般而言，"当用三项标准来

---

[1] 叶克林：《企业竞争战略理论的发展与创新——综论80年代以来的三大主要理论流派》，《江海学刊》1998年第11期。

[2] ［英］D. 福克纳、［英］C. 鲍曼：《竞争战略》，李维刚译，中信出版社和西蒙与舒斯特国际出版公司1997年版。

衡量时，最佳方案的可接受程度应是最高的"。

综上所述，通过对上述三大理论流派的考察与评估，我们可以发现，企业竞争战略理论研究已日趋成熟和完善。但从另一方面看，企业竞争理论总是随着管理实践的发展而发展的。随着知识经济时代的到来，企业竞争将会发生质的变化，战略的目标及策略也会随之改变。如何迎接21世纪的这一重大挑战，已成为企业家们和企业战略管理学家们共同面临的新课题。

二 战略差异性研究

先来看一下战略管理对战略差异性的有关研究：战略管理学认为企业为了有效利用自身的优势，适时捕捉产业的机会就会相应制定不同的竞争战略，由此也就产生了相互间的战略差异性。企业通过模仿和学习使其能力状况不断改变，同时在产业环境的作用下（特别是技术的作用），企业的各种资源和能力也会随着时间的推移而此消彼长，因此企业就会不断调整自己的竞争战略以求得在竞争中的主动有利地位，产业中的战略差异性也就会出现随时间动态变化的现象。当然，根据系统论的观点，产业环境和企业应该是互动的，企业间的战略差异性会反过来对产业演进起到重要的影响作用。由此可见，产业中的战略差异性是产业演进的显性表象之一。[①]

在产品引入期和成长期，产品往往是非标准化的，顾客大多是第一次购买，企业为了吸引顾客，使自己的产品与别的企业有区别，往往在研发和广告上进行大量的投入，在这两个阶段企业常以产品的质量、品种、服务、交易方式、品牌等为中心，建立起本企业的差别优势，增强产品的吸引力，其追求的是差异化战略，自然此时企业间的战略差异性很大；在成熟期和衰退期，由于企业都想通过低价格来获取更多的市场份额，企业的重心从产品创新转移到生产流程创新，其目的是通过提高生产效率来获得低成本低价格，此时企业间的战略大都表现为"以廉取胜"的竞争战略，相互间的差异性也就相应减少。经研究又发现产业中的战略差异性和资本

---

① 吴晓伟、吴伟昶、徐福缘：《竞争战略差异度的定量研究》，《情报学报》2004年第10期。

市场投资回报（产业绩效）之间具有正相关性，即产业的战略差异性较大时，产业绩效往往比较高，反之，产业绩效就比较低。这从另一个角度解释了衰退产业绩效低劣的原因。但是，在有些产业特别是寡头垄断产业中，往往通过策略同谋而不是竞争来获得高额的回报，为了使策略同谋进行得有效，其所奉行的战略往往是一致的，那么这些产业中的战略差异性肯定很小。因此可以认为，高度的战略差异性和战略共同性均能带来很好的投资回报。

三　竞争战略分析方法设计

以上有关竞争战略差异性的研究说明产业战略差异度在分析产业发展、进入和退出产业、投资回报以及产业内的竞争复杂性具有重要意义，竞争情报工作者可以把其引入竞争情报分析方法中，对企业竞争战略的制定能提供很好的参考分析。但引入时要设计一个规范的分析流程并结合一些定量分析算法，使其更具有实践操作性，为此设计了如下分析流程。[1]

（一）选取样本企业

被研究的产业中的样本企业选取一般要符合三个要求：首先被选的企业在此产业中已存活了若干年（成熟市场经济的国家一般可取 5 年，而我国是新兴市场，政府管制力度大，市场人为干预因素多，时间可取 2—3 年）。新成立的企业一般不能作为样本选入，因为企业刚成立时往往战略具有不确定性，大多是一种试探性的行为。其次被选企业的主营业务收入要占 70% 以上，不然产业特征不显著，相互就不具有可比价值。最后，要根据销售额由大到小选取样本企业，使被选的企业销售额总量占整个产业的 70% 以上，这样所选的样本才具有产业代表性。

（二）确定战略变量

收集相应信息。战略变量的确定是测定战略差异度的关键。战略变量同时是区分不同的战略集团的依据。一个战略集团是指某一产业中采取相

---

[1] 吴晓伟、吴伟昶、徐福缘：《竞争战略差异度的定量研究》，《情报学报》2004 年第 10 期。

同或相似战略的各企业组成的集团。如果产业中的所有企业基本认定了相同的战略，则该产业就只有一个战略集团，另一极端情况就是每个企业就是一个战略集团。战略集团确定后才可以进行产业战略差异度的计算。

企业的战略抉择可以通过一些重要的变量来表现：

（1）资本密集程度：企业通过规模效应来提高产业壁垒的程度。该变量可以用人均资产占有率来测定。

（2）R&D 力度：企业寻求技术领先而不是追随或模仿的程度。该变量可用每年企业投入的 R&D 费用占销售额的百分比率来测定。

（3）品牌的知名度：企业寻求品牌的知名度而不是主要依赖价格或其他变量的竞争程度。该变量可以通过企业每年的广告投入占销售额的百分比率来测定。

（4）产品的专业化程度：产品专业化程度体现了企业的目标客户群的大小以及所服务的地区市场的广度。该变量可用产品系列数来测定。

（5）价格：指企业在市场中的相对价格状况。可以用评语集来描述，即 {很高，高，一般，低，很低}。

（6）服务质量：指企业针对其产品系列提供的售后服务。例如工程上的支持，服务条款的信用保证等。可以用评语集来描述，即 {很高，高，一般，低，很低}。

（7）产品质量：产品的质量水准，包括在选料、性能、耐久性等方面的质量标准。另外可以通过消协发布的产品的投诉率来间接获得产品质量的测定。可以用评语集来描述，即 {很高，高，一般，低，很低}。

战略变量的选取不宜过多，不然进行聚类时得到的战略集团的数量将很多，不利于差异度的计算和分析。同时，变量的选取也是灵活的，变量要突出产业的特征，即所设置的变量往往是该产业的关键成功因素。例如在分析零售业时就要把产品的价格、服务质量、分销渠道的完善程度作为战略变量，而 R&D 力度对其能否成功的作用并不突出。战略变量和各战略变量重要性权重的设定均可以通过聘请专家用 Delphi 法来确定。假定专家选择了 $f(1 \leq i \leq l)$ 作为战略变量，其相互间的重要程度用 1—9 比率标度，则可以获得权重的判断矩阵：

$$R = \begin{bmatrix} r_{11} r_{12} \cdots r_{1l} \\ r_{21} r_{22} \cdots r_{2l} \\ r_{l1} r_{l2} \cdots r_{ll} \end{bmatrix}$$

对其进行 AHP 一致性校验后，通过求解该判断矩阵的最大特征根的特征向量就可以得到各战略变量的权重系数为 $W = (w_1, w_2, \cdots, w_l)$。

（三）通过聚类获得战略集团

由于战略变量的数据量纲没有统一，因此在聚类之前要对变量数据进行预处理，使其标准化，转化为无单位的变量。对于数值数据可用以下两步来计算其标准化测量值：

1. 计算绝对偏差均值 s_f

$$s_f = \frac{1}{n}(|x_{1f} - m_f| + |x_{2f} - m_f| + \cdots + |x_{nf} - m_f|)$$

其中，$x_{1f}, x_{2f}, \cdots, x_{nf}$ 是战略变量 f 的 n 个企业实际测量值，m_f 为变量 f 的均值，也就是 $m_f = (x_{1f} + x_{2f} + \cdots + x_{nf})/n$。

2. 计算标准化测量值 $z_{if} = \dfrac{x_{if} - m_f}{s_f}$

评语集可以认为是一种符号变量，符号变量是对两个以上的状态进行描述，假如战略变量 f 有 M_f 个状态，那么这些状态就映射为 1，1，$\cdots$，M_f 的等级，设相应的等级为 r_{if}，再把其值用下式进行转换到 [0, 1] 之间：$z_{if} = \dfrac{r_f if - 1}{M_f - 1}$

量纲统一后，再把得到的标准测量值与权重系数相乘后才可以进行聚类分析。聚类算法很多，常见的有划分方法、层次方法、基于密度方法、基于网格方法、神经网络方法等。SPSS 统计软件提供了 K-means 和层次方法能快速进行聚类分析。MATLAB 提供的神经网络函数对相关性变量分析更有意义。

3. 计算战略差异

通过聚类后，获得了若干个战略集团。为求战略差异度，先求出每一类中战略变量的均值，然后对这些集团之间的战略变量均值两两计算绝对差，再把绝对差累加起来就可得整个产业的战略差异度。该过程可用式子：$\text{var} = f_{i} \sum_{1 \leqslant j, k \leqslant n, j \neq k} m_{fi}^{j} - m_{fi}^{k}$ 和 $\text{Vaf deg ree} = \sum_{1 \leqslant i \leqslant l}$ 表示。式 $\text{var} f_i$ 表示该产业中战略变量的差异度，n 表示战略集团的数量，l 表示战略变量个数，m_{fi}^{j} 表示第 j 集团中变量 f_i，var gegg ree 表示最后得到的产业战略差异度。

例如图 3—3 中，用战略变量 R&D 力度、品牌的知名度、价格、产品质量对某一产业进行聚类得到四个战略集团 A、B、C、D。若集团 A 的品牌知名度的均值为 3.5，B 的均值为 3.4，C 的均值为 2.3，D 的均值为 0.5，那么该产业中品牌知名度的差异度为：

|3.5 − 3.4| + |3.5 − 2.3| + |3.5 − 0.5| + |3.4 − 2.3| + |3.4 − 0.5| + |2.3 − 0.5| = 10.1

同理，可以计算 R&D 力度、价格、产品质量的差异度，再把四个差异度相加就可得该产业整体战略差异度。

同时可用式 $dist(A, B) = \sum_{1 \leq i \leq l}$ 来计算 A、B 两个集团间的战略差异度，此差距正是由于 A、B 集团中的企业实施不同的竞争战略所产生，我们亦可把其称为集团 A、B 的移动壁垒强度。

A 知名度高，价格高，质量好，技术领先

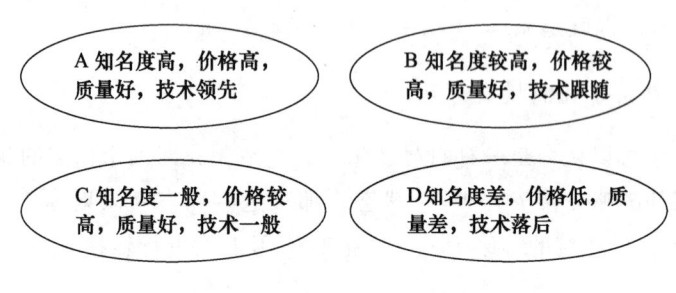

B 知名度较高，价格较高，质量好，技术跟随

C 知名度一般，价格较高，质量好，技术一般

D 知名度差，价格低，质量差，技术落后

图 3—3 假定产业的战略集团图

4. 战略转移难易程度的定量测定

前面已经叙述了产业中的战略差异度和产业生命周期、资本市场产业投资回报之间的关系。战略差异度对企业战略转移也具有特殊意义。图 3—3 中，我们已经得到一个假定产业的战略集团。如果集团 C 中的企业所获得的利润没有集团 A 和 B 中的企业高，C 中的企业想改变战略进入集团 A 或 B，此战略转移的难易程度可用 A 和 C、B 和 C 之间的移动壁垒强度 $dist(A, C)$ 和 $dist(B, C)$ 来定量测定。若 $dist(A, C) > dist(B, C)$ 的财力有限时，向集团 B 进行战略转移往往比较容易成功，因为 B 和 C 之间的移动壁垒要比 A 和 C 之间低。转移的关键成功因素可以通过计算各战略变量的差异贡献率来确定。即用式

$$\frac{m_{f_i}^B}{dist(B, C)} \quad 1 \leq i \leq 4$$

求出四个战略变量分别对战略集团 B、C 之间产生差异的贡献程度，所得

的值越大，说明此战略变量在战略转移过程中将起重要的作用。计算若发现产品知名度变量是 B 和 C 战略差异贡献度最大的变量，那么 C 在转移时就要把追求品牌放在首位，加大广告的投放力度。通过计算集团之间的差异度，以及各变量的差异贡献率，企业就可以根据自身资源情况制定相应的转移路径和转移策略。

至此一个基于竞争战略差异度的竞争对手分析方法设计完毕。该方法在产生过程中用到了一些定量方法，先用统计学解决了样本企业的选取和战略变量的测量；再用 AHP 层次分析法确定了变量的权重；最后用神经网络或其他的聚类工具获得了战略集团，这样就可以计算战略差异度和战略转移难易度了。总体来说，此方法需要收集的数据不多，但对企业战略制定具有很好的启示意义，同时整个方法流程比较简单，容易被竞争情报工作者掌握，另外，该过程具有很好的规范性，可以通过计算机自动化，这样可以大大提高分析的效率。[①]

四　竞争战略的制定步骤——以白象食品集团为例

综合国内外各方研究者观点，战略管理包括战略分析、战略选择和战略实施三个阶段：战略分析包括考虑企业宗旨、目标期望和权利关系，评价公司的外部机会或威胁及内部优势和劣势，设定长期的战略目标、形成战略等方面；在战略选择的过程中要决定公司进入哪些领域、放弃哪些业务、如何分配资源、是否进行多元化经营、是否进入国际市场、是否进行并购等；战略实施要求公司设定年度经营目标、制定经营政策、激励员工、分配资源以实施形成的战略，另外还包括发展战略支持型文化、构建组织结构、重新定位市场、制定预算、利用信息系统等方面。[②]

（一）白象食品集团战略制定的宏观背景

中国食品工业中近年来发展最快的要数方便面行业，已成为世界上最

---

① 吴晓伟、吴伟昶、徐福缘：《竞争战略差异度的定量研究》，《情报学报》2004 年第 10 期。

② 王华：《今麦郎食品有限公司竞争战略研究》，首都经济贸易大学硕士学位论文，2008 年。

大的方便面生产和销售地。2011年1—11月，全国方便面产量达751.4万吨，同比增长22.80%，超过全球产量的一半。随着行业整合及行业成熟度的提高，中国方便面行业竞争日益加剧，发展中的诸多矛盾深刻显现，进入结构性调整和转变经济增长方式的阵痛期。在这种形势下，行业产销量排名第三的白象集团感到了前所未有的压力和挑战。如何制定集团下一步的发展战略，实现企业资源的最优化配置，增强企业的竞争力，是集团当前所面对的一项刻不容缓的任务。

白象食品股份有限公司是一家以方便面生产、销售为主营业务，横跨面粉、挂面、粉丝、面点、饮料和种植等多个领域的全国大型综合性食品企业。白象食品正式创立于1997年，至今已在河南、河北、山东、山西、湖南、江苏、四川、陕西、吉林等省市布局10个方便面生产基地、2个面粉生产基地、1个挂面车间和2家调味料公司。白象先后被评为"农业产业化国家重点龙头企业"、"河南省粮食深加工和食品生产龙头企业"、"全省粮食深加工十家重点保护企业"和"中国面制品业最具活力的企业之一"。白象食品股份有限公司现拥有国际一流方便面生产线97条，年产方便面近100亿包。2003年，白象勇于创新，大胆探索，潜心研发出骨类系列方便面，首次成功打破了国内方便面行业多年只有牛肉面口味的产品格局，重新把握了方便面行业新的"定味权"。此后8年间，白象"骨类"系列方便面以其健康、美味、营养的产品诉求，得到了全国亿万消费者的青睐和追捧，引领了国内方便面市场全新的消费潮流。国际权威调查机构AC尼尔森数据显示，2003年至今，白象方便面始终保持18%左右的市场占有率，一直稳居全国方便面行业三甲之列。

（二）战略制定的方法

白象食品集团结合自身的主业及所在行业实际情况，采用了常规性战略制定方法对其发展战略进行了研究和制定。常规性方法认为公司战略实质上就是直线式和理性的过程，即从"现在我们在哪里"开始到为组织未来制定新的战略。该方法认为公司战略是事先规定好的，战略的三个核心方式战略分析、战略制定和战略实施是按次序联系在一起的，也就是先进行战略分析，然后选定战略，最后实施战略。

（三）白象食品集团外部环境分析

制定企业竞争战略必须实事求是地分析企业的外部环境，揭示企业所面对的主要机会与威胁，从而使用适当的战略，利用机会、回避威胁或减轻威胁所带来的影响。

1. 宏观环境分析（PEST 分析）

企业宏观环境分析的主要因素有政治和法律环境、经济环境、社会文化环境、技术环境，等等。

政治和法律环境：2011 年以来中国政府对食品安全进行严格监管，一系列以食品安全标准为重点的食品标准的颁布实施，使食品企业的主体资格和生产经营行为得到有效规范，生产条件和经营环境更加符合安全和卫生要求，食品安全水平不断提高。以上政策的实施为白象食品集团发展的规范化、市场化，以及集团的发展和壮大提供了有利条件。

经济环境分析：与政治和法律环境相比，经济环境对企业生产经营的影响更直接、更具体。2010 年，中国国内生产总值达到 397983 亿元人民币，成为仅次于美国的世界第二大经济体。国民经济持续快速发展和城市化水平的提高，给白象食品发展创造了巨大的需求空间。根据中国政府的发展规划，"十二五"（2011—2015）时期国内生产总值年均增长 7%，城乡居民人均纯收入分别年均增长 7%，城市化率提高到 51%。据有关预测，到 2015 年中国城镇和农村居民的恩格尔系数将从 2010 年的 35.7% 和 41.1% 分别下降到 32% 和 37%，平均生活水平从小康型向富裕型阶段转变。国内食品消费总量仍将不断增加，工业化食品比重逐步增长，为企业发展提供了巨大的市场空间。

社会文化环境分析：方便面产品 1958 年由日本的安藤百福所创，其核心概念就是提供消费者"方便"、"快捷"的加工食品，并使其成为工业化的生产过程。经济的高速发展、生活节奏的加快促使人们改变了传统的生活方式，方便食品近年来始终保持良好的增长势头。

技术环境分析：在科学技术迅速发展变化的今天，企业必须要预见新技术带来的变化，在战略管理上作出相应的战略决策，以获得新的竞争优势。方便面行业在中国大陆的发展始于 1992 年，2010 年中国方便面以 501 亿包的产量、497.15 亿元的产值走出了自 2007 年以来的低谷，以产量上升 12% 的业绩，形成了恢复性上扬的曲线。随着市场集中度的加速和品牌培育，行业价值上升，赢利能力加强。在产品口味上，产品朝原料天然化、风味个性化、使用方便化、卫生安全化和健康营养化发展。

2. 波特的五种力量竞争模型分析

根据波特的五种力量竞争模型理论，客户讨价还价能力、主要竞争对手、潜在进入者、替代品以及供应商讨价还价能力五种力量共同决定产业竞争的强度以及产业利润率，并从战略形成角度来看起着关键性作用。

客户讨价还价能力分析：近年来全国 CPI 指数不断上涨，面粉、棕油、运输、人力等成本上升，一方面使方便面企业与消费者讨价还价的能力减小，另一方面也使方便面企业与经销商讨价还价的能力减小。

主要竞争对手分析：方便面市场已经形成寡头垄断的市场格局，2011年康师傅市场占有率已达 54.6%，今麦郎、白象、统一为首的第二军团以总计约 30% 的市场份额紧随其后，紧随它们之后的是锦丰、斯美特、中旺等地方小品牌。2000—2010 年的十年间，中国方便面生产企业由 800 余家减至 80 多家，淘汰率高达 90% 以上。

潜在进入者分析：方便面行业经过多年高速成长后，市场已经趋于饱和，行业利润一路下滑。由于方便面的技术含量较低，准入门槛不高，先前进入市场的品牌如过江之鲫，市场同化程度越来越高，各品牌的成长空间有限，潜在进入者参与到方便面经营中的难度较大。

替代品分析：替代品是新技术与社会新需求的产物。中国的面文化源远流长，尽管方便饺子、馄饨、米饭、粉丝、米线等替代品逐步出现，但因为中国大多数以面食为主食，且替代品的工艺尚未成熟，这些产品对方便面的替代作用还不明显。

供应商讨价还价能力分析：白象食品集团每年转化小麦 180 万吨，每年购进新鲜蔬菜 3 万吨、脱水蔬菜 3000 吨、牛肉 5000 吨、辣椒 1000 吨、鸡蛋 2500 吨。在目前方便面市场属于完全竞争市场的情况下，供应商间的竞争比较激烈。

3. 白象食品集团外部分析总结——面临的外部机遇和威胁

（1）机会：

政府政策的支持。政府对国家农业产业化龙头企业的大力支持，为公司的发展提供了良好的政策环境，也为公司指明了发展方向。对于白象食品集团来说，必须抓住机遇，提升公司核心竞争能力，提升市场占有率，快速、健康、协调地发展。

市场发展潜力。中国周边国家方便面年人均消费量很高，韩国达70包、印度尼西亚61包、越南54包，而中国处于较低水平，人均约30包，方便面在中国仍是处于成长期的"朝阳产业"，市场容量的发展潜力仍非常巨大。

技术创新体系优势。强大的科研水平和研发实力是提升企业自主创新能力、提高综合竞争水平的根本保障。2006年，白象食品投入巨资与中国农业大学联合成立了具有世界一流水平的"白象方便面、饮品安全，营养、健康研究中心"，形成产、学、研紧密合作的技术创新体系，促进科研成果的转化。

低成本产业链优势。白象食品集团总部所在地河北隆尧是全国优质小麦生产基地，白象食品集团在河北农村基本上实现了一体化的生产体系，种植、养殖、加工运输产业链已基本形成，靠规模生产和配套企业的发展策略赢得了低成本优势。

内部管理优势。方便面企业的规范化、多元化为白象食品集团的发展提出了具体的要求，是公司快速、健康、协调地发展的基础。白象食品重视企业内部管理优化及员工内训，从业人员的综合素质不断获得提升，为快速消费品行业规范化、多元化快速发展提供了条件，也为集团的发展提供了契机。

（2）威胁：

白象食品同时涉足方便面、饮品、餐饮三个行业，投入的分散无疑给公司方便面产业造成了经济威胁。方便面的主要利润集中在高档面领域，白象食品集团品牌已成功切入城市高端市场，但在中、高档面上的市场占有率还不高，而低档面基本处于亏损状态。市场竞争促使各竞争对手纷纷整合销售通路，开拓车站、旅馆、网吧、餐饮、团购等特殊渠道，以扩大自己的市场份额和网络规模。在正常销售渠道，各厂家采取渠道下沉的手段实施"通路精耕"开拓农村终端，白象食品集团在农村市场的通路优势正在被蚕食。2007年以来，国内面粉、棕榈油、包装物等原材料和劳动力价格不断上涨，石油价格上升导致运费超支，这些压力不可避免地传导到下游方便面产业中。

综上所述，白象食品集团所面临的外部环境存在良好的发展机遇，也存在着风险与威胁。但总体来看，机会大于风险，机遇大于挑战。对于白象食品集团来说，完全可以通过加强内部管理和营销，规避所面临的风险与威胁,通过提高企业综合竞争实力增强市场占有率,发展和壮大自身。

(四) 白象食品集团内部资源实力分析

知己知彼方能百战不殆,企业要想在激烈的市场竞争中取得胜利,除了要掌握外部的环境和竞争对手的情况之外,更要对自身的条件了如指掌,只有这样才能制定出符合的战略与策略,保证企业的持续发展。

白象食品集团内部分析总结——集团自身的优势和劣势:

优势:①大陆方便面企业的行业领导者之一,具有良好的公众形象和品牌效应;②制定了清晰的战略规划,发展方向和思路明确;③强大的直接和间接融资能力为未来扩大经营规模和资本运作提供了坚实的保障;④世界上最先进的生产线和最大的方便面生产基地,为其参与未来竞争提供了极大的优势;⑤白象食品拥有的完善的仓储、运输设施是其发展物流的巨大优势;⑥中高层管理人员对企业忠诚度高、向心力强。

劣势:①集团没有上市,资金压力大于竞争对手;②缺乏功能齐全的专业物流公司是白象食品发展快速消费品的劣势;③白象食品集团专业技术人才出现断层,后备干部培养没有受到足够重视;④白象食品营销基层人员流失严重,不利用企业政策的稳定执行;⑤人力资源考核制度执行不力,不利于人力资源的激励;⑥管理体制不完全符合现代企业制度的要求,对下属企业管得太死,挫伤其经营的主动性和积极性;⑦集团的信息处理系统极其落后,整个企业面品有 10 个生产基地,却没有 ERP 系统来管理和支撑。

(五) 白象食品竞争战略选择

从白象食品的内外部环境分析可以看出,白象食品的资本实力、品牌实力与产品实力都还没有强大到与行业领先者康师傅进行阵地战的程度。白象食品可采取市场挑战者战略,积极争取市场领先地位,伺机向康师傅发起挑战。

经充分论证后白象食品选择的总体竞争战略是:坚持把发展方便面、饮品主业作为主题,坚持把通路精耕、资源优化配置作为主线,坚持把提高效益作为动力,坚持把资本运营、信息和人才平台建设作为基础,坚持把提高终端服务质量作为核心,坚持把管理科学和文化建设作为保证。

第一,坚持围绕"四个支柱、一群重点"的主业结构体系,扩大产能规模。白象食品的制面、面粉、饮品、餐饮四大支柱类和调味料等重点货类已经形成较大规模，到 2014 年总体销售额要达到 396 亿元，其中方便面 200 亿元，面粉 36 亿元，综合 20 亿元，饮品 140 亿元。

第二，实行通路精耕，掌控销售渠道。不再依靠经销商网络而是将分销渠道逐步掌握在自己手里，降低渠道的层次，合理划分区域，稳定市场价格。实施真正意义上的渠道管理，蚕食城市销售渠道，稳定农村销售网络，使公司销售的触角扎实渗入到渠道的核心中去。

第三，发展白象食品麦场解决资源紧张问题，延长产业链。白象食品麦场一方面作为与农户签约生产的生产基地，另一方面作为休闲娱乐场所，发展白象旅游休闲产业。

第四，坚持相关多元化发展，以资本运营为手段，通过并购和控股参股经营国内一些有发展潜力的食品企业来扩张资产规模，扩大经营实力，营业收入到 2014 年要达到 396 亿元；集团最高目标是利用通路优势、与相关食品企业结成战略联盟，成为年销售额达 1000 亿元以上的世界一流食品经营企业。

第五，坚持以人为本，吸引食品经营管理高级人才，注重培养食品作业专业技术人才，学习国内外先进食品经营管理的经验，提高管理水平和服务质量。

成为世界一流食品经营企业应该是白象食品集团的最高战略目标，为了实现该战略目标，上述第一、二、三、四战略是实现战略目标的支柱，而第五则是实现战略目标的基石和根本保证。

白象食品的远景战略目标描述：顺应世界食品经营企业发展趋势和潮流，积极做大传统类食品规模，提高赢利能力；通过引进人才，在扩大业务规模的同时，积极引进战略投资者，利用资本手段使白象食品集团成为立足中国、着眼世界的一流食品投资控股集团。

战略任务：从白象食品集团的战略选择来看，白象食品集团需要做的工作很多，面临非常艰巨的任务，战略选择的任务主要体现在以下几个方面：①首先是战略明确。在分析中国食品行业和快速消费品的特点和发展趋势的情况下，分析白象食品集团的特点和优势，明确制定白象食品的发展战略，以确保后续健康、快速地发展。②专业化。要提高从业人员的专业素质，必须建立一个健全的培训制度，对员工要不断地进行在职培训教育，从而不断提高其专业水平，为客户提供优良服务打好基础，提高公司的经营能力，增强核心竞争力。③规范化。白象食品集团公司的规范化，既是市场对其提出的客观要求，同时也是自身发展的需要。④要正确处理好与政府、客户、行业协会及其他食品公司的关系，在合作中竞争，在合作中共赢，在合作中发展。

（六）白象食品集团竞争战略的实施

在2011年，白象食品集团在总量规模扩张方面的主要任务是围绕"四个支柱、一群重点"的结构体系，扩大产能，加强营销，广揽客户资源；顺应发展趋势，通过扩大规模实现集团规模经济，降低平均运营成本。上述目标已收到了良好的效果。

2011—2014年在产能规模进一步扩大的基础上，重点搭建和巩固好集团层面的资本运营、信息、人才平台，做好资本扩张的准备，提升作业和管理的效率，提升集团的核心能力。成立集团投融资公司。实现企业内的全面信息化，提升管理效率，降低管理费用；通过白象食品集团控股的专业学院培养年轻的专业技术人才和营销管理人才，提升在岗员工的专业技术能力和营销水平；提高中高级管理人员的管理能力和水平，引进一批善于资本运作的人才，为下一阶段的运作做准备。

在2014—2018年，通过资本运营，实现多元化扩张阶段。在前一阶段规模扩张和核心能力平台搭建的基础上，通过资本运营手段，兼并收购其他中小企业，努力成为国内实力最雄厚的食品经营集团，并尝试相关多元化，向物流产业、农场休闲旅游产业等方向发展，最终成为多元化投资控股型集团公司。①

---

① 王华：《今麦郎食品有限公司竞争战略研究》，首都经济贸易大学硕士学位论文，2008年。

第四章

竞争情报工作体系与竞争情报系统

第一节 竞争情报工作流程

竞争情报流程就是根据企业对竞争情报的需求，收集、加工、分析和传播竞争情报的过程。虽然对不同的企业来说，竞争情报系统的核心可能不尽相同，加上竞争情报的动态性决定了它的工作流程存在多样性和复杂性，但在一般情况下，竞争情报工作流程的一个周期通常都包括情报规划、情报收集、情报处理、情报分析和情报传播等五个阶段。[①]

（一）竞争情报规划

情报规划的主要任务是界定竞争情报需求，确定竞争情报工作目标，制订竞争情报工作计划。有了情报规划就会使我们在收集竞争情报时具有方向，具有明确的目标和具体的要求。竞争情报的目标是指竞争情报要关注的内容。为了使我们的竞争情报工作做到有的放矢，首先就要重点关注管理人员对竞争情报的需求，了解哪些部门、哪些人需要使用哪些方面的情报，使用这些情报的目的是什么，到底需要收集、分析和提供哪些情报；其次要根据所需要的情报内容制订一个收集分析计划，确定收集的方法，当然还应包括得不到某些情报时的应急措施；最后要经常与情报用户沟通，让他们了解工作进展，以确保我们提供的情报能适合用户的需要，使我们的工作更具针对性。当了解了组织内部对情报的需求后，就需要对

---

① 杨德平、陈中文、郭丽英、吴恒梅：《论企业竞争情报流程的合理整合》，《科技创业月刊》2006 年第 9 期。

所收集的竞争情报的内容进行界定。一个企业想要在激烈的市场竞争中取胜，以下四个方面的竞争情报是必不可少的，即有关宏观经营环境、产业环境、顾客和竞争对手。当然，这四者又是相辅相成的，了解有关宏观经营环境有利于企业的发展决策，了解顾客有助于识别和分析竞争对手，了解竞争对手有助于了解行业的竞争态势，了解行业的发展趋势有助于制定自己的竞争战略。[①]

（二）情报收集

谈到竞争情报的收集，首先要明确竞争情报的收集范围。竞争情报的收集范围一般主要包括行业环境信息、宏观环境信息、企业自身信息和竞争对手信息等。行业环境主要是指企业自下而上的直接环境，包括行业政策变化趋势，市场需求及市场变化趋势，直接竞争与间接竞争的焦点，产品的更新换代和技术创新，替代品对本行业的威胁，等等。宏观环境信息是指社会大环境信息，主要包括政治法律信息，如政治制度、经济体制、方针政策、法律法规等，也包括社会总体经济环境信息，国际国内经济和发展趋势，还包括技术环境信息、社会文化环境信息和自然环境信息。本企业自身的信息，主要包括本企业的发展史，高层领导人的素质，本企业当前的经营战略、目标、产品销售情况与服务特色、技术创新水平等信息。竞争对手信息是竞争情报的重要内容，主要包括竞争对手的发展历史与背景，了解竞争对手的过去、现在和未来的发展趋势，其产品销售情况和售后服务情况，了解竞争对手企业的主要目标和战略方向、财务状态，等等。收集竞争情报应该高度重视对企业外部公开和非公开信息源以及内部信息源的开发和利用。外部公开信息源主要包括书刊等出版物、产业研究报告、公开的档案、年鉴、企业数据库、产品说明书、企业广告、管理方文件，等等。而外部非公开信息源主要指外部非公开发表的信息源，主要包括各种会议文献资料、企业宣传品、专业情报咨询机构信息及第三方相关信息，如银行、工商管理、税务、证券公司，等等。至于内部信息源，主要指通过企业员工来收集的非公开信息。据国外统计，大约有80%的竞争情报信息可以从员工中获得，由于每位员工都有各种各样的社

[①] 王春、房俊民：《企业竞争情报系统定制之前期规划调研》，《现代情报》2009年第1期。

会关系，可以通过他们获得很多有用信息，企业应该重视对企业内部信息网络的开发利用。

（三）情报处理与情报分析

情报收集之后要对收集到的原始情报进行初步处理，即对其进行选择、过滤、归类和可靠性评价等。对情报的选择、过滤处理，可以淘汰一大批对企业无关紧要的和明显虚伪的信息，从而集中精力去分析处理那些重要的竞争情报。然而情报信息的真实可靠性的论证也是一个相当重要的环节，其可靠性可以从以下几个方面予以论证：首先考察该情报所来源的渠道以往提供的信息是否可靠，以确定该渠道的可信度；其次考察该渠道抱着什么动机提供情报，分析其动因。经过综合处理，以判断该情报的可靠性与真实性。竞争情报分析是将大量零散的、看似没有联系或无意义的原始信息进行综合比较、研究分析、评价重组，从而发现其真正的情报价值。情报分析的最终目的是为决策者提供对外部环境变化和发展趋势的充分认识和准确判断，并结合本企业的客观条件、技术水平提出可行的建议，从而为企业决策者制定竞争战略提供依据。对竞争情报的分析要做到完整和实用，主要是对那些影响企业生存和发展的关键因素进行分析，其分析方法可借鉴国内外一些新的、行之有效的方法和手段。情报分析的内容主要包括外部环境分析、内部环境及条件分析以及对内外环境综合分析、竞争对手情况分析，将外部环境、竞争对手情况与本企业内部环境及条件结合起来进行综合分析，从而作出当前的战略决策。[①]

（四）情报传播

情报传播这一阶段，竞争情报人员不仅要将经过收集、处理、分析后的情报传递给最终情报用户，同时还要主动收集最终情报用户对情报产品的反馈信息。首先情报人员要向企业决策者提供有决策价值的情报，同时还要向企业内部所有因工作需要的人员提供情报，这个阶段是让情报发挥其最大价值的阶段。当然，竞争情报在传播时应分成多个层次，以满足不同层次的用户的情报需求，这里也还有个情报保密的问题，情报不是泛泛

[①] 杨德平、陈中文、郭丽英、吴恒梅：《论企业竞争情报流程的合理整合》，《科技创业月刊》2006 年第 9 期。

地提供，而是只向有工作需要的人员提供。

竞争情报工作流程的目的是非常明确的，是为企业决策者提供及时、准确、适用、完整的情报，因此竞争情报工作流程中的情报规划、情报收集、情报处理、情报分析和情报传播都应围绕这一目标有机地结合在一起。目前企业内部竞争情报流程的合理整合是在企业动态的网络管理模式下进行的，它非常有利于企业信息的交流与整合。随着企业信息化水平的不断提高，企业建立统一信息网络平台，实现企业内部资源共享已成为可能。建立以 Internet 为基础的企业统一信息沟通、处理、分析、整合平台，关键还是需要有效组织起竞争情报的流程整合，真正实现企业内部的资源共享，加速企业内部情报的流转周期，更有效地为企业战略决策提供可靠且实用的竞争情报。①

第二节 竞争情报系统

一 竞争情报系统概述

竞争情报系统，又名 CIS，是 Competitive Intelligence System 的缩写，是企业竞争战略管理实践中新出现的概念。

国际著名竞争情报专家、美国竞争情报从业者协会（SCIP）前主席、匹兹堡大学商学院教授约翰·普赖斯科特②把竞争情报系统定义为：一个持续演化中的正式与非正式操作流程相结合的企业管理子系统，其主要功能是为企业组织和成员评估关键发展趋势，跟踪正在出现的不连续性变化，把握行业结构的进化，以及分析现有和潜在竞争对手的能力和动向，从而协助企业保持和发展竞争优势。③

Goonie 软件则将企业竞争情报系统定义为：一套面向企业竞争情报收集和管理的软件系统。系统内嵌标准规范的情报工作流程，全程为企业竞

---

① 杨德平、陈中文、郭丽英、吴恒梅：《论企业竞争情报流程的合理整合》，《科技创业月刊》2006 年第 9 期。
② ［美］约翰·普赖斯科特、［美］斯蒂芬·H.米勒：《竞争情报应用战略——企业实践案例分析》，包昌火、谢新洲等译，长春出版社 2004 年版。
③ 陈飔：《企业竞争情报系统和竞争情报工作体系研究》，《中国信息界》2010 年第 3 期。

争情报工作的情报规划、情报采集、情报加工和情报服务等每个环节提供强大和丰富的功能应用支持。

中国竞争情报研究会名誉理事长包昌火研究员指出："竞争情报系统是以人的智能为主导，信息网络为手段，增强企业竞争力为目标的人机结合的竞争战略决策支持和咨询系统。"竞争情报系统可为企业取得竞争优势提供强有力的信息支持和情报保障，因而我们可以把它看作企业领导集团在经营战略和竞争决策过程中的"总参谋部"。[①]

二 竞争情报系统的背景与发展

随着互联网时代的到来，企业面对的信息呈现爆炸式增长，现代企业越来越依赖有效组织起来的非结构化的信息。不论是电子邮件、网页还是文字处理文档，不论是企业内部信息还是外部信息，非结构化信息作为关键连接贯穿企业的整个价值链。如何从如此繁多而无序的非结构化信息中提炼出对企业占领市场、保证可持续发展的关键信息，是现代企业面临的一个挑战。企业竞争情报系统是适应当前互联网时代而产生的动态企业竞争战略，是企业组织利用内外部信息、把握瞬息万变的市场竞争环境的有力工具。企业竞争情报系统是对企业所处整体竞争环境的一个全面监测的工具，它的主要功能是为企业成员评估行业关键发展趋势，把握行业结构的调整，跟踪正在出现的连续性与非连续性变化，以及分析现有和潜在竞争对手的能力和方向，从而协助企业保持和发展可持续性的竞争优势。

竞争情报系统是21世纪的企业最重要的竞争工具之一，竞争情报系统可以充当企业的预警系统、决策支持系统和学习工作，从而有力推动企业信息化进程，显著提升企业综合竞争力，据统计，全球500强企业90%都拥有竞争情报系统。

目前，国内企业引发建立竞争情报系统的一轮热潮，国内著名企业如海尔、中国网通、中国移动纷纷建立了自己的竞争情报系统。市场需求的巨大驱动，很多公司踊跃进入企业市场，提供竞争情报系统服务。国内提供竞争情报系统的公司很多，提供的系统基本上嵌入信息收集、处理和发布模块，提供的产品在信息收集、处理和发布功能方面非常强大，对企业

---

① 包昌火、谢新洲：《企业竞争情报系统》，华夏出版社2002年版。

信息化作用显著，但是，由于大部分提供商缺乏电信行业背景，基本上是软件开发为主的技术主导性公司，因此，产品差异性不大，提供给电信企业的也只是更先进的信息收集和发布工具，情报内容和专业分析比较欠缺。而电信市场竞争激烈，迫切呼唤真正具有专业背景公司提供的竞争情报系统。

三 竞争情报系统对企业的作用

竞争情报系统帮助企业了解外部环境。企业外部环境，包括政治、经济、社会和技术四个方面。政治和法律环境对企业的影响具有直接性、难预测性和不可控制等特点，这些因素常常制约、影响企业的经营行为，尤其是影响企业较长期的投资行为。竞争情报系统跟踪这些情报，降低这些不稳定因素对企业的影响。企业的经济环境主要由社会经济结构、经济发展水平、经济体制和宏观经济政策四个要素构成。社会自然环境包括社会环境和自然环境。对经济环境和自然环境的跟踪分析，可以有效帮助企业保持可持续发展。技术环境主要是与本企业的产品有关的科学技术的现有水平、发展趋势及发展速度，跟踪掌握新技术、新材料、新工艺、新设备，分析对产品生命周期、生产成本以及竞争格局的影响。[①] 此可谓"知天"。

竞争情报系统可以提供市场预警。企业在发展过程中，需要不断地分析市场情况，掌握市场动态，扩大市场份额，提高产品生产量，正确地把握增长和衰减的可能范围，产品的营销范围，外销的可能性，对新产品的品种、质量、价格、服务等方面的缺点和不足，以确定下一步发展战略。竞争情报系统就是企业的智囊，起到市场导向的作用，商品营销的警示作用，以及做出战略决策的参谋作用。此可谓"知地"。

竞争情报系统帮助企业分析竞争对手。竞争情报系统帮助企业了解竞争发生在哪里、竞争对手是谁，确定必须跟踪的竞争者，收集整理竞争者信息，建立竞争对手档案库，分析竞争对手将会有什么动作、企业应该采取哪些对策等，从竞争信息读出"战略信号"，判断竞争者和本企业所处的相对竞争地位、估计竞争者的优势。同时竞争情报系统将帮助企业了解和跟踪与

---

① 于丹辉、刘英涛：《吉林省企业竞争情报系统的建立》，《图书馆学研究》2005 年第 5 期。

产业的基本特性相关的情报，例如产业的集中度、进入壁垒、国际化程度、管理程度、技术变化速度、品牌忠诚度、业态变化等。此可谓"知彼"。

竞争情报系统辅助企业制定决策。企业管理者在做出战略决策时，必须有进入一个市场的情报，企业整体经营项目的转移，或是一项关系到企业生存与发展的一项新产品开发，企业的发展定位等方面的情报。特别是企业兼并或并购，必须全面掌握和了解被并购企业的产权状况、债权状况、经营状况、企业内部人员结构状况，等等。竞争情报系统为决策提供准确的情报支持。

竞争情报系统帮助企业捍卫自身信息安全。竞争情报是一把"双刃剑"，你可以用来对付竞争者，竞争者也可用来对付你。反竞争情报也是一种积极行为，而不仅仅是消极地防堵。对现代企业而言，既要有锋利的"矛"、又要有厚实的"盾"。竞争情报系统监控了企业相关的各类情报，能够快速发现情报泄露等异常情况，因此它不仅是"矛"，同时也是"盾"。此可谓"知己"。[①]

四 竞争情报系统的结构

对于竞争情报系统的结构，我们可以从横、纵两条线进行简要描述。[②]

（一）竞争情报系统横向描述

从横的方向说，竞争情报系统由三大网络构成：组织网络，人际网络，信息网络。

组织网络描述的是企业的框架体系，企业正是由其组织结构决定了其形状，好比人类由骨骼确定体形一般。充分考虑到竞争情报工作特点的经过良好设计的竞争情报组织网络是竞争情报系统的组织保障和基础。

人际网络指的是竞争情报人员通过个人交往和联系拓展企业的竞争情报来源渠道。通过这种方式，我们可以充分获取信息，挖掘正式交流中所

[①] 彭靖里、杨斯迈、宋林清：《论企业资源计划与竞争情报系统建设》，《情报杂志》2004年第2期。

[②] 谢建：《企业竞争情报系统中的知识管理思想》，《情报资料工作》2006年第2期。

不能体现的情感信息；还可以实现"难以言传"的隐含知识（不能用文字表达的知识）的转移和传递。

信息网络是使原始的情报资源最终加工成为企业竞争情报的信息资源传播并增值的重要网络，它的核心部分由 CIO、竞争情报收集子系统、竞争情报分析子系统、竞争情报服务子系统几部分组成，理想的企业竞争情报系统是计算机化的高级信息系统。

同时，这三种网络之间也有着非常密切的联系。竞争情报组织网络与后面的信息网络和人际网络有着密切联系。信息网络要靠组织网络的结构与人员来实现，"组织网络"中的"岗位"正是由人来担当的，同时组织网络与人际网络也有重叠交叉的部分。

（二）竞争情报系统纵向描述

从纵的方向说，竞争情报的生产经历了一个采集、规整、分析加工到其可以按企业需要进行应用服务的过程。在这个过程中，情报资源由大量原始初级的杂乱无章的"数据"转化为清晰地表达出一定含义的"信息"，继而从中按照企业竞争需要提取出有价值的"情报"应用于企业竞争实践。这样一个信息资源不断流动转换的过程就构成了竞争情报系统纵向的收集、分析、服务三个子系统。显然，从"采集"、"分析"到"应用服务"，再到新的"采集"，正是一个信息从低级到高级，从繁杂、没有价值到精练、具有价值并可以加以运用的信息循环流动过程，这也是竞争情报系统运作的主要过程。因此，竞争情报收集、分析、服务三个子系统就构成了竞争情报系统的核心部分，横向的"组织网络"与"人际网络"都是围绕着这个核心服务的。[①]

第三节 竞争情报工作体系

一 竞争情报工作体系及其构成

通过竞争情报在组织和企业中的实际运转分析，有些专家认为，竞争

[①] 许娟：《基于社会关系网络聚类的竞争情报系统》，《工程与建设》2010 年第 6 期。

情报系统的提法容易产生误导，应代之以竞争情报工作体系。通常所说的企业竞争情报系统，有企业组织自己开发的，也有软件开发商研制开发的产品，实际上就是计算机网络化的竞争情报工作平台，是企业竞争情报工作的支持系统。确切地定义为：计算机辅助竞争情报处理系统（CAIS）。我们可以把这种软件系统称为狭义的企业竞争情报软件平台，或者就称作竞争情报软件系统。竞争情报软件系统是竞争情报工作体系的重要组成部分。

（一）企业竞争情报工作体系

企业竞争情报工作体系，通常也简称为企业竞争情报系统。企业竞争情报系统是以信息资源管理为基础产生和发展起来的，帮助企业充分有效地开发信息资源以增强竞争实力、获取竞争优势的面向竞争的信息管理系统。它将与企业的业务流程系统和办公事务系统相结合，成为企业自己的"中央情报局"。但是这种简称为"情报系统"的方法却常常给人们的认识带来误解，而把企业竞争情报工作体系误认为是完全建立在计算机和网络通信平台上的软件系统。事实上，一个完整的企业竞争情报工作体系，与其他计算机化的信息系统如 MIS、ERP 之类是非常不同的，其实质通常包括但并不仅仅是一套计算机软硬件构成的系统。最大的不同就是它不是一套完全自动化的系统，通常它包括：战略、组织、人员、制度、流程、方法、信息/知识基础、人际网络、信息平台和处理系统。[①]

由于企业竞争情报工作体系是一个人机信息交互混合系统，通常涉及企业的许多流程和业务部门，需要较强的组织协调功能，因此有的企业专门设立有竞争情报部门。但是，有的企业把竞争情报系统等同于一个信息或情报部门的设立，这种看法也是不正确的。情报部门和专职情报人员的设置，对于企业竞争情报工作肯定是有所促进的。竞争情报系统作为特殊的信息系统并不一定是计算机化、网络化的。比如，一个小酒馆也算是一个企业，就没有必要专门为它设计一套计算机网络系统。大型企业信息系统必然是计算机化和网络化的，竞争情报系统当然也不例外。有一定企业规模或者企业规模不大但经营规模很大，其竞争情报工作就需要现代信息技术的支撑了。竞争情报系统的核心是一个竞争信息收集处理和应用系

---

① 陈飚：《企业竞争情报真相羊皮卷（三）》，《信息空间》2004 年第 10 期。

统。竞争情报系统的目的是为企业竞争情报工作提供工作环境和平台,同时提供技术工具和数据基础。由于竞争情报工作的高度智能性和对抗性,特别是感知、分析、判断、预测、预警等智能性工作严重地依赖于人,因此它是不能完全自动化的。为了保证企业竞争情报工作的正式性和规范化,需要有一种考虑到人的程序(不只是涉及计算机软件)和制度,并且由专人监督该程序被执行,同时还要对执行的效果进行评估。

(二)企业竞争情报工作体系的基本架构

企业竞争情报工作需要一个多种因素和资源构成的工作体系来保证。企业竞争情报工作体系包括如下要素:竞争情报战略——企业发展战略、市场竞争战略、竞争情报工作的使命任务;竞争情报意识——竞争意识、信息共享观念、协作意识等;竞争情报工作制度——竞争情报收集和报告制度、竞争对手情报采集和奖励制度等;竞争情报工作流程——竞争情报工作业务如采集、整理、处理、报告、发布、预警流程;竞争情报技术工具和方法——情报监测方法、搜索方法、分析处理方法,各种情报信息处理工具和方法,含有信息处理软件,如搜索引擎、知识挖掘、统计分析、随机分析、信息预测等软件;信息处理和网络通信平台——用于进行竞争情报收集、处理、存储和传递发布的计算机通信网络设施、设备、操作系统、通信协议、处理软件等;数据基础——包括各类信息载体上存储的信息数据,数据库、数据仓库、数据集市中的关于本企业、竞争对手及竞争环境的信息数据。这些数据信息常常需要企业历史和现时的财务、营销、历年的报表等数据,企业或机构的资料室、档案室也是这一数据基础的组成部分。

企业竞争情报工作体系的基本架构如表4—1所示。[①]

表4—1 企业竞争情报工作体系的基本架构

战略层	企业发展战略和市场竞争战略 具有竞争情报意识的人员(培训)
规则层	竞争情报工作制度 竞争情报工作组织

---

① 陈飙:《企业竞争情报系统和竞争情报工作体系研究》,《中国信息界》2010年第3期。

续表

操作层	竞争情报工作流程 竞争情报技术工具和方法
基础层	数据、信息、知识基础 信息处理和网络通信平台、人际情报网络

（三）企业竞争情报系统

企业信息化过程的进展，使很多企业引进和开始引进各种企业信息化系统。这些信息化系统的种类有很多，并且还在不断增加。这些系统一般是针对企业的不同业务过程和职能部门研究开发的，目前主要分为两大类：一类是计算机辅助业务系统。这类系统侧重于业务的电子信息化，信息主要应用于业务过程，如 CAD（计算机辅助设计）、CAM（计算机辅助制造）、CAE（计算机辅助工程）等。一类是管理信息化系统。这一类侧重于计划管理，信息不仅应用于业务过程本身，而且应用于经营管理。这类管理信息化系统又可分为两大类，一类是业务信息化系统，比如财务信息系统、人力资源管理系统、进销存系统和客户关系管理系统等；另一类是企业基础平台，如 OA（办公自动化系统）等。

现在较为常见的企业管理信息化系统和技术有：客户关系管理系统（CRM）、人力资源管理系统（HRM）、企业资源规划（ERP）、供应链管理（SCM）、办公自动化（OA）、协同技术（CT）、商业智能（BI）、电子商务（EC）、决策支持系统（DSS）、新一代企业资源规划系统（ERPII）、知识管理系统（KM）、数据仓库和知识挖掘技术等。其中，与企业竞争情报系统关系比较密切的是商业智能、知识管理系统、客户关系管理系统、办公自动化、新一代企业资源规划系统以及数据仓库和知识挖掘技术。

二 建立竞争情报工作体系的过程

（一）企业竞争情报系统的基本框架

三大网络：组织网络、信息网络、人际网络。

三大系统：竞争情报收集子系统、竞争情报分析子系统、竞争情报服务子系统。

一个中心：企业 CIS 的控制和运行中心。

六大功能（竞争情报的主要任务）：环境监测、市场预警、技术跟踪、对手分析、策略制定、信息安全。

（二）竞争情报的组织

企业的赢利主要来自何处？企业挣钱的关键领域就是企业情报部门应该设置的地方。

企业的新产品来自何处？在制药业，新产品主要来自企业的研究与开发部门和科学家。很多软件公司的新产品来自销售人员和客户打交道时产生的新思想。因此，情报部门应该分别设在研究与开发部门或销售部门。

企业所面临的最大威胁来自何处？公司生存的关键是保证企业以低成本生产产品，如何降低生产成本是竞争情报的关键课题。因此，情报部门设置在制造部门。CEO 一旦决策失误，对整个企业将是毁灭性的，因此，情报部门设在企业行政主管部门。

对美国和加拿大大型企业的调查显示：40% 的情报部门设在营销部门，30% 设在计划部门，9%—10% 是独立设置，8% 设在研究与开发部门。

竞争情报的组织模式设计一般有分散式、集中式、重点式、独立式，图 4—1 是企业竞争情报系统的一种模式。

企业竞争情报中心（CIC），通常亦可称为信息中心，它在 CIS 中处于核心地位，是企业 CIS 的控制和运行中心（见图 4—2）。[①]

首席信息官（CIO）既是企业竞争情报中心（CIC）的主管，同时还要参与到企业整个业务的核心层和经营决策之中。[②] CIO 是全面负责信息工作的主管，但又不同于以往只是负责信息系统开发与运行的单纯技术型的情报部门经理。概言之，CIO 是既懂信息技术、又懂业务和管理，且身居高级行政管理职位的复合型人物。其职责主要是：①负责企业的 CIS 建设规划与宏观管理；②参与高层决策活动，为其提供竞争情报支持；③制订企业的信息政策与情报活动计划；④管理企业的信息流程，规范企业信

---

① 邹超君：《基于企业竞争力的竞争情报系统的设计与分析》，《中国水运（下半月）》2009 年第 8 期。

② 陈飚：《企业竞争情报工作体系的设计规划》，《软件工程师》2011 年第 1 期。

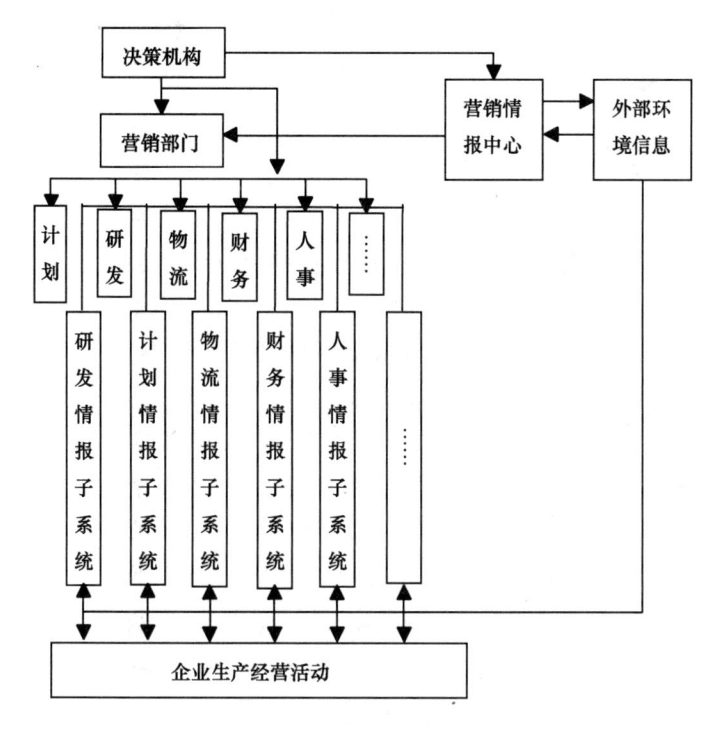

图 4—1 企业竞争情报系统的一种模式

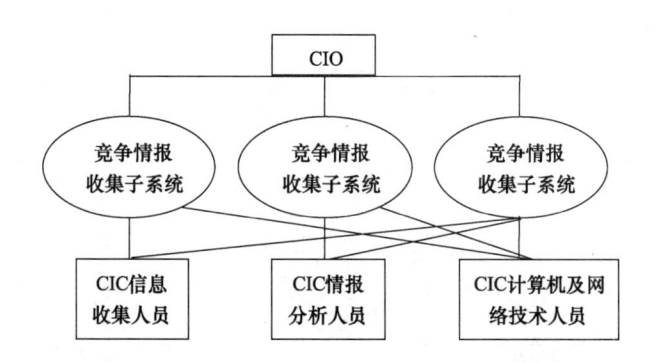

图 4—2 CIS 各子系统与 CIC 各类人员的对应关系

息管理的基础标准；⑤宣传、咨询与培训；⑥信息沟通与组织协调。

　　竞争情报人员的工作主要有：访问行业网站和竞争对手的站点；阅读并概括专题剪报；进行数据库检索；公开或内部期刊的扫描；通过电话与内部人员交流以获取信息；通过电话与外部人员交流以获取信息；与企业内部人员的协同作战；分析信息的重要性，战略性的还是战术性的，流转给谁；准备定期的情报报告；将新的发现和分析结论提交决策者；响应特别情报需求等。

三 竞争情报工作体系的几类模型

竞争情报工作体系的表层结构如图4—3所示。可以看出，竞争情报系统的内核是对企业现有技术和信息资源的集成，其外壳则是基于内联网的外联网和电子商贸网。在竞争情报系统的表层结构上有三个发展层次[1]：第一个层次是企业内联网。这是竞争情报系统的基础结构层次，把企业经营的各环节、各部门联系起来，实现企业内部的信息共享与协同作业。第二个层次是企业外联网。通过外联网把与本企业有业务合作关系的伙伴企业，从供应商到分销商连成一体，使企业可以更有效地进行供销链的管理。第三个层次是企业电子商贸网。通过电子商贸网，可以提供联机销售服务，帮助企业建立用户支持系统，拓展市场份额或打开新兴市场。[2]

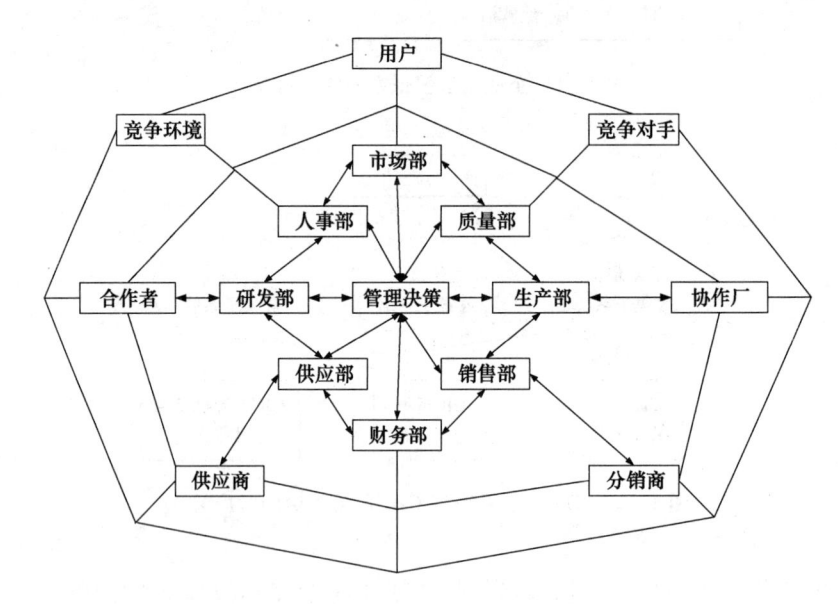

图4—3 竞争情报工作体系的表层结构

---

[1] 岳剑波：《Intranet与企业的信息技术战略》，《情报理论与实践》1997年第20期。
[2] 岳剑波：《企业信息化与竞争情报系统》，《情报理论与实践》1999年第2期。

情报流转过程如图4—4所示。

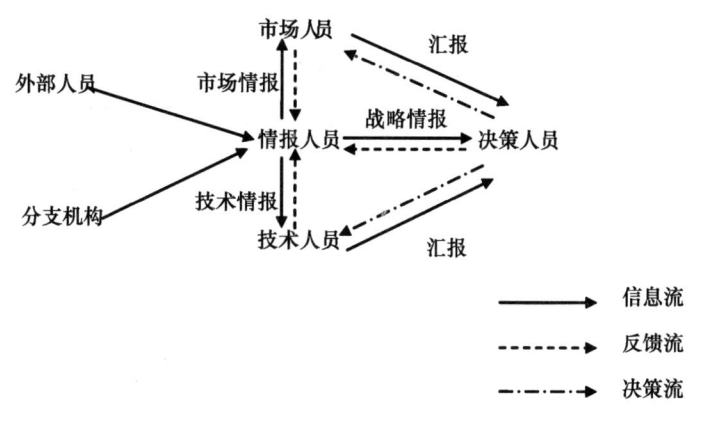

图4—4 情报流转过程

竞争情报收集子系统如图4—5所示。

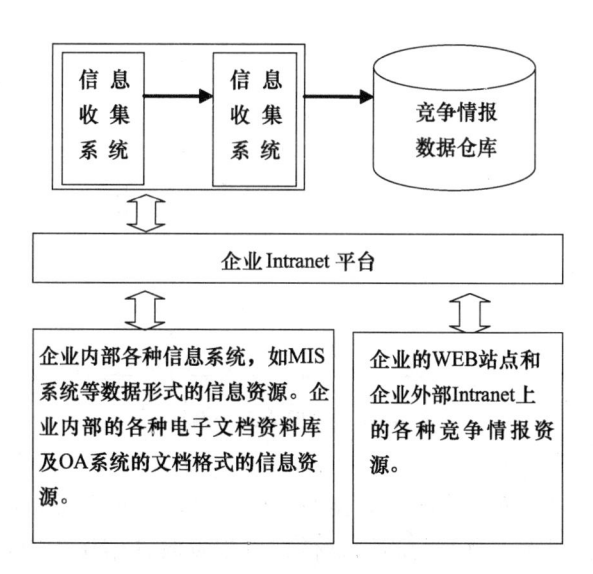

图4—5 竞争情报收集子系统

一般大型企业竞争情报需求特点：以提高企业经济效益为出发点；以产品开发为轴心；需要全方位的综合性情报；情报需求内容的广泛；需要情报源的多样性；获取情报的多渠道性；需要多种形式的情报服务；需要

较高层次的情报；大量需要技术和市场情报；需要见效快的情报。企业各级部门对竞争情报的需求如表4—2所示。

表4—2　　　　　　　　企业各级部门对竞争情报的需求

最高决策者的需求		政策法规情报、企业内部情报、市场情报、行业动态情报
职能部门决策者的需求	销售部门	具体的销售数据、市场调查分析报告、网络营销
	采购部门	常规产品价格、新产品的动态信息、产品的采购计划
	财务部门	企业资产的历史及现状、竞争对手的财政年度报告
	人力资源部门	员工基本情况查询、人员调动招聘方案、竞争对手的人力资源结构分析、员工业绩评估方案
企业其他员工的需求		

情报分析子系统如图4—6所示。

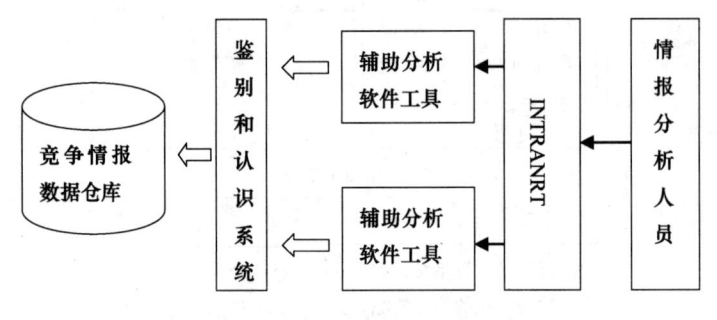

图4—6　情报分析子系统

企业竞争情报系统有很多具体的分析方法，针对不同的竞争环境、竞争对手或者针对企业自身的不同条件，可根据具体情况做出不同的选择，一般也可以将几种方法相结合。竞争情报系统分析方法的评价指标主要有：时间、成本、管理技能、来源、可获得性、时间性、准确性、更新的要求、优势和局限性等（见表4—3、表4—4）。

表4—3　　　　　竞争情报系统分析方法的分类总结

针对竞争环境的分析方法	针对竞争对手的分析方法	针对企业自身的分析方法
政治及国家风险分析	定标比超	价值链分析和区域图
产业情景预测	PIMS数据库分析	经验曲线
五种力量产业模型	多点竞争分析	利益相关者分析及基本假设
BCG产业矩阵	关键成功因素分析	评测
产业细分化	优势及弱势分析	基于价值的规划
技术评价	共同利益分析	业务流程重整
战略联盟	财务报表分析	客户满意度调查
衡量工业吸引力的《经济学家》模型	管理人员跟踪	多元化业务分析
	反求工程	战略地位和行动评价模型
SWOT分析	竞争对手跟踪	——SPACE分析
事件分析	核心竞争力分析	
市场信号分析	兼并与收购分析	
战略组分析	专利情报分析	

表4—4　　　　　竞争情报系统分析方法的分析工具总结

分析工具
BCG成长的矩阵、竞争格局的矩阵、竞争者分析、竞争者的基准分析、核心能力分析、国家风险分析、分销战略分析、经验值曲线、差距分析、GE公司业务网格、领导理论、营销技术矩阵、McKinsey7S框架、组织和人格评估、专利分析、市场战略的利润冲击PIMS、股值分析、Porter—调研分析的5F模型、Porter价值链、Porter归类战略、股票管理和重组战略、产品的生命周期、利率分析、研发、产品及生产分析、立法和司法分析、前景分析、Shell指导政策矩阵、技术转让与共享战略、战略假设及战略同盟分析、战略要点、可持续增长率分析、SWOT分析、技术预测、趋势分析、"突然出现的"战略概念、战争模拟、得失分析

下面，我们以科克·泰森国际公司的竞争情报系统模式图来看竞争情报系统的总体框架（见图4—7）。

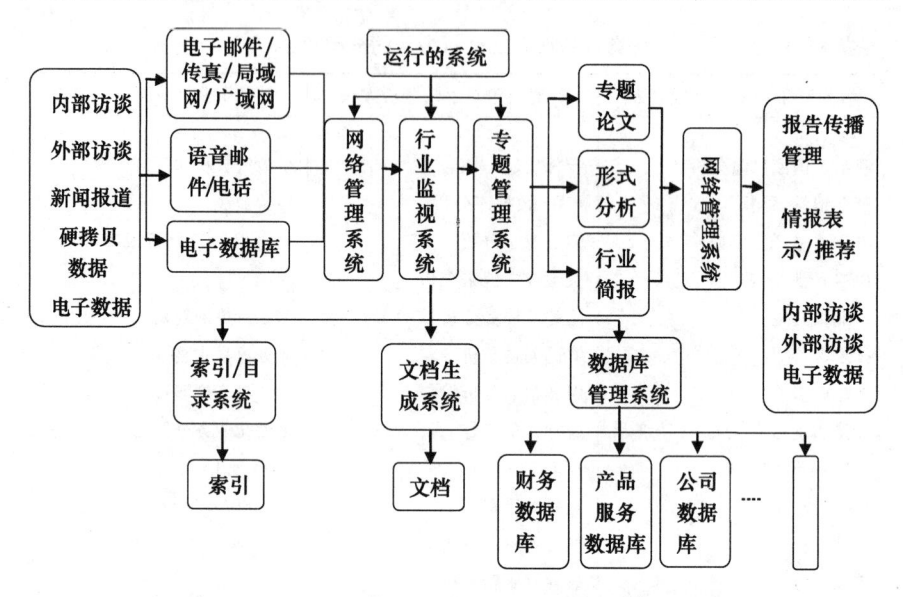

图 4—7　科克·泰森国际公司的竞争情报系统模式

情报服务：参与多功能的研究梯队；最佳实践调查；竞争情报论坛；对零售商和中间商的资格和质量进行认定；建立人际网络；信息服务；职工培训。

情报报告类型和情报服务对象如表 4—5 所示。

表 4—5　　　　　情报报告类型和情报服务对象

报告类型	说明	战略价值	目标读者
数据库	公司收集的各种原始资料和信息	无	所有员工
新闻月报	包括从内部和外部获得的战略和战术信息	无	一线销售人员，营销主管和销售主管
竞争对手背景	包括竞争对手的一般信息	无	一线销售人员，营销主管和销售主管
战略影响表	类似于新闻月报，但增加了战略、战术影响的分析	低	营销主管和销售主管，其他职能经理
每月情报简报	包括关键的战略和新闻条目，属于经过装订的报告文章。访谈记录都要编写摘要，并以简报格式提供给管理层并收录在全文册子中	中	职能经理和部门经理

续表

报告类型	说明	战略价值	目标读者
形势分析	总结关键的战略问题，包括支持总结的详细分析	中	部门经理、职能经理和高级经理
专门情报总结	一至两页的报告，找出问题并作出对关键问题的支持性分析，提出行动方向的建议	高	高级经理

情报传播有多种途径：书面或为用户专门订制的报告；简报；个人交往或联系；计算机化数据库；企业内部网；定期会议；电子邮件；为用户汇报演讲；互联网主页；信息窗或广告栏；在公司外地点召开的专门会议；竞争情报培训讲座；特别备忘录等。

情报成果体系及情报写作（见表4—6）。

表4—6　　　　　　情报成果体系及情报写作

报告类型	内容	战略价值含量	目标群	报告频率
数据库	企业情报数据库	最低	企业情报用户	直接访问
每月信息简报	包含来自企业内部及外部情报源的战略性和战术性信息，包括出版和非出版的信息	低	地区销售人员 营销/销售管理部门 其他管理部门/人员	每月或每周
竞争对手档案	包含某个竞争对手的总体情况，通常放在活页夹中并应在连续的基础上予以更新	低	营销/销售管理部门 地区销售人员 其他管理部门/人员	根据需求
战略影响报表	类似每月信息简报，但对信息是否具有战略或战术影响作了初步评估	中	营销/销售管理部门 其他管理部门	每月

续表

报告类型	内容	战略价值含量	目标群	报告频率
每月情报简报	包括以高度浓缩的方式报告的战略性信息和其他若干能产生影响的信息	中	高级管理层 其他管理部门	每月
形势分析	若干关键战略问题的形势总结及支撑该总结的详细分析	中至高	高级管理层 其他管理部门	根据需求
特别情报简报	1—2页的报告，指明几种特定情况或问题，总结若干关键的支持性分析，并提供一个建议性的行动方案	高	高级管理层	根据需求

第四节 竞争情报系统软件简介

一 竞争情报软件基本定义

竞争情报软件（Competitive Intelligence Software）是专为支持竞争情报过程而设计开发的具有一定通用性的软件。它的目标是协助竞争情报人员制订情报计划，简化信息收集过程，自动对收集的信息进行分析，并协助竞争情报人员完成和提交报告。竞争情报软件在企业的运用中越来越重要，尤其是对竞争情报的各个阶段的支持也更加深入。[①]

有些学者认为，这只是对竞争情报软件的一个狭义的定义。从广义上说，凡是能够支持竞争情报活动的软件都属于这一范畴，比如常用的办公软件、统计软件、专门的信息分析和交流工具。现在，我国企业对竞争情

---

① 陈飚：《企业竞争情报软件产品和市场状况探讨》，《软件工程师》2011年第1期。

报这一新事物大都持有怀疑犹豫的态度，再加上 98% 的企业都属于中小企业，自身存在着资金、人才等方面的问题，如果竞争情报软件费用高昂、工程浩大，并需要专门的人才去学习和管理，推广困难也就不足为奇了，而这也正是制约我国竞争情报实践发展的一个重要因素。广义上的竞争情报软件都是比较成熟的产品，人们也熟悉了其功能和用法，价格也在一般企业所能接受的范围之内，又能完成竞争情报的某些功能，推广起来就会比较容易。这也能让企业管理者解除"竞争情报是高深莫测"的误解和畏惧，无疑使在企业中推行竞争情报理念变得容易。所以我们应该采用广义的观点来看待竞争情报软件产业，如果只是把思维局限在狭义的竞争情报软件的定义中，对我国竞争情报的理论与实践的发展都是不利的。

二 国内外几种竞争情报软件的功能与特点

（一）国外几种竞争情报软件的功能与特点[①]

1. C‐4‐U Scout

由 L‐T‐U Ltd 公司（http：//www.C‐4‐U..com）开发的软件 C‐4‐U Scout 的主要功能是其提供了网站监视功能，可以自动跟踪用户想监视的竞争对手的网站，当竞争对手的网站有变动的时候，自动通过 E‐mail 等方式通知用户，简单易用，且可免费获取。

2. Knowledge works

由 Cipher 公司（http：//www.Cipher-sys.com）开发的软件 Knowledge works 是一个按照竞争情报循环而构建的专门软件包，具有定义关键情报问题（KITS）、收集信息、分析和报告的完整功能。该软件的特点是：提供 KITS 模板以管理作业流程，提供门户工具使用户自助地收集和高级检索所需最新信息，预警竞争对手的变化，快速地形成竞争情报报告并加以传递，其应用被直接集成到 Notes 或 outlook 当中。

3. Market Signal Analyzer

由 Do-cere Intelligence Inc 公司（http：//www.docere.se/）开发的软件 Market Signal Analyzer（1.3 版）是一个具备预警功能的系统。其主要

---

① 周琳洁：《国内外竞争情报软件及其功能与特点》，《科技情报开发与经济》2008 年第 10 期。

特点是：提供了一个基于矩阵的可操作的框架，用来收集和组织大量信息以确定并汇报能影响用户企业的趋势或事件，并提供了一个自动的市场信号频率分析工具和一套软件支持的分析方法及具体描述的文件。

4. ClearResearch Suite

ClearResearch Suite 由 ClearForest 公司（ClearForest Corporation）开发。ClearResearch Suite 被认为是最好的分析工具之一，它的"信息提取引擎"可以从大量的非结构化的文本（包括新闻、网页、内部报告等）中动态地分析出不同的人物、公司、事件间存在的关系。而且对提取出的关系，ClearResearch Suite 可以用各种不同的视图来表现它们，这样可以使竞争情报分析人员发现他们原本可能忽略的信息。

5. TextAnalyst

由 Megaputer Intelligence，Inc. 公司（http：//www.megaputer.com）开发的 TextAnalyst（2.0版）软件，具有语义分析、导航和检索非结构化文本的功能，是一个收集诸如新闻和报告等信息并进行有效传递的工具，通过创建的语义网络对信息进行归类，并可用于多种语种。

6. STRATEGY

由 Strategy Soft-ware. Inc. 公司（http：//www.Strategy Soft-ware.com）开发的 STRATEGY 软件覆盖了竞争情报循环的所有阶段，尽管缺乏自动收集功能，但它提供了基于用户定义的分类。通过组织化和结构化的工具利用来自各种信息资源的"信息片段"，形成针对不同部门需求的具有战略和战术意义的分析报告，同时支持各种途径的报告传播。该软件为竞争情报部门提供了相关数据库，重点在于比较评估和报告。

7. Wincite

由 Wincite Systems LLc 公司（http：//www.Wincite.com）开发的 Wincite（7.0版）是一个专为竞争情报工作而设计的门户软件，提供了一个组织与分析不同信息的基础结构。其主要优势在分析与情报传递方面，通过提供分析框架和报告模板，帮助用户剪接、组织各种信息以产生适应不同需求的分析报告，并快速地传递给需要的不同部门。

8. Wisdom Builder

由 Wisdom Builder LLC 公司（http：//www.Wisdom Builder.com）开发的软件 Wisdom Builder 覆盖了竞争情报所有循环，是一个帮助使用人员搜索、评价、组织、分析信息，并提供结构化的报告模板的集成软件。其主要优势是在非结构文本中（如新闻、发布的消息等）探索事件、人、地点、产品和组织间潜在关系并设想可能产生的结果。它拥有令人吃惊的搜索功能，用户可动态定制可集成的协作体系结构，以随时调节情报工作流程结构和功能。①

（二）国内几种竞争情报软件的功能与特点

1. 百度企业竞争情报系统

依靠拥有的信息采集技术，百度开发了企业竞争情报系统（简称百度 eCIS），并于 2002 年 8 月向社会发布。百度 eCIS 按照竞争情报循环而设计，由计划模块、信息采集模块、情报加工模块、情报服务模块和系统管理模块组成。信息采集模块根据用户指定的检索课题和情报源，全面而实时地搜索和获取来自多种信息源中的信息，这也是百度 eCIS 的技术优势所在。情报加工模块实现对采集的各种信息进行自动分类、过滤、去重，并与各种信息自动建立关联，然后推送至用户端，以便编辑、整理、分析和存储。用户可以任意设定分类过滤规则，实现符合企业个性化需求的情报定制。百度 eCIS 的主要特点是通过三环式信息采集架构，在占用系统资源最小的情况下及时有效地采集信息。②

2. TRS 企业竞争情报系统

由拓尔思信息技术有限公司研发的 TRS 企业竞争情报系统主要由情报采集模块、情报（处理）分析模块、情报服务模块、情报管理中心和数据中心组成。TRS CIS 基于先进的内容管理基础架构搭建，覆盖情报采集、情报处理、情报分析等情报工作流程各环节。集成最新 TRS 全文检索技术，采用元搜索技术，进行智能知识检索体验，完备的情报采集和处理，实现了互联网信息自动采集；自动识别、获取和重现相关信息；其情报分析模块能准确过滤信息，自动处理 Word/Excel/PDF 等常用文档，系统开放的信息集成接口能实现与企业内联网文件系统、邮件系统等已有业务系统的联结；完善的情报安全保密体制完成资源、任务、权限组合设置，实现简明、方便的用户管理；用户可定制多样化情报服务：预置行业

---

① 王日芬、巫玲：《国内外几种竞争情报软件》，《中国信息导报》2003 年第 7 期。
② 周琳洁：《国内外竞争情报软件及其功能与特点》，《科技情报开发与经济》2008 年第 10 期。

知识树，系统可学习、可扩展性强；开放情报输入输出接口，可连接行业专业统计分析软件和其他系统；群组协作和个性服务平台。

3. 企业竞争情报管理解决方案

北京易地平方信息技术有限公司开发的软件是一套解决方案，包括项目管理、互联网信息采集、情报协同与沟通、文本挖掘和数据挖掘、辅助报告生成、发布和分发六个方面。在互联网信息采集方案中，系统采用"智能爬虫"工具，自动从互联网上下载相关信息并自动分类。情报协同与沟通方案包括访谈内容和随时情报的输入、内部信息（如 E – mail，BBS 公告板）的采集和检索、在线交流等多种表现形式。文本挖掘部分是从大量文本信息中提取出有价值的知识，方便人们对知识的发现和利用。数据挖掘部分首先将原始数据进行规范化处理，然后将数据转化为有价值的信息以辅助决策。这套方案的优势在于根据用户需求自动搜索信息并进行智能筛选与过滤。①

4. 赛迪数据竞争情报系统

赛迪数据提供的是企业竞争情报系统。整个系统由数据处理引擎、分类器、用户管理服务器和数据采集器共同组成。数据处理引擎是一个扩展性极强、多线程的核心引擎，完成概念分析、内容提取、概念模式识别、相关度计算、全文检索等工作。分类服务器负责提供诸如自动分类、自动信息群识别等功能。用户管理服务器提供用户自动建档、档案搜寻、档案分析、档案实时自动更新等功能。数据采集器处理来自企业内外部各种不同信息源的数据和文件格式。赛迪数据竞争情报系统的主要优势在于非结构化信息的采集与自动分类处理。②

5. 创鸿企业竞争情报系统

该系统由北京天创鸿业科技发展有限公司研发，是创鸿营销套件中的一个子系统，与其他子系统相互协作运作。系统预置了五个类别，即"关于自己"、"竞争对手"、"重要客户"、"合作伙伴"及"行业动态"。用户可自行设立自己所需要的情报类别。每个情报类别下用户可设立多个情报监控条目，每个情报监控条目对应一个或几个监控关键字，能自动分析相关情报关键字。用户可搜寻某个特定关键字情报、某个类别下的所有

---

① 陈佶：《基于网络的竞争情报获取渠道及工具探讨》，《上海化工》2010 年第 12 期。
② 王日芬、巫玲：《国内外几种竞争情报软件》，《中国信息导报》2003 年第 7 期。

情报以及所有要监控的情报，并统计所有情报类别、情报关键字下的情报总数、最新情报数目。用户还可设立情报搜寻间隔，并启动自动搜寻服务。同时该软件具有数据智能自动升级功能，用户可随时下载更新后的情报引擎数据包，并实现公司内部的数据共享。

经过分析比较各竞争情报软件可以发现：国内软件开发商比较善于采用先进的架构理念，注重信息采集和信息分析技术的研发，擅长运用竞争情报研究的最新理论与技术成果。国外的软件开发商比较重视与竞争情报相关理论的研发和实践，同时利用先进的信息技术，为用户提供更精确的分析报告和更个性化的使用功能。因此，与国外竞争情报软件相比，国内大多数竞争情报软件在确保资源采集、情报发布等阶段是比较优秀的，但是在整个确保周期还存在缺陷。国内竞争情报软件都不同程度地忽视了竞争情报周期中的规划定向和产品的生成与报告阶段，这反映了现存的软件并没有领会到竞争情报的最终目的和精髓，这可能与软件开发商们重技术功能而轻情报理论学习有关，而同时这也与我国缺乏竞争情报实践经验和企业竞争情报意识薄弱有关，只有越来越多的企业开展了竞争情报工作，有了对竞争情报总体规划和推广的需求，才能促进情报软件的完善，进而推动企业的发展，形成良性循环。[①]

三 国内外竞争情报软件对竞争情报活动的支持

如图4—8所示，竞争情报工作可分为五个相互联系和影响的阶段。

针对竞争情报活动的五个阶段，竞争情报软件提供了程度不同的支持。不同的软件对各阶段的支持程度是不同的，并且支持的方式也不尽相同。下面针对每个阶段，介绍对该阶段支持最好的几款软件，并分析它们是如何简化竞争情报人员在这一阶段的工作的。[②]

（一）国外竞争情报软件对竞争情报活动的支持

1. 情报计划阶段

情报计划阶段的工作非常重要，因为这一阶段的工作将直接影响下一

---

① 王日芬、巫玲：《国内外几种竞争情报软件》，《中国信息导报》2003年第7期。
② 吴伟：《国外竞争情报软件研究》，《情报理论与实践》2004年第1期。

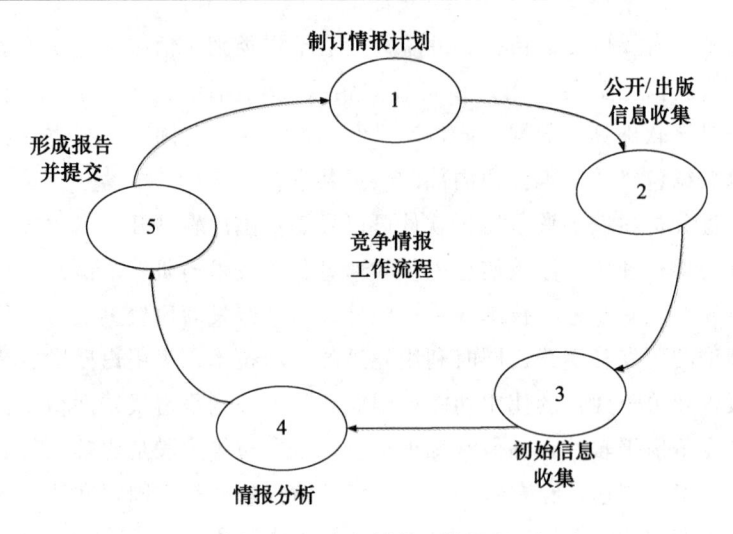

图4—8 竞争情报工作流程

阶段的情报收集过程，进而影响情报分析，最后影响情报结果。在这一阶段，企业的 CI 团队必须清楚定义出本企业的情报需求：定义出关键情报主题（KITs），再把关键情报主题分解成关键情报问题（KIQs）。

现在，竞争情报软件对该阶段的支持还是相当有限的。还没有一款软件能够动态地提取出一个企业的情报需求，因为企业的具体情况是各不相同的，只有资深的竞争情报人员和企业决策层共同进行充分沟通和分析，才能清楚定义出企业的真正情报需求。在该阶段，软件能完成的工作主要是分类组织由 CI 团队定义出的 KITs 和 KIQs，并尽量将其结构化成竞争情报工作流的一部分。在该阶段表现出色的有 Cipher 公司的 Knowledge Works 和 Wincite Systems LLC 公司的 Wincite 7.0。

Knowledge Works 提供了一个组织和管理 KITs 的框架，每个 KIT 又分解成若干 KIQs，并且让用户可以跟踪每一个 KIQ。用户收集相关信息来回答 KIQ，直到完成这个 KIQ。当用户完成某个 KIT 的所有 KIQs 的时候，就进入对该 KIT 的分析阶段。Knowledge Works 对情报计划阶段的支持还体现在管理人员可以将不同的 KITs 分配给不同的竞争情报人员，让他们负责各自的一个或几个 KIT。软件的导航栏能列出所有已经完成的、正在进行的和需要尽快完成的 KITs，使用户能方便地跟踪进度。

Wincite 7.0 对该阶段的支持体现在它的"Key Intelli-gence Process"模块上。这个模块也给用户提供了一个组织结构化的 KIQs 和制订情报计划的界面,并且提供了到相关项目计划、项目预算、初始信息、公开信息、分析和报告的链接,方便管理和跟踪进度。

因此,定义情报需求,制订情报计划还是要由熟悉公司情况的竞争情报人员来完成,但是竞争情报软件可以提供一个方便组织和跟踪这些需求的框架结构。

2. 公开信息收集阶段

该阶段的任务是针对情报计划阶段定义的情报需求从公开信息源中收集相关信息。竞争情报软件对该阶段的支持表现出色,提供了各种强有力的工具来自动或者协助竞争情报人员收集相关信息,并对收集到的信息分类组织。

Cipher 公司的 Knowledge Works,可以从各种不同的信息源自动收集相关信息,用户可以根据自己的需求定义信息源和收集规则。Knowledge Works 的另一个有用功能是它可以自动生成摘要,并且用户还可以限定摘要的长度。

Intelliseek 公司的 BrandPulse 的侧重点在于用代理技术从各种各样的信息源中收集与特定品牌或者主题相关的信息。BrandPulse 除了定期自动收集相关信息外,还将收集到的原始非结构化的信息组织成基于 XML 的结构化的信息以供分析使用。

Wisdom Builder 公司的 Wisdom Builder 3.1 的突出之处在于它能识别和存储近 300 种文件格式,并且使数据格式对用户透明,使用户可以专注于信息的内容。

Caesius 公司的 WebQL 提供了一种类似于 SQL(结构化查询语言)的查询语言用于因特网信息查询,可以用来从网上信息源中提取出需要的相关信息。因为它是一种查询语言,所以使用十分灵活。还有像 C-4-U 公司的 C-4-UScout 和 NexLabs Pte 公司的 TrackEngine 1.0 等,虽然不具备自动收集信息的功能,但提供了网站监视功能,可以自动跟踪用户想监视的竞争对手的网站,当竞争对手的网站有变动的时候自动通过 E-mail 等方式通知用户。

可见,竞争情报软件在这一阶段表现出来的功能实用而且多样化,竞争情报软件将竞争情报人员从信息收集的繁重任务中解放出来,使他们有更多的时间来分析情报。当然,竞争情报收集的过程依然需要竞争情报人员的参与,需要他们来制定信息收集标准、编写查询语句以及对软件收集来的信息进行把关。

　　3. 初始信息收集阶段

　　所谓初始信息是指在公开信息源中找不到，但是对竞争情报分析有重要作用的信息，例如企业内员工掌握的相关信息，通过领域内专家进行直接访谈收集到的信息，客户对公司产品、服务的看法等。

　　迈克尔·波特在《竞争战略》中指出了初始信息的收集比从公开的信息源中收集信息更为重要。研究人员总是花太多的时间从公开出版的信息源和图书馆中查找需要的信息，其实他们应该尽早地从实地和人那里收集信息，而不是一味地只顾钻进公开信息源中。比如通过与负责销售的专家直接对话，对客户的访谈等方式可以更加真实地了解市场和竞争对手的情况。在这一阶段竞争情报软件所能提供的支持在于：从企业的内联网中收集本企业员工有意或者无意中发布的有用信息；从外部网络的讨论版、新闻组、论坛中收集客户发布的信息；对收集到的或者竞争情报人员输入的访谈信息等进行分类和索引，以便在分析阶段使用。

　　Knowledge Works 对该阶段的支持是通过其"HumanDocuments"模块来完成的。该模块提供了一个供企业内员工使用的讨论区，员工可以在讨论区中张贴他们知道的与竞争情报相关的所有信息。该模块还提供一个通讯录，其中包含了相关人员的通讯资料以便联络。

　　BrandPulse 对该阶段的支持体现在它的特别广泛的信息源，除了常规的信息源，还包括企业内部网、讨论版、聊天室、E-mail，甚至电话中心的相关记录等。并且也能将各方面收集到的信息组织起来供分析阶段使用。

　　STRATEGY 公司的 STRATEGY！2.5 提供了一个 In-Touch 模块，该模块与一个特定的热线电话相连，用户可以拨打这个热线电话留言或者发传真到这个电话号码，In-Touch 能记录留言信息和传真信息，并用 voice-to-text 技术将留言和传真转化成文本，然后将得到的文本以 E-mail 附件的方式发送给相关的负责人。这对于非公开信息的收集十分有用。

　　另外值得一提的是 Wincite 公司的 eWincite，它允许用户使用浏览器（例如 IE 等）通过网络远程将信息输入企业的数据库，使实地信息的收集更加快速和方便。

　　这个阶段软件的作用显得相对薄弱，因为该阶段信息的收集需要与人面对面地交流或者到实地去收集信息。但是软件提供的讨论版、聊天室等功能在收集企业内员工掌握的信息方面表现了特定的功能，至少提供了一个反映情报和互相沟通的渠道。

4. 情报分析阶段

竞争情报分析阶段是整个竞争情报周期中最重要的环节，前几个阶段的工作都是为分析工作做准备的。这个阶段通过对收集到的信息进行分析产生真正有价值的情报。这个阶段主要是情报分析人员判断和得出结论的过程，是一种纯粹的智力活动。软件并不能成为真正意义上的分析人员，更不可能替代分析人员。但是软件可以提供帮助分析人员进行分析的相关工具。竞争情报软件的"分析能力"可分为两类：一类是基于数据库中结构化的信息对不同公司之间的产品、服务等进行对比从而提炼出情报；另一类是从结构化以及非结构化的原始信息中提取出看似不相关的事件、人物、公司等实体间可能存在的关系。

STRATEGY 公司的 STRATEGY！用迈克尔·波特的 5 种竞争力量框架将信息组织成结构化的更为简明的格式。STRATEGY！能动态生成图表来比较各种竞争环境下的产品、服务和公司等方面的情况，从而为分析人员提供有益的帮助。STRATEGY！是基于关系数据库的，它生成的图表和报告基于关系数据库中用户输入的信息，因此它属于从结构化信息中进行比较分析的一类。

ClearForest 公司的 ClearResearch Suite 被认为是最好的分析工具之一。它的"信息提取引擎"可以从大量的非结构化的文本（包括新闻、网页、内部报告等）中动态地分析出不同的人物、公司、事件间存在的关系。而且对于提取出的关系，ClearResearch Suite 可以用各种不同的视图来表现它们。这样可以使竞争情报分析人员发现他们原本可能忽略的东西，它属于具备第二类分析能力的软件。

Wisdom Builder 公司的 Wisdom Builder 3.1 和 Clear-Research Suite 属于同一类别，也能从非结构化的文本中发掘出事件、人物、地点、产品、公司之间存在的联系。

Brimstone AB 公司的 Intelligence 1.0 同时具备上面提到的两种分析能力，同时支持结构化信息的比较和非结构化信息间关系的发现。但是它的非结构化信息间关系的发现能力相对弱一些。

除了以上两种分析能力，有些竞争情报软件还提供了多种视图模式来查看收集到的信息以协助情报分析人员的分析过程，例如 Market Signal Analyzer 提供了 SWOT 分析视图模式，Wincite 的分析框架中包括了

SWOT、迈克尔·波特的 5 种竞争力量、供应链等分析视图，Wisdom Builder 也包含了 SWOT 分析和策略分析等。

竞争情报软件对情报分析过程提供了有力的支持，然而还没有一款软件能真正做到准确地分析并形成可用来帮助决策的报告。这阶段的工作主要还是由有经验的情报分析人员来完成。毕竟软件提取出的关系的准确性值得怀疑，而且软件不可能结合本企业的情况提出建设性的建议。

5. 形成报告和提交阶段

该阶段的工作主要是在上一阶段分析的基础上形成报告并及时地将报告提交给决策者，并尽量使决策人员相信报告的准确性，以使决策者可以及时地针对本企业所处的位置作出决策或者战略调整。竞争情报软件在本阶段的功能主要是提供多样化的报告模板帮助竞争情报人员撰写报告，并利用现代的通信手段及时地将信息传递给相关的决策人员。

这方面表现最优秀的是 STRATEGY!，它提供了 150 种左右的报告模板，而且用户可以自定义报告模板以供以后使用。对于完成的报告，可以直接以邮件的方式发送给决策者，可以导出到 Word 文档以及其他应用程序内，可以直接打印，还可以直接发布到企业内部网或者因特网上提供给用户直接访问。STRATEGY! 在这方面表现出了良好的灵活性。

Wincite 提供了基于数据库中的信息生成报告的功能，而且可以通过浏览器来查看；同时也提供了多种报告提交方式，包括邮件或通过网络发布等。

竞争情报软件对于该阶段的支持基本能使用户满意，大量的模板方便了报告的写作，特别是通过网络提交报告的方式可以大大加快和简化报告的提交过程，而且当需要在多用户之间共享报告时显得尤为重要。

由上面的研究分析可以得出以下结论：

第一，竞争情报软件对竞争情报的各个环节都有不同程度的支持。软件支持最好的阶段是公开信息收集阶段和提交报告阶段。软件在公开信息收集阶段主要是使用了最新的信息技术来简化和加快信息的收集，比如自动搜索技术、搜索代理技术、文本挖掘技术、自动文摘技术、结构化存储技术等。在报告提交过程中，基于网络的信息传输技术发挥了极大的作用。在情报计划和初始信息收集阶段，竞争情报软件提供了计划和组织信息的框架结构。在情报分析阶段，由于使用人工智能、知识挖掘和语义分析等新技术，部分软件表现出了一定的信息分析能力。这些功能都将竞争情报人员从繁重的工作中解放出来,使他们有更多的时间计划和分析情报。

第二,竞争情报人员的工作依然是最关键的,并且无可替代。在竞争情报周期的各个阶段,竞争情报人员都扮演了最主要的角色,特别是在计划制订阶段、初始信息收集阶段和信息分析阶段,人的因素表现得尤其重要。因此,任何企业都不可能仅通过购买竞争情报软件的方式建立起有效的竞争情报系统,要有素养良好的竞争情报人员才能真正实施竞争情报战略,竞争情报软件的作用是协助情报人员更加有效地开展竞争情报活动。

第三,没有一个适合所有企业的竞争情报软件统一解决方案。一方面,由于使用的技术不同,面向的应用领域不完全一样,所以各种竞争情报软件的功能和侧重点各不相同;另一方面,因为各个企业的具体情况不同,所处的行业以及在行业中所处的地位不同,所以企业竞争情报活动的成熟度也不同,导致对竞争情报软件的需求也是个性化的。因此,企业在购买和使用竞争情报软件时要仔细选择适合自己需求的软件产品。

第四,随着国内企业对竞争情报认识的不断深入以及竞争情报活动的不断开展,必将产生非常大的竞争情报软件需求,我国的软件业应该及时研究和开发适合我国企业使用的具备自主知识产权的、成熟的竞争情报软件产品。可喜的是,已经有不少软件企业开始了这方面的研发工作,并且已有产品进入市场。[①]

(二) 国内竞争情报软件对竞争情报活动的支持

国内的竞争情报软件在不断发展的十几年中,形成了比较成熟的体系。不同的竞争情报软件对各个阶段的支持程度不尽相同,并且提供的方式也不尽相同,采取的技术也不一样。国内主要的竞争情报软件有易地平方知识通、百度 eCIS、天下通专业网媒监测、TRS eCIS、赛迪 CIS 等。下面就这些情况及软件进行分析。[②]

1. 情报计划阶段[②]

情报计划阶段即了解情报竞争情报人员的需求,确立竞争情报研究的目

[①] 吴伟:《国外竞争情报软件研究》,《情报理论与实践》2004 年第 1 期。
[②] 刘全飞:《对国内几种重要竞争情报软件的比较研究》,《阿坝师范高等专科学校学报》2007 年第 9 期。

标,选择所使用的方法、工具以及参与的人员。竞争情报软件根据情报竞争、情报人员的需求确定 KIT（关键竞争情报主题），在把 KIT 分解成 KIQ（关键竞争情报问题），以便通过每个 KIQ 的完成来完成总的 KIT。情报软件能做的就是将企业的竞争情报 KIS 和 KIQ 组织成有序的结构，并且能够清楚地看出一个 KIT 由几个 KIQs 支持。在国内，对该阶段支持比较出色的是百度公司的 eCIS。在计划阶段，竞争情报软件提供的功能主要有：①情报需求管理：对情报竞争情报人员的情报需求进行储存，竞争情报人员可以据此制订工作计划，而且软件在收集、分析、服务步骤中能够自动利用这些需求进行工作。②自定义主题：情报竞争情报人员可以自己定义希望获得信息的主题或者分类。③KIT 列表：显示目前竞争情报软件中的所有 KIT 项目和有关信息。④KIT 过程实现：对 KIT 项目实施的每一个环节提供软件支持。国内五种竞争情报软件在情报计划阶段的功能比较见表 4—7。①

表 4—7　　　国内五种竞争情报软件在情报计划阶段的功能比较

软件功能	工作备忘录	情报需求管理	自定义主题	KIT 列表	KIT 过程实现	KIT 评估
百度 eCIS	无	有	有	有	无	无
易地平方知识通	有	有	有	有	有	有
天下 CIS	无	无	有	无	无	无
TRS eCIS	无	有	有	无	无	无
赛迪 CIS	无	无	有	无	无	无

通过对表 4—7 的分析比较可知，百度 eCIS 在情报计划模块支持自定义规则，提供一个组织和管理 KITs 的框架，每个 KIT 又分解成若干 KIQs，并且让竞争情报人员可以跟踪每一个 KIQ。竞争情报人员收集相关信息来回答 KIQ，直到完成这 KIQ。当竞争情报人员完成某个 KIT 的所有 KIQs 的时候，就进入对该 KIT 的分析阶段。eCIS 对情报计划阶段的支持还体现在可以体现出哪几个 KIQ 是所属 KIT 的核心和关键，方便分配任务时让有经验的情报人员去完成情报收集。

2. 情报采集阶段

该阶段需要完成情报的采集工作，竞争情报软件通过对信息与情报计

---

① 梁冰、赵泽江：《国内竞争情报软件比较评价研究》，《情报杂志》2007 年第 6 期。

划阶段的 KIQ 或者 KIT 的相似或者相关的辨认，提取信息。收集信息的范围比较广，包括企业内部的信息和企业外部的信息。竞争情报软件采用先进的文字标引技术和数据挖掘技术对所有信息进行过滤，从而找出情报人员所需的信息。尤其在网络信息收集方面，国内软件都采用了较为先进的技术，能够按照竞争情报人员需求自动采集网络信息。

情报采集阶段竞争情报软件的主要功能有：①自动收集：软件可以对内部数据库、局域网、BBS 等上的信息进行自动采集工作；②文件导入：将不同格式的文件内容导入到软件的数据库中；③数据导入：将其他数据库或软件中的数据导入到软件的数据库中；④文本内容甄别：软件可以对指定的文本进行内容分析，并确定是否与竞争情报人员的需求相关；⑤网站监视：对竞争情报人员指定的网站进行全天 24 小时的监控，一旦有新的信息就通知竞争情报人员或者采集到本地；⑥自动摘要：对信息进行自动摘要处理；⑦人际网络管理：对企业内的人际关系资源进行管理。国内五种竞争情报软件在情报采集阶段的功能比较见表 4—8。①

表 4—8　　国内五种竞争情报软件在情报采集阶段的功能比较

软件功能	自动收集	文件导入	数据导入	文本内容甄别	网站监视	自动摘要	人际网络管理
百度 eCIS	有	有	无	有	有	有	无
易地平方知识通	有	有	有	有	有	有	有
天下 CIS	有	有	无	有	有	有	无
TRS eCIS	有	无	无	有	无	有	无
赛迪 CIS	有	无	无	有	无	有	无

从表 4—8 可以看出，国内比较优秀的支持本阶段活动的竞争情报软件为：天下通专业网媒监测。

天下互联有专门的天下通专业网媒监测支持天下知识通。天下通专业网媒监测是集情报监测、管理、分析、统计、通知等为一体的个性化、智

---

①　刘全飞：《对国内几种重要竞争情报软件的比较研究》，《阿坝师范高等专科学校学报》2007 年第 9 期。

能化网络情报服务。只需一次设定，即可持续获取全面及时的目标信息，并且监测到的信息都经过系统过滤筛选、实时匹配、编辑排重等处理。天下通专业网媒监测直接对竞争对手的网站进行监测，一旦竞争对手的网站信息有改动，天下通专业网媒监测可以及时地通知，并且可以把编辑好的内容直接发送到指定的电子邮箱。天下通专业网媒监测以主题匹配为核心的信息监测模式，即当系统发现并识别出一篇新文章时，经过基本的过滤筛选处理后，将这篇文章与监测目标进行匹配处理，如果该监测目标匹配上该文，则入库保存并通知给情报人员。

竞争情报收集阶段最能体现竞争情报软件的智能化功能和人机协作功能。竞争情报软件能够比较全面地收集与企业相关的信息，把情报人员从繁重的体力活中解放出来，让情报人员有足够的时间来做竞争情报的分析工作，以便发挥出情报的优势。当然竞争情报的收集过程也要有情报人员的参与，定制相关的规则，信息收集的目标都要有人工的完成，检索式的构成也少不了情报人员的参与。

3. 情报分析阶段

竞争情报分析阶段是整个竞争情报周期中最重要的环节，前几个阶段的工作都是为分析工作做准备的。这个阶段整理收集来的数据和信息，使之有序化，并进行深入分析产生真正有价值的情报。竞争情报软件的"分析能力"可分为以下几类：①信息预处理：采集来的信息在存入软件的数据库之前，软件对信息进行处理，去除信息中的无关部分；②自动分类：软件对采集来的信息内容进行分析，归纳出信息的主题，并存入事先建立的相关类目中；③分析模板与向导：软件为竞争情报人员提供的常见竞争情报分析方法，使竞争情报人员可以方便地进行相关分析；④基于数据库的比较分析：由软件自动完成的对人物、组织、事件等的比较分析，竞争情报人员预先设定分析参数，软件从数据库中提取相关数据并完成比较分析过程；⑤知识挖掘：按照竞争情报人员的要求从大量原始数据或者非结构化文本中找出有价值的知识，可分为数据挖掘和文本挖掘两种模式。国内五种竞争情报软件在情报分析阶段的功能比较见表4—9。[1]

---

[1] 梁冰、赵泽江：《国内竞争情报软件比较评价研究》，《情报杂志》2007年第6期。

表 4—9　　国内五种竞争情报软件在情报分析阶段的功能比较

软件功能	信息预处理	自动分类	KIT 相关信息关联（注一）	分析模板与向导	基于数据库的比较分析	数据挖掘（注二）	文件挖掘（注三）
百度 eCIS	有	有	有	有	有	无	无
易地平方知识通	有	有	无	有	有	有	有
天下 CIS	有	有	有	无	无	有	无
TRS eCIS	有	有	无	无	无	无	无
赛迪 CIS	有	有	无	无	无	无	有

从表 4—9 的调查可以看出，在情报分析阶段，功能比较齐全的是易地平方知识通，功能结构比较完善。易地平方知识通在进行非结构化情报之间的关系处理上采用聚类，帮助情报人员找出情报的关联性。

尽管竞争情报软件的分析功能在不断地完善和改进，但直到现在国内也没有哪一种软件能够准确地分析出企业的实质需求，而且软件不可能结合本企业的情况提出建设性的建议。情报的分析工作还是由经验丰富的情报人员完成，竞争情报软件提供一些参考价值。

4. 形成报告和提交阶段

在这个阶段主要进行的是在情报分析阶段的基础上，把有价值的情报进行整理，以报告的形式及时地提交给决策者，并尽量让决策者相信情报的准确性，以便决策者及时地做出市场策略，发挥情报的价值。竞争情报软件提供报告模板与撰写向导，将情报分析得到的结果自动转化为报告，或者根据情报人员定义的参数从数据库中提取数据生成报告。

竞争情报软件在该阶段主要有以下的功能：①报告模板与撰写向导：软件提供报告模板与撰写向导，使竞争情报人员可以轻松撰写不同类型的报告；②自动生成报告：软件可以将信息分析过程中得到的结果自动转化为报告，或者根据情报人员的参数从数据库中提取数据生成报告；③成果导出：竞争情报人员得出的竞争情报产品可以导出为多种格式的文件；④信息预警：根据竞争情报人员预先定义的参数，一旦软件采集到相关信息就在第一时间以多种方式通知竞争情报人员；⑤自动推送成果：成果完成后，软件根据竞争情报人员的设定将成果通过多种途径自动推送给相关竞争情报人员；⑥竞争情报人员定义：竞争情报人员可以对自己阅读情报的界面、情报类型等进行个性化设置。国内五种竞争情报软件在形成报告和提交阶段的功能比较，见表4—10。①

表4—10　国内五种竞争情报软件在形成报告和提交阶段的功能比较

软件功能	报告模板与撰写向导	自动生成报告	成果导出	信息预警	自动推送成果	竞争情报人员定义
百度 eCIS	无	有	无	无	无	有
易地平方知识通	有	有	有	无	有	有
天下 CIS	无	无	有	无	有	有
TRS eCIS	有	无	无	有	无	有
赛迪 CIS	无	无	有	无	无	有

在该阶段国内比较优秀的竞争情报软件有易地平方知识通，多样的报告模版与撰写向导，可以自己定制报告模板，报告可选择导出或者打印，可以让决策者既能在计算机上浏览也能以纸介质形式查看；并且以电子邮件的方式自动推送成果，不论是在局域网或广域网内推送都很方便；情报人员的竞争情报人员界面可以自己定义，使工作在更加符合自己的环境下进行；报告发布的审批功能也有效地保护了情报的准确性和有利于知识产权的保护。

竞争情报软件对于该阶段的支持基本能使情报人员满意，大量的模板方便了报告的写作，自动推送功能让情报及时地发送给情报人员，特别是通过网络提交报告的方式可以大大加快和简化报告的提交过程，而且当需要在多竞争情报人员之间共享报告时显得尤为有用。

由以上的分析得出以下结论：国内多数竞争软件在确保采集、情报发布阶段是比较优秀的，但是整个确保周期还存在缺陷，企业选择国内竞争情报软件时需根据自己的实际情况进行选择。②

---

① 刘全飞：《对国内几种重要竞争情报软件的比较研究》，《阿坝师范高等专科学校学报》2007年第9期。

② 同上。

四 国内外典型 CIS 软件的功能差异比较分析

通过对国内外 CIS 软件的广泛考察,最后选出了以下 9 种国内外典型的 CIS 软件,对它们的功能进行详细的对比分析。它们分别是国外的 Cipher Systems、Strategy Software、Wincite Systems、Comintell、Traction Software 和国内的百度、拓尔思(TRS)、赛迪数据、赛立信。[①]

(一) 规划与定向环节的比较

规划与定向主要是指明确企业的竞争情报需求,对其进行描述和分解。情报需求识别主要依靠人的判断,CIS 软件的主要任务在于:提供 KIT/KIQ(Key Intelligence Topic,关键情报主题;Key Intelligence Question,关键情报问题)框架,为用户描述、输入 KIT、KIQ 提供向导;支持用户自定义情报主题,或为用户提供各种信息分类模板,支持用户定义自己希望获得的情报主题或者类别;接收和处理用户的情报请求,根据用户的情报请求进行信息的收集、分析与解答;对 KIT 实施的每一个环节(项目确立、计划制订、信息收集、信息分析、报告撰写等)提供软件支持;对 KIT 的实施进度进行监督和控制;为情报项目团队提供交流协作平台,便于团队成员之间的协调与合作;根据 KIT 的保密需要提供密级设置功能,以确保企业情报项目安全;根据 KIT 的轻重缓急设置 KIT 优先级;根据 KIT 密级要求显示 KIT 列表及相关信息。软件在该环节的功能比较见表 4—11。

表 4—11　　　　　　规划与定向环节的功能比较

软件功能	KIT/KIQ 框架	自定义主题	情报需求管理	KIT 流程管理	KIT 进程管理	交流协作	KIT 密级	KIT 优先级	KIT 列表
Cipher Systems	有	有	无	有	无	无	无	有	无
Strategy Software	有	有	无	有	有	有	无	无	无
Wincite Systems	有	有	无	无	无	无	无	无	有

[①] 金学慧、刘细文:《国内外典型竞争情报系统软件功能的差异性分析》,《情报杂志》2009 年第 9 期。

续表

软件功能	KIT/KIQ框架	自定义主题	情报需求管理	KIT流程管理	KIT进程管理	交流协作	KIT密级	KIT优先级	KIT列表
Comintell	有	有	无	无	无	无	无	无	有
Traction Software	有	有	有	无	无	有	无	无	有
百度 eCIS	有	有	无	有	无	无	无	无	有
TRS eCIS	有	有	无	无	无	有	无	无	无
赛迪 CIS	有	有	无	无	无	有	无	无	无
赛立信		有	无	无	无	无	无	无	无

从表4—11可以看出，国内外CIS软件普遍具有KIT/KIQ框架、自定义主题这两项功能。对其他功能的支持上，国内软件与国外软件存在一定差距，主要表现为：①国内软件普遍忽视了KIT流程管理，百度是一个例外。百度将KIQ区分为关键性KIQ和一般KIQ，只有KIT下所有的KIQ得到一定的解答和处理后，才能进入KIT信息收集、分析等环节。国内软件对交流协作功能的支持不够灵活。②国内的TRS、赛迪数据主要是通过情报标注、文章推荐、成果反馈等方式来实现用户之间的交流，这种交流是一对多的单向交流，不够灵活。而国外软件的协作交流方式要灵活得多，如Traction Software借助Wiki、论坛、博客等多种方式支持用户之间的交流协作；Cipher Systems允许用户对软件中的文章发表评论，用户可以创建主题小组以开展主题交流。国内CIS软件普遍忽视了情报需求管理、KIT密级与KIT优先级设置功能，国外CIS软件虽然对这三项功能也普遍没有给予重视，但Traction Software对此已经有所关注。

（二）公开信息收集环节的比较

公开信息收集主要是指收集各种信息媒介公开发布的信息，并对信息进行初步整理。CIS软件在该环节的主要功能有：对企业内网、企业其他信息系统、数据库等企业内部信息收集；对互联网上的各种网页、网络数据库等企业外部信息进行收集；通过集成搜索引擎或独立搜索引擎，针对性地搜索信息，并进行信息的自动排重和相关性排序；对用户指定的竞争对手网站、行业网站、专利信息网站等进行全天24小时的监控，一旦发现新的相关信息及时通知用户或采集到本地；根据用户预先定义的规则，自动检索信息并采集到本地；多种信息检索方式，如关键词检索、概念检索、自然语言检索等；跨语种信息检索与翻译。软件在该环节的功能比较见表4—12。[①]

表4—12　　　　　　　公开信息收集环节的功能比较

软件功能	企业内部信息收集	企业外部信息收集	搜索引擎	实时监控	自动采集	自动摘要	多种信息检索方式	跨语种信息检索与翻译
Cipher Systems	有	有	有	有	有	有	有	无
Strategy Software	有	有	有	有	有	无	有	无
Wincite Systems	有	有	有	有	有	无	有	无
Comintell	有	有	有	有	有	无	有	无
Traction Software	有	有	有	有	有	无	有	无
百度 eCIS	有	有	有	有	有	有	有	无
TRS eCIS	有	有	有	有	有	有	有	无
赛迪 CIS	有	有	有	无	无	有	有	无
赛立信		有	有	无	无	无	有	无

国内外 CIS 软件在该环节功能较强，水平相当，功能差异不大，某些细微差异有：第一，CIS 软件普遍不支持跨语种信息检索和翻译功能，但在软件版本语种的多样性上国内软件不如国外，这意味着在跨语种信息收集功能方面国外软件的潜力较之国内软件大。国内 CIS 软件一般只支持汉语，而国外软件往往提供多种语言版本，如 Comintell 支持 11 种语言，而 Traction Software 提供的语言版本达 20 多种，包括汉语。不同语种信息处理实践为国外 CIS 软件实现跨语种信息检索与翻译累积了相关经验。第二，在自动摘要功能上国内软件普遍好于国外，但国外某些软件自动文摘功能的实现方式比国内新颖。国内 CIS 软件一般都具有信息自动摘要功能，但功能实现方式趋同，主要是按照标题、词表、段落位置等自动抽取文章主题、关键词和摘要，缺乏灵活性和新颖性，而 Cipher Systems 提供的自动摘要滑动条比较有新意，用户通过自动文摘滑动条就可以自行控制

---

① 谢新洲、尹科强：《竞争情报软件的分析与评价》，《情报学报》2004 年第 23 期。

文摘的显示篇幅。[①]

(三) 初始信息收集环节的比较

初始信息收集主要是指收集通过公开信息收集渠道难以获得的但有重要情报价值的信息,如企业内部员工掌握的相关信息、客户对公司产品与服务的看法、外界对公司的评论等。CIS 软件在该环节的主要功能有:对互联网、企业内网上的 E-mail、BBS、博客等初始信息进行自动识别和采集;与企业已有信息系统如 ERP、CRM 等集成来收集初始信息;为用户提供初始信息录入界面,用户可以将自己掌握的信息随时录入软件;自动采集联系人的相关信息(如联系人的住址、邮箱等),自动转存到软件中;管理企业内部人际关系资源;提供竞争对手、重要领域专家等企业重点关注对象的信息,自动挖掘企业没有意识到的重要人物信息并告之用户;为用户提供在线对话功能,并对这种初始信息进行管理。软件在该环节的功能比较见表 4—13。

表 4—13　　　　　初始信息收集环节的功能比较

软件功能	初始信息自动采集	系统集成	随时情报录入	热线情报监控	联系人信息采集	企业内部人际关系管理	外部重要人物列表	在线交流
Cipher Systems	有	有	有	无	无	无	无	有
Strategy Software	有	无	有	有	无	无	无	无
Wincite Systems	有	无	有	无	无	无	有	无
Comintell	有	有	无	无	无	无	无	有
Traction Software	有	无	有	无	有	无	无	有
百度 eCIS	有	无	无	无	无	无	无	无
TRS eCIS	有	无	无	无	无	无	无	无
赛迪 CIS	无	无	无	无	无	无	无	无
赛立信	无	无	无	无	无	无	无	无

初始信息采集是 CIS 软件较为薄弱的环节,在该环节国内 CIS 软件与

[①] 金学慧、刘细文:《国内外典型竞争情报系统软件功能的差异性分析》,《情报杂志》2009 年第 9 期。

国外 CIS 软件存在着较大差异，主要表现为：国内软件基本上不具备初始信息收集功能，而国外 CIS 软件一般都支持 E-mail、博客、论坛、会议等初始信息收集，且在支持方式上各具特色，如 Cipher Systems 专门设有会议信息录入功能，以支持会议信息的随时录入；Strategy Software 针对 E-mail 信息的采集专门开发了 Share-It-Now，用户只需将 Share-It-Now 集成到 Outlook 上，就可以根据个人意愿将自己的某些邮件放在局域网上与该网络的用户共享，Strategy Software 的 InTouch 模块与电话热线相连以获取电话留言信息或传真信息，用户可以借助 InTouch 录制音频文件，InTouch 采用 voice-to-text 技术将音频文件转化成文本文件，通过 E-mail 直接发送给相关人员；Comnitell 专门设有在线问卷调查，以接受用户的反馈意见；Wincite Systems 和 Comintell 针对人物搜索分别提供了专家列表数据库查询功能和人物搜索功能；Traction 将自己本身视为"一个大的交流平台"，它通过博客、Wiki、论坛等多种方式为用户搭建交流平台，同时对用户之间的人际关系进行管理，注重保护用户的个人隐私。国内只有百度初步提供了初始信息采集功能，如采集 E-mail 信息，提供初始信息录入界面。值得一提的是，国内的 TRS 是这 9 种 CIS 软件中为数不多的实现了与企业其他信息系统集成的软件。[①]

（四）情报分析环节的比较

情报分析主要是指对收集到的信息进行挖掘分析，以提炼出有重要价值的情报。CIS 软件在该环节的主要功能有：将采集来的信息进行分析，归纳出信息的主题，将其存入到软件事先定义的类目中；以图表等形式直观显示情报分析结果；提供多种情报分析模板以供用户选择和使用；自动完成对人物、事件、地点、时间等的比较分析；自动挖掘人物、事件、地点、时间等之间的关系；根据用户预先定义的参数，一旦软件采集到相关信息就在第一时间以多种方式通知用户；数据挖掘，将数据转化为比较分析结果、趋势预测、因素分析和关联规则等人们可以直接利用的知识；文本挖掘，从大量非结构化文本信息中提取有价值的知识；信息预处理，剔除信息中无关的部分如广告、不相关的图片、重复信息等；根据 KIT 关键

---

① 金学慧、刘细文：《国内外典型竞争情报系统软件功能的差异性分析》，《情报杂志》2009 年第 9 期。

词、概念等自动采集信息，并自动将之放进相应的 KIT 下面。各软件在该环节的功能比较见表 4—14。

表 4—14　　　　　　　　　　情报分析环节功能比较

软件功能	自动分类	信息可视化显示	情报分析模板	数据关系分析	数据比较分析	信息预警	数据挖掘	文本挖掘	信息预处理	与KIT的自动关联
Cipher Systems	有	有	有	有	有	有	无	有	有	无
Strategy Software	无	有	有	有	无	无	无	无	无	无
Wincite Systems	有	无	有	无	无	无	无	无	无	无
Comintell	有	有	有	无	无	无	无	无	有	有
Traction Software	有	无	无	无	无	无	无	无	无	无
百度 eCIS	有	无	有	无	无	有	无	有	有	有
TRS eCIS	有	无	无	无	无	无	无	无	有	有
赛迪 CIS	有	无	无	无	无	无	无	无	无	无
赛立信	有	无	无	无	无	无	无	无	有	无

通过表 4—14 可以看出，CIS 软件分析水平薄弱，特别是在情报深度分析方面（如数据关系分析、数据比较分析、信息预警、数据挖掘、文本挖掘等）。从国内外 CIS 软件比较来看，国内软件分析水平普遍低于国外，它们之间的差距主要表现为：国内软件对情报分析模板的支持不及国外软件普及和丰富。国内多数 CIS 软件不具备该项功能，少数提供了情报分析模板的软件，提供的模板也主要是 SWOT 矩阵、标杆、波特五种力量模型等较为简单的分析模板，国外软件提供的情报分析模板则丰富得多，如 Cipher Systems 提供的分析模板有 10 多种，包括 SWOT、PEST、McDonald Directional Ma-trix、MCC Matrix 等。国外软件在情报深度分析方面的尝试多于国内。Cipher Systems 的临床试验跟踪器实现了竞争产品生命周期的可视化显示并支持竞争对手产品与本企业产品的生命周期比较分析，它的地图可视化技术可以显示零售商、制造商、分销商在全球的地理分布情况；Strategy Software 对数据关系分析提供了支持。

尽管在情报分析环节国内不及国外，但在中文信息自动分类、信息预处理、KIT 自动关联等方面国内软件仍然有自己的优势。国内 CIS 软件基本上实现了信息的自动分类功能，支持用户自定义信息分类体系；TRS 采用的中文智能处理技术有效地支持了信息的预处理；百度的中文信息文本挖掘技术一定程度上实现了非结构化文本挖掘功能。[①]

（五）成果的生成与发布环节的比较

成果生成与发布主要是指将情报分析的结果生成情报产品并将之传递到相关人员手中。CIS 软件在该环节的主要功能有：既提供标准的报告模板以规范用户的报告写作；也支持用户根据自己的需要和习惯定制报告模板；能够将采集来的重要信息自动生成报告；自动发送到相关用户手中；支持情报分析成果的多种格式导出及多途径发送；支持用户通过浏览器直接在软件上阅读信息；软件对发布后的报告的阅读、拷贝和修改权限予以限制，即报告发布审批；提供报告的加密发送功能；提供调用外部编辑软件功能。软件在该环节的功能比较见表 4—15。

表 4—15　　　　　　报告生成与发布环节的功能比较

软件功能	标准的报告模板	报告模板定制	自动生成报告	成果导出	多途径发送成果	成果自动推送	浏览器界面	报告发布审批	报告的加密发送	编辑软件调用
Cipher Systems	有	有	有	有	有	有	无	无	无	有
Strategy Software	有	有	有	有	无	有	无	有	无	有
Wincite Systems	有	有	有	有	无	有	无	无	无	无
Comintell	有	有	无	有	有	有	无	无	无	有
Traction Software	有	有	无	有	无	无	无	无	无	有
百度 eCIS	有	有	有	有	有	有	有	有	有	有
TRS eCIS	有	无	有	有	有	有	有	有	有	有
赛迪 CIS	无	无	无	有	有	无	有	有	有	有
赛立信	无	无	无	有	无	无	有	有	有	有

CIS 软件在该环节的水平普遍较好，功能大同小异，差距不大，但国内的软件仍然稍逊一筹，这主要表现在：部分国内 CIS 软件缺乏标准的报

---

① 金学慧、刘细文：《国内外典型竞争情报系统软件功能的差异性分析》，《情报杂志》2009 年第 9 期。

告模板和报告模板定制这两项基本功能。值得一提的是，CIS 软件对情报报告安全性普遍重视不够，国内的赛立信是唯一关注到了报告加密发送的软件。①

通过对国内外典型 CIS 软件的比较分析，可以看出②：

第一，CIS 软件整体水平不高，还存在着较大的技术发展空间。

第二，国内 CIS 与国外较为优秀的 CIS 软件之间存在较大差距，这种差距概括起来主要有：①国内 CIS 软件商对竞争情报软件的理解不够专业和深入。国内 CIS 软件几乎没有 KIT 管理功能，过于强调网络信息收集，几乎不具备初始信息收集能力，情报分析能力弱，这都使国内的 CIS 软件更像是一个企业版的网络搜索引擎。②国内 CIS 软件的特色性不强。从对竞争情报软件五个环节功能的详细比较来看，没有像 Strategy Software 的"Share-It-Now"、Cipher Systems 的自动文摘滑动条等那样独具特色的功能。③国内 CIS 软件几乎不具备初始信息收集功能。④国内 CIS 软件的分析功能弱。国内 CIS 软件不论是对一般的情报分析功能（如情报分析模板、信息可视化显示）还是对深层次的情报分析功能（如数据关系分析、数据比较分析、知识挖掘等）的支持都比较欠缺。

第五节　国内外竞争情报网站分析

一　竞争情报网站类型比较

目前，国内外竞争情报网站大致可归结为研究、咨询、培训、检索几种类型。③

（一）研究类竞争情报网站

该类型网站的创建主体主要是各国竞争情报协会、高校或学术杂志，

---

① 金学慧、刘细文：《国内外典型竞争情报系统软件功能的差异性分析》，《情报杂志》2009 年第 9 期。

② 黄永文、李广建：《竞争情报管理软件的分析研究》，《情报理论与实践》2006 年第 29 期。

③ 马德辉：《中外竞争情报网站面面观》，《中国信息导报》2002 年第 7 期。

专门为专业研究人员进行竞争情报理论和实践交流而设立。该类型网站数量较少,国外具有代表性的研究类竞争情报网站有:美国竞争情报从业者协会网(http://www.scip.org)、澳洲知识管理和竞争情报从业者协会网(http://www.scipaust.org.au)、Drexel 大学信息科学技术学院(http://www.cis.drexel.org)、Cio Magazine(http://www.cio.org)和 Computerworld 杂志(http://www.computerworld.org)。与国外相比,我国研究类竞争情报网站更少,主要有中国科学技术情报学会竞争情报分会网(http://www.scic.org.cn)、北京竞争情报网(http://www.bestinfo.net.cn)等。中国科学技术情报学会网设立了《情报学报》、《中国信息导报》等栏目,刊载了两刊有关竞争情报的一些文章。中国兵器工业学会网(http://www.north.cetin.net.cn)也设立了《情报理论与实践》栏目,提供该杂志上发表的文章。值得注意的是,我国高校网站还基本没有提供竞争情报内容,更没有设立专门的竞争情报网站。

(二)咨询类竞争情报网站

该类网站在竞争情报网站中占多数,在利用 Yahoo 和 Excite 搜索到的 52 个竞争情报相关网站中,有 45 个属于该类。我国该类型网站与国外类似,在竞争情报网站中也占多数,利用搜狐和中文雅虎检索到的 11 个网站中,有 9 个咨询类网站,包括北京斯坦德商务顾问有限公司网(http://www.std-china.com)等。咨询类竞争情报网站创办主体大多为商务咨询公司或竞争情报专业咨询公司。国外典型咨询类竞争情报网站有:美国的 FULD&COMPANY 公司网(http://www.fuld.com)、凤凰咨询组织网(http://www.intellpros.com)等。国内咨询类竞争情报网站主要有:中国竞争情报网(http://www.chinaci.com)、北京华门策略网(http://www.sinogate.com.cn)、中国科技信息研究所(http://www.istic.ac.cn)。

(三)培训类竞争情报网站

虽然研究类、咨询类竞争情报网站也提供一些培训项目,但是与专门的培训类竞争情报网站相比还是有区别的。培训类竞争情报网站主要是通过网络提供竞争情报专业培训服务,该类网站的创办主体是竞争情报学院和能够提供竞争情报完整培训项目的研究所或公司。目前,国外该类网站主要有美国竞争情报学院（ACI）（http://www.gilad_herringaci.com）、Iron Horse 多媒体公司（http://www.iron_horsemultimedia.com）、欧洲的工商情报研究所（http://www.rodenberg.nl）等。与国外相比，我国的竞争情报研究类、咨询类网站中提供有限的培训内容，但还没有专门的培训类网站。

（四）检索类竞争情报网站

检索类竞争情报网站是专门检索竞争情报网站的网站。国外主要有 CI Resource Index（http://www.bidigital.com.ci）。该专业搜索引擎把竞争情报资源分为协会、书籍、公司、文档、教育、工作、出版物、软件等 8 大类，收录 1000 多个竞争情报相关站点。该网站最大的特点在于其搜索结果不仅给出相关链接，而且给出站点简短介绍。除 CI Resource Index 外，Market-Research（http://www.marketresearch.com）是专门针对市场研究和商业情报分析建立的搜索引擎，Web Search 是以竞争者为主的专业搜索站点。与国外相比，我国在检索类竞争情报网站建设方面还是空白。

从类型出发考察中外竞争情报网站现状，可主动变换视角，从多角度、多侧面辨识我国竞争情报网站建设与国外的差距。从比较结果看，虽然研究类、咨询类竞争情报网站建设与国外基本相似，但是，在培训类特别是检索类竞争情报网站建设方面与国外存在很大差距。

二 竞争情报网站内容比较

从内容上看，中外竞争情报网站既有相同点又有差异点。

相同点主要表现在它们都包含以下内容：竞争情报的入门知识、竞争情报理论与方法、学术交流、专家论述、竞争情报工具与技巧、竞争情报专题论坛、产业市场研究与咨询、行业政策、行业发展战略、行业研究报告、竞争对手分析、专题情报服务、竞争情报相关文章、提供竞争情报最新动态等内容。[①]

差异点主要表现在：

第一，与国外相比，我国竞争情报网站缺乏个性化内容。国外竞争情

[①] 赵云志：《国外竞争情报网站现状分析及启示》，《情报理论与实践》2001 年第 2 期。

报网站大多提供个性化服务，如 Egosurf（http：//www.egosurf.com）以情报收集为主，可直接输出结果或提供跟踪服务，定期把信息发送到客户的电子邮箱中；Intelliscope of Thomson Intelligence（http：//www.intelliscope.com）则以情报分析、决策支持为主。而我国竞争情报网站大多千篇一律，一张面孔，内容大致雷同，泛泛而谈，缺少具有独特价值的内容，创新性不够。

第二，与国外相比，我国竞争情报网站缺乏技术性内容。国外竞争情报网站大多提供一些实用性竞争情报软件，如 Strategy Software Inc. 的情报分析软件，可用一个报告模板根据用户选择的条件快速生成本公司或竞争对手分析报告；Knowledge Computing Corporation 的 CI spider，用户输入关键词和网址，系统可自动选择最优的检索策略进行搜索并分析检索结果供用户精选。

第三，与国外相比，我国竞争情报网站缺乏竞争情报实用案例及完整的竞争情报解决方案。国外各类型竞争情报网站基本上提供企业应用竞争情报成功的典型案例，有的还指导企业开展竞争情报工作，为管理决策提供系统整体解决方案或为企业数据管理提供软件系统内容。我国竞争情报网站在这方面还做得不够。

第四，与国外相比，我国竞争情报网站缺乏对竞争情报相关文献的报道。国外许多竞争情报网站大多都提供竞争情报专业方面的杂志、文章、图书、学位论文、会议文献、专业出版物的搜索或链接，广泛传播竞争情报知识，为学术研究的交流提供丰富的文献资源。我国竞争情报网只提供情报学核心期刊上刊登的为数有限的竞争情报方面的文章，其他文献资料很少。我国竞争情报界还没有充分利用专业网站进行有效的竞争情报实质性交流，在一定程度上影响了我国竞争情报理论和实践的发展。[①]

[①] 马德辉：《中外竞争情报网站面面观》，《中国信息导报》2002 年第 7 期。

第五章

反竞争情报

随着经济全球化的进一步发展，企业间的竞争越来越激烈，为了能让自己获得竞争优势，各个企业纷纷开展竞争情报，采取各种方式收集、分析竞争对手的核心信息。在这种情况下，企业如何针锋相对地开展反竞争情报活动，以及如何增强自己的反竞争情报能力，自然成了人们关注的焦点。与此同时，由于信息安全问题导致的竞争情报泄露事件日益严重。自2011年4月以来，日本著名企业索尼已遭遇到大大小小的黑客攻击10余次，入侵事件直接导致1亿多个用户账户被曝光。在我国，2012年6月，黑客组织Swagger Security入侵了华纳兄弟和中国电信的网络，并公布了文件和登录证书，通过在中国电信的网络上发布信息，通知了他们的入侵情况。因此，为了保护商业情报，充分实施反竞争情报措施更加紧迫。

第一节　企业反竞争情报能力

一　企业反竞争情报能力的内涵

（一）含义

自春秋战国时期始，反情报方法就在我国政治军事领域得到广泛应用，《孙子兵法》中曾指出要利用气象、夜幕、地形等自然条件以及各种人工手段来进行"自我隐藏"，为使敌方判断错误，一方面要隐蔽我方企图与行动，另一方面还要千方百计迷惑对方，创造出使其决策失误的条件。① 现代学者们对"反竞争情报"提出了各种定义，其中王宏等提出的定义比较有代表性。② 所谓企业反竞争情报能力是指企业抵御现实和潜在的竞争对手针对本企业的竞争情报活动，保护自身的核心信息不被竞争对手获取的能力。它是企业的一种自卫行为，通过分析对手的情报活动，预测对手可能采取的行动和目标，从而提前采取相应的保护手段，避免本企业重要情报的泄露，是企业情报能力的一个重要组成部分。它是一种动态的、综合的、协同的能力，贯穿于组织的方方面面，是企业综合素质的体现。

(二) 特征

企业反竞争情报能力的特征，是由反竞争情报的工作流程和工作性质所决定的，主要有以下几个方面：

(1) 风险管理性。反竞争情报能力首先体现出的是企业的风险管理能力。反竞争情报能力的高低会影响到风险控制的效果，反竞争情报的意识、技巧、技能和相关知识也会影响到风险控制的范围、程度和效果。

(2) 防御性。反竞争情报能力是企业的一种自卫能力，具有防御性，包括被动防御和积极防御两个方面。被动防御主要是针对自身的薄弱环节采取相应的补救措施；积极防御则是指以主动进攻的方式来达到保护自身关键信息的目的，如通过释放虚假信息来误导竞争对手等。

(3) 针对性。针对性体现在企业反竞争情报工作的对象和工作重点两方面。从对象来看，反竞争情报工作针对的是主要竞争对手；从工作重点来看，反竞争情报工作针对的是自身的薄弱环节。

(4) 预测性。反竞争情报能力还具有一定的预测性，主要表现在对未来反竞争情报需求的预测、企业将来可能的薄弱环节的预测、对手的竞争情报行为和方式的预测、将来的防御重点的预测等方面。③

---

① 秦铁辉、罗超：《基于信息安全的企业反竞争情报体系构建》，《情报科学》2006 年第 10 期。

② 王宏、张素芳：《企业反竞争情报能力的影响因素及其构成研究》，《情报杂志》2011 年第 11 期。

③ 同上。

二 企业反竞争情报能力影响因素

(一) 影响因素来源

企业反竞争情报能力是一个复杂的事物,其影响因素众多而且复杂,这些多而杂的因素共同影响着企业反竞争情报能力构成要素的素质及能力的形成过程。[①] 因此,如何才能较为合理地确定其影响因素,是一个比较棘手的问题。基于文献分析与实际调查相结合的思路,将企业反竞争情报能力的影响因素分为外部影响因素和内部影响因素两部分,如图 5—1 所示。其中,外部影响因素既可以直接作用于企业反竞争情报能力,也可以通过影响内部影响因素而间接作用于企业反竞争情报能力。[②]

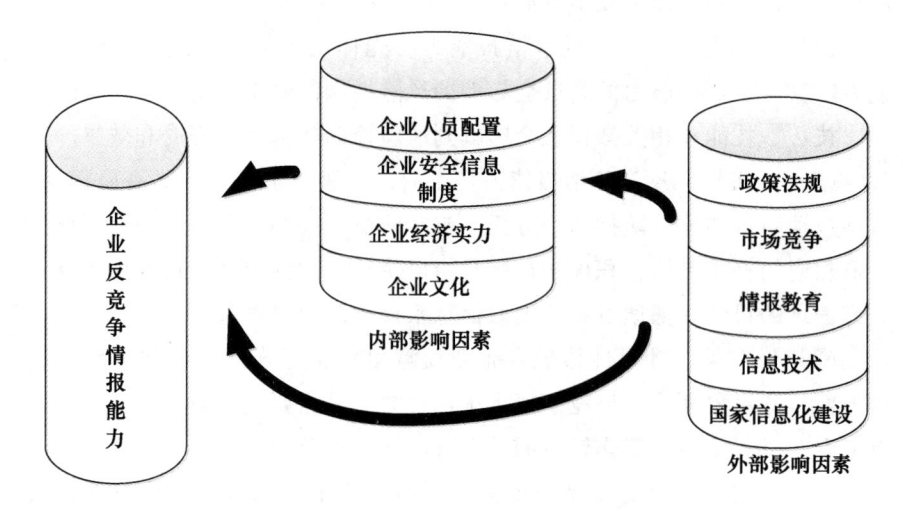

图 5—1 企业反竞争情报能力的影响因素

(二) 企业外部影响因素

企业反竞争情报能力的外部影响因素主要有政策法规、市场竞争、情

---

① 朱礼龙:《企业反竞争情报能力及其评价研究》,《情报科学》2009 年第 4 期。
② 王宏、张素芳:《企业反竞争情报能力的影响因素及其构成研究》,《情报杂志》2011 年第 11 期。

报教育、信息技术、国家信息化建设等。

（1）政策法规。政策法规既包括一个国家或地区的政策、法令、法规，也包括企业所在行业的行规。一般来说，企业反竞争情报能力的大小跟这个国家的政策法规的完备程度正相关。

（2）市场竞争。知己知彼，方能百战不殆。为了能在商场上战胜竞争对手，企业必定会提高自己的竞争情报能力，千方百计地去获取对手的情报。为保证自身的核心信息不被对手或第三方机构获取，企业就需要提高自己的反竞争情报能力。通常，市场竞争越激烈，这种需要就越大。另外，如今企业之间的竞争还体现在供应链与供应链或者利益集团与利益集团之间的竞争，同一条供应链或利益集团中的各企业之间往往存在着信息共享，这就大大增加了企业泄密的可能性，企业反竞争情报的难度也随之加大。

（3）情报教育。反竞争情报的发展是系统性的工程，人才是企业反竞争情报能力提高的决定性因素之一。国家重视情报教育，不仅可以为国家培养专业化的竞争情报与反竞争情报人才，还能提高国民整体的情报意识。据了解，"二战"后，西方工业化国家就纷纷开始竞争情报活动，并陆续开展竞争情报与反情报的教育和培训。如瑞典的隆德大学经济管理学院早在1974年就开设了竞争情报课程，现在隆德大学已经培养了百余名竞争情报硕士和多名竞争情报和反情报博士。而我国直到20世纪90年代初才引入竞争情报概念，至于开展竞争情报教育则更晚，反竞争情报也往往作为竞争情报课程的一部分进行简单介绍，这也是我国企业反竞争情报意识和工作水平比较落后的原因之一。

（4）信息技术。工欲善其事，必先利其器。先进的反竞争情报技术必能使反竞争情报工作事半功倍，竞争情报与反竞争情报系统就是信息技术不断发展的产物。在实际活动中，信息技术贯穿于整个反竞争情报活动的各个环节，如互联网技术、防火墙技术、防病毒技术、数据加密技术、信息安全认证技术、入侵检测技术、防网络监听技术、TSCM技术、伪情报技术、反解剖技术、信息隐蔽技术、密网技术，等等，这些都是人们从事反竞争情报活动的利器。

（5）国家信息化建设。国家信息化建设包括推动和加强国家或地区的信息基础设施、电子商务、电子政务、信息安全保障、信息资源开发利用等方面的发展与建设。国家信息设备与信息网络等信息基础设施的建设和普及程度决定了企业可利用的信息资源的数量和质量，以及企业获取信息和传播信息的途径和能力，同时也加大了自身重要信息泄露的风险。此外，国家在信息安全保障方面的发展水平也影响着企业的反竞争情报能力。[1]

（三）企业内部影响因素

影响企业反竞争情报能力的内部因素主要有企业人员配置、企业信息安全制度、企业经济实力和企业文化等。[2]

（1）企业人员配置。人才是企业的灵魂，企业的反竞争情报活动离不开人这个载体，需要人的认知、理解、判断、推理和洞察力，需要人的智慧、素养和技能的配合。而如何才能吸引并留住人才，则跟企业的人员政策、员工的升迁途径以及薪酬制度密切相关。因此，一个企业是否注重人才，是否给予员工充分的发展空间，以及能否为员工提供具有竞争力的薪酬待遇，会直接影响企业的人员状况，进而影响到该企业反竞争情报能力的大小。

（2）企业信息安全制度。制度就是指要求大家共同遵守的办事规程或行动准则。所谓办事规程，也就是完成某个项目或者活动必须履行的程序、遵守的法则。在企业中，泄密的途径有很多，比如内部员工泄密、第三方泄密、公开出版物泄密、公司数据库泄密等，这些都可以通过制定一定的规章制度来加以防范。

（3）企业经济实力。在现实生活中，拥有完善竞争情报与反竞争情报部门的往往是规模比较大、实力比较强的企业，特别是世界500强企业。一则，它们的规模比较大，都是所在行业里竞争对手比较关注的对象，有更多商业秘密和敏感信息需要保护。因此，较之中小企业，它们有更强烈的反竞争情报需求。二则，由于财力雄厚，它们也有足够的资金去雇用反竞争情报人才，购买反竞争情报技术设备，培养自己的反竞争情报能力。

---

[1] 王宏、张素芳：《企业反竞争情报能力的影响因素及其构成研究》，《情报杂志》2011年第11期。

[2] 李丹、张翠英：《基于内部控制理论的企业反竞争情报体系构建》，《科技情报开发与经济》2009年第21期。

（4）企业文化。企业文化是指为企业全体成员所共同接受的价值体系，包括思维方式、行为习惯、心理预期与信念体系，它渗透于企业的各个职能活动当中，影响和决定了能为企业全体人员所接受的行为规范，使一个企业具有一系列区别于其他企业的特征。通过企业文化建设可以提高员工的忠诚度、培养员工的团队协作精神、提高员工的信息意识、增强员工的学习能力等，而员工的这些能力和素质，又在一定程度上影响着企业反竞争情报能力的提升。

三　企业反竞争情报能力结构模型

（一）模型理论基础①

欲构建企业反竞争情报能力的结构模型，不得不提到系统论。作为"老三论"之一的系统论是美籍奥地利学者贝塔朗菲于20世纪40年代所创立的一门新学科，它是研究系统的一般模式、结构和规律的学问，目前已被应用于各种科学理论研究与现实社会实践中，具有普遍方法论的意义。②

系统论的基本思想方法，就是把所研究和处理的对象当作一个系统，分析系统的结构和功能，研究系统、要素、环境三者的相互关系和变动的规律性，并以系统的观点看问题。系统论认为世界上任何事物都可以看成是一个系统，系统是普遍存在的，整个世界就是系统的集合。由此可见，企业反竞争情报能力也是一个系统，系统论的原理和方法也适用于企业反竞争情报能力。在系统论中，整体性、关联性和层次性被认为是系统的三个最本质的特征。

所谓整体性是指虽然系统是由要素或子系统组成的，但系统的整体性能可以大于各要素的性能之和，且任何要素一旦离开系统整体，就不再具有它在系统中所能发挥的功能，这就要求人们在处理系统问题时要注意研究系统的结构与功能的关系，重视提高系统的整体功能。企业反竞争情报能力作为一个系统，在对其构成进行分析时，也应注意将其作为一个整体

---

① 王宏、张素芳：《企业反竞争情报能力的影响因素及其构成研究》，《情报杂志》2011年第11期。

② 周金元、何嘉凌：《国内外反竞争情报研究》，《现代情报》2009年第11期。

来研究，重视其整体功能的优化。

关联性，即系统与其子系统之间、系统内部各子系统之间和系统与环境之间是相互作用、相互依存的。企业反竞争情报能力不仅与反竞争情报的工作流程、技术和方法有关，还与企业的反竞争情报人员、管理能力、企业文化以及企业外部环境的支持力度等要素有关，同时，这些要素之间也是相互关联的。因此，在构建企业反竞争情报能力模型时应注意各能力要素之间的关联性。

层次性则告诉我们一个系统总是由若干子系统组成的，该系统本身又可看作是更大系统的一个子系统，这便构成了系统的层次性。企业反竞争情报能力作为一个系统，也有一定的层次结构，其层次结构由里向外大致包括核心层、组织基础层和外部环境层。

（二）模型构建

企业的反竞争情报能力的高低与其反竞争情报活动过程各要素密切相关，也与上文中两类影响因素对反竞争情报活动的影响有关，三者加在一起就构成了企业反竞争情报能力的三大要素。根据系统论的思想，王宏等[1]将与反竞争情报活动过程相关的因素概括为核心能力，与企业内部影响力相关的因素概括为基础能力，与外部影响力相关的因素概括为外部支持能力，从而形成了包括核心能力、基础能力和外部支持能力三个层次的反竞争情报能力结构模型，如图5—2所示。

这里的反竞争情报核心能力指渗透于企业反竞争情报过程中的、能为企业反竞争情报工作带来竞争优势且其他企业难以模仿的能力。它与反竞争情报工作流程相关，包括确定保护需求能力、竞争对手分析能力、自身弱点分析能力、反竞争情报策略制定能力和反竞争情报策略实施能力五部分，这五种能力将直接决定一个企业反竞争情报能力的高低。

企业的反竞争情报基础能力是指企业内部为反竞争情报工作提供人员、管理、文化、技术设施等方面的辅助支持的能力，它是核心能力的组织基础，影响到企业反竞争情报核心能力的发挥，包括反竞争情报人员能力、反竞争情报管理能力、反竞争情报文化建设水平以及反竞争情报基础

---

[1] 王宏、张素芳：《企业反竞争情报能力的影响因素及其构成研究》，《情报杂志》2011年第11期。

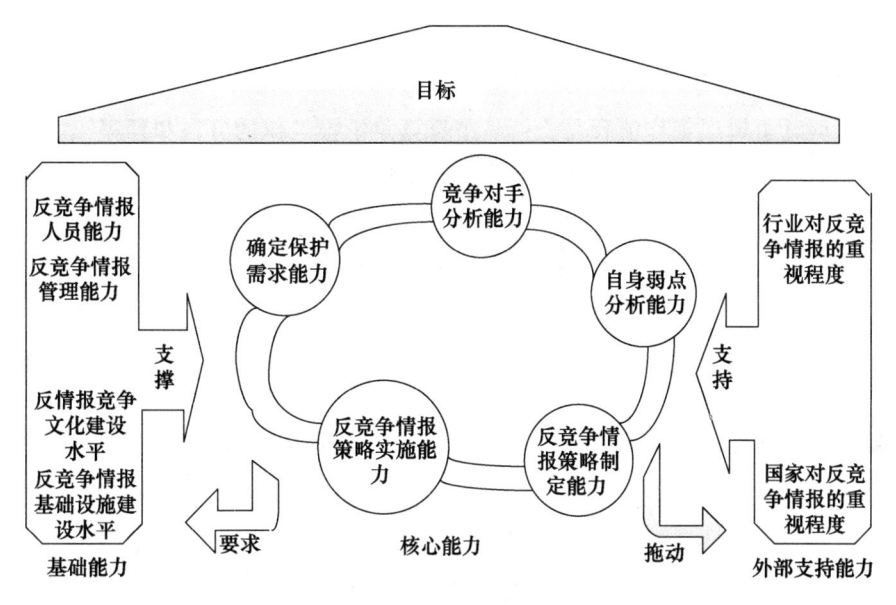

图 5—2　企业反竞争情报能力体系结构模型

设施等，因此也是企业反竞争情报能力体系不可或缺的一部分。

企业反竞争情报的外部支持能力是指从外部环境获取的促进企业反竞争情报工作开展的支持能力。企业所在行业和国家对反竞争情报的态度和支持力度，以及整个国家的情报教育和信息技术水平也会影响到企业的反竞争情报能力，所以企业反竞争情报能力体系也应包括外部支持能力部分。

基础能力与核心能力、核心能力与外部支持能力之间分别相互作用，共同实现企业反竞争情报工作的目标，即保护自身的核心信息不被竞争对手所获取。其中，核心能力直接形成生产力，但它需要基础能力提供人员、管理、企业文化、信息基础设施等方面的支撑。核心能力的发挥也离不开外部支持能力，通常，当国家或行业对反竞争情报工作比较重视，且相关政策法规等比较完善时就会促进核心能力的发挥。与此同时，核心能力又能推动外部支持能力的发展。企业的最佳实践和案例不仅能起到示范作用，还能为反竞争情报理论的发展提供实践支持；企业的需求和问题也能为国家和行业相关政策法规的完善提供参考。

（三）模型分析[①]

1. 核心能力

反竞争情报工作流程是企业从事反竞争情报工作的方法和程序，一个企业的反竞争情报能力直接体现在反竞争情报工作流程的每一个环节，因此，依据流程而得到的"确定保护需求能力"、"竞争对手分析能力"、"自身弱点分析能力"、"反竞争情报策略制定能力"、"反竞争情报策略实施能力"五种能力共同构成了企业反竞争情报能力体系的核心部分，即反竞争情报核心能力。

（1）确定保护需求能力。反竞争情报工作首先要明确哪些情报需要保护，并在此基础上确定保护时间和防范对象等具体的保护要求。确定保护需求是整个流程的开始，只有在提出明确的保护需求以后，企业才能够有的放矢地开展反竞争情报活动。现代企业是一个开放的信息系统，不断地与外界进行物质和信息的交换。因此，企业需要保护的不仅仅是秘密信息，还包括敏感信息和受限的公开信息，如何确定这些保护需求则是一门很大的学问。

（2）竞争对手分析能力。竞争对手分析包括三个方面的内容：第一，识别竞争对手，区分哪些是主要竞争对手，哪些是次要竞争对手；第二，分析竞争对手的意图，判断它们对本企业的哪些情报感兴趣，并打算在多大程度上获取；第三，对竞争对手的竞争情报能力加以评估，弄清楚对手常用的情报源和情报收集手段，包括分析对手采用非法手段的可能性和形式等。

（3）自身弱点分析能力。除了分析竞争对手之外，还要对组织自身的薄弱环节进行分析评估，只有这样才能有效防止竞争对手的情报收集活动。为此，企业首先需要了解自身的敏感部门，识别企业敏感部门在运作中的薄弱环节，从而堵住竞争对手收集情报的来源。自身弱点分析能力可以细分为三个子能力：信息安全威胁识别与分析能力、信息安全隐患识别与分析能力和信息安全风险评估能力。

（4）反竞争情报策略制定能力。在明确竞争对手的意图和能力、发

[①] 王宏、张素芳：《企业反竞争情报能力的影响因素及其构成研究》，《情报杂志》2011年第11期。

现组织自身弱点后,就要有针对性地制定出相应的反竞争情报策略。反竞争情报策略的制定能力是指企业制定破坏竞争对手情报收集效果的具体对策的能力。高质量的反竞争情报策略既要能有效地保护核心信息,又要能降低对手收集到的信息的价值,或者误导竞争对手使其无法做出正确的判断,从而达到保护企业竞争力的目的。

(5) 反竞争情报策略实施能力。反竞争情报策略实施能力是指企业具体实施、运用反竞争情报策略的能力。反竞争情报策略的实施是企业反竞争情报工作中最重要的一环,再优秀的策略如果实施不力的话也是无效的。其具体操作过程主要包括以下几个环节:要实时监控竞争对手和企业自身;在遇到威胁时要及时预警;根据监控的结果进行综合分析;做出反击。反竞争情报策略实施能力的大小也主要由这四个方面的能力所决定。

2. 基础能力

组织是企业各项能力的载体,反竞争情报核心能力的发挥受到组织基础的影响,因此,组织的基础能力也是企业反竞争情报能力的一个组成部分。这里的基础能力主要包括反竞争情报人员能力、反竞争情报管理能力、反竞争情报文化建设水平和反竞争情报基础设施建设水平四部分。

(1) 反竞争情报人员能力。反竞争情报人员能力主要反映了企业反竞争情报人员的配置状况及人员的能力素养,包括人员的数量、结构、知识和技能、职业道德等方面。在企业里,无论是确定保护需求、分析竞争对手、分析自身弱点,还是制定、实施反竞争情报策略,都离不开反竞争情报人员的参与。因此,企业的反竞争情报人员能力将会直接影响到企业反竞争情报核心能力的发挥。

(2) 反竞争情报管理能力。反竞争情报管理能力是指企业为了实现自身核心信息不被对手获取的目标而进行一系列计划、组织、协调、控制等活动的能力。在这里主要包括规划、协作、控制和运营四种能力。其中,规划能力主要是指对反竞争情报战略进行规划的能力;协作能力包括本企业部门间的协作能力以及与其他组织的协作能力;控制能力主要体现在对反竞争情报流程的控制上;运营能力则体现在机制建立与运作能力、人际情报网络建设能力两个方面。反竞争情报工作的每一个环节都离不开管理,没有管理,反竞争情报工作将无法开展。因此,良好的管理水平是反竞争情报核心能力得以充分发挥的重要保障。

(3) 反竞争情报文化建设水平。企业反竞争情报文化包括领导层对反竞争情报的重视程度、员工的信息敏感程度和员工的情报保护意识等诸多方面。企业高层领导者是整个企业运营的决策者和管理者，毋庸置疑，领导层对于反竞争情报的重视程度直接决定了企业反竞争情报工作能否顺利进行以及运作的好坏，即直接影响到核心能力的发挥。此外，提高员工的信息敏感程度、增强员工的情报保护意识，就有可能创造一种全员反竞争情报的局面，届时，在全体员工的支持和参与下，反竞争情报核心能力将会得到进一步的发挥。

（4）反竞争情报基础设施建设水平。企业的信息基础设施，如信息设备、网络、反竞争情报软件等为企业反竞争情报工作的开展提供了必备的工作条件，也是核心能力发挥的基础。比如，企业情报系统所收集到的日常工作数据可以为反竞争情报需求分析和策略制定提供数据来源，也可作为采取措施的一个参考，监测到的异常信息也是反竞争情报工作的重点。

3. 外部支持能力

企业反竞争情报能力不仅受企业人员配置、信息安全制度、经济实力和企业文化等内部因素的影响，还受到政策法规、情报教育、信息技术等外部因素的影响。因此，外部支持能力也应当是反竞争情报能力体系不可或缺的一个组成部分。在这里，外部支持能力主要体现在两个方面：一是所在行业对反竞争情报的重视程度，诸如行业反竞争情报意识的高低、行业反竞争情报措施或规则的成熟度等；二是国家对反竞争情报的重视程度，包括相关政策法规的完备性、相关管理机构的设置、情报教育和情报技术的发展等。

无规矩不成方圆，企业反竞争情报工作也需要有相应的规则来指引和约束。因此，行业和国家有关反竞争情报的措施、规则以及管理机构越完善，反竞争情报工作也就越有法可依、有章可循，其核心能力也就能顺利发挥，而国家在情报教育和情报技术方面的投入也会为核心能力的发挥提供理论、人力和技术支撑。

企业反竞争情报能力是企业反竞争情报工作综合素质的体现，其影响因素包括内部和外部两个方面：内部影响因素主要有企业人员配置、企业信息安全制度、企业经济实力、企业文化等；而外部影响因素则涉及政策法规、市场竞争、情报教育、信息技术、国家信息化建设等。企业的反竞争情报能力的高低与其反竞争情报活动过程中的各要素密切相关，也与上述两类影响因素对反竞争情报活动的影响有关，三者加在一起构成了企业反竞争情报能力的三大要素，分别为核心能力、基础能力和外部支持能力。其中，每个能力要素又可以分解成若干子要素，所有的能力要素结合起来便形成了企业的反竞争情报能力系统。

第二节 竞争情报活动中的反竞争情报方法

一 反竞争情报方法的原理

反竞争情报方法的基本原理是通过对企业自身信息流出和释放的控制，抵制来自外部的情报收集企图。企业信息流出控制，针对的是情报对手收集信息的渠道；企业信息释放控制，针对的是企业主动发布的信息。[1]

（一）信息泄露控制

企业的经营活动离不开与企业外部的信息交流，在正常的对外交流过程中，企业的重要信息可能通过公开或非公开的方式对外泄露。所以对信息流出渠道的控制对于企业反竞争情报工作来说，是一个必须引起高度重视的方面。通常企业需要明确信息安全方针，建立信息分级体制，从信息获取的源头加以控制，通过信息安全规则的完善，从管理层面控制信息流程；同时还需要应用最新的信息安全技术，如 VPN、内外网物理隔绝、禁用 USB 存储、数据加密、信息访问分级控制等方式，落实信息安全管理方针，严把信息流出的关口。[2]

（二）信息发布控制

对外发布必要的信息是企业正常经营管理的必要职责，也是与公众利益相关的企业应尽的义务。如何筛选和组织能够对外发布而又无损本企业竞争地位的信息，是反情报工作人员必须要考虑的问题。通常企业需要在

---

[1] 左川、王延飞：《论反竞争情报方法》，《科技情报开发与经济》2013 年第 3 期。
[2] 朱礼龙：《企业反竞争情报能力及其评价研究》，《情报科学》2009 年第 4 期。

管理层面建立对外发布信息的管理规定，使整个信息发布过程有可遵循的规章。对所有必须要发布的信息，实施分类审核评估，确定其对企业竞争地位的影响；在技术层面来说，应该通过适当的技术手段，在保证信息的完整性以及公众对信息的可获取性的同时，增加竞争对手进行信息分析和研究的难度。

二 常规反竞争情报方法

反竞争情报是企业为了保护自身的情报资源而展开的一系列防范性工作，以抵御竞争对手的情报刺探。反竞争情报工作包括如下内容：针对竞争对手及第三方机构的信息防备；针对竞争对手合理合法的情报收集以及防范恶意非法的情报收集和间谍活动，保护企业的重要信息不被竞争对手知悉和窃取。其具体实施方法一般可以分为三类：一是管理方法，二是技术方法，三是法律方法。[①]

（一）管理方法

管理方法是通过制定和实施对企业的人员、设备、IT 环境以及对外交往的管理章程，来防范企业重要信息被泄露。其具体方式包括：

（1）加强人力资源安全管理，如签订保密协议、加强保密意识培训、明确角色与职责。

（2）设立企业信息安全保障组织，如将竞争情报部门设在企业主管层、情报部门单独设立、协调分布设置或在企业管理层设置专职情报部。

（3）制定企业信息安全保障制度，如设立信息分级保密制度、员工保密守则、企业技术保密制度、对外宣传保密评审机制、信息访问管理制度。

（二）技术方法

因为技术方法自身具有先进性、复杂性和有效性，所以通过技术方法保护企业信息安全，是目前企业中应用最多的手段。在企业的应用环境中，技术保护方法可分为"物理保护"与"虚拟保护"。其中"物理保

---

① 左川、王延飞：《论反竞争情报方法》，《科技情报开发与经济》2013 年第 3 期。

护"是指对各种有形设备、运行环境等进行物理层面上的保护;"虚拟保护"主要是指对各种应用软件、虚拟机、数据库信息等进行保护。

1. 物理保护

通常"物理保护"主要是对企业信息处理过程中的实体设备的保护,如对企业的核心机房、保密工作区进行物理隔离,通过密码或加密磁卡等方式控制对保密区域的物理访问;对经常移动的载体,如U盘、移动硬盘、光盘等设备,加以保护并限制其使用的范围;对易于被竞争者以反向工程破解的新产品,在设计上加以防范,使产品所涉及的商业秘密不会被轻易解读;根据需要设置安全硬件设备,如防盗门、警报器、监测器、文件粉碎机、监视器等。

2. 虚拟保护

"虚拟保护"即采取软件工具及管理政策的手段,对企业电子化信息及应用软件进行保护。电子化及互联网已经成为现在企业的重要生命线,企业可以通过 OA、CRM、ERP 等系统加快信息内部共享速度以及员工工作效率,同时也可以通过在线商务、电子招聘、在线营销等方式加强业务发展。与此同时,IT 也是一把双刃剑,信息安全问题伴随着企业办公电子化的进程越来越凸显出来。不仅企业主动公开信息时会被竞争对手经常造访,就连企业内部保密信息也有可能会被竞争对手通过非法手段获取。因此,IT 信息安全尤其重要。

一般的信息安全保护的主要技术和方法有以下几种:

(1) 访问控制技术。通过使用防火墙、虚拟网络(VPN)、堡垒机、安全隔离网络区域等技术,在企业内部网络和外部网络之间建立访问屏障,使企业内部网(Intranet)和外部网(Internet)隔开,并且对到内外网出入的数据包进行检查,从而决定是否放行,以达到有效阻截各种恶意攻击、保护企业内部信息的目的。常见的访问控制工具有:赛门铁克、Juniper、3Com、CISCO、天融信、网御神州、联想网御等。

(2) 信息加密技术。使用密码学和数学原理结合现代最新 IT,通过对信息编码进行变换及重新组合,使只有收发双方通过密匙进行加密和解码才能读取真实的信息,通过加密技术可以实现安全访问,以及保证数据的安全传输。常见的加密方法有以下两种:对称加密法,如 SDBI、IDEA、RC4、DES、3DES 等;或非对称加密法,如 RSA、ECC、SDH、MD5 等。

(3) 电子认证技术。电子认证是用于保护企业信息安全的另一重要技术。电子认证技术主要可分为两个方向，即身份认证和信息认证，分别用于鉴别访问者的合法性和传输信息的真伪性。常见的认证技术基本上都是使用基于 PKI/CA 的信任认证机构的技术。其中 CA 是证书的签发机构，它是 PKI 的核心。CA 是负责签发证书、认证证书、管理已颁发证书的机关。它要制定政策和制定具体步骤来验证、识别用户身份，并对用户证书进行签名，以确保证书持有者的身份和公钥的拥有权。

科技日新月异，企业反竞争情报的技术也随之不断发展，传统技术依然实用，新技术不断涌现，沈固朝等对当前企业反竞争情报所用的主流技术进行了归纳。[①]

（1）反窃听技术。企业应该充分利用现有的法律进行反竞争情报收集，维护其企业利益。企业依法与员工、第三方签订的保密协议是具有法律效力的，对其签署方有一定的约束力。如果员工、第三方有违反协议之处，泄露企业核心信息的行为，是可以依法追究其法律责任的。另外，如果竞争对手通过不正当手段获取企业的专利信息、商业秘密和侵犯著作权，企业可以根据专利权法、反不正当竞争法和著作权法、民法、知识产权法、保密法、技术合同法等相关法律追究其法律责任，要求其停止侵权行为，赔偿其所有损失。

（2）反窃照、防复制技术。重要文件大多以纸张为载体形式，容易被窃照和复印。反窃照、防复制技术既有专业的设备器材，也有相应的技术手段和管理措施，如使用全息粘贴片把秘密文件制成密封胶条，用带有金属钩钉的胶条密封文件，在文件上涂感光的暗号，加强复印机的管理与使用记录，在涉密区域安装报警器、电子监控系统、物理屏蔽，配置计算机视频保护机、磁盘消磁器等。

（3）网络安全技术。建立安全的 VPN 网络，配置网络密码机，对网络服务进行全面检测、封堵漏洞，对用户的操作如 telnet、rsh、rlogin、sendmail、pop3.ftp、控制台终端键盘、Xterm 屏幕、TTY 终端进行监控，对 Web 服务器的各项配置进行检测、监控和维护，分析、审计系统日志报告，采用数据加密、网络分段、VLAN 等技术防网络监听。

（4）网上反搜索技术。不怀好意的网络搜索者往往利用搜索引擎寻找有漏洞的服务器、文件、口令和公开的目录等，寻找无意中泄露出去的

[①] 沈固朝：《竞争情报的理论与实践》，科学出版社 2008 年版。

信息。企业可从被搜索对象的角度出发，根据事先预定的某些结构或语义规则对被搜索对象进行搜索扫描，对搜索结果中出现的不符合用户安全、隐私和利益的信息进行调整、处理和反馈。

(5) 反技术监视技术。TSCM 是 Technical Surveillance Counter Measures 的缩写，是指那些通过运用各种窃听和其他侦听和传输设备来侦测或挫败想要获得任何信息的企图的对策，包括所有预防和探测对敏感、机密或秘密信息窃取的措施。[①] TSCM 技术专家通常要对锁、门、警报、警戒线、摄像机、电话系统、网络和计算机安全系统等设施进行观察、检查、监控，以找出藏在暗处的监视设备、技术安全缺陷或隐患，进行无效化、隔离或清除。

(三) 法律方法

法律方法是企业利用法律法规来保护自身的商业秘密的方法。尽管现代社会中信息流通速度快、内容量大，情报工作人员可以通过合法的手段获取其所需的任何信息，但是由于信息获取的时效性以及信息分析复杂性的限制，通过非法手段快速获取情报仍然是很多情报人员选择的工作方法，如在对手公司内安插间谍，窃取技术文档、商业秘密等。针对上述非法竞争行为，企业应主动采取法律手段保护自身利益。通常可以通过著作权法、商标法、专利法和反不正当竞争法对其合理的商业秘密进行保护。

随着近年来 IT 的飞速发展，很多企业使用了基于互联网的 CRM、ERP、OA 等企业业务系统，以及 E-mail、IM 等在线沟通系统。竞争情报工作的重点逐渐从传统的信息收集渠道转移到 IT 信息渠道。这使企业在信息系统安全方面需要投入更多资源和精力，从技术和管理两个方面完善信息安全工作。另外，由于人的因素导致的信息泄露的风险永远都不会消失，仅仅从企业管理方面进行约束远远达不到想要的效果。目前，我国还没有颁布正式的《网络信息安全保护法》，个别地方政府和行业协会为了顺应企业反竞争情报工作的需求，已经陆续出台了地方和行业内部的信息安全法律法规。

综上所述，企业实际工作当中对技术、管理和法律这三种重要的反竞

---

① 杨威：《浅论竞争情报的反收集方法》，《科技创业月刊》2014 年第 1 期。

争情报方法的使用，还应结合企业自身的竞争情况进行综合权衡考虑。①

（四）常用方法简介

1. phoenix 模型

phoenix 是专门从事企业反竞争情报的咨询机构，提出了著名的商业情报保护模型即 phoenix 模型。该模型认为反竞争情报活动是一个循环过程，由任务、定义保护需求、评估弱点、制定对策、分析和发布六个环节构成。其主要工作步骤：①确定哪些信息是企业需要保护的信息。在这一步中企业必须把敏感的计划、策略或者项目等让企业各职能部门进行确定，哪些信息是竞争对手需求的信息，并综合考虑各职能部门的意见，从而确定需要保护的目标。②分析自身存在的弱点，确定企业最容易泄露信息的环节在哪里，通过哪些部门或哪些员工泄露。③针对自身存在的弱点，提出反竞争情报对策，并对这些对策进行比较和评价，最后选择一种最好的实施对策。④对策略实施的有效性、需要改善的地方、竞争对手情报手段发生的变化等进行分析，并组织人力、物力和财力来实施反竞争情报的对策。②

2. 米勒模型

美国竞争情报专家米勒提出了企业情报保护模型即米勒模型。该模型也是一个循环过程，主要由确定关键信息、威胁分析、脆弱性分析、风险评估、适当防范措施的运用组成。①将竞争对手为了达到其目标所需要的信息确定为关键信息。②对竞争对手的目标、能力和意向进行分析，确定企业自身面临的威胁。③将自己放在对手或竞争者的位置上，从对手的角度在各个阶段中一步一步地对自身的运营或活动进行脆弱性研究。④对前述各阶段（关键信息，威胁，脆弱性）之间的相关性做出评价。最后，就实施防范措施对公司运营或活动效益的影响做出评估。⑤采取适当防范措施，抵消或减少关键信息对竞争者或对手可利用性的活动。

3. OPSEC 模型

OPSEC 模型从信息泄露源头入手，对所有潜在威胁都进行分析，标

---

① 左川、王延飞：《论反竞争情报方法》，《科技情报开发与经济》2013 年第 3 期。
② 陈旭华、张文德：《企业反竞争情报体系构建策略研究——基于知识产权保护的视角》，《情报杂志》2009 年第 28 期。

识出揭示了企业行动、能力、局限性、活动和动机的那些信息，通过控制这些信息的"可见性"，防止竞争对手进行有效预测。OPSEC方法的优势在于，全面监控企业各类信息资产，通过识别关键信息、分析威胁、分析薄弱点、风险评估和采取对策，达到信息保护的目的。OPSEC方法具有工作程序严密、符合企业实际等特点，其具体工作环节如下所述：①识别关键信息。关键信息是有关企业意图、能力和活动的信息，包括定价方法、关键客户、产品配方、战略规划等，竞争对手需要这些信息制定针对本企业的决策，按照预定的分类体系识别并标注企业上述信息资产，将为后续工作提供基础。②分析威胁。这一环节的工作是评估竞争对手得到某种或某些信息以后可能对企业造成的伤害，简单地说，就是竞争对手有什么能力，他们知道了什么，他们想要什么，为什么要，他们如何得到，得到之后如何利用，他们得到后企业的损失有多大，等等。③分析薄弱点。这一环节的工作是确定企业最容易泄露信息的地方在哪里，通过哪些部门或哪些员工泄露，所有可能泄露关键信息的渠道都应视为弱点，但并不是所有弱点都值得保护。企业要根据信息敏感度、价值大小来决定是否保护某信息泄露点，识别弱点的办法是换位思考，即企业站在竞争对手的角度，一步步检查自己活动或作业的所有环节。④风险评估。这一环节的中心任务是评价竞争对手得到信息以后会对本企业产生什么影响，在这一阶段，风险分析人员要将前面的步骤（关键信息、威胁、弱点）整合，从中发现需要保护的地方。⑤采取对策。在这一环节，决策者根据前面分析的风险排序，将对策的成本同资产的价值对照，以判断对该资产进行相关保护是否值得，如果对策的成本高于保护的资产的价值，或得到的好处低于风险造成的损失，则没有必要采取保护措施。[①]

4. 基于信息安全的方法

秦铁辉[②]等将信息安全的BS7799管理体系和OPSEC模型引入反竞争情报体系，构建了基于信息安全的反竞争情报方法。该方法首先建构符合企业运营规范，可操作性更强的框架模型，该框架模型由反竞争情报体系建设方针、反竞争情报组织、信息资产分级与访问控制、反竞争情报策

[①] 秦铁辉、罗超：《基于信息安全的企业反竞争情报体系构建》，《情报科学》2006年第24期。

[②] 同上。

略、保障性规章五大模块构成。"反竞争情报体系建设方针"规定了体系建设的意义和目标、明确了需要遵循的原则，为后续工作确立了基调，指明了方向。"反竞争情报组织"是至关重要的环节，它包括反竞争情报体系在企业的职能、具体实施者以及采用的管理方式等。"信息资产分级与访问控制"帮助企业识别信息资产并进行分类、编码，分析泄密的可能性和损失大小，从而确定企业的关键信息资产清单，这是反竞争情报体系建设团队成立后的第一要务；界定各类信息使用者对不同类型信息的控制权限，是"访问控制"环节的工作内容。此后，工作团队将从人员与文化、实物与环境、通信与技术以及发送假情报四个方面，选择适合企业的反情报策略。"保障性规章"针对信息保密的责任机制、惩戒机制，以及保障企业信息流动的流通制度等制定各种切实可行的规章制度。其次，解析出上述框架模型中各个阶段的工作内容和步骤，反竞争情报工作可大致分解为四个环节，即项目团队建设、情报资产评估和分析、反竞争情报策略组合配置以及效果评测与反馈。"项目团队建设"涉及部门结构、职能、运作方式、岗位设计以及人员安排等方面，是反竞争情报工作得以开展和运行的保障。评估和分析企业信息资产、明确作用对象，进而确定泄密的可能性和潜在风险，是全面理解企业信息资产价值的必要工作。根据信息资产的不同属性，选择相应的反竞争情报策略，进行组合，这是反竞争情报工作的核心。最后，在团队的主导下，对工作进行检测和修正，是反竞争情报体系稳定运行的保障。[①]

5. 基于控制论的方法

王鹏等[②]应用控制论的基本方法研讨了反竞争情报源、反竞争情报过程、情报用户、情报系统等施控—受控机制的规律性，并按照前馈控制、实时控制、反馈控制三种控制方法的特点及其所能达到的控制目的，提出反竞争情报工作的控制流程：对于"施控系统"的前馈控制、对于"受控系统"的实时控制、对于反竞争情报工作成效的反馈控制。施控系统指的是在企业反竞争情报工作中对企业反竞争情报政策的实施、前期标准的制定起主导作用的组织或个人。"施控系统"的前馈控制，是指需要施

---

① 罗雪英、邹凯：《论竞争情报与企业信息安全》，《情报科学》2003年第8期。
② 王鹏、司有和、任静：《基于控制论的企业反竞争情报工作研究》，《图书馆学研究》2009年第6期。

控系统具有前瞻性的反竞争情报意识、及时和准确的信息并且具有快速决策与运筹的能力，并利用定量及定性的方法对情报和情报过程进行分析，尽可能全面地找出影响反竞争情报目标实现的影响因素，并对预期目标影响程度和潜在损失的大小进行分类、排序等，对各类影响因素进行前馈控制，降低可能的负面效果，尽力使结果接近前期的控制标准。"受控系统"指的是反竞争情报控制的四方面内容：反竞争情报源、反竞争情报过程、情报用户、情报系统，对情报源的控制主要是指对情报内容的控制和对情报载体的控制；对情报过程的控制主要是指对情报收集、整理、加工、传递、交流、接收和利用的动态过程实施控制；对情报用户的控制是指既要对企业内部员工实施控制，也要对企业外部人员实施控制，还要对与企业发生联系的第三方进行控制；对情报系统的控制是指对以人的智能为主导、信息网络为手段、增强企业竞争力为目标的人—机结合的情报决策支持和咨询系统实施控制。反竞争情报工作成效的反馈控制是在利用现实工作成效与前期设立标准比较之后，找出偏差并分析原因后对企业的反竞争情报策略进行有目的的调整，从而改进反竞争情报工作实施效果。

6. 基于知识流动的方法

张翠英教授从知识、知识流、知识流动的角度深入剖析了企业反竞争情报活动，并提出了基于知识流动的企业反竞争情报的方法。[①] 她根据知识生命周期即孕育期、成长期、成熟期和衰退期的特点，提出企业反竞争情报应监视孕育期知识流、控制成长期知识流、保护成熟期知识流、避免知识未老先衰，全面开展反竞争情报工作，保护本企业的核心情报。在文献中，她基于知识流动视角，在反竞争情报单元模型的基础上构建出反竞争情报活动中的知识流动模型，并提出相应的反竞争情报措施。反竞争情报单元模型包括企业实体、信息辐射区、商务通道、信息暴露区、竞争对手的竞争情报信息圈、外部环境六个要素。知识流动被分为两种类型：内向型知识流动和外向型知识流动，内向型知识流动是知识在企业组织内部传播和应用的过程，外向型知识流动是知识在企业组织之间的传播和应用的过程。对内向型知识流动需要制定流通规则，减少、延缓或阻断商务通道中的知识向信息暴露区和知识辐射区流动。对外向型知识流动应以商务

---

① 张翠英、杨之霞：《企业反竞争情报活动中的知识流转换及其控制策略》，《中国图书馆学报》2008 年第 9 期。

通道和知识辐射区知识流监控为核心开展反竞争情报工作,把知识暴露区控制在情报部门的活动区域内,把知识辐射区的密集型辐射压缩在竞争情报信息圈内。

7. 基于知识产权保护的方法

陈旭华、张文德认为,在 phoenix 模型中,通过考虑自身需求来定义保护需求,而米勒模型则从竞争对手需求的信息来定义保护需求,二者在定义企业的保护需求层面都是不够全面的,应从企业自身和竞争对手两个角度来定义企业需保护的信息;在反竞争情报工作中仅对自身弱点和面临威胁分析与评估也是不够全面的,还应考虑竞争对手的竞争情报能力;同时在对自身及竞争对手评估时,不应只是简单地评价,而应引入科学的评估体系,及时对影响信息泄露的要素进行排序及计算信息泄露的风险值,及时发现影响企业秘密信息泄露的主要要素,避免危机发生。[①] 同时应将对策的成本同核心信息保护的价值对照起来,以判断对该信息进行相关保护是否值得。基于以上的考虑,该文作者在 phoenix 的商业情报保护模型和米勒的企业情报保护模型的基础上,构建了基于知识产权保护的反竞争情报修正模型,该模型由定义保护需求、反竞争情报分析、风险评估、知识产权保护策略、反竞争情报评估与实施等组成。基于知识产权保护的反竞争情报体系,对于企业在利用知识保护本企业秘密信息时,避免过多地暴露企业秘密信息,具有借鉴意义。但是反竞争情报工作是一个崭新的研究领域,还需对该体系进行实践性的检验和不断地完善。

第三节 企业反竞争情报工作模式

一 企业反竞争情报工作的具体内容

(一) 意识教育先行

意识是行动的先导,要真正在整个企业内部有效地开展信息安全保护工作,首先要在企业内部上至主管领导、下至基层职工之间形成普遍

---

① 陈旭华、张文德:《企业反竞争情报体系构建策略研究——基于知识产权保护的视角》,《情报杂志》2009 年第 28 期。

的信息保密意识,要对所有的员工加强情报保护意识教育。由于员工是企业情报泄露的主要渠道之一,同时也是企业的主人,大部分信息不能对员工保密,因此只要对员工进行意识教育,让员工深切体会到泄露情报对于企业的危害性,他们才会在日常生活、业务工作中自觉地保护企业情报。[1]

(二) 建立信息安全保障组织

要真正贯彻企业信息安全工作,就得把它当成一件真正重要的工作来开展,不仅要有专人负责,而且要有一定的组织部门主管,主要负责信息安全倡导、督促、保密制度的制定和监控等一系列工作,从组织上对信息安全予以保护。同时还要负责竞争情报和反竞争情报工作,即收集获取竞争对手及竞争环境的情报和保护本企业的情报不被竞争对手获得。

(三) 制定情报安全保障制度

要有效保护企业情报安全,切实做好反竞争情报工作,一套完善的、有效的制度是必不可少的,只有具备了各种成文的规章制度,反竞争情报工作的开展才有章可循。[2]

(1) 秘密定级制度。即针对企业内部的各项情报进行评级,确定不同情报的保密级别。一般把情报分为:绝密级、保密级和一般级,并给出各级情报的不同保护规定和措施。

(2) 内部人员保密制度。对企业内部员工的保密责任给予相关的规定,如在与员工签订的合同中规定相应的保密权限和泄密处罚措施。对特定的情报工作人员要另签合同,规定细则(如竞争回避条款)。

(3) 宣传保密制度。企业的产品宣传、品牌塑造等要经常向外部发布信息,而企业网站、各种交流会多是平台,所以要制定宣传工作应遵循的保密条款,有效截断这一情报泄露渠道。

(4) 来访者管理制度。要防止来访者利用参观访问窃取和偷学我们的情报或技术,必须对来访者的参观访问范围和时间、权限等方面做严格

---

[1] 李鸣娟、蔡华利:《对企业反竞争情报工作模式的分析》,《科技情报开发与经济》2005年第8期。

[2] 罗雪英、邹凯:《论竞争情报与企业信息安全》,《情报科学》2003年第8期。

的规定。有些区域甚至是严格禁止参观的。

（5）废品处理制度。必须严格管理废品，对过时或准备丢弃的设计方案、文件和残损零部件等要经专门人员审查后方可处理。还要根据制度配备相应设备，如碎纸机。

一般来说，要为企业反竞争情报工作铺路，情报安全条款主要包括以上五个方面，但是，不同企业可根据自身具体情况增加相应的保密条款，切忌千篇一律。

（四）产品自我保护

纵观竞争情报出现至今，"反求工程"作为存在于法律空隙的竞争情报手段一直被使用。国际上对通过"反求工程"获得情报的方法一般认为是合法的，但这种行为若以道德标准衡量就是一种不劳而获。虽然许多国家对"反求工程"的行为设置了限制条件，或者规定了其不可以使用的领域，但是，它仍然在法律的夹缝里顽固生存着。这就要求本企业在生产自己的产品过程中要精益求精，为对手的"反求工程"设置障碍。最典型的例子莫过于可口可乐，可口可乐随处可见，也随处可得，但是至今为止，仍然只有可口可乐公司掌握着其浓缩液的生产制造技术。这一点就是最好的说明，也是所有企业值得深思之处。

（五）确保电子信息的安全

电子信息是网络环境下最主要的情报资源之一，而网络环境下信息被破坏不外乎客观因素和主观因素。对地震、战争等突发事件，我们无力对抗，但是我们有足够的时间来预先做好防范措施，必要时能将损失降低到最小。"9·11"事件至今仍令许多人胆寒，但就在该事件的第二天，世贸中心最大主顾之一的著名咨询公司——摩根斯坦利[①]就进入了正常的工作状态。这一切都归功于该公司在几年前花巨资添置的远程数据防灾系统，所有数据资料几乎完好无缺。这一切说明，建立企业防灾系统是非常必要的。

目前企业常用的存储系统的方案有：容灾系统、高可用群集系统、智

[①] 摩根斯坦利公司成立于 1933 年，是一家全球性公司，在证券、资金管理、信用服务市场处于领先地位。

能存储系统和备份系统，但是更多的是根据企业的具体情况综合配置。如果企业对业务连续性要求不高，只强调数据不丢失，用户可以单纯地建一个备份系统；如果对业务的连续性要求比较高，可构建高可用群集系统或者高可用群集系统＋备份系统；如果对业务的连续性要求非常高，包括发生自然灾害和人为灾害时也不能停，此时就要构建容灾系统＋高可用群集系统＋备份系统；如果不但对业务的连续性要求高，同时还要求在进行数据分析、数据挖掘和数据统计时对业务系统不能产生任何影响，此时则需要构建智能存储系统＋容灾系统＋高可用群集系统＋备份系统。

在主观因素方面，企业内外因素都要考虑，可采取的有效措施有：第一，企业规定内部计算机不能装有软驱、光驱和 U 盘接口。刻写光盘要统一登记，防止员工私自拷贝；第二，个人计算机不能私自上网，由统一的代理服务器接入 Internet；第三，个人访问的数据信息要有分级权限管理；第四，对访问的网页和通行的邮件进行过滤，涉及企业情报的邮件必须经过检查才能发出去；第五，多使用网络安全工具，例如文件加密、防火墙、入侵检测、防病毒和身份识别工具；第六，内部网设置时，选用尽量少的厂家的产品，既便于维护，也降低了网络服务的难度。[①]

二　明确反竞争情报工作目标

反竞争情报工作包括传统意义上的竞争情报工作，反竞争情报工作的对象既包括本企业的秘密情报也包括竞争对手。因此，基于资源和能力的相对有限性，要有效开展反竞争情报工作，必须先明确这两者，同时分别进行优先排序。

（一）确定要保护情报的种类

在企业经营实践活动中，需要保护的情报有许多种类，根据内容来分，企业信息可以分成技术情报、营销情报、管理情报和财务情报等。企业对这些情报在保护力度和措施上要有所侧重。为此，可以将所有情报按重要程度划分为：关键性秘密情报、重要性秘密情报以及一般性秘密情报

[①] 李鸣娟、蔡华利：《对企业反竞争情报工作模式的分析》，《科技情报开发与经济》2005年第8期。

等，并对其采取不同的保护措施。不同企业的竞争优势和赢利核心不同，要重点保护的对象也不同，首先，应分析本企业的现状和发展方向；其次将所有内部情报分类，按企业现状和经营特点确定情报重要程度；最后就是要根据企业的经营和业务的变动，随时调整情报的保密级别和保护范围，这是一个不断循环的过程。

（二）确定竞争对手

竞争对手可分为当前竞争对手和潜在竞争对手，当前竞争对手又有品牌竞争对手、产品竞争对手、功能竞争对手和欲望竞争对手；潜在竞争对手也分多种情形，如不在该产业内，但能够特别容易地克服进入壁垒并进入的企业；有可能兼并或收购产业内企业的产业外企业等。这里将对当前竞争对手与潜在竞争对手分开考虑，并进行优先排序。①

三 利用先进手段积极开展竞争情报工作

有了良好的防御措施，竞争情报工作的开展便无后顾之忧。当今技术的进步为情报工作人员提供了各种支持，我们可在原有基础上改善工作方法。网络和商情数据库在不断完善，各种应用软件也层出不穷，这些虽然不会改变竞争情报工作的模式，但是却可以大大提高情报工作人员的工作效率。商情数据库甚至综合数据库中的公司、企业信息，往往是竞争情报收集的捷径。就 Dialog 而言，有关公司信息的数据库大约有 100 个，内容涉及公司的基本信息、产品、商标、专利、新闻动态、部分财务数据和统计数据等，此外还能提供公司分析报告和市场环境信息。

竞争情报的工作流程可以划分为：制订竞争情报计划、收集情报、初始化信息收集、情报分析和形成报告五个阶段。针对这几个阶段，市场上的竞争情报软件均能提供不同程度的支持。例如 Cipher 公司的 Knowledgeworks 在制订竞争情报计划方面表现突出，并在情报收集阶段能够根据自己的需要定义信息源和收集规则，其"human documents"模块可以完成对初始化信息收集。但情报分析阶段表现好的还是 STRATEGY 公司的

---

① 李鸣娟、蔡华利：《对企业反竞争情报工作模式的分析》，《科技情报开发与经济》2005年第8期。

STRATEGY！和 Clear Forest 公司的 Clear Research Suite。前者适用于对结构化信息进行比较，后者则可以对非结构化信息进行动态分析。STRATEGY！内部的 150 多种报告模板，更为情报工作人员提供了方便。可见，软件的应用在竞争情报工作方面作用是比较突出的。[①]

四 通过情报分析挖掘深层价值

情报工作的开展会收集回很多情报。面对这些情报，我们要提高警惕，因为其中很有可能有对方蓄意释放的虚假信息，而这些虚假信息很可能将我们的情报工作引入歧途，甚至使企业失去竞争优势和发展机遇。这类信息不仅危害严重，具有主动性，而且针对性强，形式多样。所以对各种情报的分析是企业进行最终战略决策的原始依据，决策的成败关键也在此。

五 撰写反竞争情报报告

这份报告是面向决策层的，其作用是使反竞争情报工作的成果明朗化、系统化。由于这是为最终决策服务的，所以必须言之有物，并且有理有据，能够让决策者相信。反竞争情报的报告必须包括两部分：一部分是企业信息安全保密工作过程中，员工反映上来的和实施过程中负责人员发现的问题。这可作为日后改善信息保密工作的参考和依据。另一部分是竞争情报的收获，是经过分析的竞争情报，包括竞争对手、竞争环境和竞争策略各方面情报的汇总，以及由此得出的关于竞争对手、竞争环境和竞争策略的结论。

六 决策实施

最终决策应该包括对内和对外两部分。对内决策指：改善现有组织机构，修改保密条款；对外决策指：是否针对竞争对手获得的我们的秘密情

[①] 陈维军、廖志宏：《我国企业反竞争情报工作研究综述》，《情报理论与实践》2003 年第 4 期。

报采取补救措施,进而指导新的反竞争情报工作,还有如何应对竞争对手以及竞争环境的变化,采取哪些措施和具体的实施步骤。一个阶段的决策实施完毕后,要对相关部门和相关工作进行验收和总结,及时向领导层和情报部门反馈信息,为下一轮反竞争情报工作的开展提供线索和参考。①

七 构建反竞争情报工作模式

经过以上对反竞争情报不同阶段的分析,已经初步了解了企业反竞争情报工作的流程和各个阶段的工作模式,如图5—3所示。②

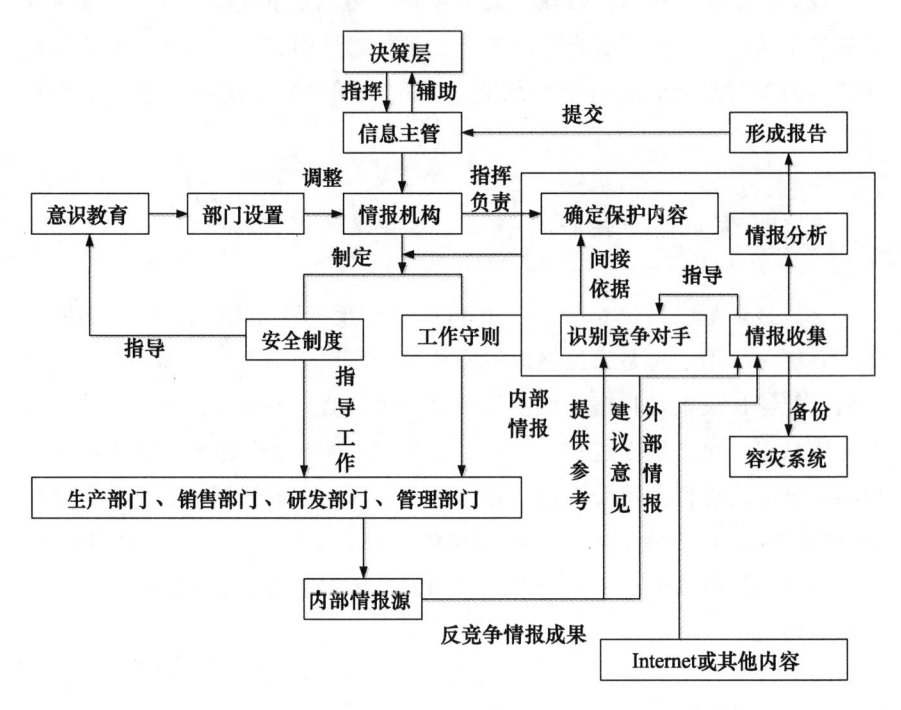

图5—3 企业反竞争情报工作流程

---

① 陈维军、廖志宏:《我国企业反竞争情报工作研究综述》,《情报理论与实践》2003年第4期。

② 李鸣娟、蔡华利:《对企业反竞争情报工作模式的分析》,《科技情报开发与经济》2005年第8期。

企业反竞争情报工作是个崭新的研究领域，不同企业的工作模式自然会有所差别，而且随着社会的发展、技术的进步，企业反竞争情报工作模式也会变化，这里我们给出的只是当今一个普通的工作模式，各个企业可根据具体情况在此基础上进行改善。

第四节 反竞争情报的法律保障

反竞争情报的各个环节都涉及法律，企业作为法人主体，必须遵守相应的法律法规，同时，当自身的权益受到侵害时又要善于运用法律武器保护自己。

一 规章制度层面

根据企业法和公司法规定，企业在不违背国家法律、法规的前提下，有权制定、修改和废除有关的管理规章制度，有权设定机构和人员编制。企业可以依照法律程序整章建制，约束内部职工的行为，规范企业信息工作的流程，包括信息的获取、存储、整序、分析、利用、发布等行为。鉴于企业反竞争情报工作的重要性，可以在信息部门专设分支机构，比如反情报处从事反工业间谍的活动，并直接由企业的首席信息主管领导。[①]

二 信息产权层面

企业在生产运营的过程中，必然有物流、资金流和信息流的产生。企业对自己所产生的信息享有产权，这种产权是一种无形资产权，具备占有、使用、受益、处分四项权能。信息产权是一种私权利，它和公权利存在着利益冲突，因此并不是企业产生的所有信息都享有产权，国家为了规范和促进经济的健康发展，要求企业根据统计法、公司法、证券法、专利法等相关法律法规必须提供的信息不享有产权。目前，我国企业的信息产

---

① 李恩来：《刍议企业反竞争情报的工作内容及其法律保障》，《江南社会学院学报》2002年第9期。

权主要包括专利权、著作权、商业秘密权等知识产权。随着信息经济的到来，人们对信息重视程度的增加，法律会逐步扩大信息产权的保护客体。既然企业对自己所产生的信息享有信息产权，就有权对这些信息管理和使用，这就是企业反竞争情报在信息产权层面上的法理依据。企业反竞争情报工作要正确区分职工个人信息和企业信息，正确处理两者之间的利益关系。[1] 企业信息受到著作权法、专利法和商业秘密法的保护。但是三种法律对企业信息产权的保护各有利弊。著作权法只保护信息的外在表现形式，并不保护信息的内容，如果竞争对手按照内容实施了技术秘密或经营秘密，则不构成侵权。专利法对企业信息产权的保护是以技术发明最大限度地公开为代价来换取一定时期的垄断权，竞争对手可以通过专利文献来收集竞争情报。企业信息以商业秘密的形式保护，一旦泄露或被破解，商业秘密将成为公开信息，失去原有的商业价值。[2]

三　契约关系层面

企业是一个自主经营、自负盈亏、自我发展的民事主体，它可以与公民、法人或其他经济组织按照"意思自治"的原则签订民事合同，规定双方当事人的权利和义务，约束双方当事人的行为。在企业反竞争情报工作中，企业可以与内部职工包括在职人员和离职人员以及第三人签订保密协议，一旦内部职工或第三人泄露了本企业商业秘密，可依据双方订立的合同追究违约者的法律责任。

四　市场秩序层面

国家为了创造一个公平的市场竞争环境，制定了反不正当竞争法，严禁以不正当的手段，包括盗窃、窃视、窃听、窃取、利诱、胁迫威逼、恐吓获取他人的商业秘密，严禁披露、使用或者允许他人使用以上手段所获取的商业秘密，第三人明知或应知上述行为是侵犯他人商业秘密的行为，

---

[1] 罗雪英、邹凯:《论竞争情报与企业信息安全》,《情报科学》2003 年第 8 期。

[2] 李恩来:《刍议企业反竞争情报的工作内容及其法律保障》,《江南社会学院学报》2002 年第 9 期。

获取、使用或者披露他人的商业秘密，同样构成侵权，要承担连带侵权责任。同时，《公司法》还规定，"董事、经理不得自营或者为他人经营与其所任职公司同类的营业或者从事损害本公司利益的活动"。这是有关企业禁止的规定。①

五 司法救济层面

企业依法制定的企业反竞争情报的规章制度，对企业的员工具有一定法律约束力。企业职工违反了规章制度，可以依法对其处分。竞争对手侵犯企业的专利权、著作权或者以不正当手段获取企业的商业秘密，可以依照专利法、著作权法、反不正当竞争法追究侵权者的侵权责任，要求有关行政机关予以查处，停止侵权行为或者向法院起诉要求停止侵权并赔偿损失，触犯刑律的，可追究其刑事责任。内部职工或者第三人违反了保密协议，可以依据保密合同向法院起诉追究他们的违约责任。②

---

① 李恩来：《刍议企业反竞争情报的工作内容及其法律保障》，《江南社会学院学报》2002年第9期。
② 李响：《竞争情报收集合法性划分及保护》，《现代情报》2006年第9期。

方法篇

自20世纪80年代后期国外竞争情报理论引进以来，我国的竞争情报研究与实践已经历了20多年的发展，其研究的深度和广度都取得了巨大突破，竞争情报已成为图书情报领域关注的热点。其中，竞争情报方法和技术是竞争情报研究的核心要素，也是决定竞争情报决策成败的关键。方法与技术是实现竞争情报应用和服务的关键支撑，也是竞争情报系统中最具有生命力的组成部分。竞争情报脱胎于企业战略管理，归根结底是为企业竞争战略服务的，因此经济学的竞争理论和管理学的战略管理理论是竞争情报方法的基石，是竞争情报方法形成的主要来源和理论依据。技术体系是高质量的竞争情报系统建设的必备条件，当前数据挖掘技术、人工智能技术、数据融合技术对竞争情报价值链具有明显的增值作用，它们是竞争情报方法实现自动化的基础，是提高竞争情报管理效率的节能器。近年来，我国研究人员在竞争情报方法研究方面做了很多工作，也取得了一定的研究成果。对近年竞争情报方法与技术研究进展进行具体分析和系统梳理，对促进我国竞争情报理论研究和实践活动都具有重要意义。

第六章

竞争情报的研究方法

第一节 竞争情报方法概述

一 竞争情报方法评价

一个有效的竞争情报方法应该用复杂性、可操作性、正确性、时效性、经济性等维度进行评价。[①]

竞争情报法的复杂性是指竞争情报工作者利用该方法进行竞争战略、竞争对手分析时必须具备的知识结构。有的方法比较简单,只要使用者有一些战略管理和初等数学知识就能很好应用,如 SWOT 分析方法。但是,有些方法需要掌握多门学科知识以及复杂的数学、统计以及现代决策方法。比如目前开始在竞争情报中流行起来的情景分析法,就要求使用者有很好的博弈论的技巧;要分析动态竞争中的竞争对手互动模式,就要有统计学中高级统计工具——事件史分析、行为科学中的行为认知研究以及社会学中的社会关系嵌入性理论等。

竞争情报方法的可操作性是指该方法在使用时是否已经结构化和程序化。一个结构化合理、标准化程度高的情报分析方法不仅可以提高分析效率和效果,同时能促进服务对象对情报活动和产品的认同。企业竞争情报研究的问题大量的是半结构化和非结构化问题,同样竞争情报方法有些也是非结构化方法,无法实现流程的标准化,这就给分析过程带来了不确定

[①] 吴晓伟、宋文官、徐福缘:《企业竞争情报分析方法来源及发展》,《情报杂志》2006年4月。

性，这就意味着竞争情报工作者在使用这些方法时，由于理解的不同会导致分析的内容和结果均有差异。今后竞争情报面临的任务和承担的责任将越来越重，企业对竞争情报活动的时效性也越来越高，情报分析活动势必要提高效率，这只有通过竞争情报工作者协同情报活动才能实现，因此对当前竞争情报方法的结构化处理和标准化改造是非常必要的。

竞争情报要在合适的时间、合适的地点把正确的情报传递给合适的人。正确性、时效性是情报质量和价值的重要度量维度，也是竞争情报实现战略预警的必要条件。情报方法的正确性取决于情报分析必须的信息资源是否充分，有些方法只需要收集一些公开的数据就能进行分析，因此从该方法得出的结果可靠性就比较高，比如财务分析方法就很简单，只要从证监会网上或统计局、行业协会网站上就能得到需要的数据；而有些分析方法需要的数据非常多，甚至还专门针对竞争对手内部的隐蔽数据。比如用价值链分析方法对竞争对手的竞争优势进行分析，就需要采集大量的有关竞争对手生产流程、供应商、客户的信息，这些信息来源渠道不仅比较广，而且许多还保密、不容易得到，这势必造成分析结果正确性不高。时效性，主要是指该方法需要花费分析人员多少时间进行分析。在组织中许多业务信息或竞争性信息有其自身的时间限制，特别是决策情境为动态、复杂的时候。某些分析方法虽然可以提供所要求的正确情报，但是往往要花费太长的时间去研究，等情报送达到相关决策人员时，决策环境早就已经变化了。

方法体系的经济性是指竞争情报方法的研究结果是否需要大量的资源，包括人力、物力和财力资源。如果方法比较复杂，需要很多情报工作人员去收集各类信息，由于信息的不完全会造成结果也不令人满意，甚至情报产生的价值有可能远远小于企业投入的资源，这种方法就是不经济的。反之，如果需要信息少，同时分析的结果正确、有价值，那么这种方法就是经济的。

二 竞争情报需求识别方法

竞争情报需求识别是竞争情报前期工作中的核心环节。近几年的研究热点主要是网络营销活动中竞争情报需求识别的方法，网络营销企业只有在充分识别竞争情报的基础上，才能达到消费者满意和企业利润最大化的双赢结果。这就需要对消费者、竞争对手、行业环境、市场行情等方面信息的全方位了解,通过网站浏览、网络调查、使用搜索引擎和聊天室等工具全面识别竞争情报。另外,还可以利用群众智慧方面研究企业竞争情报需求识别,因为群众能尽早地发现企业内部存在的问题并判断问题的严重性。所以要想快速准确地识别企业竞争情报需求,就要将全体员工动员起来,充分利用群众的智慧。这一主题在我国是由 2007 年 SCIP 年会的主题报告"群众的智慧——怎样利用群众的智慧为组织获取竞争优势"提出的,对竞争情报需求识别方法有重要指导意义。[①]

三 竞争情报收集方法

根据信息来源的不同,可以将竞争情报收集方法分为常规手段收集方法和特殊手段收集方法。常规手段收集法是指按照正规的交流渠道,采用普通的收集手段获取有关竞争性信息的收集方法。特殊手段收集法是指在激烈竞争的环境中,为了获取竞争对手相关信息而采取各种特殊渠道和手段来收集竞争情报的方法。这里对各种常用的收集方法进行了复杂性、可操作性、正确性、时效性、经济性的粗略评价,如表 6—1 所示。

表 6—1　　　　　竞争情报主要的收集分析方法和评价

	具体方法	复杂性、可操作性、正确性、时效性、经济性评价
初始源常规方法	调查法(现场调查、访问调查、问卷调查、电话调查、网站调查)	需要一些心理学、行为科学、统计学等知识,调查结果的质量取决于量表的有效性和样本的大小。复杂性中等、可操作性强、时效性和经济性较差,但正确性较高
	观察法(人员观察与机器观察、直接观察和间接观察、公开观察与掩饰观察)	需要一些心理学和行为科学的知识,复杂性低,可操作性强,实效性和经济性也较好,但是情报质量受到观察人员的主观态度影响,正确性一般
	追踪法(长时间地对调查对象跟踪,动态掌握对象发展变化的信息)	复杂性低,时效性高,但是要花费大量的人力和物力,可操作性差、经济性差,能动态及时正确获得信息,正确性高

---

① 付瑶:《2007—2011 年国内竞争情报方法研究综述》,《情报探索》2013 年第 2 期。

续表

	具体方法	复杂性、可操作性、正确性、时效性、经济性评价
初始源常规方法	会议交流法（展览会、招商会、洽谈会、与供应商和顾客座谈）	复杂性低，时效性高，经济性好，可操作性较好，情报质量与会谈的对象态度和气氛有关，正确性一般
	实验法、实物剖析法	复杂性和所研究的实物有关，经济性比较差，受不可控因素影响比较大，可操作性和正确性均一般
初始源特殊方法	人际网络（利用社会关系和人际交往获得情报）	要有一定的社会学、行为学、心理学的知识，复杂性一般，不确定性因素比较多，操作性比较差，社会资本的建立需要一定的投入，经济性一般，能获得比较隐蔽的情报，正确性较高
	高新技术手段（GPS、卫星观测、电子摄像）	要有通信、计算机等高科技知识，复杂性高，操作性强，投入比较大，经济性差，但正确性高
	接触竞争对手的人、事、物（购买办公室垃圾、和竞争对手的利益相关者进行社会接触）	复杂性低，操作性强，经济性一般，情报的正确性高
	建立全体员工调查制度	复杂性低，可以形成制度化要求，操作性强，情报来源于内部员工，经济性高，正确性高
再生源常规方法	通过广播、电视等新闻媒体	需要懂情报学中的内容分析法和信息整序的方法以及一些基本的统计知识对信息再加工，复杂性低，经济性高，操作性强，正确性高
	通过图书、信息和情报部门收藏的各类载体	需要懂情报学中的内容分析法和信息整序的方法以及一些基本的统计知识对信息再加工，复杂性低，经济性一般，操作性强，正确性高
	通过政府、行业协会提供的数据（通过购买网络数据库）	需要懂情报学中的内容分析法和信息整序的方法以及一些基本的统计知识对情报再加工，复杂性低，经济性一般，操作性强，正确性高
再生源特殊方法	委托咨询法（通过向专门的咨询机构、咨询专家、政府或行业协会提出要求，获取有关竞争对手的情报）	复杂性低，要注意情报外包项目的管理，操作性强，大的咨询公司要价很高，经济性差，正确性高

下面简要介绍几种常用方法。①

（一）人际情报网收集法

竞争情报人员通过个人的交往和联系来获取文字所不能表达的隐含知识，挖掘正式交流中不能体现的情感信息，是获取非公开信息的重要方法。相关研究主要集中在基本介绍、网络构建、收集机制以及应采取的策略技巧分析等方面。研究人员指出，人际情报网络应从社会网络分析和行为科学两个角度研究，企业必须建立企业内部人际情报网和企业外部人际情报网来获取对手的竞争情报，在必要的时候需要在企业人际情报网络的基础上进行数据挖掘，通过聚类分析、关联分析、预测等方法获取深层次信息。

（二）数据挖掘收集法

随着网络技术的发展，数据挖掘方法的研究也日益增加，成为近几年竞争情报收集方法的研究热点之一。数据挖掘也称知识发现，是指从大量不完全的、有噪声的、模糊的和随机的数据中，提取隐含的、未知的、潜在的、有用的信息和模式的过程。互联网上虽然有大量公开信息，但在大量信息的背后往往隐含着许多更为重要的隐藏的信息内容，这对企业竞争情报获取有着重要意义。因此就需要运用数据挖掘技术和方法对其进行整理、分析与挖掘，从中获取有价值的情报。学者们对数据挖掘的技术框架、常用方法、适用情况等进行了详尽分析，指明了数据挖掘用于竞争情报收集的方向——构建竞争情报智能收集的模型。

（三）四分卫法

近年来，受橄榄球队的启发，一种叫作"四分卫法"的竞争情报收集方法开始被广泛应用。在橄榄球比赛中，四分卫是整个球队的灵魂人物，主导全队进攻的方向和进攻的战术。在竞争情报收集中，四分卫法是指由一个经验丰富的核心情报人员，即四分卫，领导一个有组织的信息收集小组对收集目标开展的有针对性的收集活动。四分卫是四分卫法中的核心人物，是经验丰富的竞争情报工作人员，熟知情报工作流程及具体的操

---

① 付瑶：《2007—2011年国内竞争情报方法研究综述》，《情报探索》2013年第2期。

作技巧，其职责是与决策者进行有效沟通，获得管理层的支持，计划和组织企业整个竞争情报的收集工作，处理收集工作中出现的突发情况。四分卫法是一种会议、会展竞争情报收集方法，其实施过程自然围绕会展过程而展开。国内学者对四分卫法的研究主要停留在基本概念介绍和具体实施步骤分析的层面。

第二节　SWOT分析方法

SWOT分析就是将与研究对象密切关联的内部优势（Strengths）、劣势（Weaknesses）和外部机会（Opportunities）、威胁（Threats）的内容依照一定的次序按矩阵形式罗列出来，然后运用系统分析的方法将各因素进行综合和分析，从而制定企业未来发展战略，发挥优势，克服不足，利用机会，化解危机。[①]

SWOT分析是竞争情报活动中最基本、最有效的分析方法，对于其基本理论和应用方法已颇为成熟，近年来的研究集中于运用SWOT分析法进行企业战略选择的实例研究和将SWOT分析与专利分析等方法相结合以达到更好的战略制定效果等方面。SWOT分析方法是竞争情报方法中影响最大、使用最广也是最受欢迎的方法之一。应用该方法需要了解产业经济学和战略管理学的相关知识，复杂性比较低，通过短期培训后就能掌握；SWOT分析具有显著的结构性和系统性的特点，整个分析过程由构造SWOT结构矩阵组成，并对矩阵的不同区域依据外部环境和内部资源的协同性进行不同的分析，有很强的操作性；分析时主要收集企业内部有关资源的信息（产品、技术、人力等）以及外部宏观和微观的经济信息和市场信息，这些数据一般比较容易收集，因此该方法的时效性和经济性较好；另外，分析结果一般比较可靠，但正确性在很大程度上取决于分析人员对企业内部优势和劣势的辨别上，企业内部分析人员容易患上近视盲点，需要通过适当邀请企业外部的专家或咨询人员共同分析来提高该方法的正确性。

---

① 李明玉：《浅谈战略管理中的SWOT分析法》，《价值工程》2011年第3期。

一 方法简介

SWOT 分析法（也称 TOWS 分析法、道斯矩阵）即态势分析法，20 世纪 80 年代初由美国旧金山大学的管理学教授韦里克[①]提出，经常被用于企业战略制定、竞争对手分析等场合。SWOT 分析法是一种综合考虑企业内部条件和外部环境的各种因素，进行系统评价，从而制定发展战略的重要方法[②]。其中：S（Strengths）指企业内部的优势，W（Weaknesses）指企业内部的劣势，O（Opportunities）指企业外部环境的机会，T（Threats）指企业外部环境的威胁，是企业战略决策的四大基本要素。在对 S、W、O、T 四大基本要素进行系统全面的分析后，企业即可根据扬长避短和取长补短原则，充分运用外部机会和内部优势，避免外部威胁，改进内部不足，选择适合自身企业情况的战略。共有四种战略类型：SO 战略、WO 战略、ST 战略和 WT 战略。SO 战略是利用企业内部的优势去抓住外部机会的战略，WO 是运用外部机会来改进内部劣势的战略，ST 战略是利用内部优势去避免或减轻外在威胁的打击，WT 战略是直接克服内部劣势和避免外在威胁的打击。通过 SWOT 分析，可以帮助企业把资源和行动聚集在自己的强项和有最多机会的地方，并让企业的战略变得明朗[③]（见图 6—1）。

S 优势 (Strengths)	W 弱势 (Weaknesses)	来源
		内部环境（可控制的）
O 机会 (Opportunities)	T 威胁 (Threats)	外部环境（不可控制的）

图 6—1　SWOT 分析结构图

[①] ［美］海因茨·韦里克、［美］哈罗德·孔茨:《管理学》，郝国华等译，经济科学出版社 2006 年版。
[②] 郜新明:《SWOT 分析应用》,《经济师》2010 年第 4 期。
[③] 侯延香:《基于 SWOT 分析法的企业专利战略制定》,《情报科学》2007 年第 1 期。

优劣势分析主要是着眼于企业自身的实力及其与竞争对手的比较，而机会和威胁分析将注意力放在外部环境的变化及对企业的可能影响上。在分析时，应把所有的内部因素（即优劣势）集中在一起，然后用外部的力量来对这些因素进行评估。①

（1）机会与威胁分析（environmental opportunities and threats）

随着经济、科技等诸多方面的迅速发展，特别是世界经济全球化、一体化过程的加快，全球信息网络的建立和消费需求的多样化，企业所处的环境更为开放和动荡。这种变化几乎对所有企业都产生了深刻的影响。正因为如此，环境分析成为一种日益重要的企业职能。环境发展趋势分为两大类：一类表示环境威胁，另一类表示环境机会。环境威胁指的是环境中一种不利的发展趋势所形成的挑战，如果不采取果断的战略行为，这种不利趋势将导致公司的竞争地位受到削弱。环境机会就是对公司行为富有吸引力的领域，在这一领域中，该公司将拥有竞争优势。对环境的分析也可以有不同的角度。比如，一种简明扼要的方法就是PEST分析，另外一种比较常见的方法就是波特的五力分析。

（2）优势与劣势分析（Strengths and Weaknesses）

识别环境中有吸引力的机会是一回事，拥有在机会中成功所必需的竞争能力是另一回事。每个企业都要定期检查自己的优势与劣势，这可通过"企业经营管理检核表"的方式进行。企业或企业外的咨询机构都可利用这一格式检查企业的营销、财务、制造和组织能力。每一要素都要按照特强、稍强、中等、稍弱或特弱划分等级。

当两个企业处在同一市场或者说它们都有能力向同一顾客群体提供产品和服务时，如果其中一个企业有更高的赢利率或赢利潜力，那么，我们就认为这个企业比另外一个企业更具有竞争优势。换句话说，所谓竞争优势是指一个企业超越其竞争对手的能力，这种能力有助于实现企业的主要目标——赢利。但值得注意的是：竞争优势并不一定完全体现在较高的赢利率上，因为有时企业更希望增加市场份额，或者多奖励管理人员或雇员。

竞争优势可以指消费者眼中一个企业或它的产品有别于其竞争对手的任何优越的东西，它可以是产品线的宽度、产品的大小、质量、可靠性、适用

---

① 俞涛：《SWOT分析模型在战略形成中的应用研究》，《经济技术协作信息》2008年第3期。

性、风格和形象以及服务的及时、态度的热情等。虽然竞争优势实际上指的是一个企业比其竞争对手有较强的综合优势，但是明确企业究竟在哪一个方面具有优势更有意义，因为只有这样，才可以扬长避短，或者以实击虚。

由于企业是一个整体，而且竞争性优势来源十分广泛，所以，在做优劣势分析时必须从整个价值链的每个环节上，将企业与竞争对手做详细的对比。如产品是否新颖，制造工艺是否复杂，销售渠道是否畅通，以及价格是否具有竞争性等。如果一个企业在某一方面或几个方面的优势正是该行业企业应具备的关键成功要素，那么，该企业的综合竞争优势也许就强一些。需要指出的是，衡量一个企业及其产品是否具有竞争优势，只能站在现有潜在用户角度上，而不是站在企业的角度上。

企业在维持竞争优势过程中，必须深刻认识自身的资源和能力，采取适当的措施。因为一个企业一旦在某一方面具有了竞争优势，势必会吸引竞争对手的注意。一般地说，企业经过一段时期的努力，建立起某种竞争优势；然后就处于维持这种竞争优势的态势，竞争对手开始逐渐做出反应；而后，如果竞争对手直接进攻企业的优势所在，或采取其他更为有力的策略，就会使这种优势受到削弱。

而影响企业竞争优势的持续时间，主要的是三个关键因素：建立这种优势要多长时间？能够获得的优势有多大？竞争对手做出有力反应需要多长时间？如果企业分析清楚了这三个因素，就会明确自己在建立和维持竞争优势中的地位了。

显然，公司不应去纠正它的所有劣势，也不是对其优势不加利用。主要的问题是公司应研究它究竟是应只局限在已拥有优势的机会中，还是去获取和发展一些优势以找到更好的机会。有时，企业发展慢并非因为其各部门缺乏优势，而是因为它们不能很好地协调配合。例如有一家大电子公司，工程师们轻视销售员，视其为"不懂技术的工程师"；而推销人员则瞧不起服务部门的人员，视其为"不会做生意的推销员"。因此，评估内部各部门的工作关系作为一项内部审计工作是非常重要的。

波士顿咨询公司提出，能获胜的公司是取得公司内部优势的企业，而不仅仅是只抓住公司核心能力。每一公司必须管好某些基本程序，如新产品开发、原材料采购、对订单的销售引导、对客户订单的现金实现、顾客问题的解决时间，等等。每一程序都创造价值和需要内部部门协同工作。虽然每一部门都可以拥有一个核心能力，但如何管理这些优势能力的开发仍是一个挑战。

二 分析框架

SWOT 分析的任务，就是要具体地为企业指明通向竞争优势的途径，可以具体划分为：信息收集、比较分析、决策制定三个方面。具体可以通过五个步骤来实现：①行业环境分析；②企业在行业中的优劣势分析；③竞争对手在行业中的优劣势分析；④企业和竞争对手的优劣势比较分析；⑤形成 SWOT 决策矩阵。SWOT 分析框架如图 6—2 所示。[①]

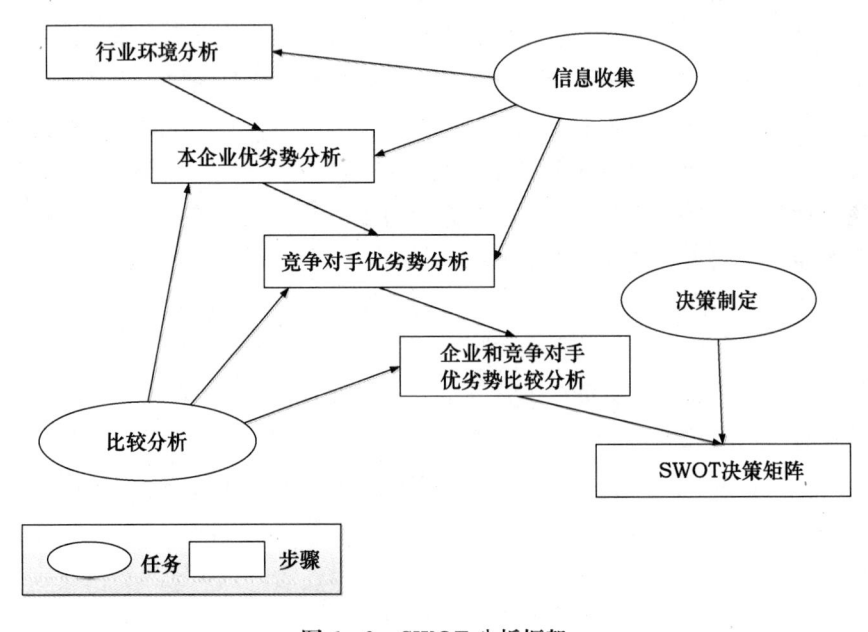

图 6—2 SWOT 分析框架

三 SWOT 分析模式

在适应性分析过程中，企业高层管理人员应在确定内外部各种变量的

[①] 侯延香：《基于 SWOT 分析法的企业专利战略制定》，《情报科学》2007 年第 1 期。

基础上，采用杠杆效应、抑制性、脆弱性和问题性四个基本概念进行这一模式的分析。①

（1）杠杆效应（优势＋机会）。杠杆效应产生于内部优势与外部机会相互一致和适应时，在这种情形下，企业可以用自身内部优势撬起外部机会，使机会与优势充分结合发挥出来。然而，机会往往是稍纵即逝的，因此企业必须敏锐地捕捉机会，把握时机，以寻求更大的发展。

（2）抑制性（劣势＋机会）。抑制性意味着妨碍、阻止、影响与控制。当环境提供的机会与企业内部资源优势不相适合，或者不能相互重叠时，企业的优势再大也将得不到发挥。在这种情形下，企业就需要提供和追加某种资源，以促进内部资源劣势向优势方面转化，从而迎合或适应外部机会。

（3）脆弱性（优势＋威胁）。脆弱性意味着优势的程度或强度的降低、减少。当环境状况对公司优势构成威胁时，优势得不到充分发挥，出现优势不优的脆弱局面。在这种情形下，企业必须克服威胁，以发挥优势。

（4）问题性（劣势＋威胁）。当企业内部劣势与企业外部威胁相遇时，企业就面临着严峻挑战，如果处理不当，可能直接威胁到企业的生死存亡。

四 SWOT分析步骤

（1）确认当前的战略是什么？
（2）确认企业外部环境的变化（波特五力模型或者PEST）。
（3）根据企业资源组合情况，确认企业的关键能力和关键限制。
（4）按照通用矩阵或类似的方式打分评价。

把识别出的所有优势分成两组，分的时候以两个原则为基础：它们是与行业中潜在的机会有关，还是与潜在的威胁有关。用同样的办法把所有的劣势分成两组，一组与机会有关，另一组与威胁有关。

（5）将结果在SWOT分析图上定位，如图6—3所示。

或者用SWOT分析表，将刚才的优势和劣势按机会和威胁分别填入

---

① 高树军：《〈管理学〉第八讲——战略管理》，精品课件，河北大学，2005年1月。

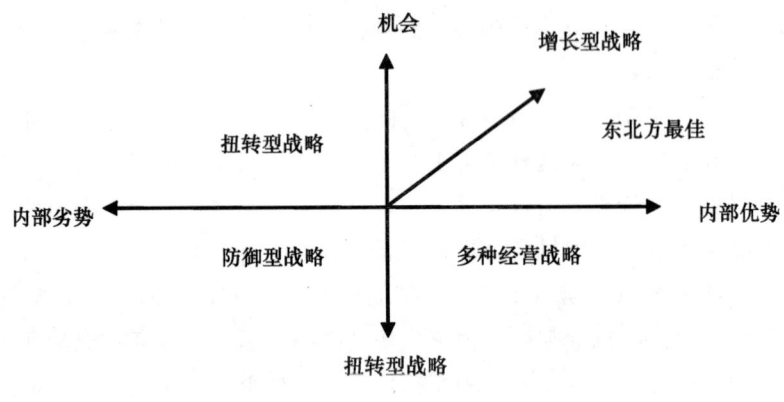

图 6—3　SWOT 分析定位图

表格，如图 6—4 所示。

	内部因素		
外部因素	2 利用这些	1 改进这些	优势
	3 监视这些	4 消除这些	劣势
	优势	劣势	

图 6—4　SWOT 分析表

（6）战略分析。以 IBM 的 SWOT 分析得出战略为例，见表 6—2。

表 6—2　　　　　　　　IBM 的 SWOT 分析战略图

外部环境分析 内部力量分析	机会（Opportunity）：（1）PC 普遍进入家庭；（2）国际网络逐渐勃兴并主导市场需求；（3）客户更需整体解决方案	威胁（Threat）：（1）各种网络相关产品区隔公司兴起；（2）微软占有 PC 系统 S/W 市场；（3）硬件价格下降
优势：（1）经深度培训过的专业人才；（2）广大的客户群；（3）优势的研发能力	优势机会策略（S.O.）：（1）成立全球服务事业部门，着手提供整体解决方案——系统整合；（2）创新并持续推出符合网络需求的新产品	优势威胁策略（S.T.）：（1）增加策略联盟与并购有潜力的公司，以增加网络与整合的能力；（2）投入研发数据库系统与 NT 的中件以及配合 Linux 的研发投入

续表

劣势：（1）组织庞大，不易指挥；（2）对低价或 PC 相关产品的营销策略比较不内行	劣势机会策略（W.O.）：（1）将人员往有潜力的市场区隔调整并配备所需人力；（2）逐渐导向以网络为基础的整体解决方案的公司	劣势威胁策略（W.T.）：（1）裁员数万不适任员工，并将组织改为矩阵式；（2）积极与低价产品的大型渠道建立关系
分析后整体结论：定位为在电子商务时代，借着提供整体解决方案与系统整合，而成为电子商务时代的市场领导者		

五 注意的问题

应用 SWOT 方法进行情报分析时，要明确优势劣势与机会威胁的地位是不同的。外部环境因素是通过改变竞争双方的优劣势对比从而为研究对象产生一定机会或威胁的，这是 SWOT 分析的基本结构。而且从内容上说，应用 SWOT 方法进行竞争情报分析既应该包含静态分析，也应该包含动态分析，既要分析研究对象与其竞争对手现实的优劣势对比信息，又要探讨研究对象与其竞争对手各自的优势、劣势及其面临的机会、威胁发展变化的规律性，由此预测现实优劣势在未来可能发生的变化及其对竞争对手反应的影响。据此分析竞争目标的合理性、实现的可能性，并制定相应的竞争策略。

在竞争情报研究中，SWOT 分析不能是孤立的，而应该同对现状产生原因的分析，特别是达到未来竞争目标或阶段目标需满足的条件的分析相结合。在实践中，往往将 SWOT 方法和竞争力评估法、Bench marking 等方法结合起来共同使用。如果对现状的原因没有客观全面的认识，或对达到竞争目标应具备的条件作出错误判断，可能导致对优势劣势和机会威胁的认识错误。同时，应用 SWOT 方法进行竞争情报分析应该与对研究对象和外部环境的规律性和特殊性分析相结合，没有对研究对象、竞争环境等信息的全面深入了解，便不会真正明白什么是优势劣势和机会威胁。[1]

---

[1] 彭靖里、王晓旭、邓艺、赵光洲：《SWOT 分析方法在竞争情报研究中的应用及其案例》，《情报杂志》2005 年第 7 期。

六　案例分析——以企业的专利战略选择为例

（一）企业专利战略

对专利战略的科学界定，既是专利战略研究的基础，也是制定和实施专利战略的前提。然而，迄今为止，对于什么是企业专利战略尚未达成共识。综观国内外专家对企业专利战略的定义，主要强调了三方面含义：①企业专利战略要合理合法地运用专利制度的法律保护；②专利战略的制定和实施旨在提高企业的竞争优势，尤其是技术优势；③要从战略高度上谋划企业专利工作。综合各家之言，结合本研究实际情况，我们认为，企业专利战略是指在专利情报收集和分析的基础上，为获取和维持企业的技术竞争优势，而制定技术研究开发决策、专利申请、专利实施、专利引进或转让等专利相关工作的总体性谋划。[1]

按照专利申请、实施、转化过程，可构建包括专利信息调研战略、专利开发战略、专利申请战略、专利实施战略、专利防卫战略等五大方面的企业专利战略体系。

（二）运用 SWOT 分析法进行专利战略选择[2]

运用 SWOT 分析法，可以了解企业所处的技术竞争环境，识别本企业和竞争对手面临的专利竞争优势和劣势，从而有利于制定扬长避短的专利竞争战略。基于 SWOT 分析法的专利战略选择的基本步骤是：①了解行业竞争环境；②识别本企业相关专利资源和能力，进行本企业专利竞争优劣势分析；③进行竞争对手专利竞争优劣势分析；④进行企业和对手专利竞争优劣势分析；⑤进行本企业专利战略选择。专利战略选择后，会带来竞争态势的改变，又导致新一轮战略选择的开始，从而形成周而复始的专利战略选择流程。

（1）行业专利竞争环境分析

在行业技术竞争环境分析中，主要任务是：①利用行业专利考察表等工具，考察分析行业专利竞争概况；②确认对本行业和本企业有重要影响

---

[1] 肖洪：《论企业竞争力与企业专利战略》，《情报科学》2004 年第 22 期。
[2] 侯延香：《基于 SWOT 分析法的企业专利战略制定》，《情报科学》2007 年第 1 期。

的技术，并分析其在技术生命周期中所处的阶段；③分析参与技术竞争的专利申请人或专利权人所属的类别，确认竞争对手的多寡及名单；④识别行业中的机会和威胁，如新材料的出现、替代产品或技术、顾客需求的变化、新政策变化、失去保护的专利等因素带来的机会和威胁（见表6—3）。

表6—3　　　　　　　　　　行业专利考察表
考察时间范围：　　　　　　　　　分析时间：

各类型专利数量	实质审查专利	授权专利	失效专利	无效专利	近期重要专利	已实施专利	未来专利解决的主要问题
行业							
本企业							

（2）企业专利竞争中的优劣势分析

在企业的专利竞争优劣势分析中，主要任务是评估专利竞争相关资源和能力，形成企业专利竞争优劣势表。其中，主要分析评估的内容有：从事技术开发的人力资源及其创新能力、从事应用研究与基础研究的人员及成果比例、专利管理部门的设置及其权力、研发资金投入及重点投入领域、企业与行业中其他企业的技术合作数量及领域、与其他企业发生专利纠纷的数量及处理效果等（见表6—4）。

表6—4　　　　　　　　　　企业专利竞争优劣势分析表
分析时间：

项目＼优劣	优势 非常强/多	优势 较强/多	一般	劣势 较弱/少	劣势 非常弱/少	保持优势改进劣势措施
研究人员数量						
技术创新能力						
研发投入						
……						

（3）竞争对手的专利竞争优劣势分析

该步骤的主要任务是，分析竞争对手的专利竞争相关资源和能力，形成竞争对手的专利竞争优劣势表。具体分析评估的内容与本企业相同,主要通过企业专利动向、发明人阵容、技术领域累积等专利情报来进行推测判断(见表6—5)。

表6—5　　　　　　竞争对手的专利竞争优劣势分析表

分析时间:　　　　　　　　　竞争对手名称:

优劣\项目	优势 非常强/多	优势 较强/多	一般	劣势 较弱/少	劣势 非常弱/少	保持优势改进劣势措施
研究人员数量 技术创新能力 研发投入 ……						

(4) 企业和竞争对手优劣势比较分析

对企业和竞争对手优劣势比较分析,形成企业和竞争对手优劣势比较分析表[①],确立企业面临的机会和威胁(见表6—6)。

表6—6　　　　　　企业和竞争对手优劣势比较分析表

分析时间:　　　　　　　　　竞争对手名称:

本企业A \ 竞争对手B	优势 SB1, SB2, ……	劣势 WB1, WB2, ……
优势 SA1, SA2, ……	均有优势,不差上下 机会威胁并存	我优他劣 发现和利用机会
劣势 WA1, WA2, ……	我劣他优 回避或转化威胁	均为劣势 机会威胁并存

(5) 企业专利战略选择

根据上述优劣势分析,企业可以较为客观地判断出自身的优势和劣势,并识别出自身面临的机会和威胁,从而进行企业专利战略选择。企业自身专利竞争优势越明显,面临的外部机会也越多。利用自身优势和外部

---

① 包昌火、谢新洲:《竞争对手分析》,华夏出版社2003年版。

机会，企业可以规划实施进攻型专利战略，即对应的 SO 战略。企业自身专利竞争劣势越显化，面临的外部威胁也越多。当企业在行业专利竞争中明显处于劣势时，应尽快针对外部威胁，转化或消除自身劣势，实施防御型战略。在优劣势不明显时，企业可以根据自身目标，灵活设计专利战略，适合采用攻防结合的混合型战略（见表 6—7）。

表 6—7　　　　　　　　基于 SWOT 分析的专利战略选择

分析时间：　　　　　　　　竞争对手名称：

内因＼外因	机会（O）	威胁（T）
优势（S）	SO 战略 进攻型战略	ST 战略 攻防结合混合型战略 以攻为防，攻防兼顾
劣势（W）	WO 战略 攻防结合混合型战略 力求进攻，不忘防御	WT 战略 防御型战略

（三）基于 SWOT 分析企业专利战略方案[①]

在 SWOT 分析的基础上，企业主要可以选择四种专利战略方案：SO 战略、ST 战略、WO 战略、WT 战略。

（1）SO 战略

选用 SO 战略的企业技术竞争优势强，面临的外部机会多，以进攻为主要特征。主要战略包括：①以专利信息数据库和专利信息服务网络为主的专利信息调研战略；②以开拓型研发为主的专利研发战略；③以基本专利、专利网、抢先申请、分散申请为主的专利申请战迷；④以独占实施、专利有偿转让、专利收买、专利回输、专利与产品结合、专利与商标结合、专利与技术标准结合为主的专利实施战略。

（2）ST 战略

选用 ST 战略的企业具有一定的专利竞争优势，但同时又面临着威胁，

---

① 侯延香：《基于 SWOT 分析法的企业专利战略制定》，《情报科学》2007 年第 1 期。

因此该战略可以以攻为防，要攻防兼顾。主要战略包括：①以专利信息调查为主的专利信息调研战略，辅以专利信息数据库建设；②以失效专利开发、改进专利开发为主的追随型专利研发战略；③以专利网、抢先申请、绕开对方专利为主的专利申请战略；④以交叉许可、专利共享、专利回输、失效专利利用为主的专利实施战略；⑤以专利诉讼、取消对方专利权、文献公开为主的专利防卫战略。

（3）WO 战略

选用 WO 战略的企业专利竞争优势薄弱，但同时又面临着机会，因此该战略要力求进攻，不忘防御。主要战略包括：①以专利信息调查为主的专利信息调研战略；②以实用新型、外观设计专利开发为主的追随型专利研发战略；③以绕开对方专利为主的专利申请战略；④以专利引进、失效专利利用为主的专利实施战略；⑤以取消对方专利权、证明先用权为主的专利防卫战略。

（4）WT 战略

选用 WT 战略的企业专利竞争优势薄弱，但同时又面临着威胁，因此该战略要以防御为主。主要战略包括：①以专利信息调查为主的专利信息调研战略；②以外观设计专利开发为主的追随型专利研发战略；③以专利引进、绕开对方专利为主的专利申请战略；④以失效专利利用为主的专利实施战略；⑤以取消对方专利权、证明先用权、主动和解为主的专利防卫战略。

由于专利技术的开发与研究、申请与授权、引进与购买、实施与利用均需要考虑到专利的价值，因此，企业制定专利战略时，除了根据 SWOT 分析考虑专利竞争能力外，还要根据专利情报评估专利价值的大小。专利价值涉及专利的先进度、成熟度、复杂性、实用性、有效性、权利范围、实施成功率、实施风险和成本等诸多因素，可以用技术生命周期、技术/功效、有效性、地域性、专利权人变更、技术内容等专利情报来分析判断。

总之，专利战略制定要将自身企业的战略目标、活动特征与专利价值的大小结合起来，充分利用外部机会和内部优势，并尽力将外部威胁和内部劣势的影响减到最小，最终提供企业的竞争力和市场地位。

第三节 专利分析方法

一 产生背景

自1474年世界上出现第一部专利法至今已有500多年的历史。美国专利与商标局（USPTO）将专利定义为一种发明，是发明人知识产权的许可。专利作为社会鼓励发明创造、推动科技进步和经济发展的一种法律制度而得到了迅速的发展，迄今全球已有4700万件专利，且全世界每年新增100多万件专利文档。由于企业可以通过开发技术、申请专利来获得成果的生产、销售的独占权，从而建立自身的竞争优势，因而专利数量的增长才如此之迅速。

专利数据虽不断累积增多，但人们并未很快意识到它能转化为竞争情报的潜在价值。随着技术发展不断加快的步伐，技术对企业生存和竞争策略来说显得越来越重要。技术进步在很大程度上决定着市场的转变，新的领先技术快速催生出新的市场领域，而旧的市场则很快被淘汰。面对技术的快速变化步伐，已往的战略与竞争分析方法无法很好地预测其发展趋势的情形，企业决策者开始找寻摸索能够有效地管理企业内部技术源、监控外部技术环境的新方法。正是在这种情况下，人们发现专利作为发明创造其本身包含着技术创新价值，分析大量的专利数据可以很好地把握技术动态、了解技术竞争力。

专利分析方法最初的产生是比较缓慢的。塞德尔于1949年第一个系统地提出专利引文分析的概念，他指出专利引文是后继专利基于相似的科学观点而对先前专利的引证，还提出了高频被引专利其技术相对重要性的设想。[①] 然而，直到1981年，他的设想才为人们所逐渐证实。20世纪90年代后随着信息技术、网络技术与专利数据库的不断发展、完善，专利分析法开始真正适用并应用于企业战略与竞争分析之中，其方法体系开始不

---

① ［美］卡尔·夏皮罗、［美］哈尔·瓦里安：《信息规则——网络经济的策略指导》，中国人民大学出版社2000年版。

断建立和完善。①

　　随着世界技术竞争的日益激烈，各国企业纷纷开展专利战略研究，而其核心正是专利分析。专利分析不仅是企业争夺专利的前提，更能为企业发展其技术策略、评估竞争对手提供有用的情报。因此，专利分析成为企业战略与竞争分析中一种独特而实用的分析方法，是企业竞争情报常用分析方法之一。随着计算机技术的快速发展，专利分析研究也向着自动化、智能化、可视化方向发展。②

二　专利文献与专利情报分析

　　专利文献是各国专利局及国际性专利组织在审批专利过程中产生的官方文件及其出版物的总称。在通常情况下，专利文献主要是指专利说明书，但就广义而言，它还包括专利局出版的各类检索工具书，如专利公报、专利分类表、专利分类表索引、查找专利用的各种索引等，甚至包括在专利的申请和审批的过程中产生的所有文件。专利文献是记载发明创造内容的科学技术文献。它与其他类型的科学技术文献相比，具有数量巨大、内容广泛；叙述发明创造详细、具体，编排结构一致；著录事项统一，分类体系一；内容可靠性较强，质量较高；重复出版量大；时间性强等特点，其中蕴含着技术、法律和经济信息，是一种难得的综合信息资源，同时也是专利分析法应用的对象。

　　专利情报分析是指对来自专利说明书、专利公报中的大量个别的、零碎的专利信息进行加工及组合，并利用统计手段或技术分析方法使这些信息成为具有总揽全局及预测功能的竞争情报的一项分析工作。换言之，专利情报分析就是将那些个别的、看来是互不相关的专利信息转化为系统而完整的情报分析工作。通过专利情报分析往往能使原来的专利信息内容发生质的变化，使它们能从普通的信息上升为企业经营活动中有价值的竞争

---

　　①　张燕舞、兰小筠：《企业战略与竞争分析方法之——专利分析法》，《情报科学》2003年第8期。

　　②　唐炜、刘细文：《专利分析法及其在企业竞争对手分析中的应用》，《现代情报》2005年第9期。

情报。[①]

三 专利的信息特征

专利文献与其他文献一样，为进行检索、利用，都要依据一定的著录规则，对表示文献内容、外表形式和物质形态的特征进行分析、选择和记录，形成著录项目。专利文献著录项目包括了全部专利信息特征。人们可以在任何一种专利文献上找到专利文献著录项目。在专利说明书上，其扉页通篇都是专利文献的著录项目；专利公报、年度索引刊载的题录、文摘、索引，也同样都是由专利文献著录项目构成的。专利文献检索主要是通过表示专利信息特征的专利文献著录项目进行的。专利信息特征主要包括三个方面，即专利技术信息特征、专利法律信息特征以及表示专利文献外在特征的信息特征。

（一）专利技术信息特征

专利技术信息是指有关申请专利的发明创造技术内容的信息。它包括某一技术领域的新发明创造，某一特定技术的发展历史，某一技术关键的解决方案，关于一项申请专利的发明创造的所属技术领域，关于一项申请专利的发明创造的技术主题，关于一项申请专利的发明创造的内容提要等。在专利文献著录项目中，表示上述各项专利技术信息特征的是一些特定的标志和文字，例如专利分类号、发明创造名称、摘要、相关文献、关键词等。绝大多数专利技术信息特征则源于专利说明书中的说明书、附图和权利要求书。

（二）专利法律信息特征

专利法律信息，又称专利权利信息，是有关构成专利技术的法律内容的信息。它包括一项申请专利的发明创造是否获得专利权，一件专利的权利范围、地域效力、时间效力、权利人等。在专利文献著录项目中，表示上述各项专利法律信息特征的也是一些特定的标志和文字，例如专利申请

[①] 唐炜、刘细文：《专利分析法及其在企业竞争对手分析中的应用》，《现代情报》2005年第9期。

号、专利申请日期、专利授权日期、国际优先权项目、专利申请人、专利权人、专利代理人等。专利法律信息特征的个别项目源于专利说明书、附图和权利要求书，其绝大多数则源于专利申请人申请专利时填写的申请表格和专利审查部门在审理过程中产生的其他文件。

（三）表示专利文献外在特征的信息特征

专利文献的内在特征包括从专利说明书、附图、权利要求书中产生的专利技术信息特征和专利法律信息特征，也包括从专利申请人申请专利时填写的申请表格和专利审查部门在审理过程中形成的文件中产生的法律信息特征。专利文献的外在特征则是指从专利说明书扉页和检索报告中获得的表明发明创造名称、发明人、文献号、出版机构、出版日期、相关文献等外表形式的特征，以及从文献整体上获得的关于专利说明书页数、权利要求项数、附图数等物质形态特征。但是，正式列入专利文献著录项目的专利文献外在特征中不包括物质形态特征。由上可见，在专利文献的著录项目、专利说明书、附图和权利要求书、专利申请表、专利审查文件、专利文献扉页以及检索报告中都显示出专利的信息特征。而且专利文献的形式相对统一，比较便于累积、分析，对专利信息特征进行追踪，可以挖掘出大量的信息。正是意识到了专利中蕴含的大量有价值信息，因而产生了专利分析方法，对专利进行科学、系统、规范、全面的分析，以挖掘出其蕴藏的信息。[①]

四 专利分析的方法

专利分析方法一般分为定量分析和定性分析两种，其中定量分析又称为统计分析，定性分析也称为技术分析。通常情况下，在进行专利分析时，需要将定量分析与定性分析结合起来使用，也就是将外表特征及内容特征结合起来进行分析，才能达到较好的分析效果。

[①] 唐炜、刘细文：《专利分析法及其在企业竞争对手分析中的应用》，《现代情报》2005年第9期。

(一) 定量分析

主要是通过专利文献的外表特征来进行统计分析,也就是通过专利文献上所固有的项目,如申请日期、申请人、分类类别、申请国家等来识别有关文献,然后将这些专利文献按有关指标,如专利数量、同族专利数量、专利引文数量等来进行统计分析,并从技术和经济的角度对有关统计数据的变化进行解释,以取得动态发展趋势方面的情报,进行预测。具体方法有以下几种。[①]

(1) 专利申请件数的时序列分析

时序列分析是一种利用某对象在过去时间中的一系列已知数据来预测该对象在未来时间中的变化情况的分析方法。例如,以各主要企业的专利申请或公告件数的推移为纵轴,以年份为横轴作图,可以对企业之间的技术开发力进行比较。将某一专业技术领域的各细分关联技术以其申请年份为横轴,其公告件数为纵轴作复合图,可以把握某一技术的发展、变化情况,开展技术变迁分析。对某商品按国内外申请人的申请件数的时间推移进行比较,可以把握两者之间的技术级差(这种分析称为双架库存法分析)。根据某企业申请专利的分类及其申请件数的随时间推移,可以监视其对新领域的渗透前兆(这种分析称为新领域进入分析)。

(2) 新技术系数分析

这种分析是以各专利分类的发明的申请件数为纵轴,以实用新型与发明的申请件数之比为横轴作图,从中可以判断随时间的推移,位置向左上方移动者为正在发展中的技术,位置向右下方移动者为正在饱和的技术。

(3) 三角分析

这种分析是以发明或实用新型、外观设计、商标三个要素做成三角图,可以从商品的这三个要素的专利申请件数、权利数等的时间推移,把握技术开发的周期。因为在通常情况下,随着技术的成熟,权利按照发明→外观设计→商标的顺序转移。

(4) 技术内容及权利数分析

这种分析是观察某企业或国家于某一时间段在各个专利分类上的发明

---

① 彭爱东:《一种重要竞争情报——专利情报的分析研究》,《情报理论与实践》2000 年第 3 期。

和实用新型的专利权持有数,调查其在分类上的集中度。据此,可以了解各企业或各国开发的集中度,即开发战略。

(5) 专利技术按空间的分布分析

这种分析即通过不同公司、企业间的专利数量对比,来反映它们的技术水平与实力。空间分布一般用于识别竞争对手,分析其技术策略等。将某一技术类别的专利申请按专利权人进行统计,可以得到某项技术在不同公司或企业间的分布,了解哪些公司或企业在该领域投入较多、专利活动较活跃、技术水平较领先;而对不同技术类别各公司的专利频数进行统计,可以了解各公司最活跃的领域,即其开发的重点领域。

(二) 定性分析

定性分析也称为技术分析,是以专利说明书、权利要求图纸等技术内容或专利的"质"来识别专利,并按技术特征来归并有关专利并使其有序化,一般用来获得技术动向、企业动向、特定权利状态等方面的情报,来调查技术动向。具体方法有以下几种:

(1) 技术流动分析(技术发展图)

这种分析是按时间序列测知值得注目的重要专利的流动情况。据此,可以把握过去的技术流动、未来的预测、各企业的开发方向和专利权网以及该技术对关联产业的波及。

(2) 波及分析

这种分析是将主要的专利列表来显示某项技术自身的发展与其在应用领域的发展的关系。

(3) 矩阵分析

这种分析是将横轴和纵轴分别取不同的要素,以矩阵的形态整理技术。据此,可以了解技术开发的余地在何处,或发展的方向是什么。如果将一个轴取作时间,则可以与技术流动分析一样进行使用;将申请人和技术要素分别作纵轴,则也可以了解企业的动向。

(4) TEMPEST 分析

TEMPEST 是分面分类的一种。它把某事物从本体、物质、能量、空间、时间等基本范畴加以区分。将其具体用于技术时,则将"本体"变为"用途","物质"变为"结构材料"、"原料"、"触媒"等,将"能量"变为"驱动原理"、"化学反应"、"变换原理"等,将"空间"变为

"组织结构"、"分子结构"等,将"时间"变为"制造法"、"控制法"等加以使用。据此,可以发现与过去不同的技术的出现和技术开发的空白地带。

(5) 寻求空隙法

也称为图表分析法,即通过阅读分析多份同类的专利说明书,来寻找有关技术领域中研究的空隙点,即尚无人涉足,或尚未能引起人们的重视,或未能研究成功的技术领域。这一方法对企业寻找技术创新点非常有帮助。

(6) 技术改进法

即指在查阅专利说明书后,找出现有技术的薄弱环节,并对其进行攻关,最后形成更为优化的发明方案的一种方法。这也是我们平时经常讲的对专利技术进行消化吸收再发展的方法。

由于涉及技术的具体内容,定性分析的工作比较繁重、复杂。至于用定量分析还是定性分析,应视所希望解决的问题和掌握的专利数据而定。事实上,经常需要将定性分析与定量分析结合起来才能达到好的效果。比如,可先通过定量分析确定哪些公司在某一技术领域占有技术优势(专利申请量或批准量可以反映技术活动水平),辨别这一技术领域的重要专利(某一专利被后续专利的引用数反映专利的重要性),然后再针对这些公司的重要专利进行定性分析。此外,专利引文分析也是专利分析方法中比较重要的方法,可以通过专利之间的引用关系,进一步找出相关的技术或领域,再应用以上方法,保证分析源的广泛性。[①]

五 主要分析指标

多年来,人们通过不断摸索专利分析的方法并找寻更好的分析指标,分析方法及指标体系已日趋完善。目前,国外进行专利分析的方法和指标已能够较好地客观评价专利数据,充分挖掘其中的战略竞争情报,为企业战略决策带来有价值的参考。

专利分析的指标较多,利用不同的指标可以从不同角度客观评价专利

---

① 唐炜、刘细文:《专利分析法及其在企业竞争对手分析中的应用》,《现代情报》2005年第9期。

数据。许多国外的专利咨询机构都已建立了自身的一套完备的分析指标体系，如美国摩根研究与分析协会、CHI研究中心等，他们在分析中结合利用多个分析指标，综合评价专利数据。现将部分常用的分析指标列于表6—8之中。与国外较成熟的专利分析方法及指标体系相比，国内目前对专利分析的重视度仍不够、利用较少，国内开展专利分析应学习借鉴国外分析方法及指标，加深对专利信息的加工，建立专利引文等数据库，更好地发挥专利信息的价值，为企业战略竞争服务。[①]

表6—8　　　　　　　　专利分析法中常用指标

指标名称	解释	用途
专利历年数量	某技术领域公司或专利人历年申请的专利数量	衡量技术领域活动水平，公司或专利权人的发展过程及趋势
专利被引频次	某专利被后续专利引用的绝对频次	找寻技术含量相对大的高频被引专利
技术影响因子TII	统计出被引频次高的前10%的专利，通过标准化定出TII值为1	TII值高于1的专利为相对重要的那部分专利
即时影响因子CII	CII＝公司专利的年平均引文量/数据库中全部专利的年平均引文量	CII值高代表该公司技术实力强
技术生命周期TCT	TCT＝专利件数/专利权人数	判断技术生命发展的阶段：新兴期、成长期、成熟期、衰落期
技术力量	技术力量＝公司专利量×CII	评估该公司专利组合的力量

六　主要战略应用

技术是市场中占主导地位的竞争参数，专利分析所针对的正是竞争性技术情报源，专利分析的价值已被下列的战略应用广泛证实：

①技术竞争分析：通过分析竞争对手所拥有的全部专利或分析该技术

---

① 张燕舞、兰小筠：《企业战略与竞争分析方法之——专利分析法》，《情报科学》2003年第8期。

领域的全部专利，可以确定竞争对手的相对竞争地位及其相对的技术性竞争优势、劣势。

②整合 S—曲线分析：通过整合 S—曲线分析，可早期预测竞争对手的未来技术战略趋势。

③新风险评估：通过专利分析确定竞争对手的优势及劣势，公司可选择性买卖合适的专利技术，以辅助进行扩张和分散风险的决策。

④专利投资组合管理：通过专利分析可以辅助决策专利许可、出售、联合风险开发等。

⑤研究与开发管理：专利分析可发现具有竞争力的先进技术，以优化自身 R&D 项目。

⑥产品领域和市场监督：通过跟踪竞争对手的专利申请领域及范围等状况，可发现竞争对手动向、技术开发及竞争性加入。

⑦兼并与收购分析：通过专利分析可辅助 M&A 的决策以增强公司的技术基础力，并减少技术威胁。

⑧价值链分析：可分析供应商与客户的专利活动情报，观察价值链中各个环节的潜在变化，辅助公司作出相应调整决策。

专利分析为企业的战略决策提供了广阔的应用前景。企业在进行专利分析中不断从专利数据中挖掘出更多有价值的竞争情报，从而通过多方面的战略应用为企业决策服务。

七　专利分析法的缺陷[①]

专利分析的价值已被许多企业战略应用的实例所证实，但也不能过高地估计其分析的准确性及优越性，专利分析在实际应用中还存在一些缺陷。

首先，专利数据并不能完全代表整个领域的创新活动。这是由于一方面并不是每一个专利都具有商业创新价值，另一方面，不少企业选择保守商业秘密来保护其发明创新技术，这些都是无法通过单纯的专利分析来发现的。

---

① 李映洲、邓春燕：《竞争对手情报研究中的专利分析法》，《情报理论与实践》2005 年第 1 期。

其次，专利分析存在着固有的时滞，这是因为申请日期和公开日期之间通常有 18 个月的间隔，对于一个在进一步开发与现有产品相关的专利技术的企业来说，这个时滞将直接影响专利分析预测结果的准确性。

最后，专利申请只是复杂企业活动的一个方面，因此单纯的专利分析并不能完全准确地评价企业现状及其活动。鉴于专利分析仍存在着一些不足之处，因此在利用专利分析的时候，应与其他经济数据、技术文献等竞争情报源配合起来，才能有助于企业更好地实施专利战略，辅助企业在市场竞争中作出正确的决策。

八　案例分析——以企业技术引进中的专利分析法为例

近年来，我国企业与国外企业的国际间技术交流越来越多，通过技术购买或企业兼并的方式，国外先进技术被大量引入我国。由于我国一些企业对专利知之甚少，在技术引进的同时，也引来了一些法律纠纷，给企业造成较大损失，例如，引进的技术为接近淘汰的技术、技术引进后仍需支付高额专利费、引进专利为无效专利等。技术引进是个复杂的过程，至少应做好三方面的工作：谈判前的专利分析、谈判中应注意的问题和合同中应明确的问题。其中，谈判前的专利分析是重中之重，下面结合专利地图介绍谈判前的专利分析应包含的内容。技术引进包括两种情况，一是通过技术购买或技术许可的形式引进技术，二是通过企业并购的形式引进技术，二者均可采用以下所述方式进行专利分析。技术引进前应至少明确以下问题：确定要引进的技术、确定技术引进的企业和评估引进专利的价值。[①]

（一）确定要引进的技术

首先，明确企业在技术上面临的问题，分析解决上述困难的技术手段有哪些；之后通过对各技术手段的技术发展历程进行分析，确定哪些技术手段是现行主流技术，哪些是接近淘汰的技术，哪些是未来技术的发展方向。这些需通过对各技术手段进行技术生命周期分析、技术发展趋势分析

[①] 房华龙、张鹏：《技术引进中的专利分析方法探讨》，《中国发明与专利》2012 年第 1 期。

或对重要公司进行技术规划策略分析来获得。

通过技术生命周期分析。通过专利年申请量和年申请人数量之间的关系曲线判断行业技术所处的发展阶段，一项技术的发展通常包含四个阶段，分别是起步期、发展期、成熟期和衰退期。起步期在专利申请上表现为该技术领域的年专利族申请量和申请人的数量均很少，发展期在专利申请上表现为该技术领域的年专利族申请量和申请人的数量均快速增长，成熟期在专利申请上表现为该技术领域的年专利族申请量和申请人的数量保持相对稳定，衰退期在专利申请上表现为该技术领域的年专利族申请量和申请人的数量都快速减少。如果所分析的技术已步入衰退期，则说明该技术属于接近淘汰的技术，最好不要引进该技术。

通过技术发展趋势分析。即通过各技术分支年度专利申请量分布情况来说明技术的发展方向，从而判断哪些技术是目前的主流技术，哪些是接近淘汰的技术。

（二）确定技术引进企业

通过分析所需技术的专利被哪些公司拥有，并评价各公司在该技术领域的专利技术实力，从而确定从哪个公司引进该技术。例如，可以从专利族申请、有效专利、多边专利和核心专利申请中各主要申请人的申请数量来评估重要申请人的专利技术实力。其中，专利族申请是指将相同的发明创造在不同国家提出的多件专利申请计为一项，表示申请人掌握专利技术的数量；专利只有保持有效，才具有一定区域、一定时间的独占权，因此，拥有有效专利的数量成为衡量竞争对手技术实力的重要指标之一；多边专利申请是指将相同的发明创造在产品主要销售目的国中的多个提交申请的专利，通常专利申请的目的国越多，专利就越重要，因此，多边专利申请成为衡量重要专利的重要标准，重要专利的拥有量成为衡量竞争对手技术实力的重要指标之一；核心专利是指对本领域的发展有重要影响的专利，通常该种专利的保护范围很大，后续很多专利都落在该专利的保护范围之内，引起专利纠纷的专利多属于该类专利，该种专利的拥有数量成为衡量竞争对手技术实力的重要指标之一。另外，特别注意要摸清公司所有的子公司、控股公司的情况，避免低估竞争对手的技术实力。

(三) 评估引进专利的价值

通过多个方面评价专利的价值，为技术引进提供参考。通常影响专利价值的因素包括专利自身属性、专利技术和许可方式三个方面。

(1) 专利属性价值

专利属性价值涉及专利权人、专利的有效性、剩余的保护期限、专利保护的地域范围、专利权是否稳定。可以采用表格的形式展现专利属性价值。首先，需要明确专利权归属，是否归谈判对手所有；判断专利的有效性，如果专利申请没有被授权或专利由于没有缴纳专利维持费而失效，则使用其的企业不需要支付专利费；明确专利剩余的保护期限，通常发明专利的保护期限为20年，自申请日起计算，剩余的保护期限越长，独占该技术的时间就越长，专利价值也就越大；专利具有地域性，即只在专利授权国才具有独占性，因此，如果专利产品只在中国生产和销售，且该专利没有在中国获得授权，那么企业就可以在中国境内免费使用该专利技术，自然该专利没有价值；另外，有些专利尽管已经授权，但仍然存在不符合专利法某些规定的问题，这些问题会导致专利权不稳定，专利价值会降低。

(2) 专利技术价值

影响专利技术价值的因素包括与计划引进技术的关联性大小、属于核心专利还是外围专利（技术特征对比，是否为重要专利）、是否有替代技术。技术输出方经常将一些与引进技术无关的专利列在付费专利名单中，以期获得更多的专利许可费，因此，需要判断专利与引进技术的关联性，将无关专利剔除。查找是否存在替代技术，如果存在替代技术，就意味着存在竞争，会影响专利价格。由于核心专利价值远大于外围专利，因此有必要判断计划引进的专利属于核心专利还是外围专利。可以采用技术特征对比法或重要专利判定法来确定该专利属于核心专利还是外围专利。

技术特征对比法是通过查找目标专利的上位专利和下位专利的数量来判断目标专利是核心专利还是外围专利。如果目标专利拥有大量的上位专利，则说明该专利属于外围专利，价值相对较小；如果目标专利拥有大量的下位专利，则说明该专利属于核心专利，价值相对较大。所谓上位专利是指技术特征少于目标专利的技术特征数量的专利，其保护范围大于目标专利的保护范围；所谓下位专利是指技术特征多于目标专利的技术特征的专利，其保护范围小于目标专利的保护范围。

核心专利表现为技术特征较少，保护范围较大。查找重要专利的标准很多，主要包括引起专利纠纷的专利、被其他专利引用次数较多的专利、同族数量较多的专利、标准中采用的专利、许可专利、政府资助项目中产生的专利和专利权维持时间较长等。

(3) 专利许可的类型

专利许可的类型包括独占许可、排他许可和普通许可。其中，独占许可是指在一定时间内，在专利权的有效地域范围内，专利权人只许可一个被许可人实施其专利权，而且专利权人自己也不得实施该专利。排他许可，也称独家许可，是指在一定时间内，在专利权的有效地域范围内，专利权人只许可一个被许可人实施其专利，但专利权人自己有权实施该专利。排他许可与独占许可的区别就在于排他许可中的专利权人自己享有实施该专利的权利，而独占许可中的专利权人自己也不能实施该专利。普通许可，是指在一定时间内，专利权人许可他人实施其专利，同时保留许可第三人实施该专利的权利，这样，在同一地域内，被许可人同时可能拥有若干家，专利权人自己也仍可以实施该专利。普通许可是专利实施许可中最常见的一种类型。通常专利许可费用高低的排名依次为独占许可、排他许可、普通许可。

最后，寻找传授技术的人才，是引进技术得以顺利实施的核心问题。技术引进的主要目的是解决当前的技术问题，而有长远发展目标的企业，则需要消化吸收再创新，形成自己的技术优势。随着对外技术交流的日益频繁，在一段时间内，我国对国外先进技术的引进会越来越多。我国企业只有不断熟悉专利制度，提高专利的运用能力，才能在技术引进中提高风险防范能力，从而使企业健康快速发展。

第四节 定标比超法

定标比超（Benchmarking）作为竞争情报分析的重要方法，被广泛应用于企业战略管理、市场营销、质量控制、人力资源管理、新产品开发等环节，并且正在不断拓宽新的应用领域。它的基本原理是以竞争企业对手或行业内外领袖企业在产品、服务或流程方面的绩效及实践措施为基准，将本企业的实际状况与这些"基准企业"进行对照和比较，通过学习找出差距，并在此基础上制定实施改进本企业绩效的最佳竞争策略，争取赶上和超过对手，成为强中之强。

一　基本内涵

定标比超是由英文 bench marking 翻译而来，在西方，定标比超曾经被描述为《孙子兵法》中的一句名言：知己知彼，百战不殆。后来，它被定义为："一种组织自我完善的工具，组织通过将自己同其他组织相比较，来发现自己的优势和劣势并学习如何改进自己。定标比超是一种发现并采用最优实践的方法。"[1] 美国生产率与质量中心（APQC）主席 Harvey Brelin 指出，定标比超是一种对一个组织实施改变的战略或实践，更多的是一种实践。为了发生变化，寻求改进的组织需要对其自身及自身结构、竞争形势与竞争压力、顾客及顾客的需要进行了解。[2] 谢新洲、吴淑燕给出的定义是：定标比超是运用情报手段，将本企业的产品、服务或其他业务活动过程与本企业的杰出部门、确定的竞争对手或者行业内外的一流企业进行对照分析，提炼出有用的情报或具体的方法，从而改进本企业的产品、服务或者管理等环节，达到取而代之、战而胜之的目的，最终赢得并保持竞争优势的一种竞争情报分析方法。[3]

20 世纪 70 年代末，美国施乐公司最先提出了定标比超这一概念，它也是最早在全公司范围内系统实施定标比超并取得很大成就的公司。通过定标比超，施乐公司使制造成本降低了 50%，产品开发周期缩短了 25%，人均收入增加了 20%，并使公司的产品开箱合格率从 92% 上升到 99.5%。施乐公司也由此获得了 Malcolm Baldridge 奖。施乐公司实行定标比超所获得的巨大成功使定标比超方法得到了很快的普及。据统计，目前世界 500 强中 70% 以上的公司采用了定标比超方法。定标比超也被广泛地应用于政府、企业、学校、医院等不同类型和各种规模的单位。

---

[1] 周东生、王柏玲：《实施定标比超中的常见失误分析》，《现代情报》2003 年第 11 期。
[2] 王也平、周东生：《关于定标比超几种错误认识分析》，《现代情报》2004 年第 10 期。
[3] 谢新洲、吴淑燕：《竞争情报分析方法——定标比超》，《北京大学学报》（哲学社会科学版）2003 年第 3 期。

二 定标比超的类型

(一) 按定标比超的重点分类[①]

(1) 产品定标比超。这种定标比超的重点是产品,它首先确定以竞争对手或相关企业的某种产品作为基准,然后进行分解、测绘、研究,找出自己所不具备的优点。通过这种对产品的反求工程,不仅可以对原产品进行仿制或在原有的基础上加以改进,还可以估算出竞争对手的成本。与自己的产品进行比较,可以估算出不同设计方案在现在和将来的优点和不足。也就是说,工程师们在对竞争产品观察、拆装和研究之后,不仅应该指出产品的设计特点和装配工艺,还要能以此了解顾客对产品的新需求,以及竞争对手满足顾客要求的新方法。

(2) 过程定标比超。通过对某一过程的比较,发现领先企业赖以取得优秀绩效的关键因素,诸如在某个领域内独特的运行过程、管理方法和诀窍等,通过学习模仿、改进融合使企业在该领域赶上或超过竞争对手的定标比超。营销的定标比超、生产管理的定标比超、人力资源的定标比超、仓储与运输的定标比超等均属此类。过程定标比超比产品定标比超更深入、更复杂。要企业重新设计并应用一个过程,是一件费时费力的事情,而且由于企业文化、员工情绪等的影响,过程定标比超的实施并不是可以轻而易举完成的事情。因此,在进行过程定标比超之前,一定要充分考虑到各种制约因素,以保证最后结果的有效实施。

(3) 管理定标比超。通过对领先企业的管理系统、管理绩效进行对比衡量,发现它们成功的关键因素,进而学习赶超它们的定标比超。这种定标比超超越了过程或职能,扩展到了整个的管理工作,比如对全公司的奖酬制度进行定标比超,它涉及如何成功地对不同层次、各个部门的员工进行奖酬的问题。

(4) 战略定标比超。这种定标比超比较的是本企业与基准企业的战略意图,分析确定成功的关键战略要素以及战略管理的成功经验,为企业高层管理者正确制定和实施战略提供服务。这种定标比超的优点在于开始

[①] 谢新洲、吴淑燕:《竞争情报分析方法——定标比超》,《北京大学学报》(哲学社会科学版) 2003 年第 3 期。

就注意到要达到的"目的",而过程定标比超和管理定标比超是先比较各种"手段",然后再确定哪个能更好地达到某种目的。

以上四种定标比超各自具有不同的侧重点,能提供不同类型的情报。产品定标比超所提供的情报一般最为准确和具体,但情报的寿命也最短。战略定标比超却是另一个极端,它提供的情报属于战略性的,准确程度不是很高。

(二) 按定标比超的对象分类

(1) 内部定标比超——以企业内部操作为基准的定标比超。它是最简单且易操作的定标比超方式之一,通过确立内部定标比超的主要目标,可以做到企业内信息共享,确立企业内部最佳职能和流程及其实践,然后推广到组织的其他部门,不失为提高企业绩效最便捷的方法之一。但也存在较大的局限性,单独执行内部定标比超的企业往往持有内向视野,容易产生封闭思维。因此在企业竞争情报研究实践中,内部定标比超应该与外部定标比超结合起来使用。

(2) 竞争定标比超——以竞争对手为基准的定标比超。它是应用定标比超开展竞争情报的主要形式,又可分为竞争战略定标比超和竞争策略定标比超两种类型。竞争定标比超的目标是与自己有着相同市场的竞争对手企业在产品、服务和工作流程等方面的绩效与实践进行比较,直接面对竞争者的优势。这种类型的定标比超需要熟练掌握竞争情报的方法和技巧,否则不可能从定标比超项目中得到最大的价值。[①]

(3) 职能定标比超——以行业领先者或某些企业的优秀职能操作为基准进行的定标比超。这类定标比超的合作者常常可以相互分享一些技术和市场信息,定标的基准是外部企业(但非竞争者)及其职能或业务实践。由于没有直接的竞争者,因此合作者往往较愿意提供和分享技术与市场信息。不足之处是费用高,有时难以安排。

(4) 流程定标比超——以最佳工作流程为基准进行的定标比超。任何企业或行业都有最佳的工作流程,流程定标比超是以类似的工作流程为"基准"对象,而不是某项业务与操作职能或实践。因此,这类定标比超

---

① 谢新洲、吴淑燕:《竞争情报分析方法——定标比超》,《北京大学学报》(哲学社会科学版) 2003 年第 3 期。

可以跨不同类型的组织，虽然被认为有效，但也很难进行。它一般要求企业对整个工作流程和操作有很详细的了解，而且最佳的工艺流程往往只存在于理论中。[①]

在实施定标比超活动中，每个企业可以根据自己的实际情况选择不同定标比超的类型。确定定标比超类型的唯一有效方法就是首先确定是为财务需要还是为满足顾客的需要，而且任何类型的定标比超，如果能与竞争情报活动很好地结合起来正确地应用，都将使企业受益。

三 定标比超的特点

（1）应用领域的广泛性。成为企业定标"基准"对象的企业既可以是本行业的领先者或竞争对手，也可以是在某一个或几个方面拥有优势的一般企业，以及在某方面存在与本企业具有一定相似性且可供借鉴优势的行业外企业或非企业单位；通过定标比超进行学习的既可以是定标企业存在优势的一个方面，也可以是其存在优势的几个方面；定标比超的实施既可以同时针对几个企业，也可以反复针对同一个企业甚至是一个产业，但必须是一个反复循环的过程。

（2）具有极强的可操作性。目前企业定标比超活动已形成了一系列规范化的程序，实施过程中形成了一套科学的标准体系和质量要求，在实践中有很强的可衡量性和可操作性。因此，一定程度上避免了操作过程中的不确定性和盲目性。

（3）较大的现实性和激励性。由于定标比超是以现实世界中存在的先进企业的经营活动为定标对象，因而其所要达到的目标是经过努力才可以实现的，而且是一定可以实现的，因此就会产生强大的激励效果，刺激每个员工都致力于这一活动之中。

（4）巨大的时效性。通过实施定标比超活动，可以迅速获得在某一方面最有效的方法和技能，在节约大量研究费用或实践费用的同时，增加了获取竞争优势的可能性。研究表明，通过实施定标比超可以帮助企业节省30%—40%的开支，为企业建立一种动态监测各部门投入和产出现状

---

① 彭靖里、张涌、杨斯迈：《论定标比超在竞争情报研究中的应用及其策略》，《情报杂志》2004年第10期。

及目标的方法，达到持续改进薄弱环节的目的。[①]

四 定标比超的过程

目前通行的定标比超过程可分为计划、分析、综合、行动和成熟五个阶段。由于实施定标比超的企业或单位实际情况存在着差异，在实践中可根据定标比超的目标和类型对上述工作过程进行适当调整和补充，以提高开展定标比超活动的针对性。但整个定标比超过程必须包括三个方面的基本环节：

一是准确了解掌握本企业或单位经营管理中需要解决和改进的问题，制定工作措施和步骤，建立绩效度量指标。

二是认真调查行业中的领先企业或竞争企业的绩效水平，准确掌握它们的优势所在。

三是调查这些领先企业的最佳实践，准确了解掌握领先企业或竞争企业获得优秀绩效的原因，进而树立目标，努力向定标"基准"企业学习，将其经验应用到经营管理中，力争超过它们。

这三个基本环节中都含有"准确了解掌握"的要求，因而又被称为应用定标比超进行竞争情报研究的3A（Accuracy）基本环节。[②]

五 具体方法

选择正确的方法是定标比超能否成功的关键因素。关于定标比超的方法，很多组织都有自己的成功经验，如施乐、国际定标比超交流中心、柯达、AT&T、美国快递、IBM等。施乐的定标比超分为10步骤，而AT&T的定标比超有12个步骤，IBM则是16个步骤。事实上，尽管不同的公司在实施定标比超时，所采用的步骤不同，但是它们的关键步骤是一样的，基本思路也是一样的，只是对步骤的划分以及所用的描述语言有所不同而已。大多数的方法都是建立在施乐的方法之上的，而施乐的方法则被认为

---

① 彭靖里、张涌、杨斯迈：《论定标比超在竞争情报研究中的应用及其策略》，《情报杂志》2004年第10期。
② 同上。

是进行定标比超工作的有效而通用的方法。国际定标比超交流中心的定标比超方法也不错，因为它的执行过程清晰，目标明确，合乎逻辑而且很完整。①

（一）施乐公司方法

施乐公司一直把定标比超作为产品改进、企业发展、赢得竞争对手、保持竞争优势的重要工具。公司的最高层领导把定标比超视为公司的一项经常性活动，并指导其所属所有机构和成本中心具体实施定标比超。现在施乐公司做战略性和战术性规划都要进行定标比超分析。而施乐公司本身也在长期的定标比超实践中探索出了很多经验，它的"5阶段、10步骤"定标比超方法被其他公司认可和使用。

第一，规划阶段：

（1）确定定标比超的内容。此系定标比超的第一步。施乐实施的第一个定标比超的内容是关于复印机制造的。施乐震惊地发现其日本的竞争对手竟然以其成本的价格出售高质量的复印机，因此，针对这个问题开展了定标比超研究，并取得了很好的成果。

（2）确定定标比超的对象。施乐首先研究它的一个日本子公司——富士—施乐，然后是佳能等公司，以确定它的日本对手的相关成本是否和它们的价格一样低。

（3）收集定标比超的数据。研究证实，美国的价格确实比日本的价格要高。日本的成本成了施乐的目标。来自公司主要领域的管理人员纷纷前往施乐的日本子公司，考察它们的活动。然后，施乐开始收集各种信息。

第二，分析阶段：

（1）确定目前的绩效差距。日本对手的复印机之所以能够以施乐公司的成本价销售，它们之间在执行上必然存在着差距。将收集到的信息用来发现差距。

（2）确定将来的绩效水平。根据差距分析，计划未来的执行水平，并确定这些目标应该如何获得及保持。

---

① 谢新洲、吴淑燕：《竞争情报分析方法——定标比超》，《北京大学学报》（哲学社会科学版）2003年第3期。

第三，综合阶段：

（1）交流定标比超的成果。所有的施乐员工都在质量培训中至少获得过 28 小时的培训，而且有很多员工进行了高级质量技术的培训。在近四年中，施乐在其培训项目中投资了 40000 万人/小时，投入了 12500 万美元。一旦一个新的定标比超项目确定，它都将被公司的员工进行讨论，这样使其他人可以在其日常操作中使用。

（2）确立要实现的目标。施乐公司发现，购得的原料占其制造成本的 70%，细微的下降都可以带来大量的利益。截至 20 世纪 90 年代末，公司将其供应商基数从 1980 年的 5000 多个削减到 420 个，不合格零件的比率从 1980 年的 10‰ 下降到 0.225‰，95% 的供应零件根本不需要检查，购买零件的成本下降了 45%。这些目标并不是必须同时确立，但是随着定标比超过程的进行，它们都顺利实现了。

第四，行动阶段：

（1）形成行动计划。必须制订具体的行动计划。施乐公司制订了一系列的计划，使领先时间减少了，复印机的质量提高了。

（2）实施和监控行动计划。定标比超必须是一个调整的过程，必须制订特定的行动计划以及进行结果监控以保证达到预定目标。

（3）重新定标比超。如果定标比超没有取得理想的效果，就应该重新检查以上步骤，找出具体的原因，再重新进行定标比超工作。

第五，见效阶段：

在对日本行业进行了定标比超之后，施乐并没有停滞不前。它开始了对其他竞争对手、一流企业的定标比超。1996 年，施乐公司是世界上唯一获得所有的三个重要奖励的公司：日本 Deming 奖、美国 Malcolm Baldrige 国家质量奖以及欧洲质量奖。显然，采用定标比超使施乐公司受益匪浅。

（二）国际定标比超交流中心方法

国际定标比超交流中心作为一个定标比超伙伴的网络组织，在推进定标比超在国际上的应用方面做出了重要的贡献。国际定标比超交流中心在举办众多的定标比超会议和培训，做了大量的定标比超实践的基础上，也积累了丰富的定标比超经验，形成了自己的定标比超方法和步骤。

国际定标比超交流中心的定标比超方法的核心是：选择最理想的定标

比超对象；对自己需要研究的过程以及定标比超过程本身都有一个深入的理解；根据最佳实践，针对自身组织的独特文化进行实施和调整。

（1）规划。在这个阶段，定标比超活动的焦点集中在定标比超的领域、关键手段，并对它们以及一些相关的概念进行充分而又仔细的论证。此外，在规划阶段还需要确定数据收集的工具和手段，论证并确定将要进行定标比超的最佳绩效组织。

（2）数据收集。数据收集阶段有两个明确的目标：一是收集定性的数据，二是向最好的组织学习。在这一阶段中，调查问卷被提交给所有的参与者，有选择地对最佳绩效的组织进行实地访问。

（3）数据分析。数据分析阶段的关键活动包括分析趋势以及识别推动或阻碍更好的执行绩效的因素。定标比超小组提出一个最终报告，该报告揭示定标比超过程的关键收获，以及对知识转换的见解和建议。定标比超小组的成员深层次地讨论这些收获，相互之间进行必要的交流和沟通，并提出便于实施这些收获的方案。

（4）实施与调整。将定标比超小组的发现和收获，在自身组织中进行实施，并根据自身的文化特征以及现状等因素进行调整。

六　定标比超的工作步骤

作为一种先进且行之有效的管理理念和竞争情报实践方法，定标比超的规划实施是一个复杂的系统工程，有一整套逻辑严密的实施步骤，大体可以分为以下五步。[①]

第一步，确认定标比超的方向。

定标比超要改进企业某方面的实践，必须有明确的方向。在实施定标比超的过程中，要坚持系统优化的思想，不是追求企业或单位某个局部的优化，而是要着眼于企业或单位总体的最优。其次，要制定有效的实践准则，以避免实施中的盲目性。

第二步，确定比较目标。

定标比超的"基准"比较目标就是能够为本企业或单位提供值得借

---

① 彭靖里、张涌、杨斯迈：《论定标比超在竞争情报研究中的应用及其策略》，《情报杂志》2004年第10期。

鉴信息的企业或单位，它们可能在本产业，也可能在其他产业；可能比较目标的规模不一定同自己的企业相似，但其在定标比超实践方面应是拥有卓越绩效的企业或竞争对手。

定标比超的比较目标通常来说可以分为以下几大类：

（1）企业内部。很显然，对本企业内部的某个部门进行定标比超比较简单，收集各种数据的阻力比较小。而且这种内部定标比超比较省时间和成本。但是，内部定标比超的缺点是，企业不能跳出本企业的视野，定标比超的内容也多局限在操作层和管理层，而很少涉及战略层。因此它在很多时候不能够满足企业发展的需要。

（2）竞争对手。竞争对手一般又可以分为以下几类：一是直接竞争对手。如对于福特公司来说，其直接竞争对手就是美国通用汽车、德国宝马汽车、日本本田汽车，等等。二是平行竞争对手。这些公司的业务和本公司的业务基本相同，但它们并不构成和本公司的直接竞争。比如说，对于北京的 A 超市来说，上海的 B 超市就是其平行竞争对手。三是潜在竞争对手。即目前还没有构成竞争威胁、但是将来将成为竞争对手的公司。对竞争对手的定标比超，可以获取大量的竞争对手数据，了解竞争对手的产品、服务、管理模式和战略，从而可以详细地了解竞争对手的情况。

在确定竞争对手的时候，我们通常可以从以下几个方面入手：平均产品价格，报价领先时间，产品线宽度，产品特征，消费者倾向，市场渗透力，客户满意，产品质量。

（3）行业内部。如果定标比超的对象是行业内的非竞争对手，那么很多问题都可以解决。比如说，跳出内部定标比超视野狭窄的局限，可以避免竞争对手定标比超的数据不易收集的困难。而且由于所处同一个行业，所以通过行业协会等可以较方便地获取一些信息。但是，也许会因为本企业和定标比超对象之间存在差异，在定标比超结果转化和实施上会存在一些困难。

（4）行业外部。行业外一流组织的定标比超，完全跳出了行业的限制，而把目标瞄准了某一个一流的管理方法或处理过程，这有助于企业开阔思路，容易实现创新。这种创新也许能够给企业带来飞跃性发展的机会。但是，对一流组织的定标比超毕竟是一种跨行业的定标比超。由于行业差异，所以要通过定标比超发现对本企业有用的情报比较困难。

第三步，收集与分析情报，确定定标比超的内容。

定标比超的内容寻找包括实地调查、情报收集和分析、与自身实践比较找出差距、确定定标比超综合指标等环节，定标比超内容的确定为企业找到了改进的目标。选择定标比超内容时，我们可以从以下几个方面进行考虑：在成本中占最高份额的部分，不管它是固定的或是可变的；明显地影响质量、成本等重要因素的部分；对商业有重要战略意义的部分；在市场中进行差别化竞争起重要作用的方面；代表或支持你的重要成功因素的方面；对改进有最重要地位的方面；在实现商业资源和管理方式的情况下，可以被改进的方面等。

第四步，系统学习和改进。

这是应用定标比超进行竞争情报研究的关键。管理的精髓在于创造一种环境，使组织中的人员能够按组织远景目标工作，并自觉进行学习和变革，以实现组织的目标。由于定标比超往往涉及业务流程的重组，会改变一些人的行为方式，难免会碰到员工思想上的阻力。因此，企业要克服这些困难，学习最佳实践，推动企业变革，创造适合自己的业务流程和管理制度，赶上甚至超过定标比超对象。

第五步，评价与提高。

实施定标比超不能一蹴而就，而是一个长期渐进的过程。每次学习完成后，都有一项重要的后续工作，即根据定标比超的结果，制订赶超计划，并组织实施，改进企业或单位的经营管理业绩，并根据实施中的信息反馈，重新检查和审视学习研究的假设、定标比超的目标和实际效果，分析差距，为下一轮新的定标比超实践打下基础。

七 案例分析——以应用定标比超法提升企业竞争力为例

下面以纸业公司 A 为例，探讨定标比超法在提升企业竞争力中的应用。通过比较，选取纸业公司 B 为目标企业。[①]

明确内容和目标后，下一步需要解决的是怎样进行"定标"，即通过何种标准评价来比较公司 A 和 B 的企业竞争力。企业竞争力是企业在竞

---

① 杨铮、张松：《定标比超法及其在提升企业竞争力中的应用探讨》，《南京理工大学》（社会科学版）2003 年第 4 期。

争环境下，在有效利用甚至创造企业资源的基础上，产品设计、生产、销售等经营活动领域和产品价格、质量、服务等方面，比竞争对手更好、更快地满足消费者需求，为企业带来更多的收益，进而促使企业持续发展的能力。提高企业竞争力对一个国家在国际综合竞争中的地位有着非同寻常的意义。企业竞争力的提高需要一个过程和可用于指引这一过程的、行之有效的战略，这一战略的制定，应建立在对企业现有竞争力极其薄弱环节的正确判断的基础上。[①] 一般可采用指标体系定量评价法来评价企业竞争力。此处竞争力评价指标体系可作为定标比超之"标"。

企业竞争力可由多个指标衡量，也可从多个角度衡量。按照数据获取的全面性和准确性，企业竞争力评估指标体系可分为理论指标体系和实践指标体系，这里按后者进行评估，应用的竞争力评价指标体系如图6—5所示。[②]

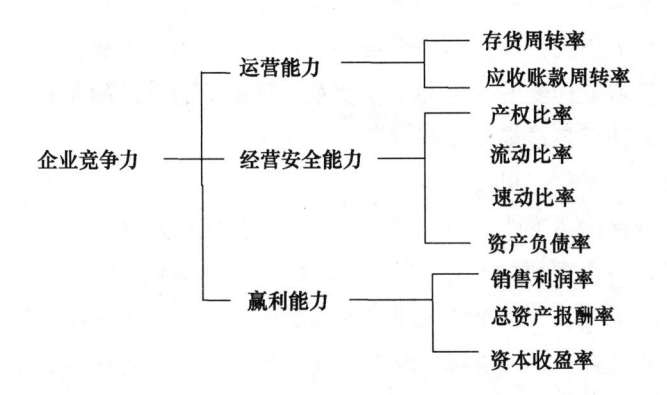

图6—5 企业竞争力评价指标体系

指标体系确立后，开始进行第三步骤，即收集支持指标体系内容的数据并进行处理。数据处理应根据指标体系分析的需要进行。在需要整体量化计分的情况下，应按照调查表中的计分原则，将数据（实测值）转化为无权重状态下相应的分值（评估值）。表6—9列出了纸业公司A与纸业公司B的企业竞争力比较的计分情况。比较A和B各子指标的实测值，数据优良者，其评估值赋为1，另一公司评估值为两实测值之比（小于1）。

---

① ［美］迈克尔·波特：《竞争战略》，陈悦译，华夏出版社1997年版。
② 郎诵真：《竞争情报与企业竞争力》，华夏出版社2001年版。

由于各指标对企业竞争力影响程度不同，所以还需要对各大类指标和各项子指标赋予权重，以准确评判各指标分值对竞争力的影响。本例中，权重应用了德尔菲方法由本领域多位专家分别打分获得，如表6—9所示。

表6—9　　　　纸业公司 A、B 企业竞争力比较计分表

指标	子指标	权重	某纸业 A 实测值	某纸业 A 评估值	目标企业 B 实测值	目标企业 B 评估值
营运能力 0.4	存款周转率	0.75	5.43	1	3.25	0.60
	应收账款周转率	0.25	2.81	0.59	4.77	1
经营安全能力 0.16	产权比率	0.27	2.06	0.15	0.30	1
	流动比率	0.29	1.02	0.37	2.78	1
	速动比率	0.37	0.86	0.39	2.19	1
	资产负债率	0.07	67.33	0.34	23.07	1
赢利能力 0.44	销售利润率	0.59	6.85	0.34	20.09	1
	总资产报酬率	0.20	4.34	0.39	11.18	1
	资本收益率	0.21	19.59	0.55	35.47	1

针对 A、B 两公司，可进行三个层次的比较，即子指标得分比较、大项指标得分比较以及企业竞争力综合得分比较。各层次得分通过加权平均法算出。

①子指标得分即子指标评估值。②大项指标得分等于其下级子指标得分的加权平均值。③企业竞争力综合得分等于大项指标得分的加权平均值。

最终计算结果，A 公司企业竞争力综合得分为 0.59，B 公司企业竞争力综合得分为 0.88。根据综合得分，可以看出纸业公司 A 的综合竞争力低于目标企业 B；根据各项子指标和大项指标得分，A 公司可以清楚地了解到自己在哪些方面需要完善，并结合企业 SWOT 分析，提出企业的竞争策略以及若干提高企业竞争力的具体措施，从而提高企业现实的和长远的竞争力，实现定标比超目标。

从以上应用过程可以看出，在定标比超法的各环节中，内容的确定是定标比超的方向，目标企业的选择是定标比超的基础，数据分析提供了"比"的工具，对策的提出是定标比超的目的。在第二和第三步之中还需

要解决一个关键问题，即定标比超中"标"的确定。针对具体情况，如何构建科学、合理、适用的评价和比较标准，是值得深入研究的问题。[①]

第五节　战争游戏法

战争游戏法（War Gaming）是动态复杂环境中竞争情报分析的一种有效工具，主要是通过参与人扮演己方、竞争对手、消费者等企业竞争环境中的主要要素，进行模拟竞争，从而帮助企业更透彻地理解所处的环境状况，使企业的竞争战略更具有可执行性。国内学者对战争游戏法的相关研究起步较晚，已有研究内容多限于简单介绍和性质描述，缺乏深度和系统的探讨。近年相关研究主要由南开大学王知津教授和辽宁师范大学王晓慧教授牵头。王知津[②]等人发表了数篇论文探讨战争游戏法在我国竞争情报实践中的应用，构建了战争游戏法在企业竞争情报中应用的概念框架和基于战争游戏法的竞争情报动态分析模型，为相关研究打下了坚实基础。王晓慧[③]教授致力于战争游戏法的实践研究，以谷歌、微软、美国在线、雅虎四家互联网公司之间的战争游戏为例，对战争游戏法的具体实施步骤和实施中存在的主要问题加以分析，还提出了基于四角模型的战争游戏法分析框架，促进了战争游戏法在竞争情报分析中的应用。

一　产生背景

战争游戏法也称战争模拟法。商业上的战争游戏源自军事上的战争游戏。早在古希腊时代，军事将领们使用战争模拟的方法来研究战场上复杂多变的战争形势，以便为形势的变化做好准备；1811 年，波斯人引入三位的战争游戏板，从而使游戏更加逼真。美国中央情报局也通过战争游戏法来分析研究军事对策等。总之，战争游戏法在军事领域应用十分普遍。

[①] 杨铮、张松：《定标比超法及其在提升企业竞争力中的应用探讨》，《南京理工大学》（社会科学版）2003 年第 4 期。

[②] 王知津、玄国花：《战争游戏法在企业竞争中的应用》，《情报探索》2008 年第 2 期。

[③] 王晓慧：《基于四角模型的战争游戏法分析框架研究》，《图书情报工作》2009 年第 22 期。

随着信息时代的到来，出现了军事训练软件，更多的是实战模拟，需要相当科学、严谨的设计，需要考虑最先进的武器及其组合在实战中的应用，这与一般以娱乐为目的、以刺激为手段的电脑游戏有很大的不同。真正用于军事目的的软件也应该是保密的，不会轻易让一般人接触到。公开的只是一些普通的训练软件。即使是在部队，也应该是入门级别的水平。在未来战争中，"战争模拟"实战演练是非常重要的训练环节，甚至也是实战中预测对手动态的重要工具，电脑会起到越来越重要的作用。20世纪80年代，"战争模拟"已经从军事领域进入企业界。全球商战加剧，许多军事界的情报方法都已开始指导企业界，战争游戏法也被引入企业管理，成为企业了解竞争环境、制定竞争战略最有效的工具之一。战争游戏在企业界的应用源于企业竞争的加剧。在企业竞争中，有时由于竞争过于激烈，竞争环境过于复杂，竞争对手太多或彼此互动性太强，用传统的各种竞争情报方法难以预测竞争对手的行动，利用以往的经验进行推测带有许多局限性。因为完全重复过去的情况很少，竞争对手的反应和行动方式也不是一成不变的，利用历史分析来进行预测就可能带有严重的欺骗性。在这种情况下，企业可以采用战争游戏法。

二　基本内涵

Kappa West 总裁及创始人杰伊·库尔茨认为，商业战争游戏法是结构化的、有特定规则和易于实施的过程，它能够比其他方法更好地帮助组织理解组织所处的环境状况，使组织计划的开发和执行更有效率；它是为适应商业环境由军事战争游戏演化而来的，可以帮助一个企业制定战略的、可操作的、战术的规划和实施，战争游戏是商业环境下角色扮演的模拟过程。[1]

三　战争游戏法的目标

战争游戏被设计用来发现竞争型的信息，这些信息可能会威胁企业产品的战略地位，并且降低企业技术执行的有效性，从而可以改善竞争中自

---

[1] 王知津、孙立立：《竞争情报战争游戏法研究》，《情报科学》2006年第3期。

身的缺陷。战争游戏的总目标是理解竞争对手并利用自己产品的优势和对手的弱点来建立进攻和防御的策略。具体来讲，战争游戏法的目标体现在以下几方面：①在纷繁复杂的竞争环境中，有效地认清竞争趋势，使企业做出更好的决定；②能够有效地评估企业的战略计划，帮助企业建立竞争优势；③通过模拟商业战争游戏，为应对竞争对手新的竞争策略做好充分准备，并做出最佳反应；④能够更多地了解竞争对手、顾客及其他相关机构；⑤可以增强企业内部的团队协作，帮助建立学习型组织。①

四 适用范围

在一定范围内，战争游戏法能够最有效地帮助企业分析和预测竞争形势，建立企业竞争优势。

(1) 竞争对手的行动与市场以及其他不可控因素高度相关。当市场出现新的需求或政府、行业协会等相关机构做出新的政策或行业标准调整，以及一些突发事件发生时，竞争对手会立即采取相应的行动。

(2) 企业拥有众多竞争对手，并且收集到了大量的竞争对手信息，但分析和预测工作很难进行。

(3) 竞争对手实施的策略意图不明确，企业需要理解竞争对手的目的。

(4) 企业所处环境有太多的未知因素，企业无法把握所有这些因素的交互作用。

(5) 企业面临的环境正在发生变化，而且企业原有的战略已经陈旧无效，但企业决策者却迟迟不能形成新战略导向的关键性一致意见。②

五 战争游戏法的实施

(一) 主要步骤③

战争游戏法是商业环境下角色扮演的模拟过程。通常，战争游戏法包

---

① 王知津、玄国花：《战争游戏法在企业竞争中的应用》，《情报探索》2008 年第 2 期。
② 王知津、孙立立：《竞争情报战争游戏法研究》，《情报科学》2006 年第 3 期。
③ 王晓慧：《战争游戏法实施步骤探析》，《情报杂志》2009 年第 3 期。

括代表市场或用户、竞争对手以及一系列其他不可控因素或组织的小组。一个战争游戏包括几轮，每一轮都代表公司计划中一个特定时段或阶段。为了反映现实状况，所有的小组都要同时进行游戏，然而这些小组可能没有获得公司竞争对手当前计划做的和正在做的全部信息，或者不可控因素正在发生的事情的全部信息。只有当一轮游戏完成后，当所有的小组都与这轮战争中代表其他因素的小组互动行为结合在一起时，每一个小组才能看到他们的决定和行为产生的效果。一个商业战争游戏项目就好像一座冰山：明显的部分（实施这一游戏本身）仅占到所有成果的10%左右。不明显的成果包括设计、开发战争游戏以及战争游戏的后续报告等却占到了90%左右（见图6—6）。

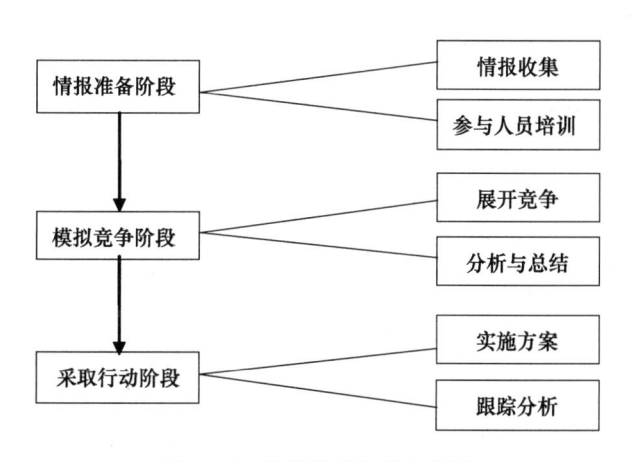

图6—6　战争游戏法基本步骤

通常，当企业决策者或高级管理负责人发现企业发展面临重要的问题或情况，而这些重要的问题或情况正好与战争游戏法适用的范围相吻合时，他们就会优先选择战争游戏法，这样一个战争游戏项目就会开始。面对企业的重要问题或情况，决策者或高级管理者必须具有强烈而且足够的兴趣，同时，坚信一旦企业采取一些做法就可以应付这一状况并能够得到商机。当然，决策者或高级管理者也必须认为，商业战争游戏法是针对这一问题的最好的方法。如果他们对战争游戏法是否合适还不能确定，那么，具有相关经验的竞争情报专家能够提供指导意见，专家可以告诉你战争游戏法是否是最佳方法，或者是否应该召开情景规划会议或其他形式的规划讨论会。

下一个步骤包括战争游戏说明以及召开会议。在这一步骤中，企业领导、竞争情报专家及其他人要明确这一游戏的具体目的，并且对将要得到什么样成果达成一致意见。他们通过说明以下内容，明确这一游戏的范围：①市场、顾客或其他焦点战场；②解决商业或产品面临问题的方针；③战争游戏法的时间范围，例如，它将覆盖的时间段；④游戏中需要有代表竞争对手及其他组织的一些小组；⑤关键问题或者需要结合起来的其他不可控因素。

在这个会议中，还需要制定出设计战争游戏、开展行动及后续工作的时间表，并且需要列出参与人员的初步名单。而且需要负责人批准这次战争游戏法的细节计划和预算。

典型的战争游戏小组由几类小组组成：市场小组、竞争者小组、百搭牌小组、X小组、仲裁小组和帮助小组。

市场小组代表公司的顾客和前景如何影响公司的行动，这一行动是公司与此次战争游戏中的代表竞争对手小组及其他组织小组的互动中采取的。这个小组在每一轮游戏结束时，都要按照公司和竞争对手互动情节的发展，来确定公司市场份额的增加和减少。本公司小组代表本公司的立场，而每一个主要的竞争对手小组都代表在此次游戏阶段遇到的一个公司或一些重要公司中的一个。百搭牌小组代表潜在的、未来的竞争对手，这一竞争对手现在不存在，但几年以后会进入或者改变市场。X小组扮演经济组织、政府、调节者、中间人或其他影响市场、公司和公司竞争者的组织。仲裁小组负责协调，它确保所有其他小组按约定规则进行游戏。在极端情况下，这一小组可以安排人员从一个小组转换到另一个小组。它也能够决定每一轮结束时，本公司小组和竞争对手小组相关资源的增加或损失。这一小组中的人员必须是受尊敬的人，而且必须知识渊博且在战争游戏中没有针对特定结果的具体偏见。帮助小组不在战争游戏中扮演角色，但它提供必要的确保战争游戏整体取得胜利的配置设计、规则、过程和工具等。依据不同战争游戏的目的和范围，还可以增加一些代表一些渠道的小组，如战略性合作者、媒体和大股东。除了仲裁小组外，每一个小组需要4—6个参与者。仲裁小组只需要2—4人就可以很好地工作。

（二）等级划分

依据不同的目的和企业面临竞争环境的复杂程度，商业战争游戏通常可以分为4个等级：第一级，通常为半天，一般目标是在进行更高级别的战争游戏之前，介绍战争游戏法的概念和过程。第二级，为期两天，目标是增强对诸如转换市场、新形势的竞争等问题的了解。尤其适用于公司制订关键的新计划之前。第三级，通常为期2—4天，目标是更加精确地分析计划或情况。它通常用于适应一个新计划，并且需要比第一级和第二级更多的准备。第四级，通常为期3—5天，它是为识别潜在劣势或提高自身发展而对一个计划做出更加精确的评价。这一级别的战争游戏需要更高水平的准备阶段。

（三）主要成果

考虑到一个企业所处的环境，运用战争游戏法可以产生不同的效果。例如，它能够帮助将市场、竞争对手及其他因素的数据和信息转换为行动性情报，这一行动性情报给计划增加了现实价值。如果企业已经制订了基础计划或者有了对行动的设想，那么战争游戏可以帮助测试和改进这一计划。战争游戏的实施还有利于建设学习型组织，它可以使参与者注重对企业商业环境和关键商业理念和原则的了解。归纳起来，战争游戏法可以产生硬成果和软成果两个有效成果，它所产生的成效是这两个成果的有机结合。硬成果可以由战争游戏结束后的报告来证明。软成果反映在参与者内心和思想的改变中，例如，由战争游戏的角色扮演所获得的新洞察力、知识和技能等。[①]

六 案例分析——谷歌、微软、美国在线、雅虎之战争游戏

2005年4月，麻省理工学院和哈佛大学之间进行了一场谷歌、微软、美国在线、雅虎四家互联网公司之间的战争游戏。此次战争游戏中所预料的一些发展态势仅在几个月后就变成了事实。我们将以此次战争游戏为例，分析和揭示战争游戏的实施过程。[②]

[①] 王知津、孙立立：《竞争情报战争游戏法研究》，《情报科学》2006年第3期。
[②] 王晓慧：《竞争情报战争游戏法的实施——以谷歌、微软、美国在线和雅虎之战争游戏为例》，《情报科学》2009年第5期。

(一) 准备阶段

此次战争游戏的组织者首先进行了大量的情报收集工作,并将所收集的情报编写成简报发给参与者。所收集的情报是针对四家互联网企业的营销现状的陈述,主要内容如表6—10所示。

表6—10　　　　　　　　四家互联网企业经营现状简表

谷歌	微软	美国在线	雅虎
1. 首屈一指的搜索引擎;2. 处于高速发展期;3. 2004年收入超过32亿美元,广告占95%;4. 与美国在线合作,后者是其最大外部收入来源。	1. 桌面搜索引擎比谷歌缓慢笨拙;2. 纠缠于欧盟反托拉斯争议中;3. 财力雄厚,拥有600亿美元现金;4. 作为新闻和搜索的工具,MSN显示新技术。	1. 附属于传媒巨头——时代华纳;2. 全方位在线网络服务;3. 用户大量流失,每年约9%;4. AIM带来广告收入;5. 与谷歌合作,获得广告收入。	1. 财政收入超过谷歌;2. 拍卖网站用户锐减,减少了90%;3. 进入数码音乐世界,赢得hotjobs.com竞标;4. 网站访问者驻留时间长于谷歌。

游戏参与者是两所著名学校的管理专业学生,他们被分成四个小组,以抽签的形式确认所代表的企业。本次战争游戏的调停者也是游戏的组织者,是一个具有丰富战争游戏经验的商业人士,他在游戏中扮演众多角色,包括纠正参与团队的逻辑错误、指明疏漏、干预过分情绪化导致的争执等。此外,本次战争游戏还特设四名来自顶级投资公司和技术预测公司的裁判员,除裁决胜负外,更重要的是弥补学生缺乏领域经验的不足,负责确认每个团队战略陈述的正确性。

(二) 第一回合

此次战争游戏的第一回合是战争游戏中提出方案、修改方案的阶段。四个竞争团队通过制定战略、陈述战略和质疑战略完成第一次正面交锋。

(1) 制定战略。调停者首先介绍了波特模型,然后要求四个团队分别回到自己的准备室完成对所代表公司的四角模型的解释,并以此为基础制定企业发展战略。从效果上看,参与团队较容易地掌握了四角模型中驱动力、假设、战略和能力的含义,但在阐述自己对市场的见解时出现困难。出现该问题的主要原因有两点：一是参与者未能及时进入角色。以谷歌队为例，队员在扮演而不是成为谷歌的员工，导致参与者无法从所代表企业的角度提出对市场的见解。二是参与者存在"短视"现象。以美国在线队为例，参与者在利用四角模型对美国在线进行分析后，认为企业用以获得和锁定客户的关键因素——拨号上网，早已过时，企业已陷入战略泥潭。队员为此完全困在自己沮丧的心理状态中。这种无法进入角色以及一味纠缠于某一点而无法转移视线的短视现象通常需要调停者的点拨。经调停者的干预，谷歌队很快进入角色，而美国在线队终于将视线从追求拨号上网的利润上移开，转而从吸引在线广告入手制订战略方案。

（2）陈述战略。陈述战略是各参战小组的第一次正面交锋。战略陈述一般从四个方面展开：战略定位、定位依据、战略创先性和战略预见性。此次战争游戏中各小组以抽签形式确定陈述顺序。陈述过程中出现的主要问题体现在陈述过于笼统，缺乏证据，实质性内容过少。以雅虎队为例，雅虎队宣布将"向用户提供足够好的内容"已达到使雅虎成为"第一的、唯一的、长时的"网站的目的。"足够好"这种定位性的陈述缺乏衡量标准，无法在企业差异化竞争中说明问题。战略陈述中的另一问题是对企业战略中"假设"的定位存在偏差。假设是波特四角模型中最难把握的一角。错误的假设将导致企业在错误的舞台上作战，而战争游戏往往是纠正假设错误的有效工具。

（3）质疑战略。质疑战略阶段是各参赛团队攻击对手的阶段。在每个竞争小组陈述结束后，其他小组将对其发起攻击，即指出其战略的漏洞，质疑其战略的合理性和可执行性。被攻击组可以据理力争，也可以重新调整战略以反击对方。战争游戏使竞争者之间通过相互攻击，发现战略的弱点，为下一步改进战略奠定基础。

（三）第二回合

第二回合实际上是战争游戏中修改方案、检验方案、重组方案以及确定胜负的阶段。此次战争游戏中用以检验战略深度和强度的突发事件是虚拟的一项针对互联网服务供应商的税收措施。虚拟的冲击包括：通信税从收入的3%增至4.5%，并扩展到互联网服务提供商；拨号上网费用每户每月增加0.67美元；宽带上网费用增加1.98美元等。突发事件通常会迫使企业、竞争对手、客户、供应商和政府监管机构等做出反应。虚拟此类事件能促使各竞争小组研究、设计更优战略，使其预见和适应环境的变化。

　　经过第一回合的交战，各竞争小组回到自己的准备室修改战略，并根据引入的突发事件检验和重新提出战略。由于突发事件的介入，微软队和美国在线队改变了自己的战略路线，而谷歌队和雅虎队则坚持原有战略。产业优越感和充足的现金储备使微软队认为税收增加不会深度伤害微软，反而是微软收购那些被削弱的对手的良机，因此，微软队改变战略，提出收购美国在线。由于美国在线只是在网上出售广告，没有实质产品交易，因此，美国在线队认为税收变化不会对其产生过大影响，但在衡量微软队的收购建议后，该团队同意脱离原先和谷歌达成的合作协议，转而加入微软。谷歌队和雅虎队认为税收措施虽然使网上客户购买成本上升，但相对于实体商店的产品价格，网上产品价格仍有很大的竞争优势，因此，这两支团队坚持原有战略，同时谷歌队对美国在线的脱离表示质疑。

　　此次战争游戏的最后一步是裁决胜负。在综合考察战略的定位、预见性和可执行性等条件，谷歌队成为赢家。通常情况下，企业内部的战争游戏无须裁决，但需要得出游戏结论，并拥有相应的分析及可采取的步骤，以供管理层作为参考。

　　现实中战略的失误往往需要企业付出高昂的代价。虚拟中的战争游戏则可以使企业在不承担任何风险的情况下认识自己战略的优劣，预见竞争对手的行动以及规划企业可采取的措施等。企业的管理者可以从旁观者的角度审视整个战争游戏，从而把握市场竞争趋势，同时，可以通过汲取战争游戏中己方的失误经验，制定更加完善的企业运行战略。几个月后，正如战争游戏所预料，微软开始实施对美国在线的收购行动，而谷歌的管理层则对此反应强烈，或许是受战争游戏中谷歌队丢掉美国在线的刺激，谷歌在现实中做出快速反应，最终于2005年年底以10亿美元购买美国在线5%的股权，从而巩固了与美国在线的合作。

第六节　波士顿矩阵分析方法

　　波士顿矩阵分析方法根据产品的市场增长率和产品的市场相对份额把从事多种业务的公司的事业部划分为明星类、现金牛类、瘦狗类和问题类，并为每一项业务制定出适当的市场战略。波士顿矩阵分析运用很简单，只要掌握产品生命周期（对矩阵纵轴市场增长率的衡量依据）和经验曲线理论（对矩阵横轴相对市场份额的衡量依据）就可以进行规范化操作。该方法的定量计算非常简单，只要收集较少数据就能进行市场增长率和战略经营单位的相对市场份额的计算，具有复杂性低、经济性高、时效性强、操作性强的特点。但是该方法的理论基础目前面临很大的挑战，有众多的事实证明市场份额和行业增长率与利润之间并没有很直接的关系，因此正确性不高。

一　产生背景

直到20世纪60年代，经济模型仍旧是经济学家进行分析的主要方式，经济学家似乎无法以其他形式进行突破。澳大利亚的布卢斯·亨德森曾在GE（通用电气公司）担任战略研究员，从GE离职后，他加入理特管理顾问公司成为管理咨询专家。1963年，亨德森宣布离职，成立自己的咨询公司，即波士顿顾问公司（BCG）。当时，管理咨询正往专业化方向发展，BCG作为首家纯粹的战略咨询公司，在五年之内就成为咨询公司的龙头老大，被称为"能够为客户提供世界上最佳策略的咨询公司"。亨德森认为："战略能够创造持续的、真实的价值。真实价值需要具备长久的竞争力。"[1] 正是在这样的思想基础上研究企业战略，提出了波士顿矩阵分析法。[2]

二　基本简介

波士顿矩阵的基本假设是：公司业务具有越高的市场份额、处于一个越快速增长的时期，就会具有越高的盈利。很显然，一般而言，较高市场增长率在一定程度上意味着业务的发展前景，而较高的市场占有率在具有一定规模市场容量的条件下则意味着较高的销售收入、现金流入和利润，

---

[1] 李国秋：《企业竞争情报概论》，华东师范大学出版社2006年版。
[2] 李海斌、王琼海：《波士顿矩阵分析法的局限、修正及应用》，《科技创新导报》2009年第33期。

同时也表明企业具有了较高的行业竞争力。

波士顿矩阵认为一般决定产品结构的基本因素有两个，市场引力与企业实力。[①]

市场引力包括企业销售量（额）增长率、目标市场容量、竞争对手强弱及利润高低等。其中，最主要的是反映市场引力的综合指标——销售增长率，这是决定企业产品结构是否合理的外在因素。

企业实力包括市场占有率、技术、设备、资金利用能力等，其中市场占有率是决定企业产品结构的内在要素，它直接显示出企业竞争实力。销售增长率与市场占有率既相互影响，又互为条件：市场引力大，市场占有率高，可以显示产品发展的良好前景，企业也具备相应的适应能力，实力较强；如果仅有市场引力大，而没有相应的高市场占有率，则说明企业尚无足够实力，则该种产品也无法顺利发展。相反，企业实力强，而市场引力小的产品也预示了该产品的市场前景不佳。

通过以上两个因素相互作用，会出现四种不同性质的产品类型，形成不同的产品发展前景：①销售增长率和市场占有率"双高"的产品群（明星类产品）；②销售增长率和市场占有率"双低"的产品群（瘦狗类产品）；③销售增长率高、市场占有率低的产品群（问题类产品）；④销售增长率低、市场占有率高的产品群（现金牛类产品）。

三　基本原理与步骤

（一）基本原理

本法将企业所有产品从销售增长率和市场占有率角度进行再组合。在坐标图上，以纵轴表示企业销售增长率，横轴表示市场占有率，各以10%和20%作为区分高、低的中点，将坐标图划分为四个象限，依次为"问题（？）"、"明星（★）"、"现金牛（￥）"、"瘦狗（×）"。在使用中，企业可将产品按各自的销售增长率和市场占有率归入不同象限，使企业现有产品组合一目了然，同时便于对处于不同象限的产品作出不同的发展决策。其目的在于通过产品所处不同象限的划分，使企业采取不同决策，以保证其不断地淘汰无发展前景的产品，保持"问题"、"明星"、

---

① 张镜天：《波士顿矩阵在酒类营销中的运用》，《中国酒业》2006年第1期。

"现金牛"产品的合理组合,实现产品及资源分配结构的良性循环。

(二) 基本步骤

(1) 核算企业各种产品的销售增长率和市场占有率。销售增长率可以用本企业的产品销售额或销售量增长率。时间可以是一年或是三年以至更长时间。市场占有率,可以用相对市场占有率或绝对市场占有率,但是用最新资料。基本计算公式为:

本企业某种产品绝对市场占有率=该产品本企业销售量÷该产品市场销售总量

本企业某种产品相对市场占有率=该产品本企业市场占有率÷该产品市场占有份额最大者(或特定的竞争对手)的市场占有率

(2) 绘制四象限图。以10%的销售增长率和20%的市场占有率为高低标准分界线,将坐标图划分为四个象限。然后把企业全部产品按其销售增长率和市场占有率的大小,在坐标图上标出其相应位置(圆心)。定位后,按每种产品当年销售额的多少,绘成面积不等的圆圈,顺序标上不同的数字代号以示区别。定位的结果即将产品划分为四种类型(见图6—7)[①]。

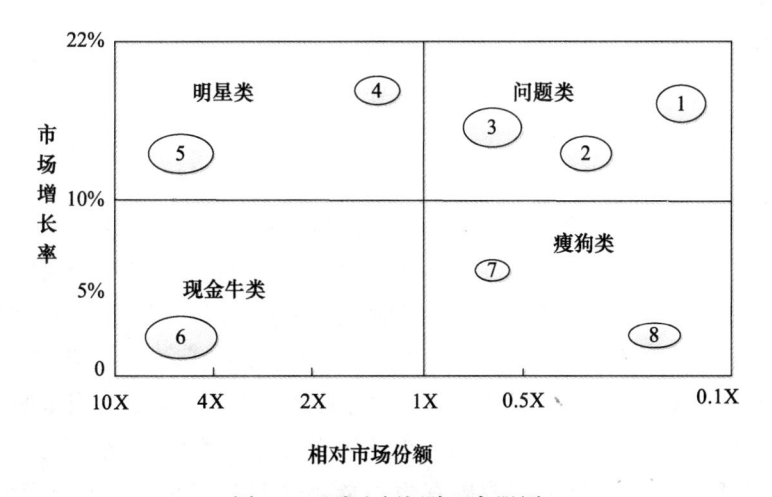

图6—7 波士顿矩阵四象限图

[①] 张镜天:《波士顿矩阵在酒类营销中的运用》,《中国酒业》2006年第1期。

波士顿矩阵对于企业产品所处的四个象限具有不同的定义和相应的战略对策。

A. 明星产品（stars）。它是指处于高增长率、高市场占有率象限内的产品群，这类产品可能成为企业的现金牛产品，需要加大投资以支持其迅速发展。采用的发展战略是：积极扩大经济规模和市场机会，以长远利益为目标，提高市场占有率，加强竞争地位。发展战略以及明星产品的管理与组织最好采用事业部形式，由对生产技术和销售两方面都很内行的经营者负责。

B. 现金牛产品（cash cow），又称厚利产品。它是指处于低增长率、高市场占有率象限内的产品群，已进入成熟期。其财务特点是销售量大、产品利润率高、负债比率低，可以为企业提供资金，而且由于增长率低，也无须增大投资。因而成为企业回收资金、支持其他产品尤其是明星产品投资的后盾。对这一象限内的大多数产品，市场占有率的下跌已成不可阻挡之势，因此可采用收获战略，即所投入资源以达到短期收益最大化为限。

现金牛业务指低市场成长率、高相对市场份额的业务，这是成熟市场中的领导者，它是企业现金的来源。由于市场已经成熟，企业不必大量投资来扩展市场规模，同时作为市场中的领导者，该业务享有规模经济和高边际利润的优势，因而给企业带来大量财源。企业往往用现金牛业务来支付账款并支持其他三种需大量现金的业务。

C. 问题产品（question marks）。它是处于高增长率、低市场占有率象限内的产品群。前者说明市场机会大、前景好，而后者则说明在市场营销上存在问题。其财务特点是利润率较低，所需资金不足，负债比率高。例如在产品生命周期中处于引进期、因种种原因未能开拓市场局面的新产品，即属此类问题的产品。对问题产品应采取选择性投资战略。即首先确定对该象限中那些经过改进可能会成为明星的产品进行重点投资，提高市场占有率，使之转变成"明星产品"；对其他将来有希望成为明星的产品则在一段时期内采取扶持的对策。对问题产品的管理组织，最好是采取智囊团或项目组织等形式，选拔有规划能力、敢于冒风险、有才干的人负责。

D. 瘦狗产品（dogs），也称衰退类产品。它是处在低增长率、低市场占有率象限内的产品群。其财务特点是利润率低、处于保本或亏损状态，负债比率高，无法为企业带来收益。对这类产品应采用撤退战略：首先应减少批量，逐渐撤退，对那些销售增长率和市场占有率均极低的产品应立即淘汰。其次是将剩余资源向其他产品转移。最后是整顿产品系列，最好将瘦狗产品与其他事业部合并，统一管理。

四 应用法则

按照波士顿矩阵的原理，产品市场占有率越高，创造利润的能力越大；另外，销售增长率越高，为了维持其增长及扩大市场占有率所需的资金亦越多。按照产品在象限内的位置及移动趋势的划分，形成了波士顿矩阵的基本应用法则。[①]

第一法则：成功的月牙环。在企业所从事的事业领域内各种产品的分布若显示月牙环形，这是成功企业的象征，因为盈利大的产品不止一个，而且这些产品的销售收入都比较大，还有不少明星产品。问题产品和瘦狗产品的销售量都很少。

第二法则：黑球失败法则。如果在第三象限内一个产品都没有，或者即使有，其销售收入也几乎近于零，可用一个大黑球表示。该种状况显示企业没有任何盈利大的产品，说明应当对现有产品结构进行撤退、缩小的战略调整，考虑向其他事业渗透，开发新的事业。

第三法则：西北方向大吉。一个企业的产品在四个象限中的分布越是集中于西北方向，则显示该企业的产品结构中明星产品越多，越有发展潜力；相反，产品的分布越是集中在东南角，说明瘦狗类产品数量大，说明该企业产品结构衰退，经营不成功。

第四法则：踊跃移动速度法则。从每个产品的发展过程及趋势看，产品的销售增长率越高，为维持其持续增长所需资金量也相对越高；而市场占有率越大，创造利润的能力也越大，持续时间也相对长一些。按正常趋势，问题产品经明星产品最后进入现金牛产品阶段，标志了该产品从纯资金耗费到为企业提供效益的发展过程，但是这一趋势移动速度的快慢也影响到其所能提供的收益的大小。如果某一产品从问题产品（包括从瘦狗产品）变成现金牛产品的移动速度太快，说明其在高投资与高利润率的

---

① 张镜天：《波士顿矩阵在酒类营销中的运用》，《中国酒业》2006年第1期。

明星区域时间很短，因此对企业提供利润的可能性及持续时间都不会太长，总的贡献也不会大。

企业经营者的任务，是通过四象限法的分析，掌握产品结构的现状及预测未来市场的变化，进而有效地、合理地分配企业经营资源。在产品结构调整中，企业的经营者不是在产品到了瘦狗阶段才考虑如何撤退，而应在现金牛阶段时就考虑如何使产品造成的损失最小而收益最大。

五　波士顿矩阵的运用

在战略管理中，企业经营范围的划定、企业资源的配置、具体行动策略的选择，都需要对已有的产品和经营单位进行缜密的分析后加以定夺。利用波士顿矩阵的分析方法，公司可以进行经营战略的选择。面对矩阵中不同类型的业务单位，公司可有以下选择：

（1）发展。目的是扩大战略业务单位的市场份额，甚至不惜放弃近期收入来达到这一目标。这一战略特别适用于问题业务，如果它们要成为明星业务，其市场份额必须有较大增长。

（2）维持。此目标是要保持战略业务单位的市场份额。这一目标适用于强大的现金牛业务，如果它们要继续产生大量的现金流量。

（3）收获。此目标在于增加战略业务单位的短期现金收入，而不考虑长期影响。这一战略适用于处境不佳的现金牛业务，这种业务前景黯淡而又需要从它身上获得大量现金收入。收获战略也适用于问题业务和瘦狗业务。

（4）放弃。此目标在于出售或清理业务，以便把资源转移到更有利的领域。它适用于瘦狗业务和问题业务，这类业务常常拖公司盈利的后腿。对于处于"明星"位置的，应珍惜机会，加强力量；处于"瘦狗"位置的，如果没有非常站得住脚的理由来维持，就必须坚决放弃。

需要指出的是，由于经营环境的变化，业务单位在矩阵中的位置随时间的变化而变化。即使非常成功的业务单位也有一个生命周期，它们从问题业务开始，继而成为明星业务，然后成为现金牛业务，最后变成瘦狗业务而至生命周期的终点。正因为如此，企业经营者不仅要考察其各项业务在矩阵中的现有位置，还要以运动的观点看问题，不断检查其动态位置。不但要立足每项业务过去的情况，还要观察其未来可能的发展趋向。如果发现某项业务的发展趋势不尽如人意，公司应要求管理人员提出新的战略选择。在各种战略选择中，经营者常犯的错误是要求所有的战略业务单位都达到同样的增长率或利润回报水平，忽视了各项业务不同的发展潜力和不同的市场目标的把握；留给现金牛业务的资金太少使其发展乏力，或留给它们的资金过多，结果公司无法向新增长的业务投入足够的资金。

在激烈变化的市场环境中，"不断改进"的策略是使企业的经营业务"明星"闪烁、"现金牛"牛气冲天的保证。其途径有：

（1）改进产品。即企业提高产品质量，改进产品外观或式样，改变或增加一些性能，扩大用途，降低价格等，以吸引新用户和使现有用户提高现有产品使用率。

（2）改进市场。即企业千方百计寻找新的用户和使现有顾客多多使用、多多购买本企业的产品。这就要求企业大力开展推销活动，如举办商品展销、削价出售等，以尽量维持市场占有率及抢占新的市场。

（3）改进服务。即尽量加强产品服务，提高服务质量。例如为购买本企业产品者提供质量保证，如实行"三包"、保证随时提供服务，等等。

需要指出的是，波士顿矩阵的运用只是在特殊的情况条件下才是有效的，所以有其局限性。比如波士顿矩阵中，所有企业业务单位的未来预期都是用唯一的需求增长率指数来衡量的。要准确地测算这种预期，须要严格的条件：一是要在同一个产品生命周期的发展阶段；营销环境的动荡性不大，产品的需求变化不会因受到无法预料的事件冲击而变化。在当今的知识经济时代，产品寿命周期大大缩短，新技术、新产品不断涌现，全球化的竞争更是使企业竞争的变数加大，这就使波士顿矩阵的运用大受限制。

六 波士顿矩阵分析法的缺陷

（一）分析指标单一的狭隘性[①]

波士顿矩阵以相对市场占有率衡量战略业务单位的市场竞争力和现金

---

① 李海斌、王琼海：《波士顿矩阵分析法的局限、修正及应用》，《科技创新导报》2009年第33期。

流入水平,以及用市场增长率衡量战略业务单位的发展前景。这样试图以单一指标来反映某一方面问题的思路是非常狭隘的。

(二) 指标分界点的僵化性

由于波士顿咨询公司主要服务对象是大型企业,在波士顿矩阵中的相对市场占有率依据是否大于等于 1 来作为业务类型分界点,而相对市场占有率计算公式则是本企业市场占有率与行业中最强竞争对手的市场占有率的比值。这就必然使除行业领导者以外的企业业务单位只能被列入问题产品和瘦狗产品。这就大大削弱了波士顿矩阵分析法的应用范围。也就是说,绝大多数中小型企业根本不适于应用此分析方法。显然这种带有大规模经济特征的思维方式,难以适应现代社会的差异化、个性化需求以及信息化经营的环境。波士顿矩阵试图用定量指标来诠释定性问题,这就必然导致定量分析的不适应性。[①]

(三) 不具有战略博弈的特征

波士顿矩阵分析解决的是企业发展方向和资源配置的战略问题,抗争性是企业战略的显著特征。尽管市场占有率指标在一定程度体现了市场竞争,但并不能体现战略决策的对局性特点。对局性要求企业在战略决策中不仅要考虑本企业的意愿,还要同时考虑社会各方面的意愿和行为。由于竞争环境中的各种因素的变化明显加快,这使很多产品和业务的生命周期在许多情况下有变短的趋势。

(四) 生命周期引起的不确定性

有人认为波士顿矩阵中的"问题"、"明星"、"现金牛"和"瘦狗"与产品生命周期的四个阶段存在一一对应关系,其实这是一种错误理解。但是两个理论模型还是存在着密切的联系:一般而言"问题"、"明星"两类业务一定对应介绍期或成长期,"现金牛"和"瘦狗"则多对应于成熟期或衰退期,而绝不可能对应于成长期。多数产品的生命周期并不符合理论模型,而呈现出"再循环"、"多循环"等形式。也就是说,有些金牛产品在特定的市场环境下也有可能转化为下一阶段的明星。产品生命周

[①] 戴志中:《关于波士顿矩阵局限性的再思考》,《商业时代》2010 年第 14 期。

期的复杂性给波士顿矩阵决策带来明确的不确定性。

（五）财务决策意识的不足

任何战略决策都不能不顾及财务因素。波士顿矩阵法在对业务进行决策时，缺乏深入的财务分析。[①]

七 波士顿矩阵法的改进

波士顿矩阵分析法由于其产生背景和用途的特殊性，决定了在使用波士顿矩阵分析法进行企业战略决策时有必要把握其本质，而不应当执着于其细节而照搬照套。

（一）有必要进行适当的修正和补充

首先，由于波士顿矩阵分析法产生的背景，使它难以适用于中小企业。绝大多数中小企业在应用此方法时必须做必要的修正。例如，将相对市场占有率的计算方法调整为特定细分市场的相对市场占有率、特定区域市场的相对市场占有率或者相对于主要竞争对手的相对市场占有率等，这样就不至于使中小企业的业务只能落在"问题产品"或"瘦狗产品"范围，使波士顿矩阵分析法失去意义，当然调整时一方面要结合企业具体情况，另一方面要保证细分市场或区域市场达到一定市场容量。其次，由于波士顿矩阵分析法使用市场增长率和相对市场占有率两个单一指标评价业务的发展前景和竞争力以及现金流入情况，应用此法时还应适度考虑相关因素的影响。

（二）处理好定量分析与定性分析关系

波士顿矩阵分析法采用定量分析法，虽然较定性分析法更强调客观性和准确性，但对于企业战略决策这样的复杂性问题仅使用两个单一指标进行分析评价，就易流于盲目和褊狭。使用波士顿矩阵分析法，必须把两种

---

① 李海斌、王琼海：《波士顿矩阵分析法的局限、修正及应用》，《科技创新导报》2009年第33期。

方法结合起来灵活运用，才能避免机械应用并取得最佳分析效果。[①]

（三）行业吸引力矩阵[②]

行业吸引力矩阵（GE 矩阵）可以说是对波士顿矩阵的一种很大的改进。用加权评分的方法评价行业吸引力和在行业中的竞争地位，可以在一定程度上克服上述问题。但是，对于行业该模型仍旧缺乏对行业竞争状况的考虑。因此，我们通过三个维度来对各个业务进行评价。一是行业吸引力，二是企业在行业中的竞争地位，三是行业的竞争强度。这三个维度又可能包含诸多的因素，如表 6—11 所示。

表 6—11　　　　　　行业吸引力、竞争地位、竞争强度

行业吸引力	竞争地位	竞争强度
总体市场大小 年市场增长率 历史毛利率 通货膨胀 环境影响 社会/政治/法律	市场份额、份额成长 产品质量、品牌知名度 分销网/促销效率 生产能力/效率 单位成本/物资供应 研发实绩、管理人员	进入障碍 购买者的讨价还价能力 供应商的讨价还价能力 替代威胁 现有竞争者的竞争

对三个维度可以采用加权评分或者层次分析法等方法得到各个维度的得分，然后将各个维度的得分分成两类：行业吸引力可以分为大和小，竞争地位高和低，竞争强度强和弱。这样就可以将业务分成 8 类，对于不同的类别采用不同的战略（见表 6—12）。

[①] 李海斌、王琼海：《波士顿矩阵分析法的局限、修正及应用》，《科技创新导报》2009 年第 33 期。

[②] 卞志刚、董慧博：《波士顿矩阵与产品生命周期理论的比较研究》，《商场现代化》2008 年第 36 期。

表 6—12　　　　　　　　　三维业务评价模型

	行业吸引力	竞争地位	竞争强度	BCG 业务类型	战略措施
1	大	高	强	明星业务	投入或撤退
2	大	高	弱	明星业务	投入
3	大	低	强	问题业务	撤退
4	大	低	弱	问题业务	投入
5	小	高	强	现金牛业务	维持或投入
6	小	高	弱	现金牛业务	维持
7	小	低	强	瘦狗业务	撤退
8	小	低	弱	瘦狗业务	投入或撤退

三维业务评价模型在对业务评价的维度上采用多个指标，从而使评价更客观和全面。此外，增加了竞争强度的维度，在一定程度弥补了波士顿矩阵对营销环境变化的不适应。

八　案例分析——以分析李宁的各品牌产品为例

（一）用波士顿矩阵分析李宁的各品牌产品[①]

波士顿矩阵模型中的基本要素是市场占有率和销售增长率。首先，在市场占有率这一因素上，采取的是同期的相对市场占有率，即李宁公司各品牌 2010 年半年的市场份额/该产品市场份额最大者（耐克公司）2010 年半年的市场份额。在产品销售增长率上我们利用李宁公司 2010 年的年度业绩报表的数据，得出同期产品的销售增长率。

通过查看耐克公司 2010 年半年的业绩报表，又根据 2010 年 6 月美元外汇汇率为 1 美元兑人民币 6.8227 元，得出其在中国大陆的销售收入情况如表 6—13 所示。

---

① 吴雅云、陈黎琴、李琼、鱼莎、刘鹏梁：《浅谈运用波士顿矩阵分析李宁的战略选择》，《中外企业家》2012 年第 1 期。

表6—13　2010年半年耐克公司在中国大陆的销售收入情况　　（单位：百万元）

	鞋类	服饰类	器材配件
销售收入	2919433330	2305390330	365696720

通过李宁公司2010年6月的业绩报表可以得出李宁公司各品牌的销售收入情况，再结合耐克公司的销售收入情况，可以得出李宁公司各品牌在中国市场上相对市场占有率的情况，如表6—14所示。

表6—14　　　　　　　李宁公司的相对市场占有率　　　　（单位：百万元）

耐克公司品牌	2010年半年销售收入	李宁公司品牌	2010年半年销售收入	相对市场占有率
耐克牌鞋类	2919433330	李宁牌鞋类	1843504000	63.15%
		乐途牌鞋类	1262000	0.43%
		其他品牌服饰类	28005000	0.96%
耐克牌服饰	2305390330	李宁牌服饰类	2036036000	88.3%
		乐途牌服饰类	33168000	1.4%
		其他品牌服饰类	41784000	1.8%
耐克牌器材配件	365696720	李宁牌器材类	254315000	69.5%
		红双喜牌器材类	236202000	64.6%
		乐途牌器材类	1506000	0.4%
		其他品牌器材类	17383000	4.75%

在产品销售增长率这一因素方面，我们利用2010年度李宁公司业绩报表的2010年销售收入与2009年同期销售收入的变化可以计算得出2009年度至2010年度李宁公司各品牌销售增长率，如表6—15所示。

表6—15　　　　　　李宁公司各品牌的销售增长率　　　　（单位：百万元）

李宁公司品牌	2010年销售收入	2009年销售收入	销售增长率
李宁牌鞋类	3829982000	3473889000	10.3%
乐途牌鞋类	23578000	25642000	8%
其他品牌鞋类	59079000	56813000	4%

续表

李宁公司品牌	2010 年销售收入	2009 年销售收入	销售增长率
李宁牌服饰类	4383625000	3787648000	15.7%
乐途牌服饰类	63132000	47335000	33.4%
其他品牌服饰类	95628000	95079000	0.6%
李宁牌器材类	520687000	431726000	20.6%
红双喜牌器材类	458291000	427088000	7.3%
乐途牌器材类	3718000	3178000	17%
其他品牌器材类	40807000	38512000	6%

由表6—14和表6—15我们可以知道李宁公司各品牌产品的相对市场占有率和销售增长率。要再次特别指出的是，相对市场占有率我们采用50%为高低分界线。因为在体育用品行业中，领头企业耐克公司实力强劲，李宁公司虽然在某些品牌上市场份额很大，但也不能和处于领先者地位的耐克公司相比拟，因此我们采用相对市场占有率为50%的高低分界线。接下来将各品牌按照相对市场占有率和销售增长率的大小分别填入相应的位置，得出李宁公司产品品牌波士顿矩阵图。其中，圆形的面积与其销售收入成正比（见图6—8）。

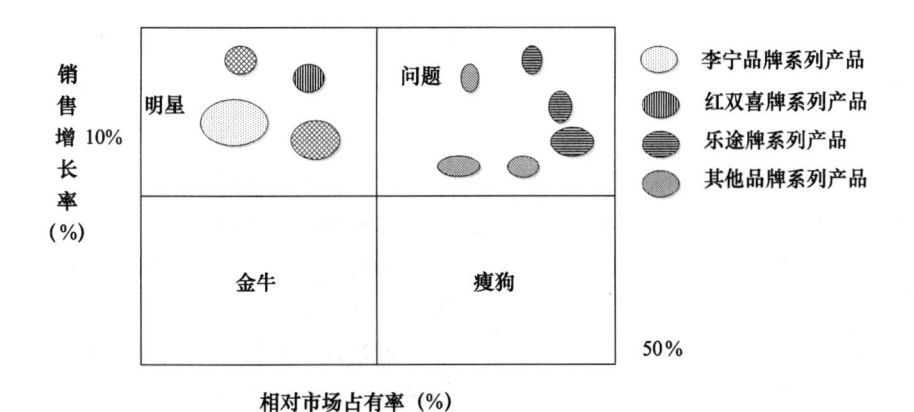

图6—8 李宁公司产品品牌波士顿矩阵图

（二）对各品牌产品的业务调整建议

从波士顿矩阵图可以分析出，李宁公司的主打产品李宁牌产品是相对市场占有率高、销售增长率高的明星产品；红双喜牌产品是金牛产品；乐途牌产品处于高销售增长率、较低的相对市场占有率，为问题产品；而李宁公司中新动、艾高、凯胜等品牌的相对市场占有率和销售增长率都很低，为瘦狗产品。结合上述结论并根据李宁公司近几年的发展情况，我们给出如下建议：

在明星区域的产品为李宁公司中的李宁牌系列产品，由于相对市场占有率和销售增长率都比较高，而且产品处于生命周期中的成长期，发展前途广阔，应予以大力支持。为此李宁牌系列产品是企业重点发展的产品，应采取追加投资、扩大业务的策略。

从李宁公司的最近动态来分析也可以看出，李宁公司正在大力发展李宁牌系列产品，提升其品牌专业形象。因此，我们建议李宁公司应该坚持发展集团核心，包括羽毛球、网球、篮球、跑步系列、女子健身等产品更应该成为集团围绕品牌重塑战略的核心。同时加大整合营销方案的执行，结合重要运动赛事活动、新产品的功能性，以及独特的品牌个性等内容，持续与消费者沟通，进行品牌定位，强化李宁的品牌资产。据了解，李宁牌跑步系列在2011年度总共推出了两款跑鞋，一类是新一代李宁弓减震系列跑鞋，在2011年第二季度，配合李宁跑鞋多年建立的"轻欣"品牌资产打造的新一代李宁超轻家族系列跑鞋的上市，通过一系列营销策略的配合，李宁牌跑步产品取得了最大化的传播效果以及市场关注度，进一步增强了消费者的品牌好感度，成功提升李宁牌跑步产品的专业形象，同时在销售表现上创造了令人鼓舞的成绩。另一类则是新一代李宁弓减震系列跑鞋，是承接第二季度的"轻"概念，在紧接着的第三季，与常规的传播策略不同，在充分研究了市场的前提下，依然将跑步作为传播的重点，推出另一个拳头产品——新一代李宁弓减震跑鞋。连续两季，集团依靠专业感的同时，更是在竞争激烈的跑步市场喊出了自己的声音。

而红双喜品牌产品为李宁公司的金牛产品，市场占有率较高而销售增长率较低。对这一象限内的大多数产品，市场占有率的下跌已成不可阻挡之势。因此对红双喜品牌的产品可采用收获战略，即所投入资源以达到短期收益最大化，把设备投资和其他投资尽量压缩；采用榨油式方法，争取在短时间内获取更多利润,为其他产品提供资金。由于其销售量大,产品利润率高、负债比率低,因此可以为李宁公司提供资金,成为企业回收资金、支持其他产品尤其明星产品(李宁牌)投资的后盾。从而使红双喜牌和李宁牌在品牌营销、市场推广、赛事赞助和销售渠道拓展方面产生协同效应,不断加强本集团在中国乒乓球市场的地位。除此之外,红双喜品牌的销售增长率相对较高,应该对此产品进一步进行市场细分,维持现存的市场增长率或延缓其下降速度。

在问题产品中主要是乐途牌系列产品,此产品具有很高的销售增长率,说明乐途产品的市场前景广阔,但是市场占有率较低说明在营销方面有所欠缺。

乐途品牌是李宁集团独家授权特许经营的意大利时尚运动品牌,对于这样一个外来的运动品牌,由于民族文化的差异,李宁公司在乐途品牌营销方面的缺失正说明了外来的品牌不一定受欢迎的事实。我们建议对于乐途品牌应采取选择性投资战略,如乐途品牌中的服饰类及器材类产品要重点投资,加强品牌宣传提高其市场占有率,使之转变成"明星产品"。首先,要致力于品牌推广和渠道拓展,改善销售业绩,提升店铺零售表现及盈利能力,整合资源,着重支持重点市场的核心店铺。其次,要清理低效店铺,通过开设工厂店、折扣店并利用电子商务渠道,加大库存管理,建立快速反应业务模式。

从波士顿矩阵图中可以看出:李宁公司的其他品牌如新动、艾高、凯胜等品牌的市场占有率和销售增长率都很低,基本上处于保本的状态,而且负债率高,无法给李宁公司带来收益,属于瘦狗产品。对于这类产品应该采取撤退战略,首先应减少批量,逐渐撤退。而对于其他品牌中的鞋类和服饰类产品应该淘汰,因为其市场占有率和销售增长率极低,无法再为公司产生经济利益,反倒会占用其他产品的发展资金,不利于企业的可持续发展。其次是整顿产品系列,将剩余资源向其他产品转移,最好将其他品牌的产品与其他事业部合并,统一管理。

(三) 分析结论

一个企业的业务投资必须是合理的,否则就要进行调整。从李宁公司的各品牌产品的波士顿矩阵分析可以看出:李宁牌系列产品集中在明星产品区域,红双喜牌产品分布在金牛产品区域,乐途牌产品主要集中在问题产品区域，而新动、艾高、凯胜等品牌分布在瘦狗产品区域。为此李宁公司应该针对不同品牌的业务采取不同的策略：一是发展策略。目的是扩大市场份额，甚至不惜放弃近期的利润来达到目的。为此，李宁公司要加大乐途牌产品的各项重点投资。同时，发展策略也适用于李宁牌产品，不断提高其市场竞争力。二是稳定策略。对于红双喜牌产品应保持现有的市场份额，同时降低成本，提高利润率，增加产品的现金收入，为问题产品和明星产品的投资提供充足资金。三是撤退策略。目的在于出售或清理某些业务，对于新动、艾高、凯胜等品牌应进行整合，以便把有限的资源转移到更有潜力的业务如乐途牌产品。

企业对产品业务进行产品组合调整的发展战略应采取成功的战略路线。因此，李宁公司在进行产品组合调整时，要实现将乐途牌系列产品转变为明星产品，而且增强李宁牌产品的竞争实力，逐渐向现金牛产品过渡。因为李宁牌的产品销售额占李宁公司销售额的绝大部分，这样才能够让李宁公司获得高额利润。同时还要保持红双喜牌产品的市场增长率、延缓其下降速度。避免由金牛产品快速地向瘦狗产品转变。企业的业务投资调整是一个长期而缓慢的过程，对于新时期下的李宁如何合理地进行产品战略调整及其取得的成绩我们将拭目以待。

第七节　价值链分析方法

价值链分析方法是研究企业资源和能力的重要工具，主要对一个企业的主要活动（指企业内外的后勤、运作、销售和服务）以及辅助活动（包括技术开发、人力资源管理、企业基本设施和采购）进行细致分析。分析竞争对手的价值链，就是分析竞争对手的整个商业运作活动，从中形成一个对竞争对手的整体性了解，测算出竞争对手的成本，了解其竞争优势，从而制定相应的竞争战略，战胜对手。价值链分析方法比较复杂，分析人员需要有作业成本分析、供应链管理、财务分析、情景分析等多种知识，具体操作流程至今也没有很好地规范化，操作性差，急需竞争情报工作者对其重新改造。价值链分析时需要收集企业内外大量的数据，时效性低，经济性很差，但是该方法能使分析人员对竞争优势有一个深入的了解，这是其他分析工具不具备也是不可能实现的，情报正确性高、价值大。

一 基本内涵

传统价值链的概念是由美国哈佛商学院迈克尔·波特教授提出的。他指出,每一个企业都是用来进行设计、生产、营销、交货以及对产品起辅助作用的各种互不相同但又互相关联的经济活动集合。企业内部的各种活动应该是创造价值的活动,这些活动在企业中犹如一个链条,因而称为价值链(见图6—9)[1]。

企业的价值活动分为两类:基本活动和辅助活动。基本活动涉及产品的物质创造及其销售、转移给买方和售后服务等各种活动;辅助活动是辅助基本活动并通过提供外购投入、技术、人力资源以及企业范围的职能以相互支持。企业内部是由纵横交错的基本活动和辅助活动组成的价值创造系统,且每一种活动都是相互联系的,如每一种价值活动都使用外购投入、人力资源和某项技术发挥其功能,所以企业的竞争优势不仅来自价值活动本身,各活动间的联系也是企业竞争优势的重要来源。[2]

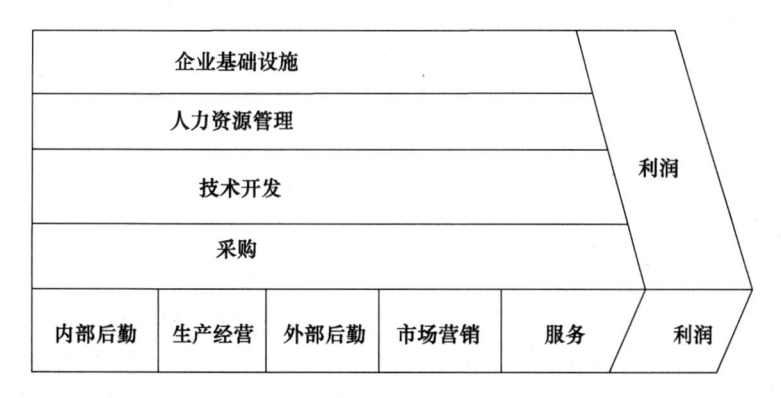

企业基础设施	
人力资源管理	利润
技术开发	
采购	
内部后勤 | 生产经营 | 外部后勤 | 市场营销 | 服务	利润

图6—9 波特价值链

---

[1] [美]迈克尔·波特:《竞争战略》,陈悦译,华夏出版社1997年版。
[2] 郑娜、路世昌:《运用价值链分析法确定企业竞争优势》,《辽宁工程技术大学》(社会科学版)2005年第11期。

20世纪90年代初由约翰·沙恩克和菲·哥芬达拉①描述的价值链比波特提出的价值链的范围更广一些：任何公司的价值链包括价值生产作业的整个过程。这个过程包括从最初的供应商手里得到原材料直到将最终产品送到用户手中的全过程。这一理论把企业自身的价值链放到了整个行业的价值链中，从企业所在行业角度描述价值链，把企业看成价值生产过程中的一个环节。企业的价值链并不是孤立存在的，在企业外部是由企业与供应商、销售渠道和买方组成的更大的价值系统。供应商拥有创造和交付企业所使用的外购投入的价值链；产品通过渠道价值链最后到达买方的手中；企业产品最终成为买方价值链的一部分。这些价值链在影响企业价值链的同时也成为企业竞争优势的重要来源。营销大师菲利浦·科特勒在其《营销管理》②中指出，市场的推动要素之一便是合作网络，即用"虚拟整合"取代"垂直整合"，各企业应设法在同一体系的价值链中寻求联结不同的要素，使企业与其合伙人、供应商及顾客，优势互补、共享资源，共同创造价值。因此，企业要重视企业外部的价值系统，了解本企业在行业中的位置及与上下游企业的联系，通过行业价值链达到对供应商价值链、企业价值链、销售渠道价值链和买方价值链的重构或优化，降低成本，构建企业新的竞争优势。③

二　价值链中节点

价值链中节点是企业之间关系的协调基础。公司的完整价值链是一个跨越组织边界的供应链中顾客、供应商亦即价值链中不同企业所有相关作业的一系列组合。协调价值链中节点企业之间关系的核心问题之一在于使价值链中各节点企业之间能够协同运作。而如何管理和控制价值链中各公司之间所发生的相互依赖的作业以及节点企业之间的资金往来等两类问题，就成为协调节点企业之间关系的关键。管理手段与价值链中各节点企

---

① ［美］约翰·沙恩克、［美］菲·哥芬达拉：《价值链战略成本管理》，IPT公司1998年版。

② ［美］菲利普·科特勒：《营销管理（中国版）》，卢泰宏、高辉译，中国人民大学出版社2009年版。

③ 郑娜、路世昌：《运用价值链分析法确定企业竞争优势》，《辽宁工程技术大学学报》（社会科学版）2005年第11期。

业之间的合作关系（如合并的、系列的还是互惠的关系）以及这些公司所从事作业的不确定性有关。[①]

（一）节点企业之间关系的协调手段

一般地，我们用行政命令作为主要手段协调公司内部的关系。然而，价值链中的各个公司相互独立，无法用正式权威的行政机制对其相互之间的关系进行协调。Gulati 和 Singh（1998）认为，采用激励机制、标准操作程序、争端解决过程和非市场计价系统等手段对企业进行激励、监督甚至适当地命令，可以达到协调、管理和控制价值链中各节点企业之间关系的目的。

（二）信息共享与节点企业之间的关系

要协调价值链中各节点企业的关系，就必须对价值链中企业之间的有关信息进行共享和沟通，从而使价值链中的企业全面快速了解和掌握价值链中其他联盟企业所发生的有关作业，并对这些作业从"价值"的角度重新进行串联，有效地安排作业。而协调的过程能否持续下去，取决于企业对关键资源的控制是否一直处于优势地位。这种优势地位将最终导致资金的流向。如果信息不对称，价值链中节点企业可以通过控制信息流的关键点而配置资源、安排作业，产生额外的代理成本。然而，当价值链中的节点企业之间实现相关信息的交流时，核心企业会通过协调的方法，促使价值链中各企业不断提高有关作业的效率，实现价值链的最大增值，也强化价值链中所有节点企业的竞争力（这需要核心企业对于合作企业有所承诺，如共享的信息只用于提高供应链的作业效率，而不是淘汰效率不高的伙伴企业及其作业，等等）。

现实的问题在于信息协同行为可能会泄露企业的商业机密，另外，如果信息协同所要求的某些额外投资属于专属资产，还会增加价值链中联盟企业的运营成本，这些都使价值链中的企业有可能对于协同沟通有关信息缺乏足够的兴趣。因此实现公司间敏感信息互换的基础条件，就是在价值链中相邻节点企业之间建立相互信任。而核心企业的信誉会直接影响价值链中各联盟企业相互间的信任程度。

[①] 刘义鹍：《价值链中节点企业之间关系的协调机制研究》，《财贸研究》2006 年第 10 期。

(三) 节点企业之间资金往来的管理

价值链中各联盟企业之间发生的作业种类繁多，控制作业的人差异明显（如投机型或理智型），使节点企业之间可能发生的作业具有不同的特点。如价值链中的联盟企业为获得竞争优势而购买的专属资产或通用资产不同、各企业的不确定性水平和经营环境不同，以及作业发生频率不同等特点，都会直接影响节点企业资金往来的管理方法。另有研究表明，企业信誉的好坏，会直接影响价值链中各联盟企业相互间的信任程度，因而在治理节点企业之间关系时，可以将企业信誉作为一种重要的非正式控制机制，去影响企业之间需要正式控制的水平。①

三 价值链分析的主要内容

(一) 行业分析

分析行业的特征，对行业的发展阶段和未来发展方向做出判断，定位企业在产业中的地位，分析企业与上游企业和下游企业的连接点，确定企业的发展优势，综合所有信息制定企业进入某一行业的时机和规模。

(二) 企业内部分析

企业内部同样存在着从原材料供应到生产再到销售的价值过程，即从原材料采购部门到生产部门再到营销部门的价值过程。每个业务活动都会产生价值，同样也会消耗资源，对企业内部进行分析的主要目的就是了解各项业务活动，找出关键环节，制定每个环节的成本控制目标，推进各个价值作业的优化与相互协调，并为实现企业战略目标而进行价值作业之间的权衡取舍。

(三) 竞争对手分析

在行业中存在着生产同类产品的竞争者，通过分析竞争对手的生产过程和成本构成，全方位地获取企业进行成本管理的信息，确定企业的竞争优势，并制定相应的发展战略，并为企业制订正确的成本计划打下基础。

---

① 刘义鹃：《价值链中节点企业之间关系的协调机制研究》，《财贸研究》2006 年第 10 期。

(四) 市场分析

企业生产的最终目的就是最大限度地满足消费者需求,所谓市场分析就是要确定目标消费人群,了解消费者对产品特性和产品功能的要求,掌握市场发展的动向,为产品开发收集信息,确定企业的市场竞争战略。[①]

四 基本步骤

(一) 识别企业价值活动及其相互联系[②]

根据迈克尔·波特的价值链结构模型,企业的经营活动可分为基本活动和辅助活动两大类。基本活动是在物质形态上制造产品、销售和发送至客户手中以及在售后服务中所包含的各种活动,它直接创造价值并将价值传递给客户。包括:①内部后勤,指与接收、存储、分配及原材料相关联的各种活动;②生产经营,将各种投入转化为最终产品的各种活动;③外部后勤,将产品发送给购买者的相关联的各种活动;④市场营销,吸引客户购买其产品或服务并为其提供方便的各种活动;⑤服务,向客户提供的提高或维持产品价值的活动。

辅助活动是为基本活动提供条件、提高基本活动绩效水平并相互支持的活动,它不直接创造价值。包括:①采购,购买企业价值链所需的各种投入的活动;②技术开发,由致力于改进产品或改进工艺的一系列活动组成,目的是提高产品价值及生产效率;③人力资源管理,与员工招聘、培训、考核以及工资福利待遇有关的活动;④基础设施,指一般管理、计划、财务、法律事务、质量管理、公共事务等活动,支援整个价值链。

虽然企业的价值活动有基本和辅助之分,但它们并不是相互独立的,而是相互影响、相互联系的有机统一体。产品的半成品或成品在各环节的流动过程,不仅牵涉到物质形式流动,还引起信息的流动和生成,竞争情报研究就是从信息流中提取与企业有关的各种情报。而价值链则为竞争情报研究的开展提供了一个清晰的脉络。在识别各价值活动时,应对各活动

---

① 张辉:《战略成本管理中价值链分析方法应用》,《商业文化(下半月)》2011年第2期。
② 王知津、张收棉:《企业竞争情报研究的有力工具——价值链分析法》,《情报理论与实践》2005年第7期。

之间的相互联系进行分析，考察每种活动对其他活动的影响，对本活动产生影响的活动有哪些，产生什么样的影响。价值活动的识别是以这些活动在企业创造价值过程中的作用为依据进行的。当价值活动可同时归入若干类时，要根据这一活动在创造价值和竞争优势中的作用进行归类。此步完成后，企业的基本价值链就被构建出来了。

（二）确定战略环节

企业作为一个整体，其竞争优势可能来源于采购、设计、生产、人力资源管理、营销、服务等活动过程，也可能来自价值链活动中某两个或几个活动之间的联系，或者某个活动的细分活动。但在企业的众多价值活动中，并不是每一个环节都会使产品价值增值而具有竞争优势。只有某些特定的活动或活动之间的联系是创造企业价值的关键环节，具有竞争优势，是企业的战略环节。企业在市场竞争中的优势，特别是能够保持长期优势的，主要是因为企业在战略环节上的优势。对于战略环节的确定，需要估算每一项活动创造的价值及成本增量，求得每一环节的附加价值，进而确定企业价值链上的战略环节。企业开展的竞争情报活动，在对整条价值链的各环节及其联系进行监测的基础上，应该对战略环节进行特别"照顾"。

（三）明确竞争情报研究的一般环节和重点环节

由于人、财、物的限制，竞争情报研究不可能对整条企业价值链各个活动环节都进行细致深入的情报研究，而应该针对企业价值链上的一般活动环节和战略环节，也就是竞争情报研究的一般环节和重点环节，分别进行一般分析和重点分析。不论是一般环节还是重点环节，都应定期进行情报的系统收集整理并录入企业的数据库，以供企业员工查询利用和情报人员进行分析。对于竞争情报的记录分析结果，还可以用来编制新闻月报、竞争对手背景、形势分析以及专门情报总结，以利于有关部门的查询参考和企业决策的制定。

企业战略的实施使企业的价值链具有动态性，在不同的时期，价值链会得到不同程度、不同形式的调整，从而企业的战略环节也会发生迁移。曾经是一般环节的可能成为战略环节，而曾经的战略环节也会转化为一般环节。竞争情报研究也应根据企业战略的实施情况调整工作重点，改变工作方式。

(四) 系统开展整条价值链上的竞争情报研究

上述工作完成后，就可以对整条价值链开展竞争情报研究。基于价值链的竞争情报研究可以条理清晰地收集和整理各活动环节上的信息，将信息按照其逻辑流程的因果关系存储，使人们很容易看到它们的来龙去脉，及时发现企业内外部环境的变化及其渊源，为企业及时制定相应策略提供情报支持。随着企业战略的实施和内外部环境的变化，企业的经营活动也会有所变化，价值链也会随着发生某些改变。因此，应适时动态地对价值链进行调整，重新识别价值活动及相互联系，这也就回到了第一个步骤，并继续后续步骤。因此基于价值链分析法的竞争情报研究是一个循环过程，如图6—10所示。

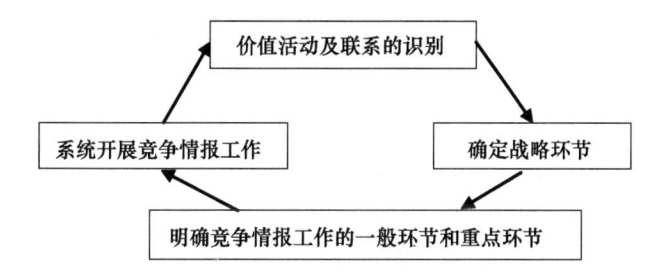

图6—10 基于价值链分析法的竞争情报研究循环流程

在整个循环过程中，竞争情报部门积累了大量的情报信息，具有很重要的指引借鉴作用。竞争情报是识别价值活动和联系的依据，是确定战略环节的证据，是开展下一阶段竞争情报研究的基础，在整个价值链上开展的系统工作不断地积累着情报。[①]

五 价值链分析中的不确定因素

虽然参与公司完整价值链分析项目的节点企业可以通过它们之间的协

---

① 王知津、张收棉：《企业竞争情报研究的有力工具——价值链分析法》，《情报理论与实践》2005年第7期。

调获得潜在利益，但也增加了合作企业的不确定因素而产生风险。参与公司完整价值链分析项目的节点企业可能面对的特殊风险及其对企业业绩的影响有如下三个方面。[①]

（一）敏感信息的交换

价值链中的节点企业进行信息共享的意愿是公司能否进行完整价值链分析的第一个不确定因素。当客户和供应商互相交换对方的成本和绩效信息时，会存在企业的谈判状况和机密信息泄露给竞争者的顾虑。客户通过供应商提供的成本信息了解供应商的相对效率，可以利用对自己有利的信息进行投机行为，并为将来的谈判价格提供潜在优势。尤其是早期参与价值链分析、改进供应链项目的供应商，特别担心公司会利用它们所提供的信息直接比较其运营效率，而被要求提高效率直至网络平均水平，否则会被淘汰出局。因此，如果公司不能确认这些秘密信息不会被用来打击参与合作的节点企业本身，就不会参与信息共享，进行共同分析改善价值链的合作。

（二）成本和利益的公平分配

公司进行完整价值链分析的第二个不确定因素在于成本、利益和投资水平之间的公平分配。解决了诚信问题，企业决定是否参与合作还必须就以下两点进行分析：第一，战略联盟所能取得的与此合作项目风险有关的收益率。第二，参与合作企业预期利益份额的分配是否公平。

（三）对特殊资产投资的使用

除了实现合适的收益率，如果完整价值链分析的合作项目需要参与公司共同投资某特定资产改进供应链，这时参与投资的公司必须确信此项投资不会被公司挪作其他用处，并且该资产在此项目之外对公司来说价值很低。

在考虑上述三项不确定因素以后，如果以往的业务往来关系已经使合作公司之间建立了某种信任，这时可以假设合作公司之间不会因进行共同的价值链分析、互换敏感信息发生互相投机的行为。然而，如果某

---

① 刘义鹃：《价值链中节点企业之间关系的协调机制研究》，《财贸研究》2006年第10期。

节点企业与公司之间虽然还没有足够的信任,但愿意加入完整价值链分析的合作联盟,这时公司需要对新加盟企业采用一系列正式的控制机制维持各企业互相之间的信任,如签订关于利益和成本共摊的契约协议、采购量和合作关系的长短、信息交换的保密协议、设备的联合投资以及互相抵押等不同的形式协议,直至由于改进价值链而使企业业绩发生变化。

六 案例分析——以确定企业竞争优势为例

(一)价值链与竞争优势[①]

企业的竞争优势最终是由消费者是否接受企业提供的产品或服务决定的,若消费者决定为产品或服务支付价格,则企业实现了产品或服务的价值,从而在竞争中建立起自己的竞争优势。这一过程中,消费者要对企业提供的产品或服务与其他竞争者进行价值判断,也就是他们对企业设计、生产、营销、交货及辅助活动完成方式的价值评价。所以把企业作为一个整体来考察,无法准确识别企业的优势和劣势,必须将企业的各项活动进行分解,通过考察这些活动本身及其相互之间的关系才能确定企业的优势和劣势,这就是价值链分析法的内涵,企业运用价值链理论可以从如下几方面获取并保持竞争优势。

第一,抓住企业价值链的战略环节。价值链理论认为企业所创造的价值,实际上来源于企业价值链上的某些特定的价值活动,即企业价值链的战略环节。而企业的竞争优势往往是企业在价值链某些特定战略价值环节上的优势。瑞典爱立信公司在2004年宣布:今后只负责手机的设计和市场营销业务,并将设在巴西、马来西亚、瑞典和英国的手机制造工厂以及部分美国工厂交给总部由伟创力公司接管经营,爱立信公司正是看到设计与营销是手机价值链中创造附加价值最多的两个环节,为了更好地集中和利用资源,保持和提高核心竞争力,便将手机的生产和供应环节外包给伟创力公司。

第二,重构企业价值链。价值链分析法把企业的经营活动分解为既

[①] 郑娜、路世昌:《运用价值链分析法确定企业竞争优势》,《辽宁工程技术大学学报》(社会科学版)2005年第11期。

分离又战略相关的多项活动，分析影响这些活动的动因，从顾客价值出发消除不增值作业，加强能够增强企业差异化的作业，通过对价值形成关键环节的成本管理和成本控制来获取成本优势，在这一过程中，企业要用成本更低，效率更高的方式来设计、生产和分销产品，获得竞争优势。

第三，利用行业价值链获取竞争优势，行业价值链可使企业明确自身在行业中所处的位置，并通过与合作伙伴的整合共享资源、优势互补、降低成本、消除不增值作业，增加企业的经营差异性，取得竞争优势。实践证明，价值链分析法是研究企业竞争优势的有力武器，是帮助企业确定优势与劣势，寻找竞争方法以增强企业实力的基本工具。

（二）A 化工企业价值链分析[①]

以矩阵分析法对价值链上活动进行分析评价（见图 6—11）。表 6—16—表 6—22 的数据来自 A 企业财务部，权重系数设计来自生产管理部、技术发展部、技术中心等部门综合意见，评分标准以行业平均水平为 3 分。

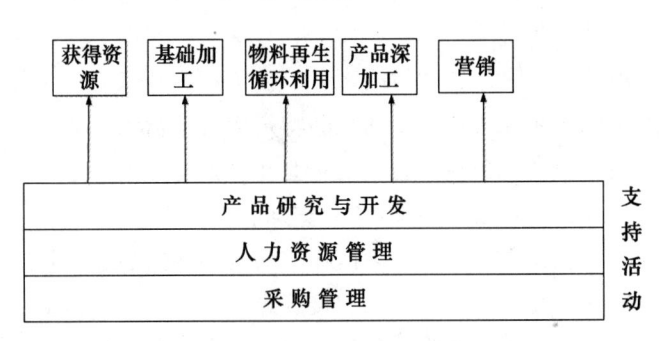

图 6—11　A 化工企业价值链

[①] 刘勇：《浅谈价值链分析法在企业核心竞争力识别中的应用》，《企业家天地》（理论版）2011 年第 4 期。

（1）获得资源

表6—16　　　　　　　　　　获得资源活动评价

评价因子		A化工企业	行业平均水平	中泰化学
可靠性	权重	0.3	0.3	0.3
	评分	2.5	3	4.2
获得成本	权重	0.25	0.3	0.3
	评分	2.6	3	4.1
资源质量	权重	0.25	0.25	0.25
	评分	2.9	3	3.9
人员队伍	权重	0.2	0.2	0.2
	评分	3.3	3	3.2
加权评分		2.8	3	4.1

（2）基础加工

表6—17　　　　　　　　　　基础加工活动评价

评价项目		A化工企业	行业平均水平	中泰化学
产品规模	权重	0.3	0.3	0.3
	评分	3.1	3	4.2
产品质量	权重	0.25	0.3	0.3
	评分	3.2	3	4.0
产品成本	权重	0.25	0.25	0.25
	评分	2.9	3	3.6
产品消耗	权重	0.2	0.2	0.2
	评分	2.9	3	2.9
加权评分		3.03	3	3.94

(3) 物料再循环利用

表 6—18　　　　　　　　物料再循环利用活动评价

评价项目		A 化工企业	行业平均水平	衡阳建设
产品结构	权重	0.25	0.25	0.25
	评分	4.5	3	3.2
循环利用投入	权重	0.13	0.13	0.13
	评分	4	3	3.1
工艺的先进性	权重	0.22	0.22	0.22
	评分	3.5	3	3.8
产品质量	权重	0.2	0.2	0.2
	评分	4.2	3	4
应用成果	权重	0.2	0.2	0.2
	评分	4	3	3.1
加权评分		4.05	3	3.459

(4) 产品深加工

表 6—19　　　　　　　　产品深加工活动评价

评价项目		A 化工企业	行业平均水平	衡阳建设
资源供应能力	权重	0.16	0.16	0.16
	评分	2.9	3	3.6
工艺的先进性	权重	0.25	0.25	0.25
	评分	4.2	3	3.9
生产成本	权重	0.18	0.18	0.18
	评分	3.3	3	4.2
产品质量	权重	0.2	0.2	0.2
	评分	4.2	3	3.2
技术人才	权重	0.21	0.2	0.21
	评分	4.1	13	3.1
加权评分		3.81	3	3.60

(5) 营销

表 6—20　　　　　　　　　营销活动评价

评价项目		A 化工企业	行业平均水平	中泰化学
营销人员	权重	0.15	0.15	0.15
	评分	2.9	3	3.8
营销信息系统	权重	0.14	0.14	0.14
	评分	2.8	3	3.2
营销策略	权重	0.15	0.15	0.15
	评分	3.1	3	3.5
品牌知名度	权重	0.18	0.18	0.18
	评分	3.2	3	3.1
市场占有率	权重	0.18	0.18	0.18
	评分	3.2	3	3.4
制造商满意度	权重	0.2	0.2	0.2
	评分	3.3	3	3.5
加权评分		3.10	3	3.41

(6) 技术研发

表 6—21　　　　　　　　技术研发活动评价

评价项目		A 化工企业	行业平均水平	中泰化学
科研投入	权重	0.2	0.2	0.2
	评分	3.6	3	4.0
科研人员素质	权重	0.2	0.2	0.2
	评分	3.9	3	4.3
科研成果	权重	0.3	0.3	0.3
	评分	4.1	3	4.2
成果推广及应用	权重	0.3	0.3	0.3
	评分	4.1	3	4.1
加权评分		3.96	3	4.15

(7) 综合分析

根据具体环节分析的结果，以拥有的优势程度、价值增值能力和被模仿的难度为尺度对各关键活动进行综合分析（见表6—22）。

表6—22　　　　　　　　　关键活动综合分析

关键活动	评价得分	拥有的优势程度	价值增值能力	被模仿的难度
资源获得	2.8	较小	小	小
基础加工	3.03	较小	小	小
物料再生循环利用	4.05	较大	大	小
产品深加工	3.81	较大	大	大
营销	3.10	较小	较大	大
技术研究与开发	3.96	较大	大	大

价值链分析结论：

第一，化工产品是中间产品，其价值由上游原料供应商及下游制造商的供需关系所确定，所以从产业价值链的角度分析，上下游资源整合，保持资源优势是化工企业长期竞争优势的来源。

第二，化工企业是资源、能源消耗大户，资源获得能力是企业的首要能力，提高资源利用率是化工企业可持续发展的关键。从企业内部产业结构出发，建立内部物料再生循环利用模式，是提高资源利用率的有效途径。

第三，从企业价值链分析来看，资源获得能力、产品深加工能力是化工业价值增值较大的关键活动，某单位因资源获取能力先天不足，应大力发展化工产品深加工，构建其核心竞争力。

第四，物料再循环利用、技术研究开发、产品深加工是现阶段某单位和竞争对手相比有优势的三种实体能力，在市场知名度上也排在行业前列。所以对某单位核心竞争力的识别，主要从物料再生循环利用、技术研发、产品深加工这三个实体能力上培养。

实践证明，价值链思想是研究竞争优势的有效工具。价值链将企业整体从创造价值角度进行了有序分解，使企业能够清楚地分析到其创造价值的各个活动及相互关系，从而确定企业的竞争优势。价值链理论揭示，企业与企业的竞争不只是某个环节的竞争，而是整个价值链的竞争，而整个价值链的综合竞争力决定企业的竞争力。同时价值链理论和分析方法也在不断演化和发展，它势必随着经济的发展而不断被赋予新的内涵。

第八节 情景分析法

情景分析和传统的战略工具有显著不同，它认为未来发展有多个可能的情景，每个情景的实现可能和实现路径以及路径中的重要事件是可以预先估计的；情景的构造不是通过当前的趋势来推出的，而是先假设情景，再考虑发展的可能性，然后再确定，是一种逆向思维过程。该方法要使用多种其他工具进行辅助分析，比如确定关键变量往往要用德尔菲法、交叉影响矩阵法，预测行动主体群时要用到博弈理论等。总体来说，该方法比较复杂，操作性中等，时效性和经济性比较差，但是该方法要比一般的战略工具有更好的预期性、动态性的特点。

一 基本内涵

情景分析法（Scenario Analysis）又称脚本法、前景描述法、情景规划法，是假定某种现象或某种趋势将持续到未来的前提下，对预测对象可能出现的情况或引起的后果作出预测的方法。情景分析法在对经济、产业或技术的重大演变提出各种关键假设的基础上，通过对未来详细的、严密的推理和描述来构想未来各种可能的方案，并随时监测影响因素的变化，对方案做相应调整。通常用来对预测对象的未来发展作出种种设想或预计，是一种直观的定性预测方法。

该方法最早应用于军事，20世纪70年代荷兰皇家壳牌公司创建了一个名为"能源危机"的情景，在OPEC宣布实施石油紧运时，迅速用预先制订的反应方案进行应对，使壳牌公司在两年内从原来的全球第八跳跃到第二，从此情景规划法在工业领域中开始普遍应用。

情景分析法是一种环境分析与预测的方法。预测在环境分析步骤中是承上启下的关键步骤。一般环境以及产业环境的分析与预测方法，从不同的特点出发，可以有以下区分。①

（一）递进预测与长期预测

这两种预测的方法不同，适用的产业也不同。

递进预测的特点是对近期进行准确的预测，对长期或中长期进行一般性的分析和展望。随着时间的推移，再对新的近期做准确预测，对新的长期、中长期进行一般性展望。非资金密集的产业、产品/技术开发的前导期短、战略调整所需投入较小的产业适用此法。如广告代理、市场代理、公关公司、贸易公司、管理咨询公司等。对百货零售业而言，其商品结构总体质量、水平和丰富程度给顾客的印象及其信息属于长远性问题，但商品结构中的商品品种则基本可以基于递进预测进行调整。长期预测是对未来较长时期后环境的发展变化直接作出预测。资金密集、产品/技术开发的前导期长、战略调整所需投入大、风险高的产业，适用此法，如石油、钢铁等产业。

（二）唯一结果预测与可能结果预测

唯一结果预测是预测未来发生的结果究竟是什么，目的是预测未来客观的唯一的结果。可能结果预测则是预测未来结果的若干种可能的情况，用于规避风险。显然，预测某个因素或某个变化未来唯一的结果是最理想的。对许多环境因素可以做到这一点，如人口及其年龄结构就可以较好预测其五年或十年后的确切情况。但很多环境因素及其变化的不确定因素太多，无法作出准确的唯一结果预测，此时可能结果预测就成为必要的方法。

在环境预测中，情景分析法是长期的可能结果预测。一般而言，短期预测可预见性较强，不确定因素少，因此使用情景分析法的必要性不大。当然，在原理上，此方法可以应用于短期预测。

广义上，管理学中的"头脑风暴法"、"设想未来法"等都与情景分析法有相同或相近的内容。头脑风暴法是开动脑筋，以团队的方式挖掘和碰撞思想的火花，摆脱原有观念特别是潜在的原有观念的束缚，充分认识

---

① 杜明拴：《基于情景分析的医用耗材供应管理研究及系统设计》，江苏大学硕士学位论文，2009年。

问题，认识未来。设想未来法要求不是基于过去和现在的因素、变化、数据和观念来认识未来，而是真正按照未来的合理可能性去设想未来，设想未来的各种可能的情况和问题，其中也往往以团队的方式运用头脑风暴法，充分地设想未来。

二 基本特点

情景分析法不同于一般的预测方法特点，其主要表现在：

①考虑问题周全，又具有灵活性，它尽可能地考虑将来会出现的各种状况和各种不同的环境因素，将所有的可能尽可能展示出来，有利于决策者进行分析。

②能及时发现未来可能出现的难题，以便采取行动消除或减轻它们的影响，使决策者更好地进行决策。

情景预测法在分析过程中根据不同情景采取不同的预测方法，使定量、定性分析相结合，这样就弥补了定性预测和定量预测的各自缺陷。情景分析法在下列情况下的贡献明显：①未来发展具有很强的不确定性；②未来有可能出现新的机遇和挑战，但依据并不充分；③事物发展将或可能经历明显的"跳跃"；④在未来发展中，有众多因素的影响，其中人为因素（决策的选择等）影响较为明显。

三 基本作用

（一）分析环境和形成决策[①]

任何企业若想生存进而壮大，必须尽可能做到"知己、知彼、知环境"。情景分析法就是企业从自身角度出发，通过综合分析整个行业环境甚至社会环境，评估和分析自身以及竞争对手的核心竞争力，进而制定相应决策。由于每一组对环境的描述最终都会产生一个相应的决策，因此情景分析主要是用在分析环境和形成决策两个方面。

---

① 田光明：《情景分析法》，《晋图学刊》2008年第3期。

（二）提高组织的战略适应能力

由于情景分析法重点考虑的是将来的变化，因此能够帮助企业很好地处理未来的不确定性因素。尤其是在战略预警方面，能够很好地提高企业或组织的战略适应能力。同时，企业持续的情景分析还可以为企业情报部门提供大量的环境市场参数，而这些参数又可以对企业提供多方面的帮助，例如可以帮助企业发现自身的机会、威胁、优势和劣势，等等。

（三）提高团队的总体能力，实现资源的优化配置

从企业内部出发，企业的核心是人，而人的思想是关键。由于情景分析法不仅仅属于高层管理人员的战略工具，而且需要企业各个层次都要参与其中，如此可激发每个人的责任感和成就感，提高团队的总体能力。企业通过情景分析法预测出未来可能出现的情景，决策人员以此为基础进行决策，确定未来的发展方向，决策的实施需要资源的支持，企业的资源也就相应地实现了重新配置。

四 实施步骤

（一）主题的确定[①]

明确情景分析的目的和主要任务，包括其涉及的时间范围、具体对象、区域等。例如"亚太地区未来十年旅游业的发展状况"，那么"亚太地区"就是区域，"未来十年"就是时间范围，"旅游业"是具体对象。主题的确定是一个专业性很强的工作，并不是由高层管理人员直接提出，而是竞争情报人员经过具体调研，同时结合企业的自身状况、发展目标，最终提出有实际价值的分析主题。

考虑到设定主题的特点及所涉及的部门，确定情景分析工作组，这个工作组不仅要包括竞争情报专业人员，还要包括不同层次的管理人员。在选择过程中，要注意选择那些具有前瞻性、跳出框架以外的创新性思考工作的人。

---

① 田光明：《情景分析法》，《晋图学刊》2008 年第 3 期。

（二）主要影响因素的选择

影响因素是指影响未来发展趋势的因素，可以说是造成未来情景变化的主要原因。影响因素状态的改变决定着未来的发展趋势和方向。要利用情景分析法对未来的情景进行预测和描述，必须先确定该主题的影响因素。例如，针对上面的"亚太地区未来十年旅游业的发展状况"的问题，假设主要影响因素有：政策支持、收入水平、旅游倾向、旅游保险、竞争程度，等等。

世界是一个联系的整体，所以要将影响因素一一列举出是不可能的，而且从不同角度分析它们的影响力度也不同。所以在大量收集情报的同时，还需要大规模的调研和分析工作，提交出最初的影响因素列表。而主要影响因素集中在那些未来不确定性强、影响程度大的因素，在提交最初影响因素列表的基础上，利用头脑风暴法让所有参与的企业人员和专家人士各抒己见，对影响因素进行选择，也可提出自己认为的其他影响因素。最后，对讨论内容进行汇总，选择出企业所在领域的影响主题的十个左右的因素作为主要影响因素。

假设有 10 个主要影响因素，每个因素都有最积极、最消极和最有可能发生的三种状态，那么它可以产生 3^{10} 种可能的方案。如果对这么多的方案逐一进行模拟，不仅浪费人力、物力，同时有可能造成避重就轻，把握不住重点。所以在实际的操作中，要进一步将主要影响因素提炼压缩至 5 个以下。通常情况下，利用德尔菲法征求领域专家的观点，对主要影响因素进行重要性排序，选择出公认的最重要的五个以下的因素，即关键影响因素。

（三）方案的描述与筛选

将关键影响因素的具体描述进行组合，形成多个初步的未来情景描述方案。由于企业在选择方案时往往从其发生概率以及战略重要性两个角度出发考虑，所以将各种方案按照"发生概率"和"战略重要性"横纵坐标进行归类，如图 6—12 所示，通常分为 A、B、C、D 四个区域。

其中，A 区域内方案拥有相对较高的发生概率和较弱的战略重要性，适合于追求稳定发展的企业；B 区域中方案与 A 区域的方案相比在战略重要性上明显增强，如果预测准确，该区域中的方案往往不仅是众多企业制

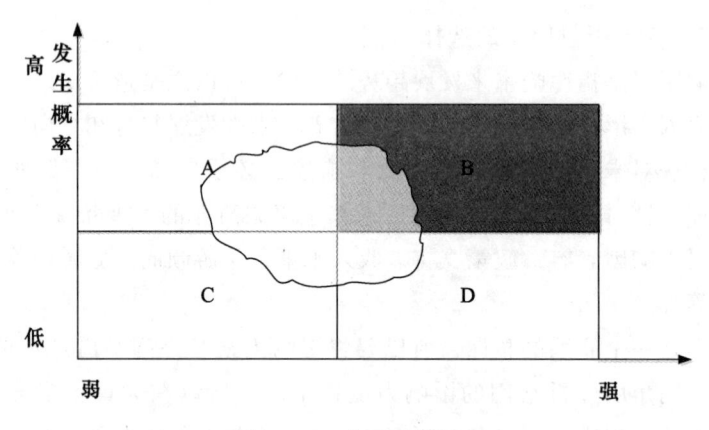

图 6—12　案例筛选模式

定战略的重点依据，也是企业创造竞争优势的有力武器；C 区域中的方案因其低发生概率和弱战略重要性通常是被忽略的对象，但有时也能给企业带来出其不意的效果；D 区域中的方案与 B 区域的方案都拥有非常强的战略重要性，但由于低发生概率的影响，该区域中的方案不如 B 区域中的方案受青睐。

考虑到资源的稀缺性，企业不可能对每个方案都给予同样的重视，我们要对方案作进一步的处理，也就是进行筛选。方案筛选是一个非常关键的步骤，一时疏忽就可能导致错误的决策。因此，这一步就需要信息专家、经济专家、管理专家等与该领域相关的专家一起对产生的所有方案进行评估，从方案的战略重要性和发生概率两方面，结合企业自身的以及所处行业特点，进一步压缩方案数量，重点集中在五个以内的描述方案，然后将这五个方案带入下一步的模拟。

进行筛选时，尽量选择战略重要性高同时发生概率高的方案，即图中所示 B 区域，当然由于关键因素都是不确定性很强的因素，因此这里指的发生概率高低是相对而非绝对的。但发生概率高同时战略重要性强的情景方案通常不多，实际操作中，企业进行选择时会将决策重心向左下方倾斜移动，即图 6—12 所示的斜线区域。此外，不同行业甚至不同企业之间的细微差别，都决定了企业在进行方案选择时的不同倾向。比如也有一些企业倾向于选择战略重要性高、发生概率相对低的方案，即 D 区域。

（四）模拟演习

邀请公司的管理人员进入描述的情景中，面对情景中出现的状况或问题做出对应策略的过程。换言之，就是模拟未来。

首先将每个情景方案用形象的手法详细描绘出来，列举出该情景之下可能出现的问题，尽可能让人读起来有身临其境的感觉。公司各个层次的管理人员按照最终确定的重点描述方案的数量进行分组，每组进行隔离模拟。他们必须完全抛开日常的工作和其他事务，设想自己就处在该描述方案的真实环境中，要对所列举的可能出现的问题讨论并做出相应的决策，在逐一制定了相应的问题策略之后，他们还必须讨论出该情景下的战略。信息工作人员要将管理人员在模拟中的反映作为反馈信息收回。管理人员要真正投入，信息工作人员要如实记录反馈信息，记录时不能加入自身主观意见。

（五）制定战略

分析每组隔离模拟时的记录信息以及该情景之下制定的战略，确定每个情景中涉及的战略的真实性和准确性。在肯定了每个情景中的战略之后，所有管理人员要合成一个总的战略。合成总体战略是在分组进行模拟并肯定了每个单一战略后进行的综合分析。主要是通过所有参与的管理人员集中讨论而得出。基于每个情景之下的战略汇总，找出将来决策的重心，最终制定出公司未来的战略规划和政策。例如，在几个情景之下管理人员做出的相同决策，就是将来的决策重心之一。另外要考虑的就是每个方案的战略重要性和发生的概率。战略重要性大的情景中管理人员的决策也是今后决策的重点。

（六）早期预警系统的建立

建立早期预警系统在情景分析法中起着非常重要的作用，通过扫描主要影响因素，监测环境，发现环境中的细微变化，以及尽早发现威胁和机会，并对情景分析法中主要影响因素进行及时调整，进而调整方案，为以后的情景分析提供了一个很好的基础。

早期预警系统的核心是：信息收集子系统、指标预警子系统和因素预警子系统。信息收集可以通过第三方利用定题服务的方式获得，也可以利用计算机软件,如网络蜘蛛,自动搜索相关信息,是预警实现的基础。指标因素综合预警是预警系统发展的一个趋势,其中指标预警针对监测主要影响因素中可以量化的因素,如收入水平。因素预警监测其他无法量化的因素,如竞争程度、政策支持等。预警系统监测的对象有时不容易识别,在设计预警系统时还要考虑那些隐性的特征。例如,竞争程度的变化通常用"愈发激烈"、"有所减弱"来形容。因素预警可以只监测某重要因素是否出现,若出现则发出警报。

指标预警相对复杂,需对收集到的原始信息进行规范量化,对各指标设置不同级别警报的阈值范围,以"收入水平"为例,将人均收入水平作为指标,设当前人均收入水平为 A,监测到的人均收入水平为 B:

(1) 当 $97\%A \leqslant B < 103\%A$ 时,系统不报警;

(2) 当 $95\%A \leqslant B < 97\%A$ 或 $103\%A \leqslant B < 105\%A$ 时,系统发出中级报警;

(3) 当 $90\%A \leqslant B < 95\%A$ 或 $105\%A \leqslant B < 110\%A$ 时,系统发出高级报警。

不同行业、不同企业在设置具体因素和具体数值时都有所不同,要根据具体情况具体分析。任何一个好的预警系统都不是一蹴而就的,而是经过不断调整,逐步完善。情景分析法前期对主要影响因素和情景方案的分析为预警系统的不断完善打下了良好的基础。

第九节　内容分析法

一　基本内涵

内容分析法最早产生于传播学领域。第二次世界大战期间,美国学者组织了一项名为"战时通信研究"的工作,以德国公开出版的报纸为分析对象,获取了许多军政机密情报,这项工作不仅使内容分析法显示出明显的实际效果,而且在方法上取得一套模式。20 世纪 50 年代美国学者贝雷尔森发表《传播研究的内容分析》一书,确立了内容分析法的地位。[1]

---

[1] [美]伯纳德·贝雷尔森:《传播研究的内容分析》,1952 年版。

真正使内容分析方法系统化的是奈斯比特,他主持出版的"趋势报告"就是运用内容分析法,享誉全球的《世界大趋势》一书就是以这些报告为基础写成的。[①]

内容分析法是一种对文献内容做客观系统的定量分析的专门方法,其目的是弄清或测验文献中本质性的事实和趋势,揭示文献所含有的隐性情报内容,对事物发展作情报预测。它实际上是一种半定量研究方法,其基本做法是把媒介上的文字、非量化的有交流价值的信息转化为定量的数据,建立有意义的类目分解交流内容,并以此来分析信息的某些特征。

二 基本类型

(一) 解读式内容分析法

解读式内容分析法是一种通过精读、理解并阐释文本内容来传达意图的方法。"解读"的含义不只停留在对事实进行简单解说的层面上,而是从整体和更高的层次上把握文本内容的复杂背景和思想结构。从而发掘文本内容的真正意义。这种高层次的理解不是线性的,而具有循环结构:单项内容只有在整体的背景环境下才能被理解,而对整体内容的理解反过来则是对各个单项内容理解的综合结果。

这种方法强调真实、客观、全面地反映文本内容的本来意义,具有一定的深度,适用于以描述事实为目的的个案研究。但因其解读过程中不可避免的主观性和研究对象的单一性,其分析结果往往被认为是随机的、难以证实的,因而缺乏普遍性。

(二) 实验式内容分析法

实验式内容分析主要指定量内容分析和定性内容分析相结合的方法。20世纪20年代末,新闻界首次运用了定量内容分析法,将文本内容划分为特定类目,计算每类内容元素出现频率,描述明显的内容特征。该方法具有三个基本要素,即客观、系统、定量。

用来作为计数单元的文本内容可以是单词、符号、主题、句子、段落或其他语法单元,也可以是一个笼统的"项目"或"时空"的概念。这

---

① [美] 约翰·奈斯比特:《世界大趋势》,中信出版社2009年版。

些计数单元在文本中客观存在，其出现频率也是明显可查的，但这并不能保证分析结果的有效性和可靠性。一方面是因为，统计变量的制定和对内容的评价分类仍由分析人员主观判定，难以制定标准，操作难度较大；另一方面计数对象也仅限于文本中明显的内容特征，而不能对潜在含义、写作动机、背景环境、对读者的影响等方面展开来进行推导，这无疑限制了该方法的应用价值。

定性内容分析法主要是对文本中各概念要素之间的联系及组织结构进行描述和推理性分析。举例来说，有一种常用于课本分析的"完形填空式"方法，即将同样的文本提供给不同的读者，或不同的文本提供给同一个人，文本中删掉了某些词，由受测者进行完形填空。通过这种方法来衡量文本的可读性和读者的理解情况，由于考虑到了各种可能性，其分析结果可以提供一些关于读者理解层次和能力的有用信息。与定量方法直观的数据化不同的是，定性方法强调通过全面深刻的理解和严密的逻辑推理来传达文本内容。一般认为，任何一种科研方法都包含一定的定性步骤。很多学者倡导将定性方法和定量方法结合起来，取长补短，相得益彰。定性定量相结合的内容分析法应具备以下几个要点：①对问题有必要的认识基础和理论推导；②客观地选择样本并进行复核；③在整理资料过程中发展一个可靠而有效的分类体系；④定量地分析实验数据，并做出正确的理解。

(三) 计算机辅助内容分析法

计算机技术的应用极大地推进了内容分析法的发展。无论是在定性内容分析法中出现的半自动内容分析，还是在定量内容分析法中出现的计算机辅助内容分析，都只存在术语名称上的差别，而实质上，正是计算机技术将各种定性定量研究方法有效地结合起来，博采众长，使内容分析法取得了迅速推广和飞跃发展。互联网上有众多内容分析法的专门研究网站，还提供了不少可免费下载的内容分析软件。①

三 基本特征

研究对象的特征，是"具有明确特性的传播内容"。"明确"意味所

---

① 邹菲：《内容分析法的理论与实践研究》，《评价与管理》2006年第12期。

要计量的传播内容必须是明白、显而易见的,而不能是隐晦的、含混不清或没有明确表达出来的意思。如果对传播内容的理解在研究者之间、研究者与受众之间很难达成共识,则不宜作为内容分析的对象,因为对这类内容进行计量非常困难。

分析方法的特征,是"客观"、"系统"和"定量"。

结果表述的特征,是"描述性的"。内容分析的结果常常表现为大量的数据表格、数字及其分析。这是"客观"、"系统"和"定量"研究的必然结果。

四 内容分析法的优点

内容分析法具有以下几个方面的优点:

一是较为客观。内容分析是一种规范的方法,对类目定义和操作规则十分明确与全面,它要求研究者根据预先设定的计划按步骤进行,研究者主观态度不太容易影响研究的结果;不同的研究者或同一研究者在不同时间里重复这个过程都应得到相同的结论,如果出现不同,就要考虑研究过程有什么问题。

二是结构化研究。内容分析法目标明确,对分析过程高度控制,所有的参与者按照事先安排的方法程序操作执行,结构化的最大优点是结果便于量化与统计分析,便于用计算机模拟与处理相关数据。

三是非接触研究。内容分析不以人为对象而以事物为对象,研究者与被研究事物之间没有任何互动,被研究的事物也不会对研究者做出反应,研究者主观态度不易干扰研究对象,这种非接触性研究较接触研究的效度高。

四是定量与定性结合。这是内容分析法最根本的优点,它以定性研究为前提,找出能反映文献内容的一定本质的量的特征,并将它转化为定量的数据。但定量数据只不过把定性分析已经确定的关系性质转化成数学语言,不管数据多么完美无缺,仅是对事物现象方面的认识,不能取代定性研究。因此,这种优点能够达到对文献内容所反映"质"的更深刻、更精确、更全面的认识,得出科学、完整、符合事实的结论,获得一般从定性分析中难以找到的联系和规律。

五是揭示文献的隐性内容。内容分析可以揭示文献内容的本质,查明几年来某专题的客观事实和变化趋势，追溯学术发展的轨迹，描述学术发展的历程；依据标准鉴别文献内容的优劣。其次，揭示宣传的技巧、策略，衡量文献内容的可读性，发现作者的个人风格，分辨不同时期的文献体裁类型特征，反映个人与团体的态度、兴趣，获取政治、军事和经济情报；揭示大众关注的焦点，等等。

五 基本步骤

内容分析法的基本步骤包括建立研究目标、确定研究总体和选择分析单位、设计分析维度体系、抽样和量化分析材料、进行评判记录和分析推论。

（一）研究目标

在教育科学研究中，内容分析法可用于多种研究目标的研究工作。主要的类型有：趋势分析、现状分析、比较分析、意向分析。

（二）设计分析维度及体系

分析维度（分析类目）是根据研究需要而设计的将资料内容进行分类的项目和标准。

设计分析维度、类别有两种基本方法，一是采用现成的分析维度系统，二是研究者根据研究目标自行设计。第一种方法：先让两人根据同一标准，独立编录同样用途的维度、类别，然后计算两者之间的信度，并据此共同讨论标准，再进行编录，直到对分析维度系统有基本一致的理解为止。最后，还需要让两者用该系统编录几个新的材料，并计算评分者的信度，如果结果满意，则可用此编录其余的材料。第二种方法：首先熟悉、分析有关材料，并在此基础上制定初步的分析维度，然后对其进行试用，了解其可行性、适用性与合理性，之后再进行修订、试用，直至发展出客观性较强的分析维度为止。

设计分析维度过程基本原则：

第一，分类必须完全、彻底、能适合于所有分析材料，使所有分析单位都可归入相应的类别，不能出现无处可归的现象。

第二，在分类中，应当使用同一个分类标准，即只能从众多属性中选取一个作为分类依据。

第三，分类的层次必须明确，逐级展开，不能越级和出现层次混淆的现象。

第四，分析类别（维度）必须在进行具体评判记录前事先确定。

第五，在设计分析维度时应考虑如何对内容分析结果进行定量分析，即考虑到使结果适合数据处理的问题。

（三）抽取分析材料（抽样）

抽样工作包括两个方面的内容：一是界定总体，二是从总体中抽取有代表性的样本。内容分析法常用的三种抽样方式是：来源取样、日期抽样、分析单位取样。

（四）量化处理

量化处理是把样本从形式上转化为数据化形式的过程，包括作评判记录和进行信度分析两部分内容。评判记录是根据已确定的分析维度（类目）和分析单位对样本中的信息作分类记录，登记下每一个分析单位中分析维度（类目）是否存在和出现的频率。

（五）信度分析

内容分析法的信度指两个或两个以上的研究者按照相同的分析维度，对同一材料进行评判结果的一致性程度，它是保证内容分析结果可靠性、客观性的重要指标。

内容分析法的信度分析的基本过程是：对评判者进行培训；由两个或两个以上的评判者，按照相同的分析维度，对同一材料独立进行评判分析；对他们各自的评判结果使用信度公式进行信度系数计算；根据评判与计算结果修订分析维度（即评判系统）或对评判者进行培训；重复评判过程，直到取得可接受的信度为止。

（六）统计处理

对评判结果（所获得数据）进行统计处理。描述各分析维度（类目）特征及相互关系，并根据研究目标进行比较，得出关于研究对象的趋势或特征，或异同点等方面的结论。

六　内容分析法的软件工具

（一）内容分析软件工具的基本功能[①]

内容分析软件工具的基本功能主要有四项：一是文本输入和管理。二是分析，不仅指文本分析，即关于词语或文本的字串的信息，还有编码分析，即关于使用的类目或已编码文本段的查询和检索信息。三是词典、类目体系和编码。四是结果输出：保存文本、保存编码或两者都保存，以及保存以不同方式使用的类目体系或词典，或为了统计分析将文本导入数据库软件。

（二）内容分析法软件分类

从现有相关文献来判断，内容分析软件的分类主要有两个标准，一是把软件根据主要功能来分组，例如数据库管理程序、归档程序、文本搜索程序、文本检索员、标记程序、编码检索程序等；二是根据研究的性质类型划分，例如定量分析软件、定性分析软件等。不论是定性分析软件还是定量分析软件，其功能主要是提供分析文本数据的方法，包括管理文本和编码、考察词频等。

（1）定量内容分析软件。定量内容分析软件的特点主要是通过构建词典型类目体系对文本资料进行量化处理，对统计数据进行分析，并以相应的数字、图形或图表的方式直观展现研究结论。定量分析软件的统计项目主要有词频、词类、上下文关键词（按字母顺序显示文中每个词及其上下文）、簇分析（将类似上下文中使用的词聚成组）和耦合词（词语成对出现的情况）。关键要求内容单元简练明确，无须编码、判断，人为工作仅仅是解释结果。

（2）定性内容分析软件。定性内容分析软件的特征主要是：强调研究对象类型的多样性，主要功能在于概念抽取及概念间关系的构建，以反映文本内容的内在特征为目标。这类软件一般较为复杂，价格不便宜，学习掌握其使用方法也需要一定的时间。

[①] 邹菲：《内容分析法的理论与实践研究》，《评价与管理》2006年第12期。

(三) 选择内容分析软件的标准

在选择软件时都应该根据研究的实际需要，并遵循以下标准：①处理大批量文件的能力。②研究目的和要求（如描述性分析、概括、检验假设或知识发现）。一些人使用"内容分析"术语指的是定性编码，要求人工阅读和编码，而很多软件还可对文本内容执行自动分析。③科研预算。

(四) 计算机内容分析法的优势

利用计算机内容分析法来评价和监测社会环境确实较传统研究方法更有优势。第一，该方法的研究可以追溯到从前的某段时间，从而为决策者提供关于变革速度和发展方向的信息。第二，运用该方法可观察到社会上发生的重要事件对研究者感兴趣的某方面问题的影响。第三，与传统研究方法产生的结果不同，内容分析法产生的趋势分析结果能更容易地进行迅速而有效的更新，这使其具备了构建一个理想的监测系统的条件。更新一次内容分析只需要下载最近一段时期内的信息文本并用原来开发的编码程序执行分析。第四，基于该方法构建的社会监测系统也可扩展至研究更多其他感兴趣的问题。每当加入一个新的研究问题，内容分析都能延伸到之前研究开展的时期再次分析，不受时间限制，这也是随机调查访问办不到的。第五，利用内容分析法可以发现并长期跟踪社会上层出不穷的现象和问题，这对于决策者特别有帮助。

七　应用领域

内容分析法应用领域十分广泛。在社科情报工作中，为科学管理与预测的研究提供必要依据；在新闻传播研究中，可以反映社会热点问题，探索时代发展趋势，并通过比较研究揭示各国传播、交流内容的差异，从而探讨民族、文化及人类学等方面的问题；在政府与社会机构管理中，借鉴内容分析成果可以监测政府与组织的宣传机构运行状况，识别个人、团体或机构的意识倾向、关注焦点和交流趋势，从而有效指导行政与管理工作。另外，内容分析成果反映出的社会语言和心理语言的密切关系、语义与语法结构的联系等规则，在计算机人工智能开发中也发挥着重要作用。网络时代给内容分析法提出的最重要的问题之一，是对于网上交流信息的本质及其影响力的认识与思考。对网络进行内容分析将是一项极具挑战性的工作，意义十分重大，其研究成果将能解决目前网络信息开发、组织和利用中存在的种种问题，其研究前景将是出现一个数字化、多元化、个性化、实时化、互动化而又有序化的信息世界。各国学者就此积极开展了多方面的研究，成为目前内容分析法的主要发展方向之一。[①]

八　应用模型

人们在内容分析的理论研究和实践探索中，总结出了不少应用模型，如系统分析模型、指标分析模型、语言分析模型、传播分析模型、组织分析模型和标准分析模型等。[②]

（一）系统分析模型

社会科学文献资料是社会现象的记录和反映，对文献资料的符号表述是一个有机的系统，具有内在连续性的文献内容构成了一系列的社会反映。以报纸情报源为例，其主题内容间的系统联系就足以澄清事件的系统真相。系统分析模型就是利用文字表达系统的内在联系，从而推究它所反映的社会现象的分析途径。它有四个分析要素：一是分析对象的出现频率，即信息内容；二是分析对象的次序和权值，即重要程度；三是分析对象的价值判断，即对/错判定；四是分析对象之间的逻辑关系。系统分析的过程包括以下三个方面：①趋势分析，即在一定的时间范围内观察某一事件或特征的变化情况。西方学术界一般利用格林菲尔德提出的"大众传播媒介指数"来衡量文献内容的趋势变动。②归纳分析，将要研究的主题按一定的属性分类归纳。首先确定主要的结构因素，把握主要特征，然后分析主题类别之间的相关性。③差异比较，即对同种文献的不同阶段间或同一时间不同的文献对同一事件的反应之间、不同的信息来源之间、同一文献对不同读者群所发的信息之间的差异性进行比较和分析。系统分析的变量很多，而已有的研究多是单变量的，显得深度不够。

---

① 邹菲：《内容分析法的理论与实践研究》，《评价与管理》2006 年第 12 期。
② 邱均平、余以胜、邹菲：《内容分析法的应用研究》，《情报杂志》2005 年第 8 期。

（二）指标分析模型

指标作为事物状态的一种测度，能定量地反映事物的变化和发展程度。指标分析模型就是用两个或多个指标加权组合成一定的指标体系，简要阐明信息所表明的事物状态和方法。社会生活中各种指标很多，如社会、经济指标等。内容分析常用的指标有以下几种：①频度指标，计算字符、概念、主题等在文献中出现的次数，以衡量其重要性和受重视的程度。②倾向指标，计算对一定的字符、概念及主题等有利或不利的信息数目，以衡量两方面的力量对比和倾向。③强度指标，计算对字符、概念或主题等的认识和反应程度，以衡量决心、信念或动机的强度。值得一提的是，指标分析模型在图书馆学情报学中的运用不容忽视。在文献资料选择中的可读性评估上，利用指标分析，针对文献中文字的难易、句子的长短、语法的深浅等基本特征加以测度，就能清楚地反映出可读性程度。

（三）语言分析模型

语言文字是人类表达思想、传递信息的手段，是情报的主要载体，故文献资料自始至终是内容分析的材料。过去的内容分析主要以大众传媒的内容为研究对象，资料类型不外乎报纸的社论、新闻等。由于心理学、社会学、政治学、文学、艺术等方面的需要，大量的个人文献、访问记录和社会调查材料也成了社会科学重要的情报源。要了解人类心灵深处的奥秘和行为的意义，内容分析就必须了解语言所代表的内容深度。语言分析模型就是充分利用当代科学成果，参考人类学习语言的过程和机制，利用语言计量指标，探求语言文字所含意义的方法。其分析途径之一，是依照字句和表达方式的含义加以归纳，分别从语法、语义和语用的角度进行分行。这是一种正在探索的新模式，很多复杂的分析过程都依靠计算机辅助而实现，机辅语言内容分析的方法目前有三种：使用普通字典和专用词表进行内容分析；利用关联字群进行内容分析；依靠控制即时情景进行内容分析。计算机用于内容分析是一种划时代的进步，且在很大程度上代表着以后的发展方向。[①]

[①] 邹菲：《内容分析法的理论与实践研究》，《评价与管理》2006 年第 12 期。

九 案例分析——以网络购物研究为例

（一）网络购物概况[①]

网络购物的定义为：人们通过互联网检索商品信息，并通过电子订购单发出购物请求，然后填上私人银行账户或信用卡的号码，厂商通过邮购的方式发货，或是通过快递公司送货上门。国内网上购物的付款方式有款到发货（如在线汇款）、担保交易（如淘宝支付宝、百度百付宝）、货到付款等。网络购物存在诸多有利因素，如价格优势、方便快捷优势。但是，网络购物并不是完美无缺的购物方式，它有很多缺点。调查显示，消费者最担心的是网上商品的质量问题，可见网上商品的质量将对消费者的消费行为和消费心理起到举足轻重的作用。

随着网络经济的迅速发展，越来越多的人参与到网络购物中，鉴于网购在电子商务的营销中起着非常大的作用，近年来，许多学者对于网络购物的研究热度也在逐渐上升，有学者从不同角度对于网络购物的感知价值或者背后的系统模型进行分析，挖掘其价值。本小节采用内容分析法，以2001—2010年关于网络购物的中文文献为分析对象进行研究，通过对其关键词的词频进行统计分析，得出当前网络购物研究的热点及发展动态，推断其今后的发展趋势，总结存在的问题并提出建议。

（二）研究方法——内容分析法

本例把网络购物研究分为网络购物技术研究、网络购物安全性研究、网络购物行为研究、网络购物理论研究四大类。同时，在一些大类下面又分成若干小类，通过对检索到的文献进行内容分析，依据文章的题目、摘要、关键词、引言和结论来推断文献的主题，判断文献所属类目，一篇文章只对应大类中的一个小类。分类如表6—23所示。

[①] 李洁、王勇：《基于内容分析法的网络购物研究》，《知识管理论坛》2013年第2期。

表 6—23　　　　　　　　网络购物研究分类框架

网络购物技术研究	网络购物安全性研究	网络购物行为研究	网络购物理论研究
网络购物系统设计与开发	用户隐私权 网络购物风险	模型研究 因素分析	对网络购物的看法 网络购物产生的影响

为全面了解国内学者对网络购物的研究现状，保证来源数据的科学性、代表性，本案例以中国知网数据库中《中文科技期刊数据库》等多个数据库为来源数据库，以"网上购物"或含"网购"作为题名进行精确查找，查找出 4565 篇文献，但由于 10 年的样本量太多，只选取国内 25 种核心期刊上发表的论文作为研究对象，因此，此次研究的文献共有 98 篇。

选择分析单元：以本次选择文献的"篇"以及其关键词的"频次"为分析单位。

设计分析维度：通过文献数量的年代分布维度、文献所在期刊的类别分布维度、文献的关键词维度三个类目来进行关于网络购物的研究。

量化处理：将样本进行数据化处理，构造分类体系以得到词频，并对其进行评判记录，得出有关我国网络购物发展的客观情况。

信度：经过两位编码员对其中 40 篇文献进行抽样信度分析，根据统计计算得出 $\alpha = 0.87$，说明对于文献的内容分类具有较高的可信度。

（三）数据分析与结论

（1）年度文献发表数量分布

2001—2010 年，各年度以网络购物为主题的核心期刊文献数量如表 6—24 所示。

表 6—24　　　　　　2001—2010 年各年度发表文献数量所占比例

年份	2001	2002	2003	2004	2005	2006	2007	2008	2009	2010	合计
比例（%）	6.12	5.10	3.06	5.10	7.14	12.24	15.31	13.27	17.35	15.31	100
篇数	6	5	3	5	7	12	15	13	17	15	98

我国对网络购物的研究起步比较晚，2003年以前国内对网络购物研究相对较少。通过对文献内容的分析，表6—25列举出了2001—2010年各年度关于网络购物研究方向的核心期刊文献分布情况。

表6—25 　　2001—2010年各年度关于网络购物研究方向的核心期刊文献分布情况

年份	篇数	网络购物风险	用户隐私	网络购物系统设计开发	网络购物行为模型研究	网络购物行为因素研究	对网络购物的看法	网络购物产生的影响
2001	6	-	-	2	-	-	3	1
2002	5	1	-	2	1	1	-	-
2003	3	1	-	1	-	1	-	-
2004	5	-	-	2	-	1	1	1
2005	7	1	1	1	2	2	-	-
2006	12	1	1	4	2	3	1	1
2007	15	4	3	1	3	2	-	2
2008	13	1	1	2	2	2	2	3
2009	17	3	1	2	3	4	2	2
2010	15	2	2	0	2	4	3	2
总计	98	14	9	17	15	20	12	12

从表6—25中可以看出，关于网络购物行为分析的研究论文所占篇数较多，而网络购物安全性研究的论文数量则从2005年开始上升加快，说明网络购物安全方面的研究进一步深化。其中关于网络购物个人隐私方面的研究较少，属于薄弱环节。网络购物技术研究文献则在2001—2006年中所占比例较大，其后则逐步减少以至在2009年、2010年两年中数量极少，表明网络购物技术的发展已到达一个成熟期。

（2）期刊分布

一共有40种国内期刊发表了与网络购物相关的文献，表6—26列出了发表网络购物研究文献的核心期刊名称及文献数量。

表 6—26　　　　　　　　发表网络购物文献的核心期刊

期刊来源	文献篇数	（CNKI综合）影响因子	期刊来源	文献篇数	（CNKI综合）影响因子
商场现代化	8	0.143	计算机辅助设计与图形学学报	2	0.617
中国商贸	7	/	计算机系统应用	2	0.289
商业研究	7	0.388	计算机应用研究	2	0.455
江苏商论	6	0.216	湖北大学学报	2	0.31
中国经贸导刊	5	0.164	教育与职业	2	0.33
商业时代	5	0.238	经济地理	2	1.227
经济管理	4	0.464	经济科学	1	1.439
消费经济	4	0.606	经济纵横	1	0.458
心理科学进展	3	0.945	科研管理	1	0.125
统计与决策	3	0.364	企业活力	1	0.155
特区经济	2	0.194	企业经济	1	0.255
情报杂志	2	0.786	清华大学学报	1	0.492
瞭望	2	0.144	人民检察	1	0.281
科技管理研究	2	0.401	山西财经大学学报	1	0.706
计算机应用与软件	2	0.322	商业经济与管理	1	0.593
计算机工程与应用	2	0.428	上海纺织科技	1	0.249
北京服装学院学报	2	0.382	上海交通大学学报	1	0.428
城市发展研究	2	0.673	涉外税务	1	0.293
法学评论	2	0.735	数量经济技术经济研究	1	1.666
管理评论	2	0.867	江淮论坛	1	0.269
特区经济	2	0.194	企业经济	1	0.255

文献篇数合计：101 篇

从表中可以看出，《商场现代化》（影响因子为 0.143）、《商业研究》（影响因子为 0.388）、《江苏商论》（影响因子为 0.216）是目前国内发表网络购物相关文献数量较多的期刊。从期刊的影响因子来看，目前我国发表网络购物方面论文的期刊质量还比较低。

（3）研究领域分布

国内网络购物研究的重点领域主要集中在网络购物行为的研究方面

(35篇文献，占文献总数的35.7%）；其次是网络购物理论研究方面（24篇文献，占文献总数的24.5%），网络购物安全性研究（23篇文献，占文献总数的23.4%）；而网络购物系统技术研究方面（17篇文献，占文献总数的16.4%）所占比例最少。对检索到的文献进行内容分析得出如下结论：对网络购物的研究主要集中在网络购物行为研究方面，其中网络购物行为研究包括建立模型的研究和采用因素的研究两个方面，其中后者的研究文献有20篇，所占比例较高。

（4）分析结论

对某领域已发表的文献进行回顾有利于研究者跟踪研究热点，避免研究风险。系统的文献综述不仅能对某些研究问题进行重新评价和创新，还能指引某研究领域的未来研究方向。本小节通过对2001—2010年国内25种核心期刊上发表的98篇关于网络购物的文献进行研究，得出如下结论：近年来，特别是2005年以后，国内关于网络购物的研究得到了突飞猛进的发展，但2009—2010年国内关于网络购物系统技术方面的研究几乎没有，表明关于网络购物系统设计与开发的研究将达到成熟期。

目前，国内关于网络购物的研究主要偏重于网络购物行为的研究，尤其是采用因素方面的研究，虽然在理论综述方面有一定发展，但还需继续加强理论研究。在网络购物安全性方面尤其是关于网络购物个人隐私方面的研究还是薄弱环节，需要进一步加深研究。在国内网络购物行为研究中，多数学者是对消费者网络购物行为进行研究，缺乏企业或者服务商对于网购消费者行为进行研究，说明国内网络购物企业及服务商对于网购消费者的重视程度不够高，相关研究还处于低水平阶段。

（5）发展趋势

理论研究和应用实践相结合是网络购物爆发式发展的关键，除加强网络购物相关技术的攻关外，还必须从企业、用户等角度对网络购物行为进行系统性研究。未来网络购物研究的发展主要体现在以下几个方面：第一，网络购物系统技术的组合研究。众所周知，现有的网络购物系统已经得到广泛的推广和应用，但是在实际应用中存在一些不足。能否将各个系统的技术融合起来进行取长补短以完善网络购物系统，是未来网络购物系统技术研究方面的重中之重。第二，企业对于网购者行为的研究。通过分析，目前企业对于网购者行为的研究还处于低水平阶段，近年网络购物出现了爆发式增长，网络购物提供商层出不穷，竞争日益激烈，网购消费者越来越注重消费体验。随着微博等的流行,用户的口碑对于网络购物企业日益重要。网络购物的规模化、透明化以及消费者不失幼稚的购物观念,使服务质量成为网购企业在竞争中制胜的关键。可以预计,企业对网购消费者的研究将会迅速展开,企业将会成为未来网络购物行为研究的主力军。第三,网络购物理论扩展的研究。目前关于网络购物的理论研究还限于与网络购物相关的方面,网络购物的快速增长,使其对实体购物所产生的影响日益加大。随着越来越多的企业建立网络购物平台,网络购物对社会产生的影响也会越来越大,所以未来网络购物理论研究应该向网络购物所产生的影响方面倾斜。第四,网络购物安全性研究。分析发现,关于网络购物安全性方面的研究在2005年之后发展很快,表明随着网络购物的快速发展,网络购物安全性问题逐步突出,成为网络购物中一个不可忽视的问题。未来网络购物安全性研究应该从尽快完善法律法规、改进技术手段、倡导行业自律、加强消费者教育等方面入手。[①]

第十节 文本分析法

一 产生背景

20世纪30年代中期,英国作家雅各布发表了一本震动世界的小册子,将希特勒军队的组织机构、各军区的概况、参谋部人员部署及160多名指挥官的姓名、简历,甚至刚成立不久的装甲师的步兵小队都披露无遗。如此重要的军事机密被泄露,希特勒大发雷霆。纳粹德国情报机构把雅各布绑架到柏林,严讯其情报来源。雅各布的回答出乎意料:"我的全部材料都来自德国的报刊。"原来雅各布通过对德国报刊的文本分析,获得了德国非常重要的军事秘密。文本分析的方法一直被各国的情报部门广泛使用。在冷战时期,苏联在华盛顿建立的新使馆有意把地址选在五角大楼和米德堡之间的一座小山上。这一位置使他们可直接截听进出华盛顿的各种微波电话信号。通过将大量的电话和无线电信号输入计算机进行分析,首先找到表达"原子"、"莫斯科"、"军人"之类词的信号,再将这

---

① 李洁、王勇:《基于内容分析法的网络购物研究》,《知识管理论坛》2013年第2期。

些词与信号联系起来进行分析，以确定这些信号所表达的词是否与军队调动、原子弹这类语群有关。①

美国的"外国运用科学评估中心"长期以来也一直使用文本分析的方法来获取对美国军事、经济、政治很重要的科学技术。其分析方法是首先发现文本中使用频率高以及与科学技术有关的术语，如计算机、数据、材料或图像处理、无线电波长、电子磁场或太空光线调制器、太空研究院等，然后分析与这些术语相关联的短语或句子，从而发现可能的科技情报。

经过多年的发展，文本分析方法已成为一种系统的分析工具，不但国家情报部门广泛采用，也广泛运用于学术研究。美国一些大学开设了专门的文本分析课程，比如美国哥伦比亚大学的博士生课程就有文本分析方法的专题。

二　基本概念

文本分析（也称为内容分析）是介于定性分析和定量分析之间的一类分析方法。② 文本分析最简单的定义是：社会科学研究中任何系统的计量文本的方法。更具体地说，文本分析指的是"探索、调查和检验文本中出现的态度、思想、模式和观点的分析方法的集合"。③ 文本分析赖以存在的基本假设是：文本是记录我们的思想、感情、观点和信仰的主要方法，通过对文本的分析"破译"文字，可以让研究人员了解被研究对象的思想。④

---

① 曾忠禄、马尔丹：《文本分析方法在竞争情报中的运用》，《情报理论与实践》2011 年第 8 期。

② 黄晓斌、成波：《内容分析法在企业竞争情报研究中的应用》，《中国图书馆学报》2006 年第 3 期。

③ ［美］Andersonth·C：《从非结构化文本到有价值的洞察：利用文本分析来满足竞争情报需求》，《竞争情报杂志》2008 年第 11 期。

④ 曾忠禄、马尔丹：《文本分析方法在竞争情报中的运用》，《情报理论与实践》2011 年第 8 期。

三　优势与意义

文本分析具有很多独特的优势，主要包括：①文本分析在深入了解个体或群体的价值观、意图、态度和认知模式方面是更有效的方法。②文本分析具有弹性，可用于不同分析层次和不同方法组合。在层次方面，文本分析可以用在文本表面层次的表达分析上：通过简单的文字统计来掌握和揭示文本表达的内容；文本分析可以用在更深层次的分析上：研究人员可以作更深入的解析发现文本隐藏的内容和深层次的含义。在方法上，文本分析既可用于演绎分析，也可用于归纳分析。文本分析也可以将强有力的定量分析同定性的解读结合起来，从而发现单一分析方法发现不了的丰富内涵。③文本分析不仅适用于现状研究，也可用于纵向研究或比较研究。比如，上市公司每年都有年报，行业刊物每年都发表不同的研究报告，通过文本分析的方法，可以发现一家公司或一个行业历史的变化。④文本分析具有客观性。文本分析的工作可以在不被对方发现的情况下进行，从而避免对方因为受到注意而改变行为的可能性，因此更能保证研究结果的可靠性。⑤文本分析是可以反复进行的分析方法。文本分析法最关键的环节是将那些微妙的和难以量化的概念进行编码，从而使这些概念变成可用计算机分析的数据。编码的可靠性可以反复重新核对，编码的分类标准的信度和效度也都可以反复检验。⑥文本分析的成本耗费低。在很多情况下，只通过计算机数据库就可以收集到足够的数据。[1]

文本分析的方法对企业竞争情报分析具有十分重要的意义。由于信息技术的日益完善，信息收集比较容易，在很多领域甚至出现信息过度泛滥的问题，因此，信息收集已不是竞争情报关注的重点，如何从大量的信息中发现隐藏着的有关竞争对手或竞争环境的情报成为竞争情报工作的关键。世界上的信息有80%都是定性的、文字性的、非结构性或半结构性的文本信息，这些信息无法直接利用统计软件来分析，而传统的分析人员解读又因为人的"有限理性"影响而容易出现偏差，从而使分析结果的可靠性受到质疑。文本分析的方法能弥补这方面的不足。文本分析方法能

---

[1] 曾忠禄、马尔丹：《文本分析方法在竞争情报中的运用》，《情报理论与实践》2011年第8期。

有效地克服或降低在定性的、非结构性的信息分析中出现的偏差,增加分析结果的可靠性。

四 基本步骤

第一步,确定数据来源。[①]

文本分析首先需要根据研究主题来确定数据资料的主要来源和搜索范围,它是整个文本分析工作的起点。研究的主题可能是产业趋势、宏观环境的变化,也可能是竞争对手的战略、竞争对手的假设等。文本分析的资料来源可能包含一切文本资料或可转化为文本的资料,包括公司年报、行业杂志、学术期刊、报纸、其他公开的文献、访谈记录、问卷调查中的开放式问题答案、公司内部资料、公司使命申明、项目计划书、各类电子数据库、商业案例,等等。年报是研究公司如何应对外部环境的重要资料,可用于检测公司信息披露情况、公司绩效状况、公司的社会责任等。年报分析有时可以捕捉到公司无意识中透露的战略信息。商业杂志是反映市场动态竞争最重要的信息来源。商业杂志中的新闻报道、访谈报告、广告都对于分析竞争对手的发展战略和产品行销策略以及各种竞争行为具有独特的价值。其他的信息来源还包括竞争对手的网页、顾客在自己网页上的留言或评论、博客资料、网上论坛、传呼中心的文字记录、顾客的反馈邮件、电报、信件、员工建议、客户关系管理数据库,等等。

第二步,资料收集。

文本分析常常涉及大量的人工,因此对分析的文本要细致挑选。在互联网高度发达、信息泛滥的时代,信息收集要更加挑剔,既要保证收集到有针对性的文本,又要尽量避免收集没有相关性的资料。在收集信息时除了选择信息源外,还要仔细界定收集的资料类型(报刊、年报、领导讲话等)。不同的分析目的,需要选择不同的资料类型。比如分析技术趋势,可能需要专利文献和科技文献,分析产业的竞争动态需要行业杂志或报纸。确定了资料类型,接下来就是在资料中选择具体的文本,最理想的是选择到最有代表性、权威性的文本。收集的最终目标是建立一个能用计

[①] 曾忠禄、马尔丹:《文本分析方法在竞争情报中的运用》,《情报理论与实践》2011年第8期。

算机处理的数据库。因此,收集工作除了采集信息外还包括将凌乱的数据按一定的格式加以处理。

第三步,编码。

编码是文本分析的一个关键点,编码过程中最容易出现的问题是编码员的认知偏差和编码标准不统一,它会影响编码的信度和效度。因此这一阶段需要严格按照规则设计编码方案进行编码。编码一般采用如下 8 个步骤:①定义记录单位,比如拟分析的记录单位是单词、短语、句子还是段落;②定义编码类型,比如战略、假设、目标等类型;③编码测试;④评估测试结果的准确性和可靠性;⑤修正编码方案;⑥重新进行编码测试直到编码的可靠性达到可接受的水平;⑦对整个文本进行编码;⑧检测编码的可靠性和准确性。编码过程中最容易出现的一个问题是先入为主的影响(认知偏差),即编码人员在对编码单位进行编码时,心目中已经有一些主观看法了,从而是戴着有色眼镜看编码单位,其结果可能只看到支持自己原有看法的表达而忽略不支持自己看法的表达。心理学称这种情形为"证实性偏差"。[①] 为克服这方面的问题,编码时可考虑采取如下措施:在确定编码的单位之后,请不知道研究目的的人员来进行编码工作;若第一次编码员只有一人,再次编码需换另外的人,然后测量两次编码的稳定性;培训编码员,保障编码员熟悉编码的基本程序和规则,并理解编码方案。

第四步,资料分析。

通过编码之后,原先无法用定量分析的文本就几乎变成适用于一切定量分析方法的数据,这时可以采用传统的统计分析工具进行分析。利用各种统计软件,可以对文本内容进行频率比较、聚类分析、相关分析、方差检验、回归分析、网络分析、中心共振分析、历时分析或建立模型。通过这些分析就可能从资料中发现趋势、预测未来发展等。一般的分析方法包括:①频率统计。统计一个公司的文本文件或领导讲话中某些词语使用的频率多寡,可以发现其关注的重点。统计不同公司的文本文件用词频率的变化,可以发现行业变化趋势。②用词变化统计。通过分析所用词汇的变化,可以发现对方关注重点和认知视角的变化。③主题分析。通过对一组

[①] 曾忠禄:《竞争情报工作中的证实性偏差及其克服方法》,《情报理论与实践》2009 年第 6 期。

组词语的聚合分析，可以发现对方暗中表达的真正主题，推断对方真正的观点、感情。④分析关联词。如某些关键词同时出现，可能意味着关键词表达的基本概念之间存在某种联系。⑤修饰语分析。在特定词语前面的修饰语，往往显示有关主体对某特定事务的评价或满意程度。

五 文本分析方法的应用

文本分析在竞争情报领域具有广泛的用途。前面已经提到，竞争情报面对的信息大多是定性的、文字性的、非结构性或半结构性的信息。这些信息无法利用传统的分析方法进行有效的分析，文本分析方法为分析这类信息提供了有力的工具。文本分析对于动态的竞争环境的分析特别具有优势。下面是文本分析在竞争情报分析中的部分运用领域。①

（一）战略集团分析

战略集团理论是20世纪70年代在战略管理文献中开始流行的一个重要概念。战略集团理论认为，同一个行业的企业可能分属不同的战略集团。不同的战略集团有不同的战略和利润水平，不同的战略集团内部和彼此之间的竞争强度有差异。分析战略集团可以帮助企业更准确地为自己定位，发现更好的市场机会。战略集团分析一般通过对有关行业上市公司的年度报告，有关行业的报纸、刊物，有关公司发布的宣传品、网页等出版物和文献的文本分析完成。通过文本分析，可以发现各公司的成本定位、营销支出、管理特征、作业范围，从而了解各竞争公司在资源安排上的选择；通过文本分析也可了解一个公司的竞争活动、主动的挑战行为、降价倾向、反应速度、模仿行为等，从而了解一个公司的竞争战略。通过上述信息，就能比较准确地判断一个公司所属的战略集团。比如史密斯等人利用文本分析的方法，通过对《航空日报》8年文献的文本分析，了解了美国航空产业内各竞争对手之间的主动出击和反击行为，确定了行动与反击的不同竞争对手所属的战略集团。

---

① 曾忠禄、马尔丹：《文本分析方法在竞争情报中的运用》，《情报理论与实践》2011年第8期。

（二）竞争对手的假设分析

竞争对手假设主要指竞争对手对自己和外部世界的看法。不同的假设导致不同的行为。以英特尔公司为例，英特尔曾一度认为，在芯片行业，关键成功因素是速度。按这种假设，英特尔公司投入大量的时间、人力、物力去提高芯片的速度，后来认为速度足够就行了，价格对扩大市场规模更重要，于是，英特尔公司不再把芯片速度作为开发重点，而投入更多的资源降低成本，结果生产出更适合普通消费者使用的普及型芯片。在竞争情报领域，最需要关注的假设主要有三种：竞争对手对其自身的假设、对整个产业的假设以及对其竞争对手的假设。对自己的假设包括对自己的市场地位、竞争优势、研发能力等的看法，如将自己设定为产业领袖、最具创新能力、具有特殊服务的公司。对产业的假设包括对产业发展趋势、利润水平、增长速度、产品需求变化等的看法。对竞争对手的假设包括竞争对手的相对优势与弱点、战略、投入等的看法。分析竞争对手的这三种假设可以帮助我们预测对手可能的行动。了解竞争对手的假设需要对竞争对手的价值系统、组织文化、过去的行为模式有深刻的认识，分析竞争对手假设的资料来源可以是竞争对手主要领导的讲话、年度报告、其工程师发表的论文、广告、促销资料、网站资料、新闻发布等。

（三）竞争对手的目标分析

分析竞争对手的目标有助于了解竞争对手对其目前的地位和收益状况是否满意；提供关于竞争对手未来在市场上会采取哪些行动的信号，包括是否改变现行战略，或对其他公司的战略行动做出反应等。假如某公司投资回报率过低，其管理层制定了提高投资回报率的目标。根据该公司的这一目标，我们可以预测该公司可能会采取增加销售、降低成本或减少投资基数等方面的行动。如果竞争对手的首要目标是扩大市场份额，他可能采取降低价格、提高广告费用或增加促销费用等行为。如果竞争对手的目标是收益最大化，则可能采取提高价格、削减营销预算等行为。有关竞争对手的目标，可以从其发布的年报、领导讲话等文本分析发现。

（四）竞争对手的战略分析

竞争对手的基本竞争战略有三种：低成本战略、差异化战略和集中一点战略。在基本战略的基础上，可能有其他不同的组合。了解竞争对手的战略，有助于自己的公司制定相应的对策。一般竞争对手常常发布战略信息的来源是其年度报告、向媒体的新闻发布，以及其公司网站和宣传品等。通过对这些信息的文本分析能获得竞争对手的竞争战略信息。

（五）竞争对手的使命分析

使命声明是公司最重要的一种公开预告，是其经营、伦理和财务的指南。一个公司的使命包括两个方面的内容：经营哲学和组织宗旨。所谓经营哲学，是指一个组织为其经营活动方式所确立的价值观、信念和行为准则。所谓组织宗旨，是指规定组织去执行或打算执行的活动，以及现在的或期望的组织类型。公司的宗旨常回答下面一些问题：该企业是干什么的？顾客是谁？对顾客的价值是什么？企业的业务应该是什么？比如，美国埃克森石油公司提出的公司宗旨是勘探、开采、提炼和销售石油和石油产品；杜邦公司的宗旨是"通过化学方法生产更好的产品"。使命声明可能只是一句话，如微软的使命声明：让每一张桌子上、每一个家庭中都有一台计算机，都使用微软的软件；也可能是一本小册子，如华为的"华为基本法"。大多数公司都非常注重它们的使命声明，并努力实现使命声明的承诺。因此使命声明常常具有长期不变的特征。分析使命声明，可以获得竞争对手的如下情报：顾客定位（顾客是谁），产品/服务定位（提供什么产品或服务），区位/市场定位（在哪里竞争），技术定位（采用什么技术），对生存、增长和利润水平的看法，哲学观（基本信仰、价值观），对自我的看法，对公众形象的看法，对员工的重视程度。使命分析最好的信息来源是一个公司的年度报告中致股东的信，以及提供给客户和供应商等的信息资料。

第十一节　财务分析法

在竞争日益激烈的市场环境中，有些企业因经营环境恶化，可能会为了生存而发布虚假信息，误导投资者。这时市场经济秩序就会发生紊乱，需要监管部门对企业进行监管。而监管离不开对企业的财务状况进行分析，并通过分析，遏制企业编制虚假财务报表误导投资者和债权人的行为。

一 基本内涵

财务分析是对企业的财务状况、经营成果和现金流量进行综合评价的一种经济管理活动,对企业的管理者、投资者、债权人、国家宏观经济管理部门,都具有重要的作用。企业投资者进行投资决策、债权人进行授信决策、企业管理者进行日常经营管理决策、国家宏观经济管理部门进行宏观经济管理决策,都要依赖财务分析。企业财务分析所依据的主要资料是财务报告及其所披露的相关信息,主要是通过比率分析、趋势分析、因素分析,对财务信息进行综合分析。比率分析可用行业的标准,也可用前期的相同事项来比较。财务比率分析有助于描述企业的财务状况、经济活动的效率、可比的获利能力。一些主要的财务比率包括收益、偿债、杠杆和效率。趋势分析主要是通过分析企业一些指标的变化趋势,调整投资规模、改变经营方式。因素分析主要是分析一些指标对企业财务报表的主要影响因素,并根据这些因素提出改善方案,以利于企业的发展。[1]

由于需求者的利益出发点不同,对于财务分析的要求也不同。

(1) 企业所有者角度:作为投资人,企业所有者主要关注的是企业投资的回报率。其中,一般投资者关心的是企业股息、红利的发放问题;拥有企业控制权的投资者,则更多地追求长期利益的持续、稳定增长。

(2) 企业债权人角度:债权人最为关注的是其债权的安全性,因此他们需要获取有关企业的偿债能力方面的信息。

(3) 企业经营者角度:企业经营者基于决策需要,必须对企业经营管理的各个方面的信息予以详尽的了解和掌握,以便及时发现问题,采取对策。

(4) 政府管理机构角度:政府管理机构在关注投资所产生的经济效益的同时,更多地会考虑社会效益,以在谋求资本保全的前提下,能够带来稳定增长的财政收入。

---

[1] 邱丽彬、舒微微:《财务分析方法及应用》,《经营与管理》2011年第7期。

二 财务分析的作用

（1）可以了解企业财务状况，发现问题。通过分析企业自己的财务报表，可以使领导者清楚地了解到本企业的运行状况，例如，资金是否被有效合理地利用、企业盈利情况如何、是否负债过高等。通过了解企业现状，分析发现企业问题，从而及时采取有效措施避免不必要的损失。

（2）可以获得对手财务情报。通过分析竞争对手的财务信息可以发现竞争对手的强势、弱点，能使本企业能够在竞争中采取有效措施，选择适当的时间、采用适当的方式攻击或回避竞争对手，最终使本企业在竞争中处于主动地位。

（3）可以预测变动趋势情报。通过分析企业的偿债能力、营运能力、盈利能力等，可以预测竞争对手的产品是否有技术进步、管理是否科学、竞争对手行动动向等。这些信息对本企业是至关重要的。

三 具体分析方法

（一）比较分析法

比较分析法主要通过对财务报表中各类相关的数字进行分析比较，以判断一个公司的财务状况和经营业绩的演变趋势以及在同行业中的地位变化情况。比较分析法的目的在于：确定引起公司财务状况和经营成果变动的主要原因；确定公司财务状况和经营成果的发展趋势对投资者是否有利；预测公司未来发展趋势。比较分析法从总体上看属于动态分析，以差额分析法和比率分析法为基础，又能有效地弥补其不足，是财务分析的重要手段。[①]

（二）趋势分析法

趋势分析法又称水平分析法，是通过对比两期或连续数期财务报告中的相同目标，确定其增减变动的方向、数额和幅度，来说明企业财务状况和经营成果的变动趋势的一种方法。通过分析这些变化，经营管理者可对

---

① 宫婕：《财务分析方法体系浅析》，《财会通讯》2009 年第 6 期。

经营环境的变化迅速作出反应，对一些向不利方面发展的情况进行及时调整，改善经营管理模式，还可根据这些变化进行财务预算决策、预测企业的发展前景。[①]

趋势分析法的具体运用主要有以下三种方式：

第一，重要财务指标比较。是将不同时期财务报告中的相同指标或比率进行比较，直接观察其增减变动情况及变动幅度，考察其发展趋势。具体有：一是定基动态比率，即用某一时期的数值作为固定的基期指标数值，将其他的各期数值与其对比来分析。计算公式为：定基动态比率＝分析期数值÷固定基期数值。二是环比动态比率，即以每一分析期的前期数值为基期数值计算得出。计算公式为：环比动态比率＝分析期数值÷前期数值。

第二，会计报表比较。会计报表的比较是将连续数期的会计报表金额并列起来，比较其相同指标的增减变动金额和幅度，据以判断企业财务状况和经营成果发展变化的一种方法。运用该方法时，最好是既计算有关指标增减变动的绝对值，又计算其增减变动的相对值。这样可以有效地避免分析结果的片面性。

第三，会计报表项目构成比较。这种方式是在会计报表比较的基础上发展而来的，它是以会计报表中的某个总体指标为100%，计算出其各组成项目占该总体指标的百分比，从而比较各个项目百分比的增减变动，以此来判断有关财务活动的变化趋势。这种方式较前两种更能准确地分析企业财务活动的发展趋势，有利于分析企业的耗费和盈利水平，但计算较为复杂。采取这种方法应该对特定时期的特殊环境进行分析，以使数据具有可比性、分析有价值。

（三）比率分析法

比率分析法，是指通过计算财务报表指标比率，确定财务活动变动程度的一种分析方法。采取这种分析法得出的数据都是相对数，可避免基数不同带来财务数据的不可比性。企业可通过这些比率指标，对不同时期的财务状况、经营成果与同行业中其他企业进行同期比较，找出本企业经营成果的变化与同行业中其他企业的差距，进而为管理层作出正确决策提供

[①] 邱丽彬、舒微微：《财务分析方法及应用》，《经营与管理》2011年第7期。

可靠的依据。①

比率指标主要有：①收益比率，主要包括投资报酬率和每股收益。投资报酬率＝收益÷资产×100%，可反映资产使用的有效性。每股收益＝（净收益－优先股红利）÷普通股股数，是投资者在作投资决策时所考虑的一个重要指标。②效率比率，主要包括资产周转率、应收账款周转天数、存货周转率等指标，可反映企业资产使用的效率。采用这个指标在不同行业之间进行比较要谨慎，因为不同行业有不同的资产结构。③偿债比率，主要包括流动比率和速动比率，可反映企业偿还到期债务的能力。流动比率＝流动资产÷流动负债，通常用来测试企业的清偿能力或偿债能力；速动比率＝速动资产÷流动负债，主要是把流动资产中的存货扣除，用来确定企业真正的清偿能力。④杠杆比率，主要包括负债比率、获利额对利息的倍数。这一比率越高，表明企业面临的风险可能也越高，在这种情况下作投资决策一定要慎重。

比率分析法是把某些彼此存在关联的项目加以对比，计算出比率，据以确定经济活动变动程度的分析方法。常用的财务分析比率通常可分为以下三类：

第一类，反映偿债能力的财务比率。具体分为如下两类：

（1）短期偿债能力比率。短期偿债能力是指企业偿还短期债务的能力。

一般而言，企业应该以流动资产偿还流动负债，所以分析短期企业偿债能力可以通过以下比率来进行：

一是流动比率。公式为：流动比率＝流动资产÷流动负债×100%。这一比率用于衡量企业流动资产对流动负债的保障程度，也就是流动资产在短期债务到期前可以变为现金用于偿还流动负债的能力。

二是速动比率。公式为：速动比率＝速动资产÷流动负债×100%。其中：速动资产＝流动资产－存货。该指标用于衡量企业流动资产可以在当前偿还流动负债的能力。通常速动比率越高，债权人的债务风险越小。

三是现金比率。公式为：现金比率＝（现金＋银行存款＋现金当量）÷流动负债×100%。衡量企业即时偿付能力最稳健的指标是现金比率，其中现金当量为预期三个月内可收回的债务、股票投资。

---

① 宫婕：《财务分析方法体系浅析》，《财会通讯》2009年第6期。

(2) 长期偿债能力比率。长期偿债能力是指企业偿还长期利息与本金的能力。

一般而言,企业的长期负债主要是用于长期投资,因此,最好是用投资产生的效益偿还利息与本金。所以通常以资产负债率和利息收入倍数两项指标来衡量企业的长期负债能力。

一是资产负债率。公式为:资产负债率 = 负债总额 ÷ 资产总额 × 100%。资产负债率反映在总资产中有多大比例是通过借债来筹资的,也可以衡量企业在清算时保护债权人利益的程度。一般而言,资产负债率保持在30%左右的水平较为合适。

二是利息收入倍数。公式为:利息收入倍数 = 经营利润 ÷ 利息费用 = (净利润 + 所得税 + 利息费用) ÷ 利息费用。利息收入倍数考察企业的营业利润是否足以支付当年的利息费用,它从企业经营活动的获利能力方面分析其长期偿债能力,一般而言,利息收入倍数越大,长期偿债能力越强。

第二类,反映营运能力的财务比率。

营运能力是以企业各项资产的周转速度来衡量企业资产利用的效率。周转速度越快,表明企业的各项资产进入生产、销售等经营环节的速度越快,那么其形成收入和利润的周期就越短,经营效率自然就越高。

一般而言,反映企业营运能力的比率主要有五个,其计算公式如下:

应收账款周转率 = 赊销收入净额 ÷ 应收账款平均余额

存货周转率 = 销售成本 ÷ 存货平均余额

流动资产周转率 = 销售收入净额 ÷ 流动资产平均余额

固定资产周转率 = 销售收入净额 ÷ 固定资产平均净值

总资产周转率 = 销售收入净额 ÷ 总资产平均值

由于上述各周转率指标的分子、分母分别来自资产负债表和利润表,而资产负债表数据是某一时点的静态数据,利润表数据则是整个报告期的动态数据,所以为了使分子、分母在时间上具有一致性,就必须将资产负债表上的数据折算成整个报告期的平均值。一般而言,上述指标越高,说明企业的经营效率越高。但数量只是单方面的因素,在进行分析时,还必须注意各资产项目的组成结构,构成不同,分析的结果也就不同。

第三类,反映盈利能力的财务比率。

盈利能力是与企业相关的各方关注的焦点,同时也是企业经营成败的关键，企业只有保持长期盈利能力，才能真正做到持续稳定经营。反映企业盈利能力的比率有很多，常用的有以下几种：

毛利率＝（销售收入－成本）÷销售收入×100%

营业利润率＝营业利润÷销售收入×100%＝（净利润＋所得税＋利息费用）÷销售收入×100%

净利润率＝净利润÷销售收入×100%

总资产报酬率＝净利润÷总资产平均值×100%

权益报酬率＝净利润÷权益平均值×100%

上述比率中，毛利率、营业利润率、净利润率分别说明企业生产（或销售）过程，经营活动和整体的盈利能力，比率越高说明企业获利能力越强；资产报酬率反映股东和债权人共同投入资金的盈利能力，权益报酬率则反映股东投入资金的盈利状况。权益报酬率与财务杠杆有关，如果资产的报酬率相同，则财务杠杆越高，企业权益报酬率也越高。

应用比率分析法时应进行全面考虑，不能孤立地看待各个比率指标，因为一个指标只能反映企业状况的一个侧面。还应结合企业的经营环境，比如，有的企业是资本密集型，资产周转较慢、长期负债较大；有的企业是劳动密集型，流动性指标比率较高。

（四）平衡分析法

平衡分析法，是指运用财务报表之间的钩稽关系、报表内部各指标之间的平衡关系原理，分析有关财务指标及其变动规律和现象，进而达到分析目的的一种分析方法。[①] 资产负债表的基本结构原理是：资产＝负债＋所有者权益。这个等式可反映企业资产的来源，一部分是所有者投入计入所有者权益，一部分是债权人借款计入企业负债。这就要求资产负债表所列各项金额的关系符合这个等式，否则编制资产负债表就会出现问题。如果将资产分为流动资产和非流动资产，等式是：流动资产－流动负债＝营运资本＝非流动资产－长期负债－所有者权益。这个等式反映了企业资金要有合理的来源，并将资金分配到合理的用途。企业通过短期负债获得的资金，应主要用于满足流动资金的需要；长期负债或通过发行股票取得的资金，应主要用于长期资金的需要，如购置固定资产。这样就可看出资金

---

① 邱丽彬、舒微微：《财务分析方法及应用》，《经营管理》2011年第7期。

的来源和使用的合理程度，进而判断经营风险的大小。利润表中的"未分配利润"数额应等于资产负债表中"未分配利润"数额；利润表和资产负债表中有关项目金额经调整后，应等于同期现金流量表中的相关项目金额。平衡分析法可用来分析企业财务报告中的重大错报，以监管公众利益实体，保护广大投资者的利益。

（五）因素分析法

因素分析法，是指对影响经济总体或部分的因素进行分析，确定各种影响因素和方式，按照一定的方法计算这些因素变动的影响程度和影响方向的一种分析方法。[①] 因素分析法主要包括：

（1）主次因素分析法，即根据各个因素占分析总体的份额大小，依次把这些因素分为重要、次要和一般几个等级，然后具体分析各个因素的影响程度。这种分析方法的优点是，能够突出重点，抓住问题的主要环节并有针对性地解决。

（2）因果分析法，即分析影响经济活动的各个因素与经济活动、其他因素之间的因果关系，进而根据因果关系分析各种活动或各个相关联账户存在的问题。比如，销售数量与销售收入之间存在正相关的因果关系，销售成本与销售利润之间存在负相关的因果关系，销售收入与销售利润之间存在正相关的因果关系。这种方法的优点是，可从整体上把握财务报表的真实性，比如，在销售成本大幅度上升而销售数量没有多大变化的情况下，增加的销售利润可能就是虚假的。

（3）平行影响分析法，即分析各因素与经济活动同时变动、平行影响的关系。比如，分析营业费用可把营业费用按一定的比例分配到各个收益单位，然后分析这些单位的经营业绩及其对总体业绩的影响，这样就容易得出各个分支单位的经营业绩。这种方法的优点是，能够进行横向比较，对企业在管理各部门单位时具有一定的针对性。

（4）连环替代法，即在确定分析对象差异的基础上，按照一定的顺序替代各影响因素并计算它们的影响程度，可了解各个影响因素对总体影响的具体程度。这种方法的优点是，可得出各影响因素产生影响的具体数值，能够较精确地得出分析结论，对企业在作决策时非常有帮助。

---

① 宫婕：《财务分析方法体系浅析》，《财会通讯》2009 年第 6 期。

四 案例分析——以竞争对手分析为例

竞争对手分析是对竞争对手产品、技术、管理、市场力量和战略等要素进行揭示与分析的过程。通过竞争对手分析，一方面可以使企业掌握竞争对手的战略、意图、优势、弱点，分析企业与竞争对手的差异。制定出有针对性的竞争策略，扬长避短，使企业抢占先机，在竞争中占据有利地位；另一方面，通过对竞争对手竞争实力、目标以及现行策略的分析，可以使企业准确而合理地预测竞争对手面对不同竞争压力的反应以及未来可能采取的策略，为企业选择竞争战略提供依据。下面分别阐述财务分析法在这两个方面的应用。[①]

第一，财务分析法在竞争对手现行状况分析中的应用。竞争对手的现行状况包括对手的经营状况、盈利状况、现行战略、优势、弱点等。采用财务分析法中的相关比率分析法对竞争对手的财务报表进行分析，可以获得竞争对手偿债能力、营运能力、盈利能力等方面的情报。结合行业状况对上述能力进行分析，可以推测出竞争对手现行战略、优势和弱点等情报。

第二，财务分析法在对竞争对手行为预测中的应用。竞争对手未来行为包括面对各种情况的反应能力、未来的战略计划等。采用财务分析法中的趋势分析法，可以根据竞争对手过去的情况预测竞争对手未来的行为。另外，在分析竞争对手偿债能力、营运能力、盈利能力等能力的基础上，可以预测企业在面对各种情况时可能做出的反应。

下面结合案例来分析。特钢行业是国民经济的主要基础产业，一直是我国重点扶持、政策倾斜的行业，"投资大、风险高、收益高"是它的显著特点。近几年，随着制造业的持续快速发展，特别是机械、汽车、机电、造船等行业的发展，对特钢产品的需求也逐渐加大。由于一批新建特钢企业应运而生、普通钢材生产企业也开始生产部分特钢产品、国际特钢生产企业开始瞄准中国市场等因素，该行业竞争越来越激烈。要想在竞争

[①] 包昌火、谢新洲：《竞争对手分析》，华夏出版社 2003 年版。

中取得优势，在制定发展决策时必须注重对竞争对手信息的分析。[1]

（一）确定竞争对手

企业的竞争对手可以用行业标准和市场标准来判断。行业标准指在一组提供一种或一类彼此类同或密切相关的产品的企业群中寻找竞争对手。市场标准指在一些力图满足相似顾客群需求或服务于同一顾客群的企业中寻找竞争对手。采用上述两个标准得出该特钢生产商的主要竞争对手有A、B两家公司。

（二）确定分析目标、相关信息收集、选择财务分析方法

对竞争对手进行分析，人们一方面想了解竞争对手目前的状况，另一方面可以对竞争对手未来的行为进行预测。竞争对手目前的状况包括企业能力和现行战略。其中，竞争对手的能力直接决定竞争对手采取何种战略行动和对所处环境或产业中发生的事件的反应能力。通过分析企业的变现能力、安全性、营运能力和盈利能力，可以得出企业能力，并依此来预测竞争对手的现行战略。所以，分析A、B两家公司的变现能力、安全性、营运能力和盈利能力即可。财务分析的对象是财务信息，包括资产负债表、利润表和现金流表等。这里用到的是A、B两家公司的资产负债表和利润表。由于A、B两家公司都是上市公司，它们的财务报表可以通过网络查询，本次分析采用的是这两家公司2013年9月30日的财务信息。此次分析的目标是分析A、B两家公司的变现能力、安全性、营运能力和盈利能力。比较分析法是一种简单分析，是财务分析的基础。它不能用来分析上述四项内容。因素分析重在分析各因素的影响程度，也不能用来分析上述四项内容，只有比率分析法中的相关比率分析法可以分析变现能力、安全性、营运能力和盈利能力。所以本案例采用相关比率分析法来进行分析。[2]

（三）财务报表分析

对A、B两家公司的财务报表进行分析，得出这两家公司的变现能

---

[1] 马晓、陈娜、王利娟：《基于财务分析法的竞争对手分析》，《企业导报》2011年第8期。

[2] 王曰芬、甘利人：《竞争对手的情报研究》，《情报理论与实践》2001年第24期。

力、安全性、营运能力和盈利能力情况如表6—27所示。

表6—27　　　　　A、B两家公司的财务报表分析

企业指标	变现能力分析		安全性分析		营运能力分析				盈利能力分析	
	流动比率	速动比率	资产负债比率	产权比率	流动资产周转次数	总资产周转次数	应收账款周转次数	存货周转次数	净资产收益率（%）	资产利润率（%）
A企业	0.88	0.43	0.71	2.48	1.16	0.68	5.48	0.03	1.07%	0.39%
B企业	1.36	0.83	0.42	0.74	2.73	1.41	29.10	0.10	17.3%	9.98%

（四）分析和预测[①]

（1）变现能力分析。变现能力是反映企业短期偿债能力的指标。它由流动比率和速动比率来反映。一般情况下，企业流动比值越高，说明企业的短期偿债能力越强。对于企业经营者来说，这两个比率保持适中为益，由于流动资产是盈利能力较低的资产，所以，这两项比率过高意味着偏低的盈利能力，过低意味着企业有资金流断裂的危险。一般认为，流动比率为2是比较合理，速动比率的比值为1是比较安全。从表6—27可以看出，A、B两公司的流动比率值和速动比率值都比参考值低，从这个角度来看，这两家公司都存在资金流断裂的危险。但是，如果经营得当，企业也不会出现资金断裂。所以，还要结合其他指标综合考虑这两家公司的情况。

（2）安全性分析。企业安全性由资产负债比率和产权比率来反映。企业的资产负债率多高才算合理，没有统一的规定，它取决于产品的盈利能力、银行利率、通货膨胀率、国民经济的景气程度等因素。一般来说，企业产品的盈利能力强或者企业的资金周转快，企业可承受的资产负债率也相对较高；银行利率提高迫使企业降低资产负债率，银行利率降低会刺激企业提高资产负债率；通货膨胀时期或经济景气时期企业会保持较高负

[①] 马晓、陈娜、王利娟：《基于财务分析法的竞争对手分析》，《企业导报》2011年第8期。

债率；同行业间竞争激烈则企业倾向于降低资产负债率。目前我国企业要求产权比率在 2 较为合理。从表 6—27 可以看出 A 公司的产权比率处于合理状态。由于特钢利润高、2013 年国民经济景气等，资产负债率较高也是合理的。相比之下 B 公司相对保守，资产负债率和产权比率都相当较低。

（3）营运能力分析。营运能力是用来衡量公司在资产管理方面的效率的财务比率。它由流动资产周转次数、总资产周转次数、应收账款周转次数和存货周转次数来反映。流动资产周转次数能揭示流动资产的利用率，流动资产周转次数越高表明企业流动资金的利益率越高；总资产周转次数是从整体来衡量企业营运能力的指标。在保证正常生产经营的前提下，尽可能少占用经营资金，是理想的存货状态。上述各指标周转次数越高，说明企业的营运能力越强。从表 6—27 可以看出，A 公司的营运能力比 B 公司较差，影响营运能力的主要因素是企业的经营理念和管理方法。由此可以看出，B 公司在经营管理理念和方法上有其过人之处，值得学习。

（4）盈利能力分析。利润是企业生产活动的最终结果，也是企业之间竞争的动力和源泉。盈利能力是企业在生产经营过程中获取利润的能力。盈利能力由净资产收益率和资产利润率来反映。盈利能力的高低受到很多因素的影响，比如企业产品质量的好坏、企业资金利用率的高低、企业产品定价是否合理等。从表 6—27 可以看出，B 公司盈利能力比 A 公司强，说明 B 公司有可能是产品质量好，产品具有不可替代性；也有可能 B 公司产品的定价合理，使得销售数量和利润空间在最佳状态等。

（5）综合分析。A 公司：变现能力偏低、资产负债率较高、营运能力一般、盈利能力正常。公司在正常运转下不会出现问题，如果出现经济萧条、存货难以销售、通货紧缩、利润下降等情况时，可能面临资金流断裂，所以，这是 A 公司的一个软肋。B 公司：变现能力处于合理状态、资产负债率较低、营运能力强、企业盈利多。这表明，B 公司出现资金流断裂的可能性比较小；资金利用率很有效、管理经营理念和方法有过人之处；产品质量、定位和定价等都值得学习。该公司是一个强有力的竞争对手。

以上对当前主要的竞争情报方法进行了介绍。实际上，到目前为止，竞争情报方法大都处于定性分析阶段，能定性和定量相结合并具有良好的分析流程的方法并不多，主要原因一方面是因为竞争情报研究至今历史很短，很多方法是最近才引起竞争情报研究人员的关心，还没有足够的时间来对其改造；另一方面是当前该领域的研究人员大都是原先从事情报学、工商管理学的人员，定量的意识比较薄弱。但是，从竞争情报系统的自动化、智能化发展趋势来看，应该要把当前的竞争情报方法引向以定性分析为主、以定量工具作为辅助、分析流程规范化的方向，这样整个情报方法环节的质量和效率才能提高，为整个竞争情报系统成功建设奠定扎实的基础。

第七章

竞争情报技术

竞争情报系统的技术是不断吸收信息技术而发展的，在信息技术的支撑下竞争情报方法的应用将大大提高经济性和时效性，同时通过信息技术使竞争情报管理各环节（情报收集、存储、发布、使用）提高运营效率，使竞争情报更有效地为企业服务。信息技术非常庞大，本章选择和竞争情报直接相关的几个重要信息技术来探讨其对竞争情报研究的意义。

第一节　数据仓库技术

一　数据仓库的定义

数据仓库是决策支持系统和联机分析应用数据源的结构化数据环境。数据仓库研究和解决从数据库中获取信息的问题。数据仓库的特征在于面向主题、集成性、稳定性和时变性。

数据仓库，由数据仓库之父 W. H. Inmon[①] 于 1990 年提出，主要功能仍是将组织透过资讯系统的联机交易处理经年累月所累积的大量资料，透过数据仓库理论所特有的资料储存架构，作一有系统的分析整理，以利各种分析方法如线上分析处理、数据挖掘等进行，进而支持如决策支持系统、主管资讯系统的创建，帮助决策者能快速有效地从大量资料中分析出有价值的资讯，以利决策拟定及快速回应外在环境变动，帮助建构商业智能。他在《数据仓库》一书中所提出的定义被广泛接受——数据仓库是

---

① ［美］W. H. Inmon：《数据仓库》，王志海译，机械工业出版社 2006 年版。

一个面向主题的、集成的、相对稳定的、反映历史变化的数据集合，用于支持管理决策。①

这里的主题，指用户使用数据仓库进行决策时所关心的重点方面，如收入、客户、销售渠道等。所谓面向主题，指数据仓库内的信息是按主题进行组织的，而不是像业务支撑系统那样是按照业务功能进行组织的。集成，指数据仓库中的信息不是从各个业务系统中简单抽取出来的，而是经过一系列加工、整理和汇总的过程，因此数据仓库中的信息是关于整个企业的一致的全局信息。随时间变化，指数据仓库内的信息并不只是反映企业当前的状态，而是记录了从过去某一时点到当前各个阶段的信息。②

二 技术特点

数据仓库是在数据库已经大量存在的情况下，进一步挖掘数据资源、决策需要而产生的，它并不是所谓的"大型数据库"。数据仓库的方案建设的目的，是为前端查询和分析打基础，由于有较大的冗余，所以需要的存储也较大。为了更好地为前端应用服务，数据仓库往往有如下特点：

（1）效率足够高。数据仓库的分析数据一般分为日、周、月、季、年等，可以看出，日为周期的数据要求的效率最高，要求24小时甚至12小时内，客户能看到昨天的数据分析。由于有的企业每日的数据量很大，设计不好的数据仓库经常会出问题，延迟1—3日才能给出数据，显然是不行的。

（2）数据质量。数据仓库所提供的各种信息，肯定要准确的数据，但由于数据仓库流程通常分为多个步骤，包括数据清洗、装载、查询、展现等，复杂的架构会更多层次，那么由于数据源有脏数据或者代码不严谨，都可以导致数据失真，客户看到错误的信息就可能导致分析出错误的决策，造成损失，而不是效益。

（3）扩展性。之所以有的大型数据仓库系统架构设计复杂，是因为

---

① 姜晓旭：《基于用户行为的网络广告点击欺骗检测与研究》，西安科技大学硕士学位论文，2011年。

② 杨亚刚：《数据仓库增量数据抽取在保险行业的应用》，北京邮电大学硕士学位论文，2009年。

考虑到了未来3—5年的扩展性，这样的话，未来不用太快花钱去重建数据仓库系统，就能很稳定运行。主要体现在数据建模的合理性，数据仓库方案中多出一些中间层，使海量数据流有足够的缓冲，不至于数据量大很多就运行不起来了。

（4）面向主题。操作型数据库的数据组织面向事务处理任务，各个业务系统之间各自分离，而数据仓库中的数据是按照一定的主题域进行组织的。主题是与传统数据库的面向应用相对应的，是一个抽象概念，是在较高层次上将企业信息系统中的数据综合、归类并进行分析利用的抽象。每一个主题对应一个宏观的分析领域。数据仓库排除对于决策无用的数据，提供特定主题的简明视图。

（5）集成的。数据仓库中的数据是在对原有分散的数据库数据抽取、清理的基础上经过系统加工、汇总和整理得到的，必须消除源数据中的不一致性，以保证数据仓库内的信息是关于整个企业的一致的全局信息。

（6）相对稳定的。数据仓库的数据主要供企业决策分析之用，所涉及的数据操作主要是数据查询，一旦某个数据进入数据仓库以后，一般情况下将被长期保留，也就是数据仓库中一般有大量的查询操作，但修改和删除操作很少，通常只需要定期加载、刷新。

（7）反映历史变化。数据仓库中的数据通常包含历史信息，系统记录了企业从过去某一时点（如开始应用数据仓库的时点）到目前的各个阶段的信息，通过这些信息，可以对企业的发展历程和未来趋势做出定量分析和预测。

（8）大容量。时间序列数据集合通常都非常大。

（9）元数据。将描述数据的数据保存起来。

（10）数据源。数据来自内部的和外部的非集成操作系统。[①]

三　数据仓库的组成

（1）数据源。是数据仓库系统的基础，是整个系统的数据源泉。通常包括企业内部信息和外部信息。内部信息包括存放于关系数据库管理系

[①] 姜晓旭：《基于用户行为的网络广告点击欺骗检测与研究》，西安科技大学硕士学位论文，2011年。

统中的各种业务处理数据和各类文档数据。外部信息包括各类法律法规、市场信息和竞争对手的信息，等等。

（2）数据的存储与管理。是整个数据仓库系统的核心。数据仓库的真正关键是数据的存储和管理。数据仓库的组织管理方式决定了它有别于传统数据库，同时也决定了其对外部数据的表现形式。要决定采用什么产品和技术来建立数据仓库的核心，则需要从数据仓库的技术特点着手分析。针对现有各业务系统的数据，进行抽取、清理，并有效集成，按照主题进行组织。数据仓库按照数据的覆盖范围可以分为企业级数据仓库和部门级数据仓库（通常称为数据集市）。

（3）联机分析技术（OLAP）服务器。对分析需要的数据进行有效集成，按多维模型予以组织，以便进行多角度、多层次的分析，并发现趋势。其具体实现可以分为：关系型在线分析处理、多维在线分析处理和混合型线上分析处理。关系型在线分析处理基本数据和聚合数据均存放在关系数据库管理系统之中；多维在线分析处理基本数据和聚合数据均存放于多维数据库中；混合型线上分析处理基本数据存放于关系数据库管理系统之中，聚合数据存放于多维数据库中。

（4）前端工具。主要包括各种报表工具、查询工具、数据分析工具、数据挖掘工具以数据挖掘及各种基于数据仓库或数据集市的应用开发工具。其中数据分析工具主要针对OLAP服务器，报表工具、数据挖掘工具主要针对数据仓库。

（5）数据抽取工具。把数据从各种各样的存储方式中拿出来，进行必要的转化、整理，再存放到数据仓库内。对各种不同数据存储方式的访问能力是数据抽取工具的关键，应能生成COBOL程序、MVS作业控制语言（JCL）、UNIX脚本和SQL语句等，以访问不同的数据。数据转换都包括，删除对决策应用没有意义的数据段；转换到统一的数据名称和定义；计算统计和衍生数据；给缺值数据赋给缺省值；把不同的数据定义方式统一。

（6）数据仓库数据库。是整个数据仓库环境的核心，是数据存放的地方和提供对数据检索的支持。相对于操纵型数据库来说其突出的特点是对海量数据的支持和快速的检索技术。

（7）元数据。元数据是描述数据仓库内数据的结构和建立方法的数据。可将其按用途的不同分为两类：技术元数据和商业元数据。

技术元数据是数据仓库的设计和管理人员用于开发和日常管理数据仓库使用的数据。包括：数据源信息；数据转换的描述；数据仓库内对象和数据结构的定义；数据清理和数据更新时用的规则；源数据到目的数据的映射；用户访问权限，数据备份历史记录，数据导入历史记录，信息发布历史记录等。

商业元数据从商业业务的角度描述了数据仓库中的数据。包括：业务主题的描述，包含的数据、查询、报表。

元数据为访问数据仓库提供一个信息目录，这个目录全面描述了数据仓库中都有什么数据、这些数据怎么得到的以及怎么访问这些数据。是数据仓库运行和维护的中心，数据仓库服务器利用它来存储和更新数据，用户通过它来了解和访问数据。

（8）数据集市。为了特定的应用目的或应用范围，而从数据仓库中独立出来的一部分数据，也可称为部门数据或主题数据。在数据仓库的实施过程中往往可以从一个部门的数据集市着手，以后再用几个数据集市组成一个完整的数据仓库。需要注意的就是，在实施不同的数据集市时，同一含义的字段定义一定要相容，这样在以后实施数据仓库时才不会造成大麻烦。

国外知名的信息技术分析公司 Garnter 关于数据集市产品的报告中，位于第一象限的敏捷商业智能产品有 QlikView、Tableau 和 SpotView，都是全内存计算的数据集市产品，在大数据方面对传统商业智能产品巨头形成了挑战。国内商业智能（BI）产品起步较晚，知名的敏捷型商业智能产品有 PowerBI、永洪科技的 Z-Suite、SmartBI 等，其中永洪科技的 Z-Data Mart 是一款热内存计算的数据集市产品。国内的德昂信息也是一家数据集市产品的系统集成商。

（9）数据仓库管理。安全和特权管理；跟踪数据的更新；数据质量检查；管理和更新元数据；审计和报告数据仓库的使用和状态；删除数据；复制、分割和分发数据；备份和恢复；存储管理。

（10）信息发布系统。把数据仓库中的数据或其他相关的数据发送给不同的地点或用户。基于 Web 的信息发布系统是对付多用户访问的最有效方法。

（11）访问工具。为用户访问数据仓库提供手段。有数据查询和报表

工具；应用开发工具；管理信息系统工具；在线分析工具；数据挖掘工具。[①]（见图7—1）

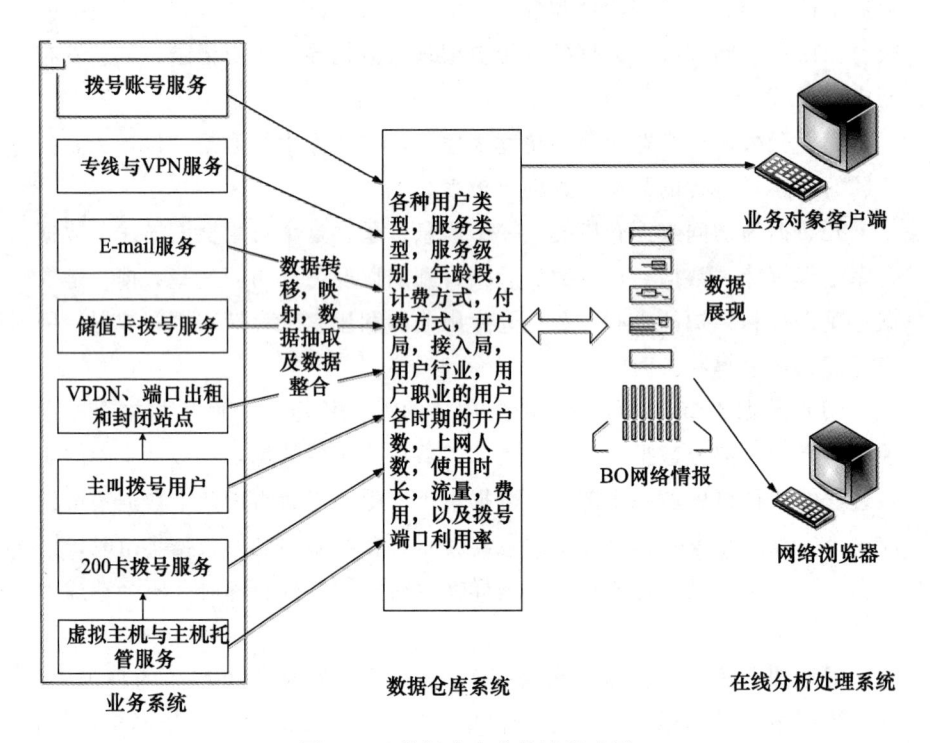

图7—1 数据仓库实施过程示例

四 数据仓库的步骤

（一）数据仓库的设计步骤[②]
（1）选择合适的主题（所要解决问题的领域）。
（2）明确定义 fact 表。
（3）确定和确认维。

---

① 姜晓旭：《基于用户行为的网络广告点击欺骗检测与研究》，西安科技大学硕士学位论文，2011年。
② 李征：《数据挖掘技术在北京网通高价值客户流失预测系统中的应用》，北京邮电大学硕士学位论文，2008年。

(4) 选择 fact 表。
(5) 计算并存储 fact 表中的衍生数据段。
(6) 转换维表。
(7) 数据库数据采集。
(8) 根据需求刷新维度表。
(9) 确定查询优先级和查询模式。

(二) 数据仓库的建立步骤
(1) 收集和分析业务需求。
(2) 建立数据模型和数据仓库的物理设计。
(3) 定义数据源。
(4) 选择数据仓库技术和平台。
(5) 从操作型数据库中抽取、净化和转换数据到数据仓库。
(6) 选择访问和报表工具。
(7) 选择数据库连接软件。
(8) 选择数据分析和数据展示软件。
(9) 更新数据仓库。

五 安全合规

(一) 数据库安全
计算机攻击、内部人员违法行为以及各种监管要求，正促使组织寻求新的途径来保护其在商业数据库系统中的企业和客户数据。可以采取八个步骤保护数据仓库并实现对关键法规的遵从。
(1) 发现。使用发现工具发现敏感数据的变化。
(2) 漏洞和配置评估。评估数据库配置，确保它们不存在安全漏洞。这包括验证在操作系统上安装数据库的方式（比如检查数据库配置文件和可执行程序的文件权限），以及验证数据库自身内部的配置选项（比如多少次登录失败之后锁定账户，或者为关键表分配何种权限）。
(3) 加强保护。通过漏洞评估，删除不使用的所有功能和选项。
(4) 变更审计。通过变更审计工具加强安全保护配置，这些工具能够比较配置的快照（在操作系统和数据库两个级别上），并在发生可能影响数据库安全的变更时，立即发出警告。

（5）数据库活动监控（DAM）。通过及时检测入侵和误用来限制信息暴露，实时监控数据库活动。

（6）审计。必须为影响安全性状态、数据完整性或敏感数据查看的所有数据库活动生成和维护安全、防否认的审计线索。

（7）身份验证、访问控制和授权管理。必须对用户进行身份验证，确保每个用户拥有完整的责任，并通过管理特权来限制对数据的访问。

（8）加密。使用加密来以不可读的方式呈现敏感数据，这样攻击者就无法从数据库外部对数据进行未授权访问。

（二）如何应对监控需求

数据作为企业核心资产，越来越受到企业的关注，一旦发生非法访问、数据篡改、数据盗取，将给企业带来巨大损失。数据库作为数据的核心载体，其安全性就更加重要。面对数据库的安全问题，企业常常遇到以下主要挑战：数据库被恶意访问、攻击甚至遭到数据偷窃，却不能及时地发现这些恶意的操作；不了解数据使用者对数据库的访问细节，从而不能保证对数据安全的管理。

信息安全同样会带来审计问题。当今全球对合规/审计要求越来越严格，由于不满足合规要求而导致处罚的事件屡见不鲜。美国《萨班尼斯法案》的强制性要求曾导致2007年7月5日中国第一家海外上市公司——华晨中国汽车控股有限公司从美国纽约证券交易所退市。

有关信息安全的合规/审计要求，我国政府也进行了大量的强化工作，例如，为了加强商业银行信息科技风险管理，银监会出台了《商业银行信息科技风险管理指引》规则，中国政府财政部、证监会、银监会、保监会及审计署等五部委联合发布"中国版萨班尼斯——奥克斯利法案"——《企业内部控制基本规范》。

为了满足企业的信息安全、合规、审计等需求，IBM公司推出了CARS企业信息架构，该架构主要从法规遵从、信息可用、信息保留、信息安全四个方面进行了全面的满足和保护。不仅如此，IBM Guardium数据库安全、合规、审计、监控解决方案的推出，针对"法规遵从"和"信息安全"进行专项治理和加强。Guardium数据库安全、合规、审计、监控解决方案，以软硬件一体服务器的方式，大大增强了数据库的安全性，满足并方便审计工作，提升了性能，并简化了安装部署工作。可以防止对数据库的破坏、恶意访问、偷窃数据，可帮助判断客户关键敏感的数据在什么地方，谁在使用这些数据；控制对数据库中数据的访问，并可监控特权用户；帮助企业强制执行安全规范，检查薄弱环节、漏洞，防止对数据库配置的改动；满足合规/审计的要求，并可简化内部和外部审计、合规的过程并使其自动化，增强运作效率；管理安全的复杂性。

第二节 数据挖掘技术

一 数据挖掘

数据挖掘（DM）是从存放在数据库、数据仓库或其他信息库中的大量数据中发现有趣知识的过程。数据挖掘又称为数据库中的知识发现（KDD），是一个从大量数据中抽取挖掘出未知的、有价值的模式或规律等知识的复杂过程，涉及多种智能技术，如传统的统计方法、遗传算法、模糊算法、粗糙算法、各种机器学习算法、神经网络模式方法等。[①]

数据挖掘技术可以帮助情报分析人员发现竞争情报之间深层次的联系，辅助情报人员发现隐含信息。数据挖掘技术基于数据仓库的内容和结构优势，采用相应的方法对竞争情报进行分析，主要包括：①分类法，通过对竞争情报数据预先定义的一组分类规则，对其进行分类，发现它们之间的关系。常见的分类方法有决策树法、贝叶斯法、K—最近邻法、基于示例推理、遗传算法、粗糙集法、神经网络等。②关联分析法，竞争情报分析人员如果想了解竞争对手在促销中由于哪些商品的降价会带动其他商品销售上升，就可以使用该挖掘模型，这种分析旨在提高本企业的促销的质量，降低促销成本。常用的关联挖掘算法有 Apriori 算法和基于改进的 Apriori 算法（利用 hash 技术、划分数据法、采样技术法等）。③聚类法，通过聚集的方法寻找对数据分组的方法，通过不同组、不同层次的数据深化情报分析，比如用聚类分析法对竞争对手进行分析，找出他们成为类的共性，由此可以寻找超越竞争对手的手段。④异类分析法，某些应用场合

---

① 李国秋：《企业竞争情报概论》，华东师范大学出版社 2006 年版。

下，小概率发生的事件也许比经常发生的事件更重要。在营销竞争情报中对恶意欺诈顾客分析（其购买行为往往就是异类行为），以及不正常的销售额的下降和增长，均可以用异类数据挖掘方法来解释其内在的原因。常用的挖掘算法有基于统计的方法、基于距离的方法、基于偏差的方法等。①

简单来说，数据挖掘的过程可概括为四步：①确定业务对象；②数据准备：数据的选择、数据的预处理和数据的转换；③数据挖掘；④结果分析及知识同化（见图7—2）。

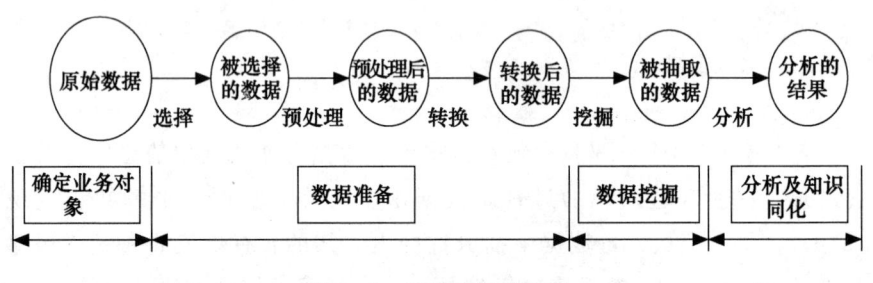

图7—2 数据挖掘的过程

二 数据挖掘系统的组成

数据库、数据仓库或其他信息库：是一个或一组数据库、数据仓库、电子表格或其他类型的信息库。可以在数据上进行数据清理和集成。

数据库或数据仓库服务器：根据用户的挖掘请求，数据库或数据仓库服务器负责提取相关数据。

知识库：是领域知识，用于指导搜索，或评估结果模式的兴趣度。

数据挖掘引擎：数据挖掘系统的基本部分，由一组功能模块组成，用于特征化、关联、分类、聚类分析以及演变和偏差分析。

模式评估模块：使用兴趣度量，并与数据挖掘模块交互，以便将搜索聚焦在有趣的模式上，可能使用兴趣度阈值过滤发现的模式。

图形用户界面：该模块在用户和数据挖掘系统之间通信，允许用户与

---

① 李国秋：《企业竞争情报概论》，华东师范大学出版社2006年版。

系统交互,指定数据挖掘查询或任务,提供信息,帮助搜索聚焦,根据数据挖掘的中间结果进行探索式数据挖掘。

三 数据挖掘与传统分析方法的区别

数据挖掘与传统的数据分析(如查询、报表、联机应用分析)的本质区别是数据挖掘是在没有明确假设的前提下去挖掘信息、发现知识。数据挖掘所得到的信息应具有先前未知、有效和可实用三个特征。

先前未知的信息是指该信息是预先未曾预料到的,即数据挖掘是要发现那些不能靠直觉发现的信息或知识,甚至是违背直觉的信息或知识,挖掘出的信息越是出乎意料,就可能越有价值。特别要指出的是,数据挖掘技术从一开始就是面向应用的。它不仅是面向特定数据库的简单检索查询调用,而且要对这些数据进行微观、中观乃至宏观的统计、分析、综合和推理,以指导实际问题的求解,试图发现事件间的相互关联,甚至利用已有的数据对未来的活动进行预测。这样一来,就把人们对数据的应用从低层次的末端查询操作,提高到为各级经营决策者提供决策支持。这种需求驱动力,比数据库查询更为强大。

四 数据挖掘工具分类

根据适用范围主要分为两类:专用挖掘工具和通用挖掘工具。[1]

专用数据挖掘工具是针对某个特定领域的问题提供解决方案,在涉及算法的时候充分考虑了数据、需求的特殊性,并作了优化。对任何领域,都可以开发特定的数据挖掘工具。例如,IBM 公司的 Advanced Scout 系统针对 NBA 的数据,帮助教练优化战术组合。特定领域的数据挖掘工具针对性比较强,只能用于一种应用;也正因为针对性强,往往采用特殊的算法,可以处理特殊的数据,实现特殊的目的,发现的知识可靠度也比较高。

通用数据挖掘工具不区分具体数据的含义,采用通用的挖掘算法,处理常见的数据类型。通用的数据挖掘工具不区分具体数据的含义,采用通

---

[1] 李国秋:《企业竞争情报概论》,华东师范大学出版社 2006 年版。

用的挖掘算法，处理常见的数据类型。例如，IBM 公司 Almaden 研究中心开发的 QUEST 系统，SGI 公司开发的 MineSet 系统，加拿大 Simon Fraser 大学开发的 DBMiner 系统。通用的数据挖掘工具可以做多种模式的挖掘，挖掘什么、用什么来挖掘都由用户根据自己的应用来选择。[①]

数据挖掘是一个过程，只有将数据挖掘工具提供的技术和实施经验与企业的业务逻辑和需求紧密结合，并在实施的过程中不断地磨合，才能取得成功，因此我们在选择数据挖掘工具的时候，要全面考虑多方面的因素，主要包括：可产生的模式种类的数量，如分类、聚类、关联等；解决复杂问题的能力；操作性能；数据存取能力；和其他产品的接口是否兼容等。

五 主要的数据挖掘工具介绍

（一）QUEST

QUEST 是 IBM 公司 Almaden 研究中心开发的一个多任务数据挖掘系统，目的是为新一代决策支持系统的应用开发提供高效的数据开采基本构件。系统具有如下特点：提供了专门在大型数据库上进行各种开采的功能：关联规则发现、序列模式发现、时间序列聚类、决策树分类、递增式主动开采等。各种开采算法具有近似线性计算复杂度，可适用于任意大小的数据库。算法具有找全性，即能将所有满足指定类型的模式全部寻找出来。为各种发现功能设计了相应的并行算法。

（二）MineSet

MineSet 是由 SGI 公司和美国 Standford 大学联合开发的多任务数据挖掘系统。MineSet 集成多种数据挖掘算法和可视化工具，帮助用户直观地、实时地发掘、理解大量数据背后的知识。MineSet 有如下特点：MineSet 以先进的可视化显示方法闻名于世。支持多种关系数据库。可以直接从 Oracle、Informix、Sybase 的表读取数据，也可以通过 SQL 命令执行查询。具有多种数据转换功能。在进行挖掘前，MineSet 可以去除不必要的数据项，统计、集合、分组数据，转换数据类型，构造表达式由已有数据项生成新

[①] 范勇：《Web 信息的知识挖掘研究》，武汉大学硕士学位论文，2004 年。

的数据项，对数据采样等。操作简单、支持国际字符、可以直接发布到 Web。

（三）DBMiner

DBMiner 是加拿大 Simon Fraser 大学开发的一个多任务数据挖掘系统，它的前身是 DBLearn。该系统设计的目的是把关系数据库和数据开采集成在一起，以面向属性的多级概念为基础发现各种知识。DBMiner 系统具有如下特色：能完成多种知识的发现：泛化规则、特性规则、关联规则、分类规则、演化知识、偏离知识等。综合了多种数据开采技术：面向属性的归纳、统计分析、逐级深化发现多级规则、元规则引导发现等方法。提出了一种交互式的类 SQL 语言——数据开采查询语言 DMQL。能与关系数据库平滑集成。实现了基于客户/服务器体系结构的 Unix 和 PC（Windows/NT）版本的系统。

（四）Intelligent Miner

由美国 IBM 公司开发的数据挖掘软件 Intelligent Miner 是一种分别面向数据库和文本信息进行数据挖掘的软件系列，它包括 Intelligent Miner for Data 和 Intelligent Miner for Text。Intelligent Miner for Data 可以挖掘包含在数据库、数据仓库和数据中心中的隐含信息，帮助用户利用传统数据库或普通文件中的结构化数据进行数据挖掘。它已经成功应用于市场分析、诈骗行为监测及客户联系管理等；Intelligent Miner for Text 允许企业从文本信息进行数据挖掘，文本数据源可以是文本文件、Web 页面、电子邮件、Lotus Notes 数据库等。

（五）SAS Enterprise Miner

这是一种在我国企业中得到采用的数据挖掘工具，比较典型的包括上海宝钢配矿系统应用和铁路部门在春运客运研究中的应用。SAS Enterprise Miner 是一种通用的数据挖掘工具，按照"抽样—探索—转换—建模—评估"的方法进行数据挖掘。可以与 SAS 数据仓库和 OLAP 集成，实现从提出数据、抓住数据到得到解答的"端到端"知识发现。

（六）SPSS Clementine

SPSS Clementine 是一个开放式数据挖掘工具，曾两次获得英国政府 SMART 创新奖，它不但支持整个数据挖掘流程，从数据获取、转化、建模、评估到最终部署的全部过程，还支持数据挖掘的行业标准——CRISP-DM。Clementine 的可视化数据挖掘使"思路"分析成为可能，即将精力集中在要解决的问题本身，而不是局限于完成一些技术性工作（比如编写代码）。提供多种图形化技术，有助于理解数据间的关键性联系，指导用户以最便捷的途径找到问题的最终解决办法。[1]

六 数据挖掘与客户关系情报分析

客户关系是市场情报的重点，由于客户具有范围广、个性强、差异大的特点，使情报收集与分析工作比较困难，此时我们可以借助数据挖掘技术。[2]

客户关系管理的本质是更有效地进行竞争。客户情报管理的目标是缩减销售周期和销售成本、增加收入、寻找扩展业务所需的新的市场和渠道以及提高客户的价值、满意度、营利性和忠实度。企业实施客户关系管理，可以更低成本、更高效率地满足客户的需求，从而可以最大程度地提高客户满意度及忠诚度，挽回失去的客户，保留现有的客户，不断发展新的客户，发掘并牢牢地把握住能给企业带来最大价值的客户群。[3]

（一）数据挖掘及其在客户情报管理中的地位与内容

以电子商务环境下的企业客户关系管理为主线，辅之以建立在数据库或数据仓库基础上的各种数据挖掘技术，在吸引客户、留住客户、升级客户的过程中实现不断提升企业核心竞争力的目标。数据挖掘处于客户情报管理的核心地位。

对于企业而言，数据挖掘能够根据已有的信息对未发生行为做出结果

---

[1] 范勇：《Web 信息的知识挖掘研究》，武汉大学硕士学位论文，2004 年。
[2] 李国秋：《企业竞争情报概论》，华东师范大学出版社 2006 年版。
[3] 梁英：《应用数据挖掘进行客户关系管理》，《湖南商学院学报》2004 年第 9 期。

预测，有助于揭示已知的事实，发现业务发展的趋势，预测未知的结果，为企业经营决策、市场策划提供依据。"以客户为中心"的数据挖掘内容涵盖了客户需求分析、客户忠诚度分析、客户等级评估分析三部分，有些还包括产品销售。其中，客户需求分析包括：消费习惯、消费频度、产品类型、服务方式、交易历史记录、需求变化趋势等因素的分析。客户忠诚度分析包括：客户服务持续时间、交易总数、客户满意程度、客户地理位置分布、客户消费心理等因素的分析。客户等级评估分析包括：客户消费规模、消费行为、客户履约情况、客户信用度等因素的分析。产品销售分析包括：区域市场、渠道市场、季节销售等因素的分析。

（二）数据挖掘在客户情报管理各阶段的应用

在客户情报管理中，需要在客户关系的各个阶段使用与客户相关的信息来预测与客户的相互作用，可以利用客户关系管理理论将各个阶段定义为客户生命周期。客户生命周期包括三个阶段：获得客户、提高客户的价值、保持有效益的客户。数据挖掘技术帮助企业管理客户生命周期的各个阶段。

1. 数据挖掘在客户获得中的应用

客户关系管理的第一步是识别潜在客户，然后将他们转变成真正的客户。传统的获得客户的途径一般包括广泛的媒体广告、大量的电话行销、市中心及车站码头的广告牌等。做广告，大多选择读者群和直接目标客户群重叠最大的主流媒体。但数据挖掘可以帮助管理获取新客户的成本和改善这些活动的效果。Big Bank and Credit Card Company（BB&CC）每年进行 25 次直接邮寄活动，每次活动都向 100 万人提供申请信用卡的机会。"转化率"用来测量那些变成信用卡客户的比例，这是一个关于 BB&CC 每一次活动效果的百分比。使人们填写信用卡申请仅仅是第一步，BB&CC 必须判断提交申请的客户是否有良好的信用风险，然后决定接受他们成为自己的客户还是该拒绝他们的申请。统计显示大约 6% 的人在接到邮寄后会提出申请，但他们中只有 16% 满足信用风险要求，结果邮件列表中的人大约有 1% 成为 BB&CC 的新客户。BB&CC 的 6% 的响应率意味着每次活动中的 100 万人中仅有 6 万人对邮寄的请求产生响应，并且在 6 万人中只有 1 万人满足信用风险条件而成为客户。BB&CC 面临的难题是更有效地影响那仅有的 1 万人。

BB&CC 的每份邮寄成本约 1 美元，也就是说每次邮寄活动的总成本为 100 万美元。在接下来的两年里，那 1 万人将为 BB&CC 产生大约 125 万美元（每人约 125 美元）的收益，结果从一次邮寄活动获得净利润为 25 万美元。数据挖掘可以改善这个回报率。尽管数据挖掘也不能精确地识别最后那 1 万信用卡用户，但它可以帮助使促销活动的投入更有效。

首先，BB&CC 发送了 5 万个邮件做测试并仔细分析结果，使用决策树建立预测模型来显示谁将对邮寄做出响应，用神经网络建立信用评分模型。接着 BB&CC 结合这两个模型来发现那些满足信用评定而且最可能对"恳求"产生响应的人群。BB&CC 运用这一模型再从邮件列表中剩下的 95 万人中选择 70 万发送邮件。结果显示，从这 75 万（包括测试的 5 万）件邮件中，BB&CC 获得了 9000 份信用卡申请。换句话说，响应率从 1% 提高到了 1.2%，增加了 20%。虽然目标达到了 1 万个中的 9000 个，但模型是不完美的，剩下的 1000 是无利可图的。表 7—1 是相关统计数据。

表 7—1　　　　　　　　　　邮寄试验统计数据列表

内容	建模前	建模后	差异
邮寄数量	1,000,000	750,000	250,000
邮寄费用	$1,000,000	$750,000	$250,000
响应数量	10,000	9,000	1,000
总利润/响应	$125	$125	$0
总利润	$1,250,000	$1,250,000	$125,000
净利润	$250,000	$375,000	$125,000
模型成本	0	40,000	$40,000
最终利润	$250,000	$335,000	$85,000

请注意，邮寄的纯利润增加了 12.5 万美元，甚至你扣除由于数据挖掘而产生的软件、硬件即人力资源方面的 4 万美元，纯利润还增加了 8.5 万美元。建模的投入转化成了 200% 的收益。

2. 通过数据挖掘提高现有客户的价值

现在企业和客户之间的关系是经常变动的，一旦一个人或者一个公司成为你的客户，你就要尽力使这种客户关系对你趋于完美。一般来说，你可以通过这三种方法：第一，最长时间地保持这种关系；第二，最多次数地和你的客户交易；第三，最大数量地保证每次交易的利润。因此，我们就需要对我们已有的客户进行交叉销售和个性化服务。

交叉销售是指企业向原有客户销售新的产品或服务的过程。一个购买了婴儿车的客户很有可能对你们生产的婴儿尿布或其他婴儿产品感兴趣。个性化服务可以使重复销售、每一客户的平均销售量和销售的平均范围等方面有一个很大提高。数据挖掘使用聚类来进行商品分组，这些聚类用来在有人看到其中的一个产品时向他做出建议，建议的方式可以是向客户发送 E-mail，这些 E-mail 包含了由数据挖掘模型预测的会吸引客户的新产品信息。结果就会使推荐更加客户化。

对于企业来说，真正关心的问题在于如何发现这其中内在的微妙关系。利用数据挖掘的一些算法（统计回归、逻辑回归、决策树、聚类分析、神经网络等）对数据进行分析，产生一些数学公式，可以帮助企业发现这其中的关系。

对于原有客户，企业可以比较容易地得到关于这个客户的比较丰富的信息，大量的数据对于数据挖掘的准确性来说是有很大帮助的。在企业所掌握的客户信息，尤其是以前购买行为的信息中，可能正包含着这个客户决定他下一个购买行为的关键，甚至决定因素。这个时候数据挖掘的作用就会体现出来，它可以帮助企业寻找到这些影响他购买行为的因素。

一般情况下，有两个模型是必需的。第一个模型预测一些人是否为被建议买附加产品而感到不愉快；第二个模型用来预测哪些提议更容易被接受。

通过数据挖掘进行客户保持。现在各个行业的竞争都越来越激烈，企业获得新客户的成本正不断地上升，因此保持原有客户对所有企业来说就显得越来越重要。比如在美国，移动通信公司每获得一个新用户的成本平均 30 美元，而挽留住一个老客户的成本可能仅仅是通一个电话。业界公认，获得一个客户的成本是保持一个客户成本的 6—8 倍，而且往往失去的客户比新得到的客户要贡献更多的利润。数据挖掘可以帮助你将大量的客户分成不同的类，在每个类里的客户具有相似的属性，而不同类里的客户的属性将会不同。你完全可以做得到给不同类的客户提供完全不同的服务来提高客户的满意度。客户分类的好处显而易见，即使是很简单的分类也可以给企业带来一个令人满意的结果。比如说如果你知道你的客户有 85% 是老年人，或者只有 20% 是女性，相信你的市场策略都会随之而不同。细致而切实可行的客户分类对企业的客户保持策略有很大益处。通过数据挖掘进行客户保持一般应该建立三个模型。一个模型用来确定要离开的用户,第二个模型用来选择可以带来收益的潜在的离开者,第三个模型为这些潜在的离开者选配最适宜的提议。[1]

七 有效的客户情报管理中数据挖掘的基本步骤

(一) 定义商业问题

每一个客户情报管理应用程序都有一个或多个商业目标,为此你需要建立恰当的模型。根据特殊的目标,如"提高响应率"或"提高每个响应的价值",需要建立完全不同的模型。问题的有效陈述包含了评测客户关系管理程序结果的方法。[2]

(二) 建立行销数据库[3]

需要建立一个营销数据库,因为操作性数据库和共同的数据仓库常常没有提供所需格式的数据。此外,客户情报管理应用程序还可能影响系统快速、有效地执行。在建立营销数据库的时候,需要对它进行净化,如果想获得良好的模型,必须有干净的数据。需要的数据可能在不同的数据库中,如客户数据库、产品数据库以及事务处理数据库。这意味需要集成和合并数据到单一的行销数据库中,并协调来自多个数据源的数据在数值上的差异。

(三) 探索数据

在建立良好的预测模型之前,必须理解所使用的数据。可以通过收集各种数据描述(如平均值、标准差等探索统计量)和注意数据分布来开始进行数据探索。可能需要为多元数据建立交叉表,而且图形化和可视化工具可以为数据准备提供重要帮助。

---

[1] 梁英:《应用数据挖掘进行客户关系管理》,《湖南商学院学报》2004 年第 9 期。
[2] 李国秋:《企业竞争情报概论》,华东师范大学出版社 2006 年版。
[3] 梁英:《应用数据挖掘进行客户关系管理》,《湖南商学院学报》2004 年第 9 期。

(四) 为建模准备数据

这是建立模型之前数据准备的最后一步。这一步中主要有四个主要部分：一是，要为建立模型选择变量，理想情况是将你拥有的所有变量加入到数据挖掘工具中，找到那些最好的预示值，但在实际中，这是非常棘手的。其中一个原因是建立模型的时间随着变量的增加而增加。另一个原因就是盲目性，包括无关紧要的数据列被加入，却很少甚至不能提高预测能力。二是，从原始数据中构建新的预示值，例如使用债务—收入比来预测信用风险比单独使用债务和收入能够产生更准确的结果，并且更容易理解。三是，你需要从数据中选取一个子集或样本来建立模型，使用所有的数据会花费太长的时间或者需要购买更好的硬件，对大多数客户情报管理问题来讲，使用经过恰当的随机挑选的子集并不会引起信息不足。建立模型的两种选择为：使用所有数据建立少数几个模型，或者建立多个以数据样本为基础的模型，后者常常能帮助你建立更准确有力的模型。四是，需要转换变量，使之和选定用来建立模型的算法一致。

步骤二到四是组成数据准备的核心。它们花费的时间或努力比其他几步加起来还多，数据准备和模型建立之间可能反复进行，因为你从模型中学到新的东西，而这又要你修改数据。数据准备阶段无论如何也要占去全部数据挖掘过程的50%—90%的时间和努力。

(五) 数据挖掘模型的建立

模型建立是一个迭代的过程，需要研究可供选择的模型，从中找出最能解决你的商业问题的一个。例如，你有来自以前的邮件列表的历史数据，它与你现在使用的数据非常相似，或者，你可能不得不进行邮寄测试来确定人们对一个提议的响应如何。你将数据分为两组，使用第一组来训练或评估模型，接着使用第二组数据来测试模型。当训练和测试周期完成之后，模型也就建立起来了。

(六) 评价模型

评价模型结果的方法中，最可能产生评价过高的指标就是精确性。假设有一个提议仅仅有1%的人响应。模型预测"没有人会响应"，这个预测99%是正确的，但这个模型100%是无效的。另一个常使用的指标是

"提升多少",用来衡量使用模型后的改进有多大,但是它并没有考虑成本和收入,所以最可取的评价指标是收益或投资回收率。针对不同的目标,如提升最大利润或最大投资回收率,你可以选取不同百分比的邮件列表来发出请求函。

(七) 将数据挖掘运用到客户情报管理方案中

在建立客户关系管理应用时,数据挖掘常常是整个产品中很小的但意义重大的一部分。例如,通过数据挖掘而得出的预测模式可以和各个领域的专家知识结合在一起,构成一个可供不同类型的人使用的应用程序。数据挖掘实际建立在应用程序中的方式由客户交互作用的本质所决定。与客户的交互作用有两种方式:客户主动联系你(inbound)或者你主动联系他们(outbound)。部署的需求是完全不同的。后一种方式的特征由你的公司所决定,因为联系活动是由公司发起,例如直接邮寄活动。结果,通过运用模型到你的客户数据库,来选择客户进行联系。在 inbound 事务中,如电话订购、Internet 订购、客户服务呼叫等,应用程序必须实时响应。因此数据挖掘是内含在这种应用程序中的并且积极地做出推荐动作。[①]

第三节 OLAP 技术

联机分析处理(OLAP)技术是近几年来信息领域中的技术热点,人们普遍认为它将是数据仓库在数据库技术方面的重要发展方向。因为传统数据库的应用系统是面向事务设计的,在寻找业务的具体数据上特别有效,但在为领导决策者提供总结性数据结果时则显得力所不及,这就凸显出了联机分析处理技术的重要性,OLAP 是一项提供给数据分析人员以灵活、可用并及时的方式构造、处理和表示综合数据的技术。

[①] 梁英:《应用数据挖掘进行客户关系管理》,《湖南商学院学报》2004 年第 9 期。

一 联机分析处理

20世纪60年代，关系数据库之父埃德加·科德[1]提出了关系模型，促进了联机事务处理（OLTP）的发展（数据以表格的形式而非文件方式存储）。1993年，埃德加·科德提出了OLAP概念，认为OLTP已不能满足终端用户对数据库查询分析的需要，SQL对大型数据库进行的简单查询也不能满足终端用户分析的要求。[2] 用户的决策分析需要对关系数据库进行大量计算才能得到结果，而查询的结果并不能满足决策者提出的需求。因此，埃德加·科德提出了多维数据库和多维分析的概念，即OLAP。OLAP技术正是为了满足决策管理的需求而产生的。

（一）基本概念

数据仓库（DW）是一个面向主题的、集成的、时变的和非易失数据集合，支持管理部门的决策过程。数据仓库的构建是一个处理过程，数据仓库是一个从多个数据源收集的信息存储库，存放在一个一致的模式下并且通常驻留在单个站点。数据仓库通过数据清理、数据变换、数据集成、数据装入和定期数据刷新过程来构造。数据仓库系统由数据仓库、数据仓库管理系统、数据仓库工具三个部分组成。在整个系统中，DW居于核心地位，是信息挖掘的基础；数据仓库管理系统负责管理整个系统的运作；数据仓库工具则是整个系统发挥作用的关键，包含用于完成实际决策问题所需的各种查询检索工具、多维数据的OLAP分析工具、数据挖掘DM工具等，以实现决策支持的各种要求。

联机分析处理技术与数据仓库有着非常紧密的联系，它是数据仓库的检验型分析工具。它将分析决策者所需要的大量数据从传统的环境中解离出来，清理、转换成统一的信息，帮助决策者进行有效及时的分析、判断和预测，获得更大的效率。OLAP建立在多维的视图基础之上，强调执行效率和对用户命令的及时响应的能力，并且其数据来源是数据仓库。它是一种软件技术，使分析人员及管理人员通过对信息的多侧面、多角度、多

---

[1] ［美］埃德加·科德：《数据库管理的关系模型》，机械工业出版社1990年版。
[2] 叶得学、韩如冰：《浅谈数据仓库与OLAP技术》，《信息技术》2009年第2期。

层次的观察，支持其决策。

随着数据仓库的发展，OLAP 也得到了迅猛的发展。建立数据仓库的目的是支持管理中的决策制定过程，而 OLAP 作为一种多维查询和分析工具，是数据仓库功能的自然扩展，也是数据仓库中的大容量数据得以有效利用的重要保障。OLAP 和数据仓库是密不可分的，但是两者具有不同的概念。数据仓库是一个包含企业历史数据的大规模数据库，这些历史数据主要用于对企业的经营决策提供分析和支持。而 OLAP 技术则是利用数据仓库中的数据进行联机分析，它利用多维数据集和数据聚集技术对数据仓库中的数据进行组织和汇总，用联机分析和可视化工具对这些数据迅速进行评价，将复杂的分析查询结果快速地返回用户。由此可以看出，数据仓库侧重于存储和管理面向决策主题的数据，而 OLAP 主要是进行多维数据分析，这与数据仓库的多维数据组织正好形成相互结合、相互补充的关系。因此，OLAP 技术与数据仓库的结合可以较好地解决传统决策支持系统既需要处理大量数据又需要进行大量数值计算的问题，进而满足决策支持或多维环境特定的查询和报表需求。①

（二）技术特点②

（1）快速性，以相当快的速度向用户提交信息。可在 5 秒内向用户提交。

（2）可分析性，OLAP 能处理和应用任何统计分析和逻辑分析。用户不用过多编程就可以定制新的专门计算，它将其作为分析中的一部分，并以理想的方式输出报告。

（3）共享性，在大量用户之间实现潜在地共享秘密数据所必需的安全性豁求。

（4）多维性，系统对数据提供分析和多维视图，包括对层次维和多重层次维的支持。事实上，多维分析是分析企业数据最行之有效的方式方法，是 OLAP 的核心。

（5）信息性，无论数据量多大，数据存储在哪里，OLAP 均能及时获取信息，并大容量管理信息。

---

① 叶得学、韩如冰：《浅谈数据仓库与 OLAP 技术》，《信息技术》2009 年第 2 期。
② 李阳憩：《OLAP 技术的数据分析的研究》，《硅谷》2012 年第 2 期。

（三）OLAP 的多维数据结构

多维数据结构是数据仓库存储结构的一种类型。它是为提高数据库查询能力设计的，内部包含等待分析的数据，且使用数据维分类数据。此结构更可称为立方体数据结构。多维结构里的数据资源既可以按雪花型结构分布，也可以按星型结构排列。①

1. 维

维是指人们对事物观察的角度。人们在观察数据的同时，对某些特定角度还可以在细节上有不同程度的多个描述层次，这些层次称为维的层次。维的一个取值称为该维的一个维成员。若维已经被分成若干层次，则其成员为不同维层次值的组合。

一个立方体数据结构由很多数据维组成，一维即为某一类的数据。维定义为相同类数据的集合。数据维内的数据限制在某一问题领域之中。在 Microsoft OLAP Service 中立方体数据结构可包含 1—64 个数据维。在立方体结构里至少包含一个数据维，在一个数据维里则又至少包含一个层次，且一个层次至少要包含一个级别。而每个级别里，又可以包括多个成员。在事实表关键字与数据维成员交叉的地方，每个成员都至少有某一个数据值出现在这个位置上。一切同质的度量值和其关联的维成员都构成一个多维数据集。在多维数据集中，它能支持各种类型的查询，为 OLAP 的核心组成部分。多维数据集还可以用多维数据库来实现，更可用关系数据库来实现。

父子维度是基于两个维度的表列，这两列共同定义了维成员中的沿袭关系，其中一列称为成员键列，它标识每个成员；而另一列则称为父键列，标识每个成员的父代。父代为层次结构中的上层节点。此两列都有相同的数据类型，且都在同一个表内，故可用于创建父子链表。父子维度的深度随它的层次结构分支变化，故父子维度的层次结构常常为不均衡的。虚拟维度与常规维度在给出定义时的级别数目就已经决定了最终用户所观察到的级别数目；但父子维度不同，它是应用特殊类型单个级别来定义的，该特殊类型常常也会产生最终用户所看到的多个级别。其中存储成员键和父键列的内容将会决定显现出的级别数目。故当更新该维度表并进一

---

① 李阳憨：《OLAP 技术的数据分析的研究》，《硅谷》2012 年第 2 期。

步处理和使用此维度的多维数据集时,其级别数目还可能会更改。

2. 度量

事实表的成员值被称为"度量",为进行数值分析时所需要寻找的数量信息。度量为具有可加性和数值性的。度量值为观察事物的焦点,故一般具有加和性。在多维数据集中,度量值存在于多维数据集的事实数据表中。最终用户所请求的信息类型称为选择它的决定因素。在数据库的数据维表里直接获得的成员称为输入成员;在包含其他成员的表达式里获得的成员称为导出成员。导出成员是在运行中计算得到的,且当只有那些计算成员的表达式存储在多维数据库里时,一个导出成员才可作为数据维成员,更可作为度量成员。在系统中根据用户的需求设计导出成员,能有效地提高系统分析能力,拓展完善系统的其他功能。

3. 虚拟维度

虚拟维度是基于物理维度的逻辑维度。此类内容可以是物理维度中的现有成员的属性,更可为物理维度表中的列。应用虚拟维度,可基于多维数据集中的维度成员的成员属性来对多维数据集数据进行分析比较,并且不需占用额外的磁盘空间或处理时间。虚拟维度没有聚合数据,更不能影响多维数据集的处理时间,这是由于它们的计算是需要时间在内存中进行的。

虚拟数据维不需存储在计算机的硬件设备上。虚拟维在立方体中可以提供更加多的维分析,故虚拟维的设计可能要减少立方体存储空间,但更会增加查询时间。虚拟维的设计能使用户灵活地使用实际维的多重属性来减少维的多重显示。多个立方体结构组合在一起形成了一个虚拟立方体结构来供用户查询信息。在数据仓库中应用虚拟立方体结构,还可允许用户在多个结构中交叉访问信息,且用户不用建立数据仓库就可把此类立方体结构存储在该数据仓库里。其实应用虚拟立方体数据结构不仅可以为用户提供信息,还可节省磁盘空间。此外,虚拟立方体数据结构更能用来提供一定级别的保密能力。

二 OLAP 的功能结构及其基本分析操作

(一) 功能结构

OLAP 的功能结构主要是由数据存储服务、OLAP 应用服务以及用户描述服务等三方面组成的三层客户或者说三层服务器结构。我们说应用逻辑并不简单，它所处的位置是被集中存放在应用服务器上的，主要工作原理是由服务器给予迅速的数据存储，之后进行后台处理以及报表的预处理。为什么说它的工作效率高，其主要原因是：首先，OLAP 服务器的使用足以规范和能够加强决策支持方面的服务工作；其次，能够集中和简化原有客户端以及 DW 服务器的某些工作；最后，充分降低了系统数据传输量。因此，我们说 OLAP 服务器的工作效率更高。如何将数据仓库中的综合数据组合在一起以及满足前端用户的多维分析是 OLAP 服务器设计的重点（见图 7—3）。

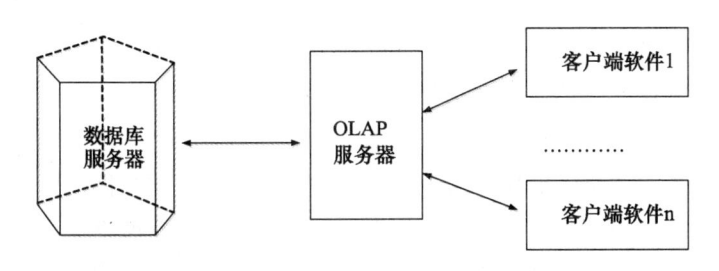

图 7—3　OLAP 的三层客户/服务器结构

（二）基本分析操作

OLAP 的基本操作过程包括对多维数据进行的切片、切块、旋转、钻取四部分分析操作过程。这些分析操作过程促使用户能够从不同的角度和不同的侧面观测数据库中产生的数据，进而对包含在数据中的信息有了更加深入的了解。

（1）切片。我们在其中的某一个维上确定一个属性成员，但在其他的维上选取一定区间的属性成员或者所有的属性成员来观测数据的分析方式，这一操作过程称为切片操作。

（2）切块。在各种维上参与一定区间的成员属性或者所有成员属性都来参与进行观测数据的一种分析方式，就是切块操作。因此，切片与切块的关系可以这样理解：切片是切块的特例，切块是切片的扩展。

（3）钻取。钻取包括向下钻和向上钻上卷两个不同操作。下钻指的是以概括性的数据为出发点进而获取相对应的比较详细的数据结果，上钻则恰恰相反。钻取的深度是与维度所划分出来的层次相对应的。

（4）旋转。旋转就是指能够改变一个报告或者页面凸显的维方向。旋转有可能会含有交换的行和列，它不是把其中的某一个行维转移到列中去，就是把页面凸显中的其中一个维和页面之外的维进行互换。①

三　OLAP 建模

OLAP 建模首先负责管理 OLAP 分析中所用到的多维数据库的逻辑、物理模式，包括建立和维护。② 提供友好的图形化界面，将数据仓库的逻辑物理模式展现给设计人员，然后接受设计人员的操作建立或者修改多维数据库的逻辑物理模式。同时生成描述多维数据库逻辑物理模式以及多维数据库物理模式与数据仓库物理模式对应关系的 XML 文件，供 OLAP 应用服务器或者前端工具使用。由于多维数据库的逻辑和物理模式具有简单的映射关系，这里考虑仅仅用一个多维数据库分析模式文件存储多维数据库的逻辑和物理模式以及多维数据库物理模式与数据仓库物理模式的对应关系。之所以要记录多维数据库的物理模式与数据仓库的物理模式之间的对应关系，是为了多维数据库构建模块从数据仓库中提取数据建立多维数据集的需要，以及多维数据库生成之后前端工具在其上进行下钻等操作的需要。其次，根据预先设计的逻辑物理模式从数据仓库中抽取数据进行多维数据库的物理构建和维护。

数据仓库 OLAP 建模和管理工具主要完成根据数据仓库元数据库来建立真正的分析模型，同时将这个模型建立对应的数据从数据仓库中抽取出来，在 OLAP 服务器中建立多维数据立方体，定期刷新和管理多维数据立方体。

（一）建立数据集模型

以销售分析主题为例，打开由数据仓库建模工具生成的数据仓库逻辑描述文件，打开后的模式如图 7—4 所示。

---

① 李阳憨：《OLAP 技术的数据分析的研究》，《硅谷》2012 年第 2 期。
② 常恩翔、刘洪芳：《数据仓库与 OLAP 技术的应用研究》，《电脑知识与技术》2009 年第 11 期。

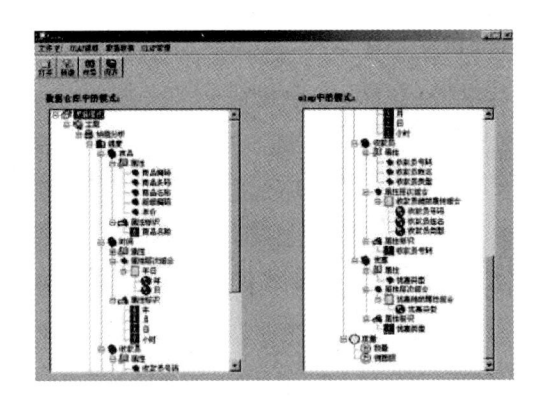

图 7—4　OLAP 建模工具

树状结构展现在左边的视图中。利用向导，从数据仓库中选择主题模式、度量及维度和维度的层次组合关系。可以在选择属性和维度信息时对数据库中的表进行预览，向导完成后多维数据集的建模也就完成了。

（二）生成数据立方体

使用 OLAP 建模工具可以生成数据立方体，在建立多维数据集过程中可以选择数据的聚集模式、性能等参数指标。

（三）生成立方体语义描述文件

可以使用 OLAP 建模工具生成立方体语义描述文件。

四　OLAP 服务器

数据仓库中的数据主要是按照分析模型的形式保存的。数据仓库中不但保存了比较详细的基本数据集，同时经常使用的聚集数据也被预先聚集保存成聚集事实表来加快数据信息的获取。数据仓库中使用各种索引技术优化数据获取速度，比如 B 树索引、位图索引、连接索引等。在数据仓库系统中 OLAP 分析不需要从需求开始重新进行，OLAP 分析可以从数据仓库系统中获取决策分析需求信息和数据存储模型。根据决策分析需求建立相应的 OLAP 分析模型，定义 OLAP 分析模型上的各种 OLAP 分析操作。根据数据存储模型可以获取 OLAP 所需要的分析数据，然后展示给用户。

（1）主要功能：开启、关闭 OLAP 服务；查看客户端的信息；设置 OLAP 服务参数。

（2）设置：

参数设定：端口号：缺省值为 27018；最大连接数：可设置最大连接的客户端数目。

客户端信息查看：在此处可以查看所有的连接的详细信息，并可以删除某个连接。

点击"开启服务"即可开启 OLAP 服务，接收客户端的连接。客户端的连接断开情况将在右边的列表框显示出来。[①]

五　OLAP 前端

OLAP 前端工具首先获取 OLAP 分析模式，以树状结构形式展示给用户，用户操作产生 OLAP 原语（描述了用户的上钻、下钻、旋转、切片等操作）传送给分析数据读取包装模块或者通信模块。前端工具还要接收分析数据读取包装模块或者通信模块返回的数据，根据 OLAP 原语设置分析数据图表的显示格式，将分析数据交由报表显示控件、报表处理控件和图形控件显示。前端工具既可以在具有应用服务器的 OLAP 系统中使用，也可以在无应用服务器的 OLAP 系统中使用，即该前端工具既能从应用服务器获取 O-LAP 分析模式，也能够直接连接读取本地语义对象存储文件获取 OLAP 分析模式。OLAP 报表处理控件主要接收 OLAP 服务器返回给 OLAP 前端工具并经过 OLAP 前端工具处理过的相关数据，并且根据在 OLAP 前端工具中预先设计好的显示模式，将返回数据填入显示模式中以生成报表展现给用户。用户也可以方便地对报表进行打印、保存和与其他格式报表的相互转换，如 EXCEL、HTML 等。不同于传统报表显示控件，在该控件中用户也可以方便地修改已经生成的报表。

OLAP 前端的主要功能包括：显示分析报表，图形显示，报表显示，旋转；排序，过滤，删除，自定义语义对象，上钻，下钻；转换成 Excel 格式和 html 格式。

---

① 常恩翔、刘洪芳：《数据仓库与 OLAP 技术的应用研究》，《电脑知识与技术》2009 年第 11 期。

以下仍以销售分析主题为例,介绍具体的实现方法。

(1) 连接服务器,然后打开分析文件,此时左边将显示相应分析文件的分析主题及其相应的语义对象。

(2) 从左边树形列表中选择要分析的语义对象到右边十字视图中,此时,非度量对象(如年、月、日等)默认在十字的左下角区域,度量对象(如销售额等)放在右下角区域。然后将商品名称、商品编码和商品条码拖动到十字的右上角区域。在十字区域中,左上方为切片区域,右上方为列区域(如图 7—5 所示)。

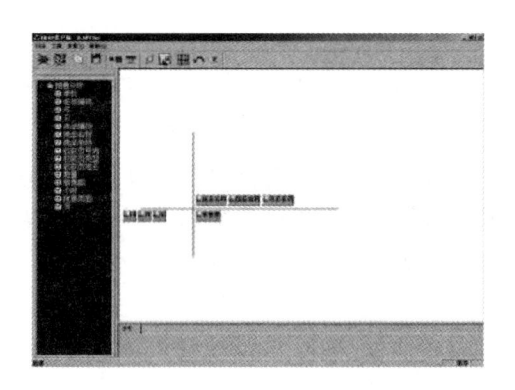

图 7—5 OLAP 前端工具

(3) 分析报表。选择完毕后,将对其进行 OLAP 分析,并以最大界面的形式显示分析结果,在此分析报表上选中某单元格可进行上钻或下钻操作,并可以回到初始界面进行一些新的操作,比如重新拖动新的语义对象,或者删除某个语义对象,或者添加相应排序过滤条件等,然后再重新分析以获取新的分析结果。

(4) 排序、过滤和删除。排序有升序和降序两种,当选择了某种排序方式后,获取的分析结果将以所选择的方式排序。可以定义相应的过滤条件,删除不需要的过滤条件。

(5) 自定义语义对象。在左边树形列表中可以定义临时语义对象和删除临时语义对象。

(6) 保存或打开文档。将当前获取的分析结果保存,下次需要时,可不必再去重复相同操作,直接打开相应文件即得到上次分析结果。还可在此基础上进行一系列增加条件、删除等操作,并可获取新的分析结果并保存。

(7) 显示报表。以报表的形式显示分析结果。

(8) 上钻下钻。在分析结果上进行上钻或下钻操作,即可获取相应结果并显示。

(9) 图形显示。以饼图、曲线图、柱状图显示分析结果。

(10) 旋转。换一种角度查看数据。

(11) 转换成 Excel 格式或 html 格式,可以将报表以 Excel 表格或 html 的形式显示。

数据仓库决策支持系统建立以后运行的实际效果还是比较理想的,可以根据自己的需要调整横纵坐标的显示内容;可以对输出的结果进行上钻、下钻、旋转等操作;可以对显示的内容进行排序、过滤和删除等操作;可以显示各种报表,并定制报表的风格;可以图形显示分析结果,通过图形能够清楚地看到各种商品的销售额以及各商品销售的对比情况,这对于决策者制定销售策略是有很大帮助的。[1]

六　OLAP 技术的具体运用——以企业财务预算数据分析为例

下面以 ORACLE 公司的产品 Hyperion 系统为例,介绍 OLAP 技术在企业财务预算数据分析中的应用。[2] Hyperion 系统是一种基于 Web 的 OLAP 解决方案,该产品分为三层架构:客户端、应用服务器和 Essbase 数据库。用户可以通过浏览器访问应用服务器,进行检索和分析数据;也可以通过 Essbase Spreadsheet Add-in 插件直接对数据库进行操作,进行数据访问和分析。Essbase Spreadsheet Add-in 是一款软件,可以与 Microsoft Excel 实现无缝连接。安装该插件程序后,Excel 应用程序中将增加一个菜单项——Essbase。该菜单提供了可以对数据库操作的命令,例如"连接"、"旋转"、"放大"(向下钻取)、"缩小"(向上钻取)、"发送"等

---

[1] 常恩翔、刘洪芳:《数据仓库与 OLAP 技术的应用研究》,《电脑知识与技术》2009 年第 11 期。

[2] 曹洪:《OLAP 技术在数据分析中的应用》,《计算机光盘软件与应用》2013 年第 1 期。

功能按钮。用户仅通过单击鼠标然后进行拖放就可以展开立体式、快速灵活的数据访问和分析。下面应用前面总结的多维数据库技术方法对一大型能源集团公司的预算数据进行数据分析，数据分析的前提是执行了业务规则（可以认为是计算财务数据的钩稽关系的公式）。连接数据库和应用"Budget"后，搭建一张利润表，如图7—6所示。

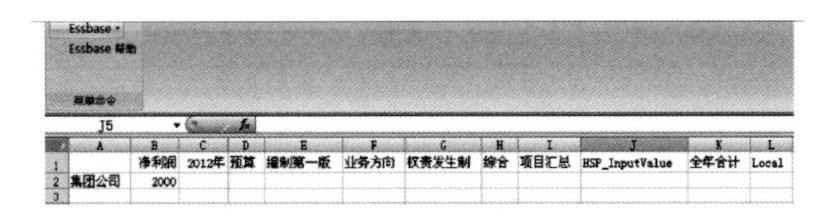

图7—6 利润表1

下面从多角度组合分析该大型能源集团公司的利润情况。比如想了解集团公司下属各单位2012年的盈利状况，只需要选中"集团公司"，然后双击，即可进行向下钻取，获取各单位的数据，如图7—7所示。

图7—7 利润表2

以上是从组织维的角度对数据进行查询，现在换一个角度，从年份和场景进行对比各下属单位的盈利情况，通过对"2012年"和"预算"维值的拖拽，选择"2012年"的兄弟级成员"2010年"和"2011年"，选择"预算"的兄弟级成员"实际"，从而形成图7—8。

图7—8 利润表3

对比2010年、2011年的预算数、实际数和2012年的预算数据，经分析发现，在集团公司层面，集团公司2010年的实际利润1480超过了预计利润1450；2010年、2011年实际利润和2012年预算数据对比，每年利润呈上升趋势，说明公司经营状况良好。但是再仔细分析发现，2010年实际利润虽然达到了预期目标，但是有一家分公司的利润为-10，这就会让分析人员去进一步研究是什么原因造成了这种状况，对“上海分公司”执行“仅保留”操作，“2010年”、“预算”和“2011年”、“实际”执行相同的操作，然后将“净利润”展开，将“上海分公司”进行“旋转”操作，得到图7—9。

	A	B	C	D	E	F	G	H	I	J
1		上海分公司	编制第一版	业务方向	权责发生制	综合	项目汇总	HSP_Input	全年合计	Local
2		2010年	2010年							
3		预算	实际							
4	营业收入	240	245							
5	营业总成本	160	220							
6	加：公允价值变动损益									
7	投资收益	20	-35							
8	其中：对联营企业和合营企业的投资收益									
9	营业利润	100	-10							
10	营业外收入	20	20							
11	其中：非流动资产处置利得									
12	其中：政府补助									
13	营业外支出	15	15							
14	其中：非流动资产处置损失									
15	利润总额									
16	所得税费用	5	5							
17	净利润	100	-10							

图7—9　利润表4

通过对图7—9分析得出，上海分公司净利润的减少是由于营业总成本的增加和投资收益的减少造成的，经过进一步分析，其中营业总成本的增加体现在人员管理费的增加和研究开发费的增加，因为上海分公司引进了一批技术人才进行新技术的开发研究，预计技术成熟后，即可投入到开发生产中，为公司盈利。投资收益亏损是由于当时对投资的一个项目没有进行很好的预估，造成了公司的亏损。通过一系列的分析，得出了结论，这能够指导公司在将来制定更加合理的战略决策。

按照企业的业务目标，对大量的企业数据进行分析和探索，揭示隐藏其中的规律性，指导管理者决策，OLAP技术灵活、高效的特点体现得淋漓尽致，对于从大型多维数据库中在获取数据也显得轻而易举。另外它还具有启发性，引领分析者进行进一步的思考，做进一步的分析，直至得到明确的结果和结论。能够更好地指导企业进行经营决策管理，提高企业经济效益，提升企业的市场竞争力。

七 OLAP 的新发展——OLAM

OLAM 即联机分析挖掘，它是将 OLAP（联机分析处理技术）和 DM（数据挖掘技术）有机地组合起来进而形成的一种崭新的技术。OLAM 不仅具有 OLAP 多维分析的在线性、灵活性，还有 DM 对数据处理的深入性等特点，因此对信息的分析和筛选要求有了更高层次上的满足。

OLAM 具有强大的挖掘力量。它能借助 OLAP 的支持挖掘出任何需要的数据；OLAM 不仅能给予灵活的挖掘算法选择机制而且能够给予与外部挖掘算法的通用接口；OLAM 的挖掘计算是以多维数据模型为基础的，它能够和 OLAP 的操作灵活结合，并具有计算的回溯功能。本着客户/服务器体系结构的根本，它不仅具有较高的执行效率而且还有较快的响应速度，并且可以调整执行效率和挖掘结果的准确度。一旦用户交互式执行效率低，而用户都已经选定了挖掘算法和数据空间，那么应当确保最终结果的准确性。

第四节 信息融合技术

一 信息融合技术概述

信息融合技术出现于 20 世纪 70 年代，基本思想起源于声呐研究中的多源相关、多传感器混合和数据融合技术，80 年代开始广泛应用于发达国家的军事 C3I 系统，目前其研究与应用已扩展到各个领域，如交通管制、医疗诊断、机器人导航、安全控制等领域。信息融合是一种形式框架，其过程是用数学方法和技术工具综合不同源信息，目的是得到高品质的有用信息。[1] 根据数据的抽象不同，信息融合分为三个层次：

第一层，数据级信息融合。这是直接在采集到的原始数据层上进行融合，在各种信息源的数据未经处理之前就进行数据的综合和分析，是最低

---

[1] 彭冬亮、文成林、薛安克：《多传感器多源信息融合理论及应用》，科学出版社 2010 年版。

层的融合。特点是信息多，处理量大。

第二层，特征级信息融合。先进行特征提取，再按照特征进行分类、聚类和综合。特点是对信息进行了压缩，有利于实时处理，但提取的信息需要最大限度满足企业决策的需要。

第三层，决策级信息融合。利用特征级信息融合所产生的特征信息，采用适当的融合技术来实现，该层结果直接为企业决策提供依据。

信息融合技术是随着雷达信息处理和指挥自动化系统的发展而形成的。它是关于如何协同利用多源信息，以获得对同一事物或目标更客观、更本质认识的综合信息处理技术。指挥自动化系统中的信息融合，是指对来自多个传感器的数据与信息进行多层次、多方面检测、关联、相关、估值和综合等处理，以达到精确的状态与身份估计，以及完整、及时的态势和威胁评估。

信息融合技术目前使用较多的有传统的 D—S 证据理论和统计中的 Bayes 方法，以及遗传算法、模糊理论、神经网络、小波变换和粗糙集理论。这些技术各有长处，现在的趋势是把几种技术综合进行融合处理，比如把模糊理论和神经网络结合。相比较而言，粗糙集理论的提出时间较晚，在信息融合中的应用也较少。但同为研究不确定性的理论，粗糙集理论有其自身的优势。另外，从目前的研究进展来看，它与模糊理论、神经网络等的互相渗透日益深入，因此，它在信息融合中的应用大有前景。

（一）信息融合技术的概念

融合的概念开始出现于 20 世纪 70 年代初期，当时称为多源相关、多源合成、多传感器混合或数据融合，现在多称为信息融合或数据融合。

融合是指采集并集成各种信息源、多媒体和多格式信息，从而生成完整、准确、及时和有效的综合信息过程。数据融合技术结合多传感器的数据和辅助数据库的相关信息以获得比单个传感器更精确、更明确的推理结果。信息融合是对多种信息的获取、表示及其内在联系进行综合处理和优化的技术。传感器信息融合技术从多信息的视角进行处理及综合，得到各种信息的内在联系和规律，从而剔除无用的和错误的信息，保留正确的和有用的成分，最终实现信息的优化。

信息融合技术定义：将经过集成处理的多传感器信息进行合成，形成一种对外部环境或被测对象某一特征的表达方式。单一传感器只能获得环境或被测对象的部分信息段,而多传感器信息经过融合后能够完善地、准确地反映环境的特征。它也为智能信息处理技术的研究提供了新的观念。经过融合的多传感器信息具有以下特征:信息的冗余性、互补性、协同性、实时性以及低成本性。多传感器信息融合与经典信号处理方法之间存在本质的区别,其关键在于信息融合所处理的多传感器信息具有更为复杂的形式,而且可以在不同的信息层次上出现。

(二) 国外信息融合技术的发展

美国国防部三军实验室理事联席会(JDL)对信息融合技术的定义为:信息融合是一个对从单个和多个信息源获取的数据和信息进行关联、相关和综合,以获得精确的位置和身份估计,以及对态势和威胁及其重要程度进行全面及时评估的信息处理过程;该过程是对其估计、评估和额外信息源需求评价的一个持续精练过程,同时也是信息处理过程不断自我修正的一个过程,以获得结果的改善。后来,JDL将该定义修正为:信息融合是指对单个和多个传感器的信息和数据进行多层次、多方面的处理,包括自动检测、关联、相关、估计和组合。

信息融合技术自1973年初次提出以后,经历了20世纪80年代初、90年代初和90年代末三次研究热潮。各个领域的研究者都对信息融合技术在所研究领域的应用展开了研究,取得了一大批研究成果,并总结出了行之有效的工程实现方法。美国在该项技术的研究方面一直处于世界领先地位,1973年,在美国国防部资助开发的声呐信号理解系统中首次提出了数据融合技术,1988年,美国国防部把数据融合技术列为90年代重点研究开发的20项关键技术之一。据统计,1991年美国已有54个数据融合系统引入到军用电子系统中去,其中87%已有试验样机、试验床或已被应用。目前已进入实用阶段。

应用人工智能技术(专家系统、神经网络等)解决目标识别、战场态势关联与估计处于应用试验阶段;信息融合仿真试验、测试与评估技术目前正在向适应联合作战需求的方向发展,效能评估处于建模阶段。上述技术所形成的信息融合产品已装备在某些战术、战略系统中。如全球网络中心监视与瞄准(GNCST)系统是美国空军的新型情报信息融合处理系统,该系统对信息源几乎没有限制,可接收无人机(UAV)、E-8C、RC-135等平台上光电、合成孔径雷达、信号情报侦察装置等各种传感器的近实时信息，将它们消化处理成对作战官兵有用的信息，并以很快的速度和很高的精度发送给用户。

英国 BAE 系统公司还开发出一种被称作分布式数据融合的信息融合新技术。这项技术的独特之处在于它采用的是分布式数据融合技术，而传统的数据融合都是集中式的，即所有的信息在一个中心节点完成综合和融合。这样，一旦中心节点遭到攻击，就会破坏整个系统。但采用 DDF 技术的系统就不存在这样的问题，因为综合和融合是在网络中的任何节点上进行的。若一个节点脱离网络，其他部分仍会继续工作并共享、综合和融合信息。

（三）信息融合的关键技术

数据融合是一种多层次、多方位的处理过程，需要对多种来源数据进行检测、相关和综合以进行更精确的态势评估。数据（或信息）融合系统的根本目标是将传感器得到的数据（如信号、图像、数量和矢量信息等）、人的输入信息以及已有的原始信息转化成关于某种状态和威胁的知识。

多传感器数据融合通过信号处理技术、图像处理技术、模式识别技术、估计技术以及自动推理技术等多种技术提高状态感知能力。该技术广泛用于自动目标识别、敌/我/中立方识别（IFFN）处理以及自动状态评估等应用领域，相关的关键技术有：多目标跟踪的信息融合技术；多假定跟踪和相关技术；随机数据关联滤波（PDAF）技术；交互式复合建模（IMM）技术；目标机动信息处理技术（自适应抗噪声模型等）；非线性滤波技术；融合结构技术（集中式结构与分布式结构）；相似传感器融合技术（结构、算法和方法）；不相似的传感器融合技术；传感器对准技术（包括各种类型的对准难题及其解决技术）；特征融合技术（识别/分类、证明推算、专家系统、神经网络、模糊逻辑、贝斯网络等）。

（四）信息融合技术的意义及应用[①]

1. 在竞争情报领域

（1）通过信息融合技术，可以有效整合各来源渠道的情报。当前，

[①] 潘莹：《基于目标识别的几种信息融合算法研究》，哈尔滨工业大学硕士学位论文，2007年。

企业从事情报活动的部门很多，情报来源非常广泛，销售、战略规划、技术、采购都是竞争情报的重要采集源，这些源信息内容有的是相互证明和支持的，有的相互补充，有的甚至相互矛盾，它们结构复杂且语义多样，这些信息还具有层次性，反映决策过程中的不同级别。利用这些信息进行情报处理分析和决策支持的过程将相当复杂，通过信息融合技术可以对来源信息的可能性和不确定性进行验证，极大地提高初始情报的正确性。

（2）信息融合技术能提高群体情报分析决策的效果。群体情报分析是当前企业竞争情报重点研究的领域之一。通过数据仓库和内联网络的支持，可以使不同地域、不同空间的企业情报专家协同进行关键情报课题研究，在信息融合的相关技术的帮助可以使各情报专家的决策意见进行融合，个体情报专家就可以克服主观性、片面性，从而改善决策者的有限理性，进而提高群体决策的效率和效果。

2. 在信息电子学领域

信息融合技术的实现和发展以信息电子学的原理、方法、技术为基础。信息融合系统要采用多种传感器收集各种信息，包括声、光、电、运动、视觉、触觉、力觉以及语言文字等。信息融合技术中的分布式信息处理结构通过无线网络、有线网络、智能网络、宽带智能综合数字网络等汇集信息，传给融合中心进行融合。除了自然（物理）信息外，信息融合技术还融合社会类信息，以语言文字为代表，涉及大规模汉语资料库、语言知识的获取理论与方法、机器翻译、自然语言解释与处理技术等，信息融合采用分形、混沌、模糊推理、人工神经网络等数学和物理的理论及方法。它的发展方向是对非线性、复杂环境因素的不同性质的信息进行综合、相关，从各个不同的角度去观察、探测世界。

3. 在计算机科学领域

在计算机科学中，目前正开展着并行数据库、主动数据库、多数据库的研究。信息融合要求系统能适应变化的外部世界，因此，空间、时间数据库的概念应运而生，为数据融合提供了保障。空间意味着不同种类的数据来自于不同的空间地点，时间意味着数据库能随时间的变化适应客观环境而相应变化。信息融合处理过程要求有相应的数据库原理和结构，以便融合随时间、空间变化了的数据。在信息融合的思想下，提出的空间、时间数据库是计算机科学的一个重要的研究方向。

二 信息融合的结构和分类

(一) 信息融合的结构

信息融合的结构分为串联和并联两种，如图 7—10 所示。图中 C_1，C_2，…，C_n 表示 n 个传感器；S_1，S_2，…，S_n 表示来自各个传感器信息融合中心的数据；y_1，y_2，…，y_n 表示融合中心。

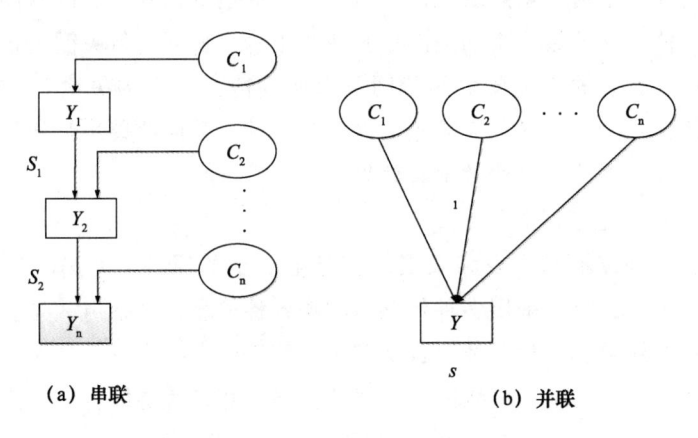

图 7—10 信息融合的两种结构

(二) 信息融合分类

(1) 按照信息表征层次的分类

系统的信息融合相对于信息表征的层次相应分为三类：数据层融合、特征层融合和决策层融合（见图 7—11）。[1]

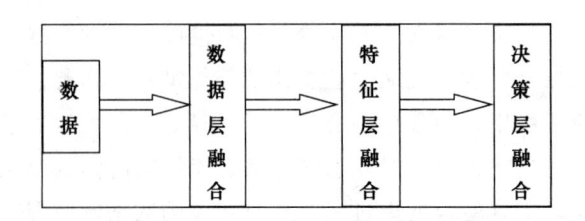

图 7—11 信息融合层次

---

[1] 刘红刚：《现代农业生产环境监测组态与融合技术的研究和示范应用》，华南理工大学硕士学位论文，2011 年。

数据层融合通常用于多源图像复合、图像分析与理解等方面，采用经典的检测和估计方法。特征层融合可划分为两大类：一类是目标状态信息融合，目标跟踪领域的大体方法都可以修改为多传感器目标跟踪方法；另一类是目标特性融合，它实质上是模式识别问题，具体的融合方法仍是模式识别的相应技术。决策层融合指不同类型的传感器观测同一个目标，每个传感器在本地完成处理，其中包括顶处理、特征抽取、识别或判决，以建立对所观察目标的初步结论。然后通过关联处理、决策层融合判决，最终获得联合推断结果。

（2）JDL 模型（Joint Directors of Laboratories）和 λ-JDL 模型

JDL 模型将融合过程分为四个阶段：信源处理，第一层处理（目标提取）、第二层处理（态势提取）、第三层提取（威胁提取）和第四层提取（过程提取）。模型中的每一个模块都可以有层次地进一步分割，并且可以采用不同的方法来实现它们，如图 7—12 所示。λ—JDL 模型为 JDL 模型的简化，把 0 层包含进了 1 层，4 层融入其他各层中，如图 7—13 所示。

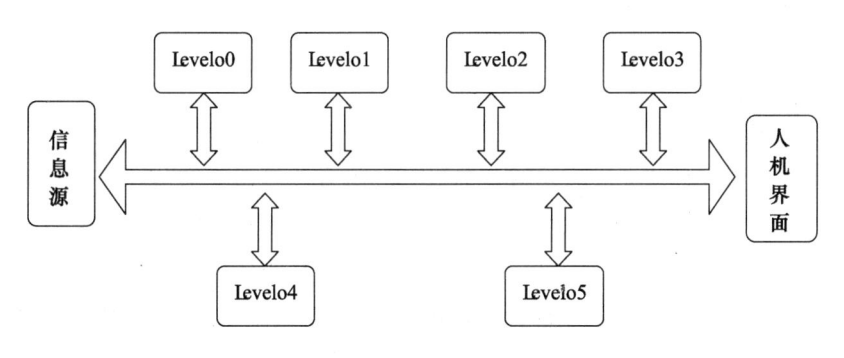

图 7—12　JDL 模型

（3）按照数据流融合的位置进行分类

多传感器融合系统中的一个关键问题是在何处对数据流进行融合。按照融合位置的不同可以将融合结构分为以下三种类型：集中式融合、分布式多传感器融合和无中心融合结构。对于特定的信息融合应用不可能找到一种最优的融合结构，结构的选择必须综合考虑计算资源、可用的通信带宽、精度要求、传感器能力等。

多传感器信息融合之所以被广泛研究，是由于它与单一传感器信息利

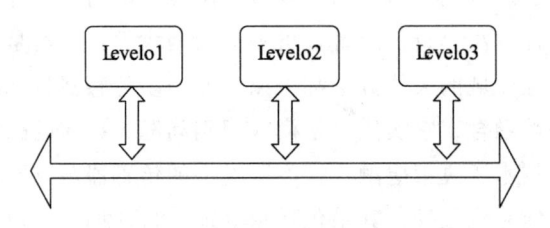

```
Levelo1    Levelo2    Levelo3
```

图 7—13 λ – JDL 模型

用相比具有如下特点：①容错性，在单一传感器出现误差或失效的情况下，系统仍能正常可靠地工作；②互补性，各传感器除提供对象的共性反应外，还提供与各传感器本身有关的特性反应，因而利用信息融合就能实现不同传感器之间的信息互补，从而提高信息的利用率、减少系统认识的不正确性；③实时性，能以较少的时间获取更多的信息。大大提高系统的识别效率。

三　信息融合的一般方法

（一）嵌入约束法

由多种传感器所获得的客观环境（即被测对象）的多组数据就是客观环境按照某种映射关系形成的像，信息融合就是通过像求解原像，即对客观环境加以了解。用数学语言描述就是，所有传感器的全部信息，也只能描述环境的某些方面的特征，而具有这些特征的环境却有很多，要使一组数据对应唯一的环境（即上述映射为——映射），就必须对映射的原像和映射本身加约束条件，使问题能有唯一的解。[①]

嵌入约束法最基本的方法：Bayes 估计和卡尔曼滤波。

1. Bayes 估计

Bayes 估计是融合静态环境中多传感器低层数据的一种常用方法。其信息描述为概率分布，适用于具有可加高斯噪声的不确定性信息。假定完成任务所需的有关环境的特征物用向量 f 表示，通过传感器获得的数据信

[①] 潘莹：《基于目标识别的几种信息融合算法研究》，哈尔滨工业大学硕士学位论文，2007年。

息用向量 d 来表示，d 和 f 都可看作是随机向量。信息融合的任务就是由数据 d 推导和估计环境 f。假设 $p(f,d)$ 为随机向量 f 和 d 的联合概率分布密度函数，则

$$p(f,d) = p(f|d) \cdot p(d) = p(d|f) \cdot p(f)$$

$p(f|d)$ 表示在已知 d 的条件下，f 关于 d 的条件概率密度函数；$p(d|f)$ 表示在已知 f 的条件下，d 关于 f 的条件概率密度函数；$p(d)$ 和 $p(f)$ 分别表示 d 和 f 的边缘分布密度函数。

已知 d 时，要推断 f，只需掌握 $p(f|d)$ 即可，即

$$p(f|d) = p(d|f) \cdot p(f) / p(d)$$

上式为概率论中的 Bayes 公式，是嵌入约束法的核心。

信息融合通过数据信息 d 做出对环境 f 的推断，即求解 $p(f|d)$。由 Bayes 公式知，只需知道 $p(f|d)$ 和 $p(f)$ 即可。因为 $p(d)$ 可看作是使 $p(f|d) \cdot p(f)$ 成为概率密度函数的归一化常数，$p(d|f)$ 是在已知客观环境变量 f 的情况下，传感器得到的 d 关于 f 的条件密度。当环境情况和传感器性能已知时，$p(f|d)$ 由决定环境和传感器原理的物理规律完全确定。而 $p(f)$ 可通过先验知识的获取和积累，逐步渐近准确地得到，因此，一般总能对 $p(f)$ 有较好的近似描述。

在嵌入约束法中，反映客观环境和传感器性能与原理的各种约束条件主要体现在 $p(f|d)$ 中，而反映主观经验知识的各种约束条件主要体现在 $p(f)$ 中。

在传感器信息融合的实际应用过程中，通常的情况是在某一时刻从多种传感器得到一组数据信息 d，由这一组数据给出当前环境的一个估计 f。因此，实际中应用较多的方法是寻找最大后验估计 g，即 $p(g|d) = \max_f p(f|d)$。

最大后验估计是在已知数据为 d 的条件下，使后验概率密度 $p(f)$ 取得最大值得点 g，根据概率论，最大后验估计 g 满足 $p(g|d) \cdot p(g) = \max_f p(d|f) \cdot p(f)$。

当 $p(f)$ 为均匀分布时，最大后验估计 g 满足 $p(g|f) = \max_f p(d|f)$，此时，最大后验概率也称为极大似然估计。

当传感器组的观测坐标一致时，可以用直接法对传感器测量数据进行融合。在大多数情况下，多传感器从不同的坐标框架对环境中同一物体进

行描述，这时传感器测量数据要以间接的方式采用 Bayes 估计进行数据融合。间接法要解决的问题是求出与多个传感器读数相一致的旋转矩阵 R 和平移矢量 H。

在传感器数据进行融合之前，必须确保测量数据代表同一实物，即要对传感器测量进行一致性检验。常用以下距离公式来判断传感器测量信息的一致：

$$T = \frac{1}{2} (x_1 - x_2)^T C^{-1} (x_1 - x_2)$$

式中 x_1 和 x_2 为两个传感器测量信号，C 为与两个传感器相关联的方差阵，当距离 T 小于某个阈值时，两个传感器测量值具有一致性。这种方法的实质是剔除处于误差状态的传感器信息而保留"一致传感器"数据计算融合值。

2. 卡尔曼滤波（KF）

卡尔曼滤波用于实时融合动态的低层次冗余传感器数据，该方法用测量模型的统计特性，递推决定统计意义下最优融合数据合计。如果系统具有线性动力学模型，且系统噪声和传感器噪声可用高斯分布的白噪声模型来表示，KF 为融合数据提供唯一的统计意义下的最优估计，KF 的递推特性使系统数据处理不需大量的数据存储和计算。KF 分为分散卡尔曼滤波（DKF）和扩展卡尔曼滤波（EKF）。DKF 可实现多传感器数据融合完全分散化，其优点：每个传感器节点失效不会导致整个系统失效。而 EKF 的优点：可有效克服数据处理不稳定性或系统模型线性程度的误差对融合过程产生的影响。[1]

嵌入约束法是传感器信息融合的最基本方法之一，其缺点是需要对多源数据的整体物理规律有较好的了解，才能准确地获得 $p(d|f)$，但需要预知先验分布 $p(f)$。

（二）证据组合法[2]

证据组合法认为完成某项智能任务是依据有关环境某方面的信息做出

---

[1] 刘红刚：《现代农业生产环境监测组态与融合技术的研究和示范应用》，华南理工大学硕士学位论文，2011年。

[2] 潘莹：《基于目标识别的几种信息融合算法研究》，哈尔滨工业大学硕士学位论文，2007年。

几种可能的决策,而多种传感器数据信息在一定程度上反映环境这方面的情况。因此,分析每一数据作为支持某种决策证据的支持程度,并将不同传感器数据的支持程度进行组合,即证据组合,分析得出现有组合证据支持程度最大的决策作为信息融合的结果。

证据组合法是对完成某一任务的需要而处理多种传感器的数据信息,完成某项智能任务,实际是做出某项行动决策。它先对单个传感器数据信息每种可能决策的支持程度给出度量(即数据信息作为证据对决策的支持程度),再寻找一种证据组合方法或规则,在已知两个不同传感器数据(即证据)对决策的分别支持程度时,通过反复运用组合规则,最终得出全体数据信息的联合体对某决策总的支持程度。得到最大证据支持决策,即信息融合的结果。

利用证据组合进行数据融合的关键在于:选择合适的数学方法描述证据、决策和支持程度等概念;建立快速、可靠并且便于实现的通用证据组合算法结构。

证据组合法较嵌入约束法的优点在于:①对多种传感器数据间的物理关系不必准确了解,即无须准确地建立多种传感器数据体的模型;②通用性好,可以建立一种独立于各类具体信息融合问题背景形式的证据组合方法,有利于设计通用的信息融合软、硬件产品;③人为的先验知识可以视同数据信息一样,赋予对决策的支持程度,参与证据组合运算。

常用的证据组合方法有概率统计方法和 Dempster-Shafer 证据推理

1. 概率统计方法

假设一组随机向量 x_1,x_2,…,x_n 分别表示 n 个不同传感器得到的数据信息,根据每一个数据 x_i 可对所完成的任务做出一决策 d_i。x_i 的概率分布为 $p_{a_i}(x_i)$,a_i 为该分布函数中的未知参数,若参数已知时,则 x_i 的概率分布就完全确定了。用非负函数 $L(a_i, d_i)$ 表示当分布参数确定为 a_i 时,第 i 个信息源采取决策 d_j 时所造成的损失函数。在实际问题中,a_i 是未知的,因此,当得到 x_i 时,并不能直接从损失函数中定出最优决策。

先由 x_i 做出 a_i 的一个估计,记为 $a_i(x_i)$,再由损失函数 $L[a_i(x_i), d_i]$ 决定出损失最小的决策。其中利用 x_i 估计 a_i 的估计量 $a_i(x_i)$ 有很多种方法。

概率统计方法适用于分布式传感器目标识别和跟踪信息融合问题。

2. Dempster-Shafer 证据推理（D–S 推理）

假设 F 为所有可能证据所构成的有限集，为集合 F 中的某个元素即某个证据，首先引入信任函数 $B(f) \in [0,1]$ 表示每个证据的信任程度：

$$B(F) = 1 \quad B(\emptyset) = 0$$

$$B(A_1 \cup A_2 \cup \cdots \cup A_n) \geqslant \sum_i B(A_i) - \sum_{i<j} B(A_i \cap A_j) + \cdots + (-1)^{n-1} B(A_1 \cap \cdots \cap A_n)$$

从上式可知，信任函数是概率概念的推广，因为从概率论的知识出发，上式应取等号。

$$B(A) = B(\bar{A}) \leqslant 1$$

引入基础概率分配函数 $m(f) \in [0,1]$，$m(\emptyset) = 0$，$\sum_{A \in F} m(A) = 1$。

由基础概率分配函数定义与之相对应的信任函数：$B(A) = \sum_{C \subseteq A} m(C)$，$A, C \subseteq F$。

当利用 N 个传感器检测环境 M 个特征时，每一个特征为 F 中的一个元素。第 i 个传感器在第 k—1 时刻所获得的包括 k—1 时刻前关于第 j 个特征的所有证据，用基础概率分配函数表示，其中 i = 1, 2, …, m。第 i 个传感器在第 k 时刻所获得的关于第 j 个特征的新证据用基础概率分配函数表示。由和可获得第 i 个传感器在第 k 时刻关于第 j 个特征的联合证据。类似地，利用证据组合算法，由和可获得在 k 时刻关于第 j 个特征的第 i 个传感器和第 i+1 个传感器的联合证据。如此递推下去，可获得所有 N 个传感器在 k 时刻对 j 特征的信任函数，信任度最大的即为信息融合过程最终判定的环境特征。

D–S 证据推理优点：算法确定后，无论是静态还是时变的动态证据组合，其具体的证据组合算法都有一共同的算法结构。但其缺点：当对象或环境的识别特征数增加时，证据组合的计算量会以指数速度增长。

证据理论是建立在辨识框架基础上的推理模型，其基本思想是：①建立辨识框架；②建立初始信任度分配；③根据因果关系，计算所有命题的信任度；④证据合成；⑤根据融合后的信任度进行决策。

（三）人工神经网络法

通过模仿人脑的结构和工作原理，设计和建立相应的机器和模型并完成一定的智能任务。①

神经网络根据当前系统所接收到的样本的相似性，确定分类标准。这种确定方法主要表现在网络权值分布上，同时可采用神经网络特定的学习算法来获取知识，得到不确定性推理机制。神经网络多传感器信息融合的实现，分三个重要步骤：根据智能系统要求及传感器信息融合的形式，选择其拓扑结构；各传感器的输入信息综合处理为一总体输入函数，并将此函数映射定义为相关单元的映射函数，通过神经网络与环境的交互作用使环境的统计规律反映网络本身结构；对传感器输出信息进行学习、理解，确定权值的分配，完成知识获取信息融合，进而对输入模式做出解释，将输入数据向量转换成高层逻辑（符号）概念。

基于神经网络的传感器信息融合有以下特点：

（1）具有统一的内部知识表示形式，通过学习算法可将网络获得的传感器信息进行融合，获得相应网络的参数，并且可将知识规则转换成数字形式，便于建立知识库。

（2）利用外部环境的信息，便于实现知识自动获取及并行联想推理。

（3）能够将不确定环境的复杂关系，经过学习推理，融合为系统能理解的准确信号。

（4）由于神经网络具有大规模并行处理信息能力，使系统信息处理速度很快。

人工神经网络具有分布式存储和并行处理方式、自组织和自学习的功能以及很强的容错性等优点。将神经网络用于多传感器信息融合技术，首先要根据系统的要求以及传感器的特点选择合适的神经网络模型，然后再对建立的神经网络系统进行离线学习。确定网络的联结权值和联结结构，最后把得到的网络用于实际的信息融合当中。

小波分析具有良好的信号时域局部化特征，能处理信号的局部特征信息。将小波分析引入遥感数据融合，是目前正在探索的课题之一。

由于处理对象和处理过程的复杂性，而且每种方法都有自己的适用范围，目前还没有一套系统的方法可以很好地解决多传感器融合中出现的所有问题。比较理想的解决方案就是多种融合方法的综合使用。

---

① 潘莹：《基于目标识别的几种信息融合算法研究》，哈尔滨工业大学硕士学位论文，2007年。

四 信息融合的实例

信息融合在民事领域的应用有：工业过程监视及工业机器人，遥感与金融系统，空中交通管制与病人照顾系统，船舶避碰与交通管制系统，生物特征的身份识别等，例如，机器人中的传感器信息融合如图7—14所示。

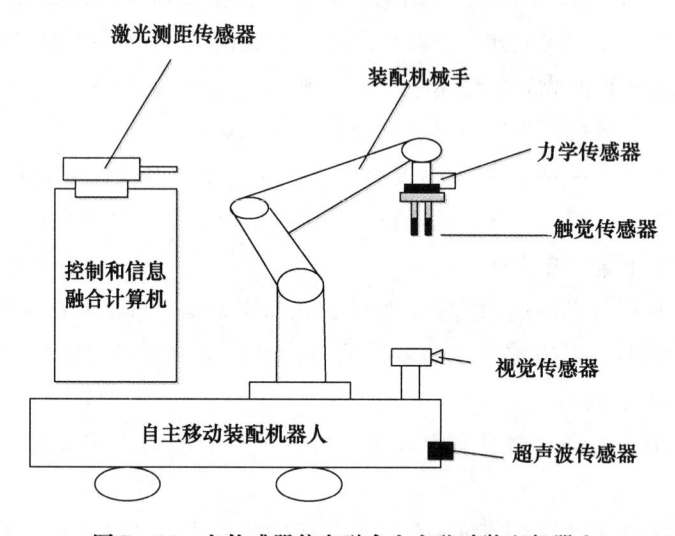

图7—14 多传感器信息融合自主移动装配机器人

信息融合在军事领域的应用有：采用多传感器的自主式武器系统和自备式运载器，情报收集系统，采用多传感器进行截获、跟踪和指挥制导的火控系统，军事力量的指挥和控制站，敌情指示和预警系统等。例如，舰船上的传感器信息融合如图7—15所示。

虽然信息融合的应用研究已如此广泛，但至今仍未形成基本的理论框架和有效的广义融合模型及算法。正在进行的研究有新算法的形成、已有算法的改进以及如何综合这些技术以形成统一的结构用于多样的信息融合应用。建立融合系统的关键技术和难点是如何获得可靠的隶属度和基本概率赋值等。另外，信息融合学科一直缺少对算法的严格的测试或评价，以及如何在理论和应用之间进行转换。数据融合团体需要使用高标准的算法、测试和评估准则、标准测试的产生和适于实际应用的技术的系统评

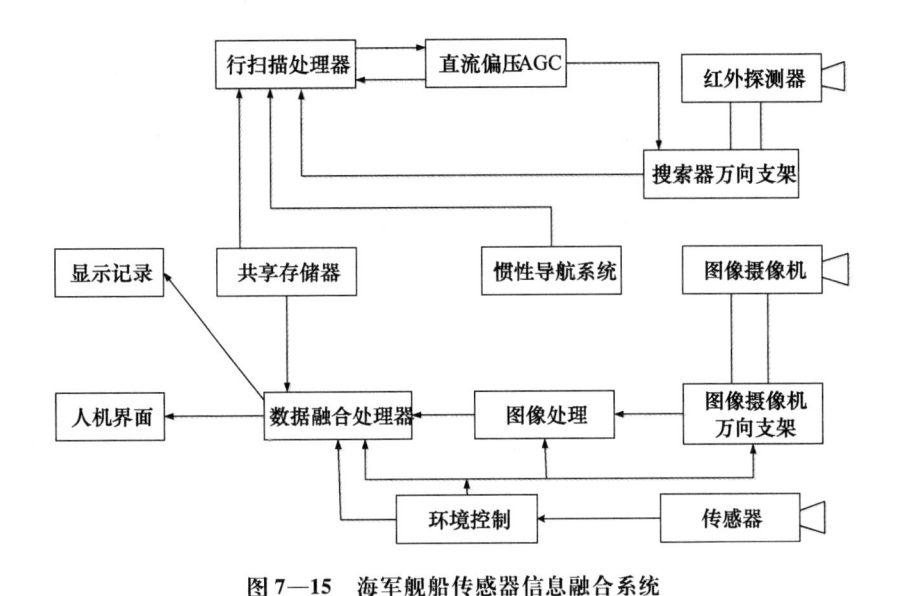

图 7—15　海军舰船传感器信息融合系统

价。交叉学科的交流和研究将进一步促进信息融合技术的发展，人工智能和神经网络方法将继续成为信息融合研究的热点。

第五节　案例推理技术

案例推理技术是人工智能领域中较新崛起的一种重要的问题求解和学习方法。作为一种基于经验的问题求解技术，案例推理模拟人类求解问题的思路，通过修改已有的解决方案满足求解新问题的需要。1977 年美国耶鲁大学的 Roger C. Schank[①] 的著作可以看作是案例推理思想的萌芽，在 20 世纪 80 年代中后期，案例推理研究得到了迅速的发展。

一　案例推理的基本原理

当人们选择医生看病时，他们更愿意选择年长的，因为一个有经验的

---

① ［美］Roger C. Schank：《脚本、计划、目标和理解》，Earlbaum 协会出版社 1977 年版。

老医生有更多的临床经验,已经见过和治疗过许多与我们有类似疾病的病人。从本质上讲,我们考虑医生的经验时,更多的是根据他们曾处理过多少病例,而不是他们懂得的治疗知识。案例推理与医生看病有相似的原理,符合专家迅速、准确地求解新问题的过程。①

一个典型的案例推理问题求解过程的基本步骤可以归纳为四个主要过程:案例检索(Retrieve)、案例重用(Reuse)、案例修正(Revise)和案例保存(Retain)。为了解决问题案例,首先需要在案例库中搜索与所给问题相似的案例,然后对检索出来的案例信息和知识进行案例重用得到建议解,如果该建议解失败或不满意时需对其进行修正,得到修正后的案例并将新案例存入案例库。目前绝大多数现有的案例推理系统基本上都是案例检索和案例重用的系统,而案例的调整通常是由案例推理系统的管理员来完成的。

(一)案例表示

案例表示是案例推理的基础,案例知识一般是以结构化的方式表示的,是对应领域的结构化描述。为了进行案例的表示,首先要选择足以描述案例特点的属性或称特征,并决定特征的类型和取值范围。特征的选择方法主要有结合专家领域知识的方法和由系统自动进行特征选择的方法,主要技术有:归纳法、随机爬山法、并行搜索法和分步定向搜索法等。案例的表示方法主要有结构表示型和特征—值对表示型。

(二)案例检索

案例检索根据待解决问题的问题描述在案例库中找到与该问题或情况最相似的案例。常用的案例检索方法有最近相邻法、归纳法、知识导引法和模板检索法等。这些方法可单独或组合使用。案例的相似性匹配方法有许多种,如决策树、粗糙集、神经网络、证据理论、聚类分析等。

(三)案例重用

如何由检索出的匹配案例的解决方案得到新案例的解决方案,这个过程叫作案例的重用。在一些简单的系统中,可以直接将检索到的匹配案例

---

① 片锦英:《案例推理技术研究及其应用》,《人力资源管理》2010年第6期。

的解决方案复制到新案例，作为新案例的解决方案。这种方法适用于推理过程复杂，但解决起来很简单的问题，如申请银行贷款。在多数情况下，由于案例库中不存在与新案例完全匹配的存储案例，所以需要对存储案例的解决方案进行调整，以得到新案例的解决方案。案例修正的方法主要有推导式调整、参数调整等。推导式调整指重新利用产生匹配案例的解决方案的算法、方法或规则来推导得出新案例的解决方案；参数调整指将存储案例与当前案例的指定参数进行比较，然后对解进行适当修改的结构调整方法。此外还可以采用重新实例化、案例替换、抽象与再具体化等方法。

（四）案例修正

在案例重用得不到满意的解时，需要使用领域知识对不合格的解决方案进行修正，修正后符合应用领域的要求。进行案例修正的技术包括领域规则、遗传算法、约束满足、函数规划和基于案例的修正等方法。

（五）案例库维护

案例推理系统的重要特点之一是能够学习。对于新问题，在进行案例修正后，如果案例修正的结果是正确的，则需要更新案例库。根据检出案例与新案例的相似程度，可能需要在库中新建一个案例；或当所检索到的案例与新案例非常接近时，没有必要将此新案例完全存入库中，只需要将调整后案例的一小部分存入库中。随着案例库中积累案例的增加，案例库中包含了更多的知识，系统解决问题的能力也不断增强。

二 案例推理技术的特点

基于案例的推理与基于规则的推理方法不同的是，基于规则的推理方法经常依赖于问题领域中的一般性知识，或是在问题描述与结论之间建立一般性的联系，而案例推理不需要了解问题和结论之间的内部机理，直接利用过去经验中的具体案例来解决新问题，它通过寻找与之相似的历史案例，把它重新应用到新问题的环境中来。另外，案例推理是一个不断改善的学习过程，一旦解决了一个新问题，就获得了新的经验，可以用来解决将来的问题。案例推理具有如下一些特点：

（1）不需要显式表达的领域模型，通过收集以往的案例就可以获取知识，避开了"知识获取瓶颈"的问题。

（2）只需确定足以描述案例的主要特征，这比构造显式领域模型要容易得多，并且在案例库不完备的情况下系统也能工作。

（3）在有些领域用具体的或一般化的案例所提供的解答比通过规则推理得到的解答更令人满意，如在法律领域。

（4）案例推理系统能够从新的案例中获得知识（即学习），这使系统维护更容易。

（5）通过获得新案例，案例推理系统能反映出使用者的经验来。当一个基于规则的专家系统在六个单位运行了六个月之后，六个系统还是一样的；如果六个相同的案例推理系统在不同的单位使用，六个月之后它们会成为六个不同的系统，因为每一个系统都得到了不同的新案例。①

三 案例推理的具体应用——以钢铁 MES 系统为例

（一）钢铁 MES 系统中信息流的分析

钢铁制造企业生产过程执行管理系统（MES 系统）负责生成生产指令、下达生产指令、生成物料需求计划、收集生产实绩信息以及进行动态调度等方面的任务（见图 7—16）。②

通过对钢铁业务流程的分析，发现系统中的主要信息流集中在由 ERP 经审核转入 MES、生产计划下达、下部分厂向上部分厂提料三个环节上，这三个环节的信息流具有集中、大量、频繁的特点，成为影响系统运行效率的主要制约因素。这三个环节上的信息流由于钢铁企业设备专用性强、产品和工艺路线相对稳定，决定了 MES 系统中流动的信息具有一定的规律性，例如信息的相似性。此外，影响系统运行效率的第二个因素是生产调度系统需要处理的动态因素很多。这些动态因素可以分为常规动态因素和随机动态因素两个方面。常规动态因素是指生产过程中出现的常规动态事件，如连铸机随时开浇、停浇、生产实绩需实时采集等。而随机

---

① 片锦英：《案例推理技术研究及其应用》，《人力资源管理》2010 年第 6 期。
② 李东生、王宏亮：《案例推理技术在 MES 系统中的应用》，《太原城市职业技术学院学报》2009 年第 5 期。

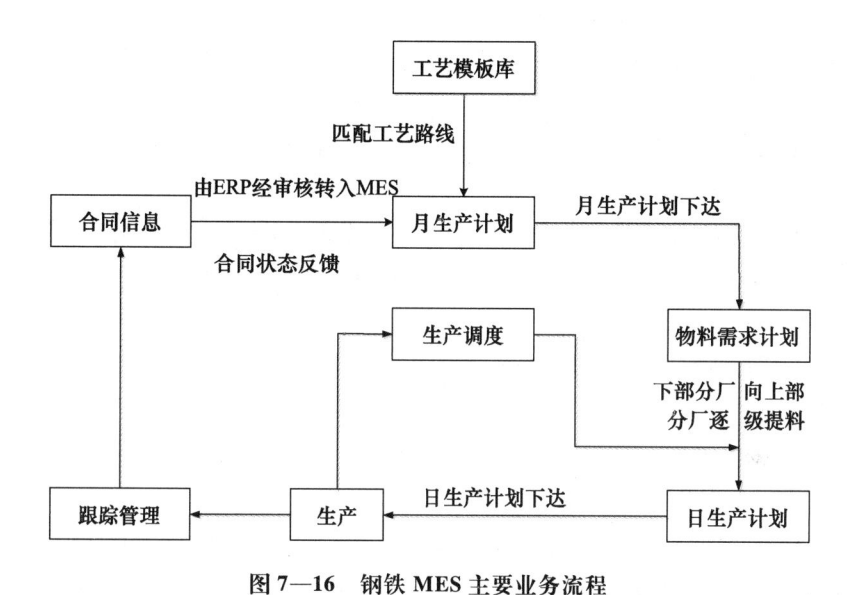

图 7—16　钢铁 MES 主要业务流程

动态因素是指生产过程中出现的意外事件，如质量偏差、设备故障、紧急订单、前后工序的异常等。动态调度系统应主要具备两方面能力：将订单分派到生产设备，生成各设备上的生产指令；快速有效地处理动态事件，保证生产的连续进行。

以上的问题通常可以采用人机对话以及规则调度方法进行解决，但是人机对话效率低下，对于大批量数据的处理存在先天不足。规则调度方法则是指在系统运行时，根据一定的规则和策略决定下一步操作的方法。其优点是不必进行大量的计算，避开了"组合爆炸问题"，只要选择了合适的规则便可产生相应的调度策略，方便易行。缺点是灵活性差，难以适应不确定变化。所以，在现代市场环境下，MES 的实时性与信息量庞大、发生频率高的不确定性产生了激烈的矛盾。

（二）钢铁 MES 系统中案例推理技术的应用

通过前文的分析可知，案例推理技术主要解决的问题集中在两个方面：常规信息流和动态因素的处理。常规信息流具有一定的相似性，可以通过相似性减少信息在系统中的流量，达到提升系统效率的目的。动态因素的处理不具有普遍性，更多地需要依赖于现实情况，通过案例推理技术和人机对话协作完成。钢铁企业工艺路线相对稳定,虽然存在替代设备,但是由于考虑成本问题及生产能力问题通常只是准备一条或几条常规备用工艺路线。出现突发情况时的解决办法分为两种:一是采用备用工艺路线;二是根据现实情况临时修改工艺路线,但此时的工艺路线是以牺牲成本为代价的,所以修改的工艺路线不能作为日常可选工艺路线计入工艺模板库,可将它保存到突发事件案例库,作为类似案例发生时人机对话处理的模板,结合现实情况由生产调度职能部门(制造部)进行选择调控。

案例推理技术在东北特钢集团 MES 系统中进行了具体应用。针对信息流的分析可做如下定义:

1. 常规信息流案例推理技术的应用

(1) 编码规则

采用部分赋义加特征属性编码法。所谓部分赋义加特征属性编码法,即在编码含义中只描述信息可确定的一部分特性,对于不易确定的其他特性,则通过一组特征属性来描述。这样,一个信息代码代表的是一组信息而不是某个单一的信息。

(2) 工作原理

钢铁生产流程上的每个分厂都是一系列设备和技术的集合,产品不同、工艺不同、人员不同等因素导致产品的成材率不同,所以很多时候的成材率只是一个统计参数,换算的提料数量往往需要依据经验填写,我们虽然在基础数据模块定义了设备成材率,但是应厂方要求将提料信息表作为案例修正表使用,所以案例推理技术的要求较低,属于第一代的 CBR 系统,案例调整采用单案例调整的空调整范畴。

2. 动态因素的案例推理技术应用

钢铁生产中存在一类突发事件,由于合同的变更或者设备的故障,不得已情况下需要打破常规,实施特殊工艺路线,此时没有备用工艺路线的支持,我们采用借助现有工艺路线模板进行修改加以支持。修改后的工艺路线只是临时解决方案,作为突发事件工艺模板载入突发事件案例库。生产相关各项管理以此突发事件工艺模板为依据,保证系统中数据的完整性和一致性,同时作为类似突发事件的处理案例,工作流程类似于上述物料需求案例推理流程。由此,生产实现了常规和动态的统一,保证各种生产情况都有据可依、有据可查。

MES 根据 ERP 系统下达的合同计划，通过生产调度、生产统计、成本控制、物料平衡和能源管理过程组织生产，并将信息加以采集、传递和加工处理，及时呈报 ERP 系统。案理推理技术的应用大大改善了 MES 系统的信息传递速度，这种对状态变化的迅速响应，使 MES 能够减少企业内部没有附加值的活动，有效地指导工厂的生产运作过程，从而使其既能提高工厂及时交货能力，改善物料的流通性能，又能提高生产回报率。

（三）案例推理的应用研究情况

案例推理已广泛应用于医疗诊断、机械设计、电路设计、故障诊断、软件工程、语言理解和法律法规等各个领域。案例推理技术作为新兴的智能技术得到日益广泛的关注和研究。案例推理技术的优势主要体现在不需要完整的领域知识，不需要大量完备的数据，仅需要过去经验中的具体案例即可解决新问题，并具有自学习的功能。这一技术完全模拟人类利用过去成功和失败的经验来处理新问题的思路，具有非常广阔的应用前景。

第六节 文本可视化技术

竞争情报实践借助 IT 辅助手段由来已久，而且计算机系统在竞争情报信息的收集、存储和处理分析中已具有非常重要的地位。但一直以来从文本中分析出竞争情报所需内容的工作却很难借助计算机来自动完成。2000 年美国加州大学伯克利分校的研究团队认为，当前人类每年新产生的数据量大约是 2EB（每 EB 相当于 106TB），即便其中文本只占较少的比例，仅 1999 年当年新印刷的书籍也超过 100 万本。以人类的阅读能力，面对如此海量的数据，且不要说从筛选的信息中分析到有用的情报，仅仅"筛选"就是不可能完成的任务。如何让人们能以最快的速度从大量以抽象数据形式存在的文本中获得有效的情报，在竞争越来越激烈的互联网时代是非常重要的。余红梅等学者[①]认为把可视化技术应用于文本处理是解

---

① 余红梅、梁战平：《文本可视化技术与竞争情报》，《图书情报工作》2011 年第 4 期。

决方案之一。

在人脑中，有 70% 的感知和 40% 大脑皮层的接受是与视觉有关的，与触觉、听觉等其他知觉相比，视觉的带宽要宽得多。进一步的研究还表明，人们感知和记忆可视化图像的带宽是文本的两倍。可见对于图像的认知能力使图像成为人类最有效的交流方式，也显示了用图像来表达和传递文本信息的价值。

所谓文本可视化是指从文本中提取出一定的模式来生成图形，用户通过与可视化界面的交互来快速理解文本。当前文本可视化已经形成了不少技术，依据可视化的对象是着眼于文本内还是文本之间，把目前的文本可视化技术划分成"文本内可视化"和"文本间可视化"两大类，它们都能在竞争情报中发挥重要的作用。

文本可视化的文本范围包括：论文、书本、Web 页面、电子邮件、论坛中的评论、社交网站中的帖子和个人资料以及博客和微博中的博文等内部没有结构、内容千差万别的"自由文本"。

一　文本内可视化

文本内可视化的主要目的是快速地从文本中找出重要的内容，通过揭示内容的结构和内容之间的关系帮助用户快速获取所需情报，通过划分文本细节为用户获得情报进行导航，减少竞争情报分析人员在低附加值劳动中所花费的时间，提高分析工作时效。[①]

文本内可视化依据可视化呈现的特点可以分为词汇索引式的文本可视化、基于词频的文本可视化和基于词汇分布的文本可视化。

（一）词汇索引式的文本可视化

这类可视化从全文中搜索词汇，把去掉停用词后剩下的所有词汇编成一个索引，通过索引来展示相应词汇在全文中的使用。图 7—17 的左侧图中，左边栏显示的是所有的索引词，通过鼠标点击选中某词，右侧窗口会显示文本中所有与该词相关的句子。图 7—17 的右侧图来自施乐 PARC 研究中心的 SeeSoft，图形每栏中的一行代表文本中的一个句子。通过选择

[①] 余红梅、梁战平：《文本可视化技术与竞争情报》，《图书情报工作》2011 年第 4 期。

左侧的词，右侧文本中与该词相关的句子就会高亮地显示出来。

图7—17 词汇索引式可视化示例

词汇索引式的文本可视化在竞争情报的分析中是非常有用的，比如，通过所形成的词汇的统计数据可以让竞争情报人员知道该文本所论述的主要内容，并通过与之相关联的句子快速从文本内找到核心数据和主要内容。如果是有目的地查找和检索，则可以从相关词汇在整个文本中的分布状态快速判断该文本的价值，从而从大量的全文阅读中解脱出来，把更多的精力用于情报分析。

（二）基于词频的文本可视化

基于词频的文本可视化是目前经常采用的一种方式。人们因某个词在文本中反复出现而假定该词是文中的重要词汇，在把文本用可视化方式展现时，通过改变词的大小、颜色、中心位置等方式把出现频率高的词显示在重要、醒目的位置。

词频统计技术是文本挖掘的重要技术，也是基于词频的文本可视化技术中除对于词的"可视化映射"和"显示技术"之外的重点技术。目前对于西文基于词频的可视化技术相对比较成熟：从全文抽取出所有词汇，去掉停用词后对所有剩余的独特的词建立统计表。建表的方式多种多样，有些是用柱形图，有些是放在数据库的一个字段中。在统计的过程中，要运用一些如Porter Stemming等的算法对英文单词进行原形化处理。

应用相对词频计算（Term Frequency Inverted Document Frequency，TFIDF）算法处理文档中的词以确定该词的重要性。目前可以使用的TFIDF算法有很多，比较常见的计算公式为：

$$W(t, D) = \frac{tf(t, D) \times \log(\frac{N}{n_t} + 0.01)}{\sqrt{\sum_{i=1}^{n} [tf(t_i, D) \times \log(\frac{N}{n_{ti}} + 0.01)]^2}}$$

公式中 $W(t, D)$ 为词 t 在文本 D 中的权重，$tf(t, D)$ 为词 t 在文本 D 中的词频，N 为文本集中的文本总数，n 为向量的维数，t_i 为向量第 i 个分量对应的特征项，n_{ti} 为总文本中出现 t_i 的文本数，n_t 为文本集中出现 t 的文本数，分母为规范化因子。

在图 7—18 中，左图是目前常见的标签云图，它按照全文中所有词汇出现的频率来确定词的大小；右图的中心词汇是可以通过点击鼠标来切换的，切换后中心词的外圈是整个文本中曾与该词汇搭配出现的词，词的大小是由出现的频率决定的。

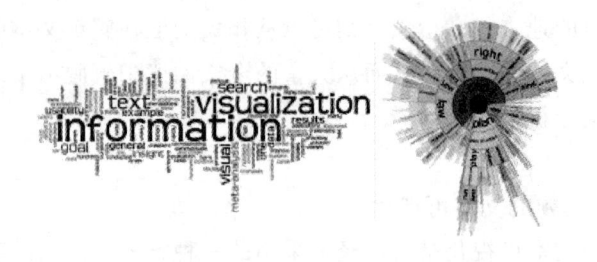

图 7—18　基于词频的文本可视化示例

基于词频的文本可视化可以应用于单个文本，也可用于大量文本集汇成的文本。这种技术在收集到数量大而对内容毫无所知的资料时是非常有用的：把所有资料统一到大的文本集下，通过字云（见图 7—18 左）技术快速了解最主要被使用的词汇，从而知道文本集最主要的论述内容，用于快速推断文本集中所论述的主要研究领域、研究热点。通过层次词频结构（见图 7—18 右）可以快速获得竞争情报课题中感兴趣的词汇在文本或文本集中与哪些其他词汇有共现关系，共现的紧密程度如何，帮助从大量文本中发现竞争对手、竞争环境中的危机和机会。如果文本集中的文本带有时间戳，还可以快速发现变化趋势。

(三) 基于词汇分布的文本可视化

这种类型的可视化是用可视化方式呈现全文中与输入的查询条件一致的词在文章中的分布情况，可以让查询者更清楚地了解返回文献的内容与自己需求的对应关系，从而有针对性地选择文献。以来自加州大学伯克利分校的 Tile Bars[①] 为例：它会依据输入的关键词对于资料库中所有资料进行全文分析，然后返回符合搜索条件的文本，而且用可视化的方式告诉你检索词在文献全文中的频率分布。

图 7—19 中的长条代表着文献全文，一行长条对应一个检索词在文献内的情况，每一个矩形代表文章的一个自然段。对矩形颜色的灰度也有明确的定义：灰度越高，该检索词在该自然段出现的频率越高；反之则频率越低，当颜色为全白时，表明该检索词没有在该自然段中出现。以图 7—19 中的返回结果为例，文献 1 较长，但提到"Information"的段落基本都没提到"Visualization"，而文献 2 中有 3 个自然段同时出现这两个词。如果分析的对象是"Information Visualization"，则文献 2 的价值更高。

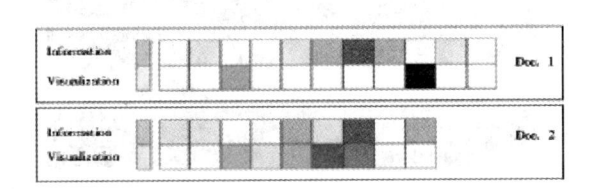

图 7—19 Tile Bars 返回结果

在当前信息充分丰富的情况下，"查全率"已不是最受关注的问题。当一次检索返回成千上万条查询结果时，通过词汇在整个文本中的分布示意使快速了解文本内容相关度、找到最相关的资料成为可能。

二 文本间可视化

文本内可视化研究的重点在于揭示文本内部内容的重点、内部结构之

---

① [美] Hearst M. A. Tile Bars：《全面文本信息访问中的术语分布信息的可视化》，Addison-Wesley 出版社 2005 年版。

间的关系。而如果要看到多个文本之间的关系、多文本内容的异同程度、一系列文本内容的重点随时间的变化情况等，就要通过文本间可视化技术来展现。[①]

（一）基于时间序列的文本可视化

时间是文本的一个重要属性，针对文本在时间上的关系进行可视化，同时在此基础上进行一些特别的分析，可以发现多个文本背后的规律，是研究趋势、技术发展的规律以及文章内容的变迁等的有效工具。

图 7—20 是通过 Theme River 实现的对 1990 年 6—8 月超过 10 万份西方国家主要报纸的报道所生成的可视化图。图中一种颜色代表一种主题，宽度代表频率。从中可以看到白色和黑色在 8 月突然得到高频关注，这是因为 8 月 2 日伊拉克入侵了科威特。该图同时揭示了可视化图从左到右始终持续地得到关注的主题：石油。

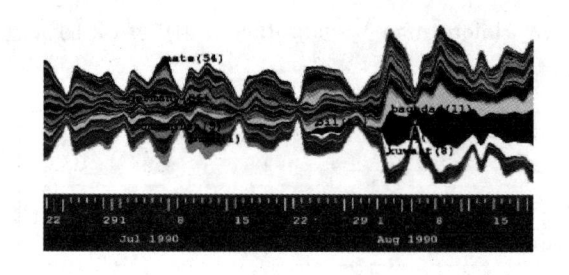

图 7—20　Theme River 主题图

字云技术也是分析文本主题随时间变迁常被用到的技术。TheDailyBeast 网站通过字云技术展现了美国从伍德罗·威尔逊（Woodrow Wilson）到贝拉克·奥巴马（Barack Obama）共计 21 位总统就职演讲的字云图，不必分别阅读每位总统几千字的演讲全文，一眼就可以看到各自演讲的重点；如果从时间角度对比，还可看到历届总统执政重点的变迁过程，这是很重要的竞争环境的情报。

时间是竞争情报非常重要的分析对象，在竞争情报实践过程中所收集的资料基本都是与时间有关的。传统的分析方法很难把时间与文本分析结

[①]　余红梅、梁战平：《文本可视化技术与竞争情报》，《图书情报工作》2011 年第 4 期。

合起来，而借助基于时间序列的文本可视化技术可以快速揭示多个文本内容背后的规则和模式。

（二）基于主题地图的文本可视化

基于文本主题的可视化技术是目前文本可视化应用最多的方式之一。它可以让用户更直接地从海量文本中找出感兴趣的文本集，在查准率的基础上顾全查全率，还能得到通常只有通过内容分析才能获得的潜在关系。

文本主题的形成是在对文本进行全文抽词的基础上应用某种 TFIDF 算法得到的，确定了主题词后用该词集通过某种向量空间模型在向量空间中表达该文本集，对于整个文本集通过多维尺度 MDS、Isometric 特征映射（Isomap）等方式来降维处理，再通过自组织算法（SOM）和可视化映射表达为可视化的主题地图。

以来自美国太平洋西北国家实验室（Pacific North-west National Laboratory）的 IN-SPIRE 为例，其实现方式就是扫描源文本的全文或文摘，抽取出域和相应的术语，再依据域到术语的索引生成"术语到域"的索引。通过 FAST-INV 算法生成把整个文本作为一个记录的"术语到记录"的索引。利用建立的索引发现相关联的术语集群，形成 N 维的"主题"和"核心术语"，把记录中全部 M 个词分别去与这 N 维关联，形成关联矩阵。对该关联矩阵进行计算得到每个记录（文本）中的知识标签，这样该文本就在一个高维的 N 维空间中占据了一个点。对文本集中的其他文本也采用同样的方式进行处理，最终使每个文本都有自己在 N 维空间中的位置。然后通过计算这 N 维空间中各文本之间的标量距离进行聚类，再通过多维尺度降维算法把它投影到二维空间中形成如图 7—21 所示的可视化图形。

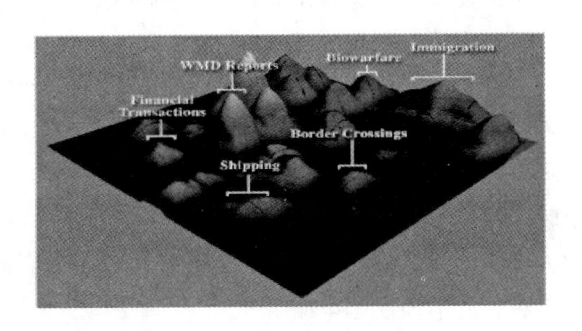

图 7—21　由 IN-SPIRE 生成的主题图

图中山峰和山谷表示主题与主题之间的关系。大量内容相近的文本聚成山峰，其高度与该主题下的文本数相对应。山峰之间的距离代表主题之间的关系，峰间距离越近则表示相应文本的内容相似度也高。在竞争情报实践中主题地图可视化是非常高效的工具，收集到大量资料时情报分析人员首先要进行筛选找出相关资料。面对海量数据采用人工方式是不可想象的，而借助主题地图文本可视化技术可以迅速了解这些资料的大致类别。如果只对某个主题有兴趣，就只需研究组成该山峰的文本；如果是为了分析资料集中不同主题间的关系，也可以很直观地实现。

（三）基于引用关系的文本可视化

基于引用关系的文本可视化依据的是文本之间的引用关系，虽不是直接针对文本内容，但因其可聚类内容相似的文本，也可作为理解文本的重要手段。

通过对作者或文献之间的互引、同引、同被引的可视化分析，应用可视化图谱中的引文网络时序图、共引网络图谱和时间线视图等可揭示某个研究主题的论文或专利的源头、最初著者及其发展脉络，可探测研究前沿随时间变化趋势，可以绘制各领域主流期刊和相关群体，揭示期刊、作者之间的相互关系和交叉关系。

知识图谱的可视化方式目前已经成为学科情报研究的重要手段。而把这种可视化方式应用于对专利文献间引用关系的分析，可以揭示竞争情报中非常重要的技术情报，用直观的方式展示某个专利技术领域中核心的专利和技术及其重要的发明人，该领域技术的发展历程等，对于企业创新技术、网罗人才、确定战略方向等有重要的价值。

基于引用关系的文本可视化技术其可视化的重点是揭示网络关系，因此，网络可视化是其中最常用到的可视化技术。在可视化研究领域，网络可视化是与文本可视化处于平等地位的重要分支，相关的技术也非常多而复杂。鉴于其不是本小节研究的重点，在此只就其在文本可视化中的应用作简单阐述。

在分析主题的基础上对文本间的引用进行网络分析，可以通过计算关联主题数量的方法识别主题网络中的核心主题和次要主题，关联主题数量最多的为核心主题，其他为次要主题。

网络时代带来的是竞争的全球化和对竞争响应的高效化，让人类拥有从来也没有过的丰富信息资源，同时也给人们从中汲取有用情报带来了困难。虽然把可视化技术应用于文本研究的时间并不长，但目前已取得一些卓有成效的成果，如已有不少国外图书馆采用可视化的检索和搜索；主题地图文本可视化方式已成为多个可视化专利分析软件的重要组成部分，成为揭示技术研究热点、空白点、技术变迁的重要分析工具；字云技术目前更是已经成为很多需要快速揭示大量文本内容信息的重要手段之一。受中文自然语言处理技术的影响，文本可视化技术全面应用于中文竞争情报文本的分析受一定局限，但通过本文的论述仍可看到文本可视化对竞争情报的价值。在快速响应的网络时代，传统人工阅读的方式已经根本无法适应，自动摘要等文本处理技术也还存在很多不足。文本可视化在竞争情报中的应用可以使知识发现的分析结果为更多、更广泛的人群所理解，可以局部解决信息过载问题，在竞争情报研究、决策支持等相关领域发挥出巨大作用。相信解决中文文本处理只是时间的问题。

应用篇

随着经济全球化的发展，市场竞争日趋激烈，竞争情报已成为继人才、资金、技术之后，企业发展的第四要素。竞争情报作为竞争主体为建立或保持竞争优势所需的一切有关竞争环境、竞争对手和企业自身的信息与活动，近年来其产品及相关服务正逐渐成为众多跨国公司企业战略的重要部分，并广泛应用于战略规划、市场营销、技术创新和危机管理等领域，已成为企业竞争力分析、企业风险监控和预警的有力工具。据统计，美国《财富》杂志全球500强企业的前100名企业和美国90%的公司均拥有本身的竞争情报机构。竞争情报在中国快速发展仅20余年。如今，我国企业越来越重视竞争情报的作用，然而对它的应用及实际操作还存在颇多问题。竞争情报工作的关键正是实用性。只有勤实践多应用，才能越来越深刻地认识其重要性，竞争情报也才能真正发挥其作用，提高整个公司的效益。

第八章

晋煤集团产业发展竞争情报研究

第一节 案例研究背景及研究意义

一 案例背景

(一)煤炭资源在世界能源中的地位

人类文明的发展离不开能源,随着全球能源消费的激增,各国政治、经济和外交领域内,能源一直备受瞩目。21世纪经济全球化的进程不断加快,世界可依赖的化石能源的消费量日益增长,基础储量在不断减少,价格持续呈现"节节高"态势,能源的可持续发展越来越为世人所关注。煤炭是仅次于石油的化石能源,2010年至今,煤炭占全球能源新增消费量的一半左右。

2008年金融危机期间,煤炭消耗量下降幅度远小于其他化石燃料,即使以百分比计算,在过去十年中,煤炭消耗的增长超过了可再生能源的增长。因此,自1971年国际能源统计数据开始以来,煤炭在全球能源结构中的重要地位最显著。在全球范围内,煤炭是全球发电的核心力量,在2010年超过40%的电力输出由煤炭提供。特别是在非经合组织国家,煤炭资源丰富,成本低,煤炭是最重要的燃料。2010年,煤炭在一次能源消费中占35%,在工业耗能中占36%,在电力生产中占50%。由于煤炭是碳密集型燃料,其使用对环境的影响是显著的,随着煤炭造成的环境污染问题,国际社会越来越关注可再生能源技术的不断进步,因此,煤炭在能源中所占的比例会进一步下降,但是新能源受制于技术进步和经济性因素的制约,煤炭成为被替代能源的路还很长,预计到2030年,煤炭作为主要化石能源的地位不会改变。

(二) 煤炭在中国能源中的地位

我国是一个多煤少油的国家，已探明的煤炭储量占世界煤炭储量的33.8%，可采量位居第二，产量位居世界第一位，出口量仅次于澳大利亚而居于第二位。煤炭在我国一次性能源结构中处于绝对主要位置，20世纪50年代曾高达90%。随着大庆油田、渤海油田的发现和开发，一次性能源结构才有了一定程度的改变，但煤仍然占到70%以上。我国是世界上最大的煤炭生产国和消费国，煤炭在我国能源生产和消费结构中的比重长期占70%—75%，为国民经济保持长周期较快发展提供了可靠的能源保障。随着新能源发展的加快，煤炭在能源结构中的比例可能会降低，但是随着技术的进步和煤炭资源利用方式的改变，煤炭在未来时期内仍将是我国的主体能源，据国内权威机构预测，至2050年，我国煤炭生产和消费比例仍将超过53%。

二 研究意义

能源是国民经济的重要基础，是现代社会正常运转不可或缺的基本条件，能源的可持续发展越来越为社会所关注。在我国"富煤、贫油、少气"的能源结构下，煤炭是主体能源，在国民经济发展中具有战略地位。而煤炭资源的不可再生性，特别是党的十八大提出把社会主义生态文明摆在更加突出的位置，决定了煤炭产业的可持续发展是摆在我国煤炭产业面前的一个课题。煤炭企业是能源资源活动重要的微观主体，经历了多年的计划经济和市场经济的风雨。随着全球经济一体化和我国改革开放的深入推进，打造煤炭企业核心竞争力，获取并保持持续的竞争优势，是煤炭工作传承者的重要使命。

第二节 煤炭产业行业概况分析

一 行业定义

煤（煤炭）是指植物遗体在覆盖地层下，压实、转化而成的固体有机可燃沉积岩。对各种煤炭的开采、洗选、分级等生产活动构成煤炭开采和洗选业。在我国国民经济行业分类中，煤炭开采和洗选业属于采矿业，包括地下或地上采掘、矿井的运行，以及一般在矿址上或矿址附近从事的旨在加工原材料的所有辅助性工作，例如碾磨、选矿和处理，但不包括煤制品的生产、煤炭勘探和建筑工程活动。

二 行业分类

我国煤炭产业主要指煤炭采选业，包括无烟煤、烟煤、褐煤等原煤煤种的开采与洗选。从细分行业来看，煤炭采选业分为煤炭开采业和煤炭洗选业。

根据煤的煤化程度和工艺性能指标，煤炭开采和洗选业可分为三个子行业：

第一，烟煤和无烟煤的开采洗选：指对地下或露天烟煤、无烟煤的开采，以及对采出的烟煤、无烟煤及其他硬煤进行洗选、分级等提高质量的活动。

第二，褐煤的开采洗选：指对褐煤（煤化程度较低的一种煤炭）的地下或露天开采，以及对采出的褐煤进行洗选、分级等提高质量的活动。

第三，其他煤炭采选：指对生长在古生代地层中的含碳量低、灰分高的煤炭资源（如石煤、泥炭）的开采。

按照煤炭资源开采方式的不同，可将煤炭开采分为矿井开采（埋藏较深）和露天开采（埋藏较浅）两种。可露天开采的资源量在总资源量中的比重大小是衡量开采条件优劣的重要指标；此外，矿井开采条件的好坏还与煤矿中含瓦斯的多少成反比。我国可露天开采的储量仅占 7.5%，美国为 32%，澳大利亚为 35%；且煤矿中含瓦斯比例高，高瓦斯和有瓦斯突出的矿井占 40% 以上。目前，我国采煤以矿井开采为主，如山西、山东、徐州及东北地区大多数采用这一开采方式；也有露天开采，如哈尔乌素露天煤矿就是我国目前最大的露天矿区。

我国煤炭资源的煤类齐全，按煤的挥发分，划分为褐煤、烟煤、无烟煤三大类。按用途可分为：动力用煤、炼焦用煤、化工用煤。按照不同煤化阶段，分为褐煤、低变质煤、变质煤、高变质煤（含无烟煤）。褐煤和低变质烟煤资源量占全国煤炭资源总量的 50% 以上，故动力燃料煤资源丰富。而中变质煤，即传统意义的"炼焦用煤"数量较少，特别是焦煤资源更显不足。

就煤质而言，我国低变质烟煤煤质优良，是优良的燃料、动力用煤，有的煤还是生产水煤浆和水煤气的优质原料。中变质烟煤主要用于炼焦，在我国，因灰分、硫分、可选性的原因，炼焦用煤资源不多，优质炼焦用煤更显缺乏。①

三　行业概况

（一）行业总体情况

我国一次能源禀赋结构为"富煤、贫油、少气"，将我国煤炭资源与石油、天然气、水能和核能等一次能源资源相比，探明的资源储量折算为标准煤，煤炭占85%以上。同时，煤炭在一次能源消费结构中约占70%，"以煤为主"的能源消费结构与欧美国家"石油为主，煤炭、天然气为辅，水电、核能为补充"的情况差别显著。煤炭是我国中长期最可靠的一次能源。值得注意的是，我国主要的一次能源石油、天然气、煤炭的储采比均低于世界平均水平，且随着经济的发展，我国煤炭资源开采加速，煤炭消耗快速增长。我国煤炭产业经过50多年的发展，特别是20世纪90年代的市场化改革以后，整体实力明显增强，技术水平不断提高，煤炭产量迅速增长，结束了长达30多年的煤炭供应紧张局面，产量已连续近十年居于世界第一位。随着我国能源结构的调整，煤炭在能源中所占的比重近期内会有所下降，但从更长远来看，以煤炭为主的能源格局不会改变，这种格局是由富煤缺油少气的能源资源特点和经济发展阶段所决定的。煤炭是我国最可靠的能源，具有不可替代性，煤炭作为我国基础能源的重要地位不可动摇。②

在经历了近十年的繁荣之后，2012年，我国的煤炭市场由盛转衰，出现年度熊市。煤炭行业正在由卖方市场逐渐演变为买方市场，而其根源则是我国经济增长引擎从固定资产投资向国内消费和新兴产业的转变。煤炭价格在年初冬季和年中夏季两个用煤高峰两次出现大幅下挫，以及在

---

① 行业资讯：《煤炭行业产业链及核心企业分析》，中国煤炭工业协会，2011年2月。
② 耿志成：《中国煤炭行业分析》，国家发展和改革委员会能源研究所，2005年。

春、秋两季的温和反弹，彻底违背了传统的煤市旺季和淡季的规律。而火电企业几近偏执的囤煤行为，还有行政手段对开采活动的干预，则导致了产地煤价和中转地煤价走势的明显差异。反常的数据背后，煤炭行业的供需格局正在酝酿着根本的变化。2012年是近十年来国内煤市第二次出现年度熊市，而前一次则是2008年三季度到2009年二季度。环渤海动力煤平均价格由年初的808元/吨下跌到年末的634元/吨，跌幅达到21.5%。到11月底，全社会煤炭库存为3.68亿吨，同比增加17.6%。而重点电厂存煤则在6月和10月两次超过9300万吨，连续刷新历史纪录，存煤天数从4月以来一直保持在20天以上的超高水平。从年初到年末，全国炼焦煤各煤种含税平均价从1349元/吨下跌到1085元/吨，跌幅为19.6%；无烟煤各煤种平均价从1181元/吨下跌到1018元/吨，跌幅为13.8%；喷吹煤平均价从1181元/吨下跌到905元/吨，跌幅为23.4%。低迷的经济不景气是煤价下行的根本动力。而除此之外，难以压低的产量、价格低廉的进口煤，还有处于高位的水电成本，也都是造成2012年以来煤炭行情疲软的原因。

2013年一季度，我国煤炭市场继续延续了2012年四季度低位运行态势。尤其是进入3月，需求低速增长，国内经济增长速度低于预期水平，加之来水和蓄水情况也较好，水力发电继续快速增长，降低了火力发电用煤的需求，进口煤炭持续增长，煤炭价格小幅回落，库存增加。煤炭市场总量宽松、结构性过剩趋势明显。具体来看，一季度煤炭市场依然处于弱势，国家要求提前一年完成"十二五"淘汰落后产能目标计划，各地区也相继采取措施加大资源整合力度；另一方面，国内煤矿事故时有发生，政府加大煤矿安全监察，全国煤炭产量仍呈负增长。一季度原煤累计产量8.3亿吨，同比下降0.95%。

从煤炭主要下游消费行业来看，2013年一季度基础设施和房地产新开工情况都不够理想，主要电力企业煤炭消费恢复缓慢，国内煤炭需求继续低迷。一季度，全国煤炭销量累计完成82100万吨，同比下降0.37%。

从国际市场来看，2013年一季度国际动力煤市场全面受挫，各地动力煤价格出现不同程度下跌。由于进口煤价格仍有优势，还是会吸引一部分煤炭进口商，因此一季度我国煤炭进口略有增长，累计进口煤炭8000万吨，同比增长30.1%。

从行业经营状况来看，2013年一季度随着煤炭价格的持续下跌，无论是煤炭生产企业，还是煤炭发运企业，乃至国际煤炭生产企业，煤炭生产和销售的盈利空间均已经明显压缩，甚至已经进入亏损状态。1—3月，煤炭开采和洗选业共实现产品销售收入7693.48亿元，同比减少2.64%，增速较上年同期回落25.46个百分点。煤炭价格下跌也加快了行业利润下滑的速度，1—3月，煤炭开采和洗选业共实现利润总额549.82亿元，同比大幅下降40.3%。全行业营运能力、偿债能力、盈利能力及成长能力全面下滑。

政策方面，政府发布《关于做好2013年煤炭行业淘汰落后产能工作的通知》及《煤炭产业政策》等政策，一系列政策的发布，提高了煤炭准入门槛，推动行业兼并重组，淘汰落后产能，促进产业升级。

2013年上半年煤炭需求总体偏弱，煤炭供给能力基本充足，五六月煤炭市场将继续面临过剩压力，三季度煤炭供应偏松格局也没有根本逆转，气温、来水状况对煤炭需求的拉动作用也高于预期。从全年来看，随着宏观经济逐步企稳，煤炭消费需求增速提升至4%左右，需求量增至39亿吨左右。

（二）煤炭市场供给分析

2013年1—3月，山西生产煤炭2.19亿吨，同比增长0.73%；内蒙古生产煤炭2.17亿吨，同比下降3.52%；陕西生产煤炭9084万吨，同比下降0.36%。其中，3月山西、内蒙古、陕西产量分别为8149万吨、9537万吨、3104万吨，环比分别增长30.1%、89.7%和50.1%。3月，主要产煤省区产量环比出现较大增幅，主要是因为2月春节产量基数较小，3月煤矿复产复工增多所致。

煤炭是我国的基础能源，由于替代性能源和新能源的开发所限，预计到2050年，煤炭的消费仍占全部能源的50%以上，我国经济对煤炭能源的依赖性将一直存在。故而从短期来看，煤炭行业呈现出了不规则的波动，但是长期来看，煤炭行业更多地表现出防御性的特征，并且随着整体经济的日益走强，煤炭行业也得到了稳健发展。

（三）煤炭运输情况

2013年春节过后，下游工厂复工进度缓慢，相关需求持续弱势，使2月全国铁路煤炭运量同比继续负增长，港口煤炭发运量也再次负增长。3

月春运结束后，全国各铁路线路运输恢复正常；而随着北方地区气温的快速回升，影响北方港口运输的海冰天气也逐渐消失，但大雾天气仍影响港口煤炭的正常发运。总体来看，煤炭运输能力能基本满足运输需求，但受气候、安全等因素影响，局部区域与部分时段仍相对偏紧。具体来看，2013年一季度，国有铁路煤炭发送量累计完成43061万吨，同比减少1428万吨，下降3.2%；主要港口累计发运煤炭15335万吨，同比减少577万吨，下降3.6%。其中，3月国有铁路煤炭发送量完成14390万吨，同比减少370万吨，下降4.4%；主要港口发运煤炭5627万吨，同比减少357万吨，下降6%。

（四）煤炭需求情况

2013年一季度，国内经济复苏势头低于市场预期。中国物流与采购联合会发布的2013年3月中国制造业采购经理指数（PMI）为50.9%，尽管较上月上升0.8个百分点，也连续6个月保持在50%以上，但是低于市场将达到51%以上的预期，可见经济复苏势头低于市场预期。

从煤炭主要下游消费行业来看，一季度基础设施和房地产新开工情况都不够理想，主要电力企业煤炭消费恢复缓慢。3月全国主要电力企业的平均煤炭日耗水平为367.9万吨，尽管比2月日均320.2万吨的水平有明显恢复，但是却明显低于1月的418.6万吨和上一年同期的397.4万吨，表明国内煤炭需求继续低迷。2013年一季度，全国煤炭销量累计完成82100万吨，同比下降0.37%。其中3月，全国煤炭销量完成27700万吨，同比下降2.12%。

从气候因素看，2月受春节因素影响，全社会用、发电量快速下降，其中水力发电量较快增长，火力发电量明显下降。进入3月，虽然气温有所回升，但中上旬北方仍处于供暖季节，取暖用煤需求有所下降但仍保持较高水平，与此同时，节后各行各业陆续复工复产，工业生产用电需求回升，进而拉动煤炭需求环比回升。

（五）煤炭库存情况

2013年一季度，全社会存煤依然偏多，煤矿存煤、终端用户略高于正常水平，港口存煤处于高位，煤炭供求整体处于宽松状态。3月煤炭产量同比下降，但进口量大量增加，同比增长22.2%。当月煤炭总供给增量大于消费量增量,全社会煤炭库存量继续增加,煤炭市场需要继续面对和经历"去库存"过程。从流通环节看,3月末全国煤矿存煤天数8.1天,略高于正常存煤水平;主要港口存煤4826万吨,存煤天数27天,比正常水平高93%,其中秦皇岛港煤炭库存739万吨,比正常水平高35.3%;重点发电企业库存7394万吨,存煤天数20.1天,比正常存煤水平高15.2%;重点监测钢厂炼焦煤存煤天数15.8天,比正常存煤水平高14.2%。

(六)煤炭价格情况

2013年一季度,在煤炭市场去库存化难度大、消费增幅小、进口煤持续大幅增加和水电增发带来的电煤消耗减少的背景下,煤炭价格在低位运行中又出现小幅下滑。3月,秦皇岛地区市场动力煤价格继续下降,月末,具代表性的发热量5500大卡/公斤市场动力煤的主流平仓价格由2月末的620—630元/吨下降到615—625元/吨;发热量5000大卡/公斤市场动力煤的主流平仓价格由2月末的530—540元/吨降到520—530元/吨。

四 煤炭行业整体发展趋势

(一)原煤产量将继续保持增长态势

对于各个大型煤炭企业来说,在基本完成年度生产任务的情况下,出于安全生产考虑,部分企业会适当放缓生产步伐,从而对煤炭产量带来一定影响。但是,由于当前正处于市场需求旺季,市场煤价格整体上处于上涨阶段,出于盈利目的考虑,煤炭企业此时本应加大煤炭生产力度,从而获得更多收益。如果从纯粹市场角度考虑,企业将在追求利润和保障安全之间进行权衡,在保障安全生产的情况下,尽量增加煤炭产量。政府对煤炭企业的指令指导也是影响煤炭产量的重要因素。当前通胀压力巨大,煤价也正处于上涨通道,煤价持续上涨给政府主管部门带来的调控压力不断加大。受此影响,全国原煤产量也将继续保持增长势头。

(二)世界煤炭价格发展趋势

2013年8月,高温带动我国日发电量第13次刷新上年纪录,但在水电发力大增、重工业用电增幅下滑、电厂库存充足等多因素作用下,国内煤炭市场表现疲软，动力煤价格呈下跌趋势。受中国需求不旺之影响，9月亚太地区煤炭市场整体表现趋弱，但欧洲市场动力煤价格表现大大强于亚太煤市。

澳大利亚 NEWC 价格则从 6 月开始一路下滑，价格跌破 100 美元/吨，受恶劣天气和需求疲软之影响，3 个月价格呈现逐步下滑态势，受国内沿海省市能源需求影响，国际煤炭价格仍有上涨动力。随着中国煤炭进口量增长，国际煤价和国内煤价关系越来越密切，近期一直小幅走低的国内煤价有望获得支撑。就国内而言，一旦国际煤价高位运行，进口煤的价格优势不再特别明显，煤炭进口会趋于缓和，国内煤炭供需关系也有望得到改善。

当前，美国继续推行定量宽松的货币政策，日本等其他国家也争相跟进。近段时间全球粮价、金属价格均明显上涨，国际油价也创出 5 个月新高。在货币贬值的大环境下，煤炭的资源属性将再次被市场追捧。全球流动性泛滥的背景下，资源属性将再次提升煤炭价格。

（三）中国煤炭价格发展趋势

2014 年煤炭价格虽然走势上出现了淡季不淡、旺季不旺的态势，但是综合来看，前两季度动力煤价平均价格仍高于前 3 年的价格（见表 8—1）。

表 8—1　2011 年至 2014 年秦皇岛港煤炭平均平仓价比较（单位：元/吨）

时间	山西优混	大同优混	山西大混	普通混煤
2011－01－09	726.62	766.78	626.49	448.10
2011－01－12	728.39	766.88	629.51	460.01
2012－01－09	732.20	772.65	632.55	454.20
2012－01－12	720.39	758.53	623.11	456.97
2013－01－09	734.37	774.86	634.78	456.33
2013－01－12	720.12	758.22	622.88	456.98
2014－01－09	736.08	776.62	636.28	458.38

（四）煤炭市场走势分析

1. 煤炭需求趋势

节能减排一定程度内降低煤炭需求；冷冬推升煤炭需求。根据全球多个国家气候研究机构的预测结果显示，2015年北半球将迎来冷冬气候。2008年年初，我国南方大部分地区就在"拉尼娜"气候的影响下，遭遇了历史罕见的持续大范围低温、暴雪、冰冻袭击。如果冷冬预测准确，势必推升欧洲、中国以及日韩为代表的东北亚地区的用煤需求，即旺季更旺。

2. 煤炭供给趋势

我国将加快推进煤矿整顿关闭工作，确保完成2014年煤矿整顿关闭淘汰落后产能的目标。我国计划关闭小煤矿1539处、淘汰落后产能12167万吨。截至6月中旬，我国已经公告关闭小煤矿1259个、淘汰落后产能11296万吨。四季度的任务是280处、871万吨，分别占全年任务的18.19%、7.16%。

资源整合过程将在短时间内影响煤矿的正常生产、降低煤炭产量，但有利用煤炭行业的长期、稳定安全生产。而且由于近年来煤炭行业大量大型矿井纷纷上马，不断有新矿井投产，煤炭产能总体上呈增长态势，因此，只要生产正常，四季度煤炭产量可能会继续增长，煤炭供求会较为宽松。

矿难频发将影响短期供应。近期频繁发生的矿难再次敲响警钟，企业和政府需再次权衡产量和安全之利弊，一系列较大安全事故的发生，将导致即将到来的淡季供给顺应减缓。

从区域来看，山西、陕西、内蒙古是国内的主要产煤大省，"十二五"期间"三西"地区仍将保持领先地位（见表8—2）。

表8—2　　　　　　　　三个产煤大省煤炭供给趋势

内蒙古：增量领跑"三西"	内蒙古发现了大量资源。2013年内蒙古煤炭产量6亿吨，2014年计划生产煤炭7.3亿吨，同比增长21%，增产因素主要来自煤矿整合技改竣工增产约5000万吨，新建煤矿增产约5000万吨。内蒙古的长期规划是，到2015年煤炭产量达到10亿吨。"十二五"期间内蒙古煤炭增量将领跑"三西"。

续表

山西：整合过后产量恢复增长	随着资源整合后部分被整合煤矿技改后逐步投产，山西煤炭产量恢复增长。2014年计划产量为7亿吨左右，较2013年的6.2亿吨增加8000万吨左右，增幅近14%。根据山西省规划，到2015年，山西煤炭产量达到9.6亿吨。
陕西：产量稳定增长	陕西省探明保有煤炭资源储量大约1700亿吨，以低硫、低磷、高发热量的优质煤为主。陕西煤改也在推进中，力争在2015年将煤矿数量控制在600个左右，单井平均产能60万吨以上，预计2015年，陕西省煤炭产量大约在5亿吨。

受经济结构调整、淘汰落后产能、加大节能减排力度等因素影响，预计煤炭需求大幅增长的可能性不大。2014年四季度煤炭行业供需将继续保持宽平衡状态。如果出现气候异常或其他原因导致煤炭供应通路不畅，铁路运力区域不均衡，或者煤矿安全整治对煤炭生产造成较大影响，不排除局部时段、局部地区动力煤供应略显偏紧的可能。

第三节　晋煤集团煤炭产业概况分析

一　晋煤集团简介

山西晋城无烟煤矿业集团有限责任公司（简称"晋煤集团"）是由山西省人民政府国有资产监督管理委员会控股（控股60.31%），国家开行（持股19.63%）、中国信达（持股16.45%）和中国建行（持股3.61%）三方股东参股的有限责任公司；是中国优质无烟煤重要的生产企业、全中国最大的煤层气抽采利用企业集团、全中国最大的煤化工企业集团、全中国最大的瓦斯发电企业集团和山西最具活力的煤机制造集团。也是中国国家规划的13个大型煤炭基地中晋东煤炭基地的重要组成部分，是19个首批煤炭国家规划矿区晋城矿区的骨干企业。

晋煤集团坚持以科学发展观为指导，按照"煤气电化综合发展，建设环保型绿色矿山"中长期发展战略，形成以煤为基、循环发展、绿色发展、安全发展的现代产业格局，正在加快实施"亿吨基地、千亿规模、百年企业、能源旗舰"战略愿景。企业有12对生产矿井、5000万吨/年煤炭生产能力；有18家煤化工企业、1200万吨/年总氨产能、1000万吨/

年尿素产能、10万吨/年煤制油品规模；有2300余口地面煤层气抽采井群、15亿立方米/年抽采能力、11.5亿立方米/年利用能力，建成了世界最大的120兆瓦煤层气发电厂，拥有97台瓦斯发电机组，形成了煤层气勘探、抽采、输送、压缩、液化、化工、发电、燃气汽车、居民用气等完整的产业链；成功研制出具有自主知识产权的国内最高的7.6米高端液压支架、二代连掘和掘锚一体化工艺，形成了一整套适合于大型矿井、中小型现代化矿井的煤炭开采装备和技术工艺。

晋煤集团坚持"以煤为基、多元发展"，构建起了"煤炭、煤化工、煤层气、电力、煤机制造、新兴产业"六大产业相互支撑、竞相发展的产业格局，推动企业经济规模和效益实现了跨越式增长。"十二五"期间，晋煤集团将以安全发展为根本，以转型跨越为主线，构建循环经济体系，积极转变发展方式，投资1500亿元，建设127个规划项目，突出强化"煤—气—化、煤—焦—化、煤—气—电"三条产业链建设，做强做优"六大产业"，力争到"十二五"末，形成原煤产量1亿吨、煤层气抽采量100亿立方米、总氨产量2000万吨以上、发电装机容量300万千瓦，实现营业收入2000亿元以上，利润200亿元以上，目标世界500强，再造两个新晋煤，努力建设成为极具核心竞争力的现代化新型能源集团。

二 主营项目

以晋煤集团上市财务报表为依据，晋煤公司主营业务情况如下。

（一）经营范围

许可经营项目：工程测量；控制测量、地形测量、线路工程测量、桥梁测量、矿山测量、隧道测量、竣工测量；地籍测绘；危险货物运输（1类1项）、危险货物运输（2类1项）、危险货物运输（2类2项），危险货物运输（3类）（有效期至2014年7月4日）；煤炭批发经营（铁路公路经销，有效期至2015年12月31日）。

一般经营项目：项目投资；有线电视广告；职业教育和培训、职业技能鉴定；民爆物品供应；工矿物资、机电设备及配件采购、销售、租赁及维修；废旧物资收购；货物仓储；装卸服务；场地及房屋租赁；劳务输出；矿建；产品及设备进出口以及技术引进；技术开发、技术转让、技术输出、技术许可、技术服务、项目研发；电力销售、电力工程建设；养老服务业；健身娱乐；贸易进出口；物业；电力；化工。煤炭开采、煤炭洗选及深加工；道路普通货物运输；木材经营加工；煤矿专用铁路运输；甲醇、煤基合成汽油、均四甲苯混合液、液化石油气、硫黄、液氧、液氨等化工产品的生产、深加工及销售；餐饮及住宿服务；煤层气开发利用及项目建设；电力设施承装、承修、承试（三级）；林木种植、园林绿化；供电运行管理；医药、医疗服务；文化及办公用品、家用电器零售；物资采购；物流；设备租赁；技术咨询服务；计算机软硬件开发及售后服务，本企业内部通信专网运营、通信工程建设；通信设备及器材销售、电力设备的配置及器材销售；批发零售建筑材料；办公自动化设施安装及维修；水、电、暖生活废水等后勤服务。

（二）主要业务构成

经过多年的发展，晋煤集团已经成为国内实力最强的无烟煤生产企业之一，依托资源优势，公司拓展了下游产业链延伸，煤化工、煤层气等产业得到快速发展，基本形成煤、化、气、电相互关联的产业发展格局，目前，贸易、煤炭和煤化工是公司的三大主营业务板块。

2010—2013 年，晋煤集团主营业务收入逐年增加，特别是贸易板块的主营业务收入占比逐年上升；2011 年以来，公司贸易、煤炭和煤化工三大板块实现的主营业务收入之和占公司总收入比重的 90% 以上，详见表 8—3。

表 8—3　　　2010 年至 2013 年 9 月晋煤集团各业务板块
主营业务收入及占比情况　　　　（单位：万元）

项目	2010 年 金额	占比	2011 年 金额	占比	2012 年 金额	占比	2013 年 1—9 月 金额	占比
煤炭	2147595	35.53%	2726685	26.45%	3087797	18.67%	2053827	14.66%
化工	3199980	52.94%	4678986	45.38%	4898546	29.61%	3675151	26.23%
贸易	—	—	2217006	21.50%	7204737	43.55%	7224981	51.57%
电力	48611	0.81%	139158	1.35%	49229	0.30%	37825	0.27%
机械	35781	0.59%	54193	0.53%	69346	0.42%	82369	0.59%
多经	612401	10.13%	493967	4.79%	1232191	7.45%	936808	6.69%
合计	6044368	100%	10309995	100%	16541846	100%	14010961	100%

随着公司主营业务收入逐年增加，主营业务成本也呈逐年上升趋势，2010—2012 年，贸易、煤炭和煤化工三大板块主营业务成本占公司全部业务总成本的比重分别为 88.96%、94.92%、92.33%，基本与主营业务收入占比同步。公司主营业务毛利也逐年增加，特别是煤炭业务板块毛利的增幅较大，详见表 8—4。

表 8—4　　　　2010 年至 2013 年 9 月晋煤集团各业务板块主营业务成本及占比情况　　　　（单位：万元）

项目	2010 年 金额	占比	2011 年 金额	占比	2012 年 金额	占比	2013 年 1—9 月 金额	占比
煤炭	779018	59.61%	1071212	59.74%	1203942	63.89%	756884	58.24%
化工	354331	27.11%	453882	25.31%	404518	21.47%	277099	21.32%

三　晋煤集团核心产品——无烟煤

晋煤集团所产煤炭为中等变质程度无烟煤，主要产品有洗中块、洗小块、洗末煤和优末煤等 7 个品种。产品除具有一般无烟煤低灰、低硫、高发热量的优点之外，尤其具有机械强度高、固定碳含量高、灰熔点高、热稳定性好、化学反应活性强等独特的优点，是优质的化工造气、冶金喷吹、烧结、发电和建材用煤，分别荣获国家、省、部优质产品称号，畅销全国各地，部分产品远销海外。

无烟煤市场情况分析如下：

根据国家第三次煤炭地质普查，我国无烟煤保有储量为 1130.79 亿吨，占全国煤炭保有储量的 13%，主要分布在山西和贵州两省，其中山西保有储量约 448 亿吨，占全国无烟煤保有储量的 39.62%。无烟煤分为无烟末煤和无烟块煤两种，其中无烟末煤主要作为燃料用于电力工业、建材工业和其他工业；无烟块煤用作化工造气原料。中国无烟煤主要供应化肥工业，中国最适合化肥工业使用的无烟煤产于晋城、宁夏、焦作、阳泉等四矿区。晋煤集团所处晋东矿区（包括阳泉矿区、晋城矿区）是全国无烟煤储量最集中的地区，占山西省无烟煤储量的 65%、占全国无烟煤储量的 26%，资源数量优势明显。该地区的无烟煤煤质优良，煤层较厚、煤质稳定，具备"三低四高"的特点，即低硫、低灰、低挥发分，高热值、高灰熔点、高固定碳含量、高机械强度，适用于化肥和煤化工产品造气工艺的要求，尤其是无烟块煤是化工生产的理想原料。

由于山西省煤炭资源整合、产能释放要到 2016 年，新增产能有限、市场需求相对平稳，无烟煤将会呈现供应相对偏紧的局面，价格存在上涨空间，会给化肥行业增加成本压力，但也会对化肥价格形成一定支撑。晋煤集团通过重组扩张和并购扩张，无烟煤年产量将得到大幅提高，将进一步增强公司的市场竞争力。

从无烟煤主要下游企业火电、钢铁行业的产能增量释放来看，需求仍旧非常旺盛；而煤变油、煤化工的发展，将对煤炭需求结构产生战略性的影响，对无烟煤的需求仍会增长。因此，无烟煤过剩压力相对较小。2015 年国际和国内经济形势趋于复杂，不确定因素增多，煤炭市场总体将呈现宽松态势，不排除阶段性、区域性的资源过剩状况发生，如果不出台新的财政、投资政策，则会面临总体资源过剩的压力。

从下游需求来看，尿素市场方面，化肥冬储进度较为滞后，厂商回款压力加大，生产动力不足，国内尿素需求仍然不振；国际市场近期受到印度、巴基斯坦等国采购招标的拉动，亚洲地区尿素价格快速上涨，对于我国的尿素出口形成一定刺激。甲醇市场方面，近期成交再趋清淡，下游买家以消化库存为主，生产企业出货不畅。民用方面，北方地区 11 月陆续将进入取暖季节，对于无烟中块的采购预计将有一定增加，但就 2015 年的市场情况来看，民用需求情况迄今为止表现不佳，这可能与各地普遍进行的煤改气措施有较大关系。在供给方面，山西省作为我国无烟煤主产区，其基建矿井停工对于无烟块煤市场影响较大。结合供需两方面变化，预计 2015 年冬季国内无烟块煤价格将以温和反弹为主，幅度应较为有限。

四 产业板块

（一）煤炭板块

晋城煤业集团有 50 个控股子公司、14 个分公司，有 9 对生产矿井，5000 万吨/年的原煤生产能力。晋煤集团所处晋东矿区（包括阳泉矿区、晋城矿区）是全国无烟煤储量最集中的地区，占山西省无烟煤储量的

65%、占全国无烟煤储量的26%。截至2012年年末，公司所辖生产矿井、集团公司控股的、划定矿区范围的井田总面积为701.30平方千米，保有地质储量651303.70万吨，可采储量355522.30万吨。其中有采矿许可证的生产矿区面积为427平方千米，保有地质储量319267.18万吨，可采储量165351.43万吨。其次，集团公司作为山西省主要的煤炭资源整合主体，在晋城、临汾、朔州、运城、长治5个地区分布有资源整合矿井；主要的煤炭品种有贫煤、焦煤和无烟煤，资源储量约在22.43亿吨。另外，在内蒙古，公司与内蒙古鄂托克前旗恒源投资实业公司签订了股权重组协议，以股权受让方式取得其61.2%的控股权，该公司已纳入合并报表范围，控制巴愣井田面积55.81平方千米、资源储量17.11亿吨。

（二）煤层气板块

晋煤集团煤层气板块设业务职能部门1个（煤层气产业发展局），专门从事煤层气地面开发利用以及煤田地质勘探的专业化绝对控股子公司1个（沁水蓝焰煤层气有限责任公司），专业从事煤层气销售、利用的绝对控股子公司1个（晋城铭石煤层气利用公司）和专业从事煤层气管道建设的绝对控股子公司1个（山西能源煤层气有限公司）以及与之相关联的山西晨光物流有限责任公司、山西港华煤层气有限公司、金驹煤电化股份公司、金驹实业公司等售气及用气单位，共同构成晋煤集团煤层气产出—销售—利用的产业发展格局。晋城煤业集团在煤层气地面预抽领域进行了大胆的探索和技术创新，开发出一套适宜于本地区的具有自主知识产权的清水钻井、活性水压裂、低压集输、定压排采等一系列成套的煤层气地面抽采技术，创建了"采煤采气一体化"的矿井瓦斯治理新模式，为我国煤炭矿区瓦斯综合治理、保证高瓦斯矿井安全生产探索出了一条新的有效途径。[①]

（三）电力板块

电力板块是晋煤集团转型发展的特色品牌，下设山西金驹煤电化股份有限公司、沁水晋煤瓦斯发电有限公司、阳城晋煤能源有限责任公司和山西晋东能源开发有限公司。在运行电厂为王台热电分公司、成庄热电分公

[①] 申利芳：《浅谈晋煤未来发展及矿井瓦斯气的合理利用》，《煤炭工业节能减排与循环经济发展论文集》2012年第6期。

司、寺河瓦斯电站、成庄资源综合利用电厂和寺河瓦斯发电厂，总装机容量达 239 兆瓦，其中利用煤矿井下瓦斯发电装机容量为 189 兆瓦。阳城 2×135 兆瓦煤矸石综合利用热电联产项目正在建设。2010 年，电力板块完成发电量 17.97 亿度，同比增长 9.69%，比 2005 年翻了近两番。"十二五"期间，晋煤电力板块将积极走瓦斯发电、煤泥煤矸石低发热量原料煤坑口发电等节能环保、社会效益好的循环经济发展之路，打造世界最大的瓦斯发电集群，力争到 2015 年，形成总装机容量 2709 兆瓦、年发电量 145 亿千瓦时。

（四）煤化工板块

几年来晋城煤业集团围绕加快高硫、高灰、高灰熔点劣质煤的洁净化开发和利用进行研发，取得了实质性进展。集团公司煤化工产业共投入资本金 12.26 亿元，控股了 10 个化工公司，完成总氨产量 396.84 万吨。

（五）煤机板块

煤机产业，是按照晋煤集团"主导产业板块化经营"的总体思路，不断深化体制改革和管理转型，采用股份制合作形式，实施强强联合，优势互补战略而构建的产业板块。煤机产业紧紧把握全国煤机行业发展态势，围绕晋煤集团主业发展，不断深化企业体制改革，拓宽发展领域，延伸产业链条，形成了集煤机制造与检修、矿井建设与安装、资源整合与煤炭生产、装备物资与物流四大产业联动发展的产业格局。煤机产业技术力量雄厚，取得了高新技术企业和全国重大技术装备企业证书，拥有综合研究院和专业研究所，承担着重大科研项目的研究与开发。拥有煤炭设备制造相关专利 75 项。成功研制了 5.5 米、6.2 米、7.6 米高端液压支架、自移式超前支架、湿式喷浆机、瓦斯抽放钻机、短壁采煤机、1 米刮板机、1.6 米皮带机、无轨胶轮车、矿山电气传动和自动化控制等一大批具有自主知识产权的新型高端矿用设备，产品质量均达到国内先进水平。在煤机制造方面注重工艺和装备技术研究，拥有自动机器人焊接工艺线和低温高强度板焊接两项技术。在煤矿采掘工艺创新方面，形成了"采掘六项技术工艺"成套技术，为公司成为工程一体化解决方案提供者打下坚实基础。在装备物资与物流方面，坚持走经营专业化，管理规范化，服务精细化，发展产业化道路，集聚全力建设集采购、仓储、配送为一体的功能完善，服务一流，管理先进的装备物资物流基地。

(六) 多经板块

晋城煤业集团在做强做大主导产业的同时，大力发展多种经营。已形成了现代物流、煤机制造、建筑建材、生物制药、房地产开发和印刷业等多业并举、优势互补的格局。①

五 晋煤集团外部环境分析——PEST 分析

利用 PEST 工具从人口因素、经济因素、政策及法律因素、社会文化因素、技术因素和全球化因素六个方面对总体环境进行分析。②

(一) 人口因素

根据 2010 年 11 月全国第六次人口普查数据，中国是一个拥有 13.7 亿人口的大国，以黑龙江黑河到云南腾冲的人口线为界向东，43% 的国土面积人口总数占到 94%，由于东西部发展不平衡，大量中西部人口涌向东部发达地区，带来一系列的就业问题，同时人口的增长和对收入水平的期望，要求经济持续高速发展，增加了能源的需求。随着人民生活水平的逐步提高，对交通、居住等需求也在增加，需要更多的与煤有关的建材等产业发展。

(二) 经济因素

2012 年国家统计局发布报告指出，2003—2011 年，中国经济年均实际增长 10.7%，中国经济总量连续跨越新台阶。2011 年，我国国内生产总值（GDP）达到 47.2 万亿元，到 2010 年我国已经超过德、日，成为仅次于美国的世界第二大经济体。特别是 2008 年国际金融危机爆发以来，中国经济成为带动世界经济复苏的重要引擎。中国经济总量占世界的份额由 2002 年的 4.4% 提高到 2011 年的 10% 左右，对世界经济增长的贡献率

---

① 申利芳：《浅谈晋煤未来发展及矿井瓦斯气的合理利用》，《煤炭工业节能减排与循环经济发展论文集》2012 年第 6 期。

② 赵新业：《兖矿集团多元化战略研究》，山东大学硕士学位论文，2013 年。

超过20%。中国的GDP年均增长8%以上,需要指出的是,中国的经济增长是以消耗比国外高得多的能源来实现的,2014年中国消费5亿吨石油,已经成为世界第二大石油消费国;消费煤炭37亿吨,居世界之首。2013年12月中央经济工作会议强调,要做好经济工作,必须加快调整经济结构、转变经济发展方式,使经济持续健康发展建立在扩大内需的基础上。经济的持续增长和积极稳妥推进城镇化建设等都需要中国能源行业超常规发展。2014年煤炭行业虽然面临产能过剩的局面,但从长远来看,煤炭作为一次能源在中国能源消耗的比重不会降低。

(三)政策及法律因素

国家能源局发布的"煤炭工业十二五规划"提出,更加关注煤炭产业的兼并重组,力争在"十二五"末建成10个亿吨级煤炭集团,实现煤炭的稳定供应,提高煤炭行业的安全环境。多年来,由于煤炭行业事故高居世界之首,给国家带来不良影响,国家和地方政府采取了关停小煤矿,提高煤矿准入门槛,鼓励国有大型煤炭集团兼并重组小煤矿等措施。国家的产业政策有利于现有大型煤炭集团的发展。

(四)社会文化因素

煤炭企业大都分布在远离城市的野外,传统上每个煤矿都形成了一个独立的城镇,大多数的职工和家庭都居住在矿井周围,长期生活在一个相对封闭的环境里,工作在潮湿、狭小的井下,造就了煤矿职工能吃苦、忍耐力强的特点,职工之间互相关心、互相帮助,亲如兄弟,形成了煤矿独特的企业文化。从环境保护角度来看,煤炭作为一次能源,存在着燃烧效率低、污染严重的问题,特别是现在还存在着大量的小电厂,建材、钢铁等行业,相比国外,同样数量的GDP产出,我国的能源消耗是美欧等发达国家的数倍,燃煤排出的大量烟尘、颗粒物等严重污染环境,国外正在逐步减少煤炭的使用,发展天然气、风能等清洁替代能源。但在未来的数十年,我国作为发展中国家,煤炭作为成本较低的一次能源,需求不会降低。但煤炭企业发展煤化工产业链,包括甲醇、二甲醚、煤制油和煤制天然气等,是逐步解决直接燃煤污染的有效办法。

（五）技术因素

经过改革开放 30 多年的发展，在引进消化吸收的过程中，我国煤炭开采技术已经走在了国际的前列，特别是国有大型煤炭集团，从产能和技术进步上已经与国外先进采煤国家不相上下，晋煤集团在 21 世纪初进入澳大利亚煤炭市场，已经站稳了脚跟，煤炭产能已经达到 5000 万吨，特别是晋煤集团的专利厚煤层开采和装备技术已经向国外煤炭生产商转让，代表着中国煤炭行业正在超过国外水平。但煤炭行业的发展是不平衡的，除大型国有煤炭集团外，还有大量的小型地方及私营煤矿，由于技术水平低、安全资金投入少、管理粗放，各类重特大事故频发，严重影响了煤炭行业的声誉，给国家和职工家庭带来不可估量的损失。据国家安监总局 2013 年统计，自 2008 年以来，我国煤矿事故逐年下降，但仍然高居国际第一位，我国煤矿百万吨死亡率是美国的 100 倍、南非的 30 倍。但大型煤炭集团的安全纪录已经接近国外先进水平，这得益于企业技术进步和安全工作基础牢固。目前世界上只有中国在大力发展煤化工，南非在种族隔离时期，受到国际禁运的影响，采用煤制油技术生产成品油满足国内需要，是二战以后唯一发展煤制油的国家。而国内不到 10 年的时间，煤化工已经如火如荼，不但煤炭企业在发展，一些电力甚至汽车制造行业为了抢夺煤炭资源，也在大力发展煤化工。虽然煤化工产业已经迅速发展，但主要集中在甲醇、醋酸等初级产品，煤制烯烃、煤制油等高端技术还没有达到完全产业化，还主要是试验性质。煤化工项目所使用的大型空气分离装置、气体压缩装置等特种成套装备主要依赖于进口。煤化工使煤炭从普通燃料成为化工原料，提高了产品的附加值，是煤炭行业的发展方向，但精细化工技术和专用机械还有赖于国内科研院所和厂家加大研发力度，以支持煤化工的发展。

（六）全球化因素

在西方发达国家，煤炭已经属于落后能源，美国通过发展煤层气作为替代能源，已经走在世界的前列，同时在欧洲国家大力发展天然气和其他替代能源，煤炭消费量越来越低，全球以煤炭作为主要能源的国家正在逐步减少，由于环境污染和开采成本太高，德国已经宣布于 2018 年关闭境内的煤矿，德国的煤矿数量已经从 1957 年的 140 座锐减到现在的几座。

日本虽然年进口煤炭近 2 亿吨，但也早在 2002 年就已经关闭了最后一座煤矿。据 BP 世界能源统计年鉴数据，2011 年煤炭再次成为增长最快的化石燃料。全球煤炭产量增长了 6.1%。亚太地区尤其突出，占据全球产量增长的 85%，世界最大的煤炭供应国中国更是以 8.8% 的增量领先前进。世界煤炭消费量增长了 5.4%，所有的净增长均来自亚太地区。在其他地区，北美洲消费量大幅下降，其他地区的消费量均有所增长。由于煤炭价格优势，发展中国家还在大量使用，世界煤炭总体需求还在增长。从中国情况来看，2013 年，中国以生产 37 亿吨煤的总产量位居世界第一。根据海关总署统计，2013 年，中国累计进口煤炭 2.9 亿吨，总进口量位居世界第一。预计在未来的几十年，中国仍然是煤炭的消费大国。

六 晋煤集团行业分析——五力模型分析

行业环境对企业的战略竞争力和超额利润的影响要比总体环境来得更为直接。根据迈克尔·波特的理论，行业的竞争强度和利润潜力由五个方面的力量共同决定：新进入者威胁、供方议价能力、买方议价能力、替代品和现有竞争对手之间的竞争。[①]

（一）现有竞争对手之间的竞争

煤炭作为燃料和化工原料，可分为动力煤、焦煤等品种，但具体到每个品种，各个企业所生产的产品很难通过差异化获取竞争优势，主要体现在成本优势上，因此矿井所处位置、生产能力和运输能力决定了企业的竞争优势。目前主要产煤集团几乎都在中国西部地区开发煤炭资源，如陕西榆林和内蒙古鄂尔多斯，大型企业集团的开采技术类似，煤炭品种类似，无法体现出产品差异性，通过价值链分析，降低成本是获取竞争优势的有效办法。2013 年中国煤炭工业协会发布的煤炭企业排行榜显示，2013 年全国煤炭产量预计 37 亿吨，年产亿吨以上的煤炭集团有 8 家，其中神华集团以年产 4 亿吨位居榜首。根据中国煤炭工业协会数据，通过兼并重组和淘汰落后产能等，2013 年全国规模以上煤炭企业数量降到 6200 家，同比减少 1500 家。但煤炭行业集中度仍然非常低，2013 年煤炭百强前 8 位

---

① 赵新业：《兖矿集团多元化战略研究》，山东大学硕士学位论文，2013 年。

的企业产量占总产量的 30.2%，煤炭产量百强中企业绝大多数是传统的国有煤炭企业，没有一家能够主导煤炭价格趋势。在 21 世纪前 10 年，煤炭行业经历了黄金 10 年，但随着国际金融危机的持续蔓延，国内经济发展乏力，到 2013 年，煤炭库存大幅上升，煤炭行业遭遇冬天，煤炭企业的竞争空前激烈。但从总体上看，中国宏观经济仍将保持持续平稳较快发展，煤炭需求还会逐步增长，煤炭行业通过重组整合将会更加健康地发展，以满足中国不断发展的需要。通过分析可以看出，从总体环境来看，由于中国经济的强劲发展，十八大提出的城镇化建设等，将会带动电力、钢铁、建材等煤炭传统用户的发展，对煤炭行业是一个利好的消息。从煤炭行业来看，虽然竞争十分激烈，但国家限制和关停小煤矿等政策，使大型煤炭国企仍然面临发展的机会，竞争的结果是具有技术优势和资金优势的国有大型煤炭企业将会在煤炭资源的竞争中占据优势，国有煤炭企业通过技术创新，实现煤炭企业高产、高效生产，通过成本优势赢得竞争优势。虽然煤炭产品差异化不明显，但可以通过调整产品结构，生产符合市场需求的具有一定差异化的产品，满足发电、钢铁、化工等不同产业的需要。

（二）新进入者的威胁

近年来，由于煤炭行业安全事故频发，给国家带来不良的政治影响，给职工家庭带来极大的痛苦，国家对煤矿准入实行严格审批，关停年产 30 万吨以下的小煤窑，鼓励国有大型煤炭集团作为新矿区开发主体，兼并收购改造小煤矿。随着东部地区煤炭资源逐渐枯竭，企业将目光瞄向资源丰富的陕西、内蒙古和新疆等地，但对于获得煤炭资源的条件是必须先建设煤炭深加工项目。建设一个 600 万吨的煤矿需要投资 30 亿元人民币，而建设一个年产 100 万吨的煤制甲醇工厂需要投资 50 亿元人民币。因此，没有强大的资金优势，不可能建设煤矿，所以，煤炭行业资本投入大，加上煤炭和煤化工需要大量的管理和技术人才、熟练的员工，使煤炭行业的进入壁垒比较高，煤炭及煤化工企业的特殊性，转换生产其他产品的可能性小，转换成本高。因此，近年在中国西部投资煤炭和煤化工的主要还是大型国有煤炭集团和发电集团。

(三) 供方议价能力

煤矿企业需要的采矿设备较多，但国内煤机制造行业没有一家独大，在采煤机、带式输送机、液压支架等常用设备方面，国内众多厂家还面临国外煤机制造巨头如美国久益、德国 DBT 矿用水泥、钢材等同样属于完全竞争的市场。因此，煤供方的议价能力较弱。

(四) 买方的议价能力

煤炭的主要终端用户为发电、钢铁、建材等，其中发电占煤炭消费的一半以上，而国内五大发电集团以及各地众多的地方发电企业很难联合起来，通过集团优势与煤炭企业就价格进行谈判。在过去的年代，国家发改委通过行政干预规定电煤价格，但 2013 年全面放开电煤价格，由发电企业和煤炭企业以市场方式谈判电煤价格。我国大多数电厂设计采用的燃煤锅炉转换为燃烧重油等其他燃料的成本更高，因此对煤炭的需求不会改变。到目前为止，没有哪一家发电企业能够牵头主导电煤价格谈判。由于煤炭企业同发电企业类似，也没有一家能够主导谈判，因此双方的议价能力均一般。

(五) 替代品的威胁

煤炭在中国仍然是作为主要消费能源，可以替代的能源包括风能、太阳能发电等新能源，石油、天然气以及正在开始起步的页岩气。但是，由于投资成本高，风能、太阳能等新能源在可预见的将来，规模远远不能满足经济发展的需要，而中国石油和天然气对外依存度高，国内仅能满足不足一半的需求，需要从国外进口，相比煤炭价格高，页岩气仅在美国进入商用阶段，中国刚刚开始。核能面临着严重的环境问题，认识到新能源迅速发展的趋势，在经济形势较好的时候要未雨绸缪，准确判断形势，切实规划好新的增长点，投入资金研究新能源、适度发展以洁净煤技术为主的煤基多连产的产业链，实现企业的可持续发展。

七 晋煤集团 SWOT 分析

企业发展战略尽管具有主动性和进攻性，但是切实可行的战略方案是建立在威胁与优势相匹配的基础上的。即一个战略方案要能依靠内部优势、利用外部机会，或利用内部优势、回避外部威胁（见表8—5）。[①]

表8—5　　　　　　　　晋煤集团SWOT分析

内部因素 外部因素	优势： 1. 煤炭资源丰富、质量高； 2. 收入分配机制科学合理； 3. 机关管理转型、矿井自主管理。	劣势： 1. 产品以粗加工为主，浪费严重；2. 销售环节存在问题，利润流失严重；3. 有较多安全隐患。
机会： 1. 国家的政策的积极引导； 2. 国内外市场需求两旺； 3. 电力需求高速增长；4. 基础设施建设拉动煤炭价格上扬。	S+O战略选择： 晋煤集团如何利用其优势把握它的机会；对煤炭产业进行深加工，从点企业向面企业扩展。	W+O战略选择： 晋煤集团如何能克服劣势把握机会，打造煤炭强势品牌，为后续的产业延伸做好铺垫。
威胁： 1. 加剧国外进口的威胁； 2. 国内外煤炭市场价格倒挂。	S+T战略选择： 晋煤集团如何利用其优势应对其所面临的威胁。 1. 在煤炭领域打造超级航母舰队；2. 加快国际化经营人才培养。	W+T战略选择： 晋煤集团如何避免劣势以应对其面临的威胁：1. 从到处挖煤到深挖文化；2. 进行战略转型；3. 适度封存一些煤炭产区作为战略储备，大力引导发展清洁能源产业。

（一）优势

1. 煤炭资源丰富、质量高

晋城煤业集团是中国重要的优质无烟煤生产基地、全国最大的煤化工企业集团和全国最大的煤层气抽采利用基地。现有55个控股子公司、10个分公司。公司在加快实施"煤气电化综合发展，建设环保型绿色矿山"的中长期发展战略、推动企业持续跨越发展的同时，立足当前，着眼长远，确立了实施"亿吨基地、千亿规模、百年企业、能源旗舰"的战略愿景，构建起了煤炭、煤层气、煤化工、电力、煤机、多经等六大产业板块相互支撑、竞相发展的产业格局，力争到"十二五"末，形成1亿吨

[①] 曹莉：《对山西煤炭企业的SWOT分析》，《山西焦煤科技》2008年第3期。

煤炭生产和建设能力框架、100亿立方米煤层气抽采能力、2400万吨总氨生产能力、2100兆瓦总装机容量，生产经营总额2000亿元、利润170亿元，努力把企业建设成为主业规模大、体制机制活、创新能力强、经济效益好、生态环境美、跨区域、跨行业、跨所有制、跨国界、极具竞争能力的现代化能源旗舰型集团。晋煤集团的迅速崛起令人瞩目。

2. 收入分配机制科学合理

晋城煤矿员工的收入水平，在全国算不上一流，但公司让员工共享企业发展成果，在收入分配机制方面所做的一系列改革，却足以使劳动关系和谐之光普照全体员工。晋城煤矿决策层认为，收入待遇问题是和谐劳动关系的核心问题，因此，在加快企业发展的过程中，集团党政始终坚持这样一个理念："让企业的发展成果普惠每一位员工，让企业员工收入与企业效益同步增长。"这样的指导思想使得员工工资福利待遇逐年稳步提高。即使在遭受金融危机严重冲击的2009年，在面临异常严峻的经营形势下，在岗员工人均收入依然同比增长14.59%，达到了54704元，兑现了企业"不裁员、不降薪、不降低福利"的庄重承诺。晋城煤矿员工享受企业发展成果不仅仅体现在工资收入上，福利待遇也非常丰厚。晋城煤矿在为员工缴纳"五险一金"的基础上，还建立了企业年金、企业补充医疗保险、大病医疗险等补充保险，解决了员工后顾之忧，增强了企业的凝聚力和向心力。特别是针对晋城煤矿年轻员工购房难的问题，先后两次调高住房公积金企业补贴标准，使员工住房公积金补贴标准达到每月至少760元，为解决员工住房问题提供了有力的资金和信用支撑。

科学合理的分配才能调动员工的劳动积极性。长期以来，晋城煤矿按照"效益与公平并重"的分配原则，设计了科学合理的分配模式：在不同产业之间，工资分配坚持向主导产业、亮点行业、重点行业倾斜，从而使煤炭行业员工收入节节攀升，煤层气员工收入迅速增长，煤化工员工收入稳步提高。在不同单位之间，工资分配在兼顾历史贡献原则的同时，坚持向投资收益率高、全员劳动生产率高的单位倾斜。在不同用工形式员工之间，工资分配一视同仁，实行同工同酬。煤炭产业的农民合同工，在八年合同期满前，除按国家相关规定未建立住房公积金外，其他方面与城镇合同工执行同等待遇。八年合同期满后择优留用的农民合同工，则及时为他们建立住房公积金，在真正意义上实现了同工同酬。在不同岗位员工之间，工资分配坚持向井下生产岗位苦、脏、累、险岗位以及技能要求高、个人贡献突出的员工倾斜。在不同岗位序列之间，工资分配坚持向管理能力强、技术水平高、创新能力突出的员工倾斜。对矿处级以上管理人员，实行年薪制或年度绩效薪酬制，并建立激励和约束机制，以提升管理效益和效率。对技术人才，公司出台了一系列激励政策，通过岗位技能津贴、年金补贴标准等方式加大对技术能手的奖励力度。

3. 机关管理转型、矿井自主管理

晋城煤矿下辖55个控股子公司、12个分公司，这样的管理规模，高管薪酬与薪酬总额管理成为薪酬管控的两大关键点。为此，晋城煤矿在薪酬总额管理中按照"机关管理转型、矿井自主管理"的原则，根据各个产业在集团经济结构中的地位和所处发展阶段的差异，对六大板块所属子分公司薪酬总额采用分级管理方式：省外子公司采用业务监督型薪酬宏观管理模式，各公司自行确定薪酬总额、薪酬水平及分配方案，向晋城煤矿备案；对新建、筹建类子公司实行业务指导型薪酬宏观管理模式，根据晋城煤矿确定的工资水平，采用工资总额与工程进度挂钩方式进行薪酬总额宏观调控；对煤炭生产单位、省内非煤子分公司和经费包干单位实行业务操作型薪酬宏观管理模式，在晋城煤矿核定挂钩工资总额基数后，实行复合指标挂钩办法；为推进集团机关瘦身，切实解决冗员问题，对集团机关部室实行定员工资包干制，编制内增人不增资、减人不减资。

（二）劣势

1. 煤炭产品以粗加工为主，浪费严重

从产品结构看，初级原煤产品多，附加值高的精深加工和伴生矿产的综合利用产品少，回采率低，煤矿加工转化率仅为2%；从企业技术结构看，地方煤矿的机械化程度原本就很低，加上近年来煤炭经济效益的下滑，为了降低生产成本，原来使用长臂炮采的煤矿又回到了刀柱式，运输、提升系统由机械化回到了畜力人车，从企业规模结构看，企业生产规模过小，不仅难以实现集约化经营和科学管理，还增加了宏观管理的难度，加剧了无序竞争。据有关部门的统计，山西省每年因采煤损失的煤层气折合1508万吨标准煤，晋煤占45%，因非机焦生产浪费的主焦煤近900万吨，损失的水资源达4.1亿立方米，而共生、伴生资源20亿吨也被不同程度浪费，因回采率低造成的煤炭资源损失量每年也都有几亿吨。有限的资源储量和破坏性的开采开发造成的惊人浪费，让珍贵的煤炭资源不堪重负。

2. 煤炭市场销售环节存在问题，利润流失严重

过去十几年煤炭产业一直处于全企业亏损的状态，即使在2010年至今市场利好的情况下，大多数煤炭企业仍然获利甚微。一个重要的原因在于煤炭采选企业的产业链过短，也没有占据煤炭产业的"战略控制点"——销售和物流环节，以至于在市场竞争中处于被动地位。

3. 安全隐患成为最大的障碍

地方国有煤矿先天不足，长期低位的煤炭经济运行又使煤矿存在资金投入不足的问题，为了降低成本，煤矿在过去的几年内随市场变化进行季节性生产，这使管理投入不足与资金投入不足一起成了影响煤矿安全生产的突出隐患。

（三）机会

在长期的发展历程中，已认识到国家煤炭能源政策和宏观经济走势将在很大程度上左右煤炭业的发展。因此，面对煤炭企业发展长期低迷，国家调整了宏观政策导向和企业政策，推动煤炭企业的结构调整。影响煤炭市场运行的有利因素主要有：①国家政策的积极引导。从2000年开始，国家出台了煤炭企业"限产压井"政策，实行了煤炭生产总量控制、关闭破产煤炭企业和不具备安全生产条件的小煤窑等相关能源政策，控制了总量，提高了价格，激活了市场；特别是2007年以来，全省煤炭工业坚持"控制总量、调整结构、优化布局、提高效益"的指导方针，积极实施"限量、提价、回款、清欠"和"努力扩大出口，巩固国内市场"的营销方针，企业结构调整渐入佳境，保证了全省煤炭工业产销两旺，工业增加值持续攀升。②国内外市场需求两旺。受国家积极财政政策的影响，国内生产资料市场全面复苏，国际煤炭市场价格持续攀升，煤炭需求总量迅速增加，客观上为晋煤提供了广阔的销售市场。③电力需求高速增长。中国煤炭50%以上用于发电，据测算，近两年，国内煤炭需求主要是电力用煤的增长。随着新一轮经济增长期的到来，电力市场升温必然带动煤炭需求量的持续增长。④相关产业的带动。随着南水北调、西气东输、西电东送、三峡大坝等一系列"钢铁、水泥"型重大基础设施项目的推进以及房地产、工程机械、汽车等企业的快速发展，激活了钢铁及相关产业的发展，带动了国内冶金用煤和焦炭市场的强劲需求，焦炭价格持续上

扬，最终使炼焦煤供不应求。

（四）威胁

1. 随着煤炭市场的好转，价格的回升刺激煤矿尤其是小煤矿的生产，使煤炭生产出现了大幅增长的发展势头，对煤炭供求关系将产生较大的影响，同时也会加剧沿海城市煤炭用户增加煤炭进口。

2. 国内外煤炭市场价格倒挂将对国内煤炭市场造成一定的影响。近几年，由于国际煤炭市场整体上处于供大于求的局面，再加上部分国家为了抢占国际煤炭市场份额，从2010年年初就开始采用"低价促销"策略，致使国际煤炭市场的竞争将日趋激烈。因外贸煤炭价格严重倒挂，有可能使国内煤炭企业出口的积极性受到打击，从而影响煤炭出口。

第四节　晋煤集团煤炭产业发展竞争力研究

一　晋煤集团晋城煤矿煤炭资源采矿权价值评估

（一）采矿权评估的基本原则

指标体系的建立遵循一定的原则，学科领域、地缘差别和研究方法的不同都会影响到指标体系。科学合理的指标体系能为准确评价系统提供可靠保证，同时是全面反映目标的重要手段。在建立采矿权价值评估时，有以下原则需要遵循。

（1）科学合理性原则。科学合理主要包含以下内容。首先，指标体系的建立需采取严谨科学的态度，使用科学的评价方法，保证定性指标评价系统的可信度和合理性。其次，各个因素之间的相互联系必须在所建立的指标体系客观地反映出来，符合客观事物的发展规律，总之，所要建立的指标体系应能反映矿产资源的实际。最后，建立的指标评价体系能为实践活动提供可靠的理论指导，具有较好的稳定性，容易被人们接受。

（2）目的实用性原则。所构建的指标体系必须目的明确，实用可操作。指标体系能较为全面反映评价对象各方面的特征和整个系统的状况，实现代表性和全面性的统一。每一项单项指标的选取，都应明确其在整个评价指标系统的目的和作用，根据它所反映研究对象的性质和特征，对该指标的名称、含义和口径范围做出界定。

（3）标准通用性原则。指标体系的建立坚持标准通用，由于指标元素之间不协调，经过相关计算可能产生不相同和混乱的结果。指标选取的统一可准确地用于对象和不同对象之间的评价比较，数据的收集和加工处理可操作性强，保证评价结果的真实客观性。

（二）采矿权价值影响因素分析

煤炭采矿权价值的货币表现就是煤炭采矿权价格。一般而言，在矿业权市场中，采矿权价格是由交易双方共同商定的。煤炭采矿权价格是煤炭采矿权价值的表现形式，通过研究煤炭采矿权价格的影响因素来研究煤炭采矿权价值的影响因素。影响煤炭采矿权价格的因素主要有：自然条件因素，包括煤炭的储量品位、区位条件、水文地质状况；社会条件因素，包括政府制定的政策因素、社会文化因素、技术条件因素；经济条件因素，包括宏观经济状况、供求状况等。因此，从上述因素中可以看出，企业内部因素在评估采矿权价值时不仅要考虑，还要考虑外部发展因素，如经济发展状况、政府的经济政策、环境因素等对采矿权价值的影响。

1. 供求状况

根据经济学理论，供给和需求是影响煤炭采矿权价值最重要的两个因素，其他一切因素都是通过供给和需求来反映出来。煤炭资源的价格体现矿业权的价格，供给和需求状况之间的相互关系决定了煤炭资源在某个特定时刻的价格。经过双方间的共同作用，当供给曲线和需求曲线相交叉时，煤炭资源达到均衡价格，供应曲线和需求曲线的交点必然是竞争均衡点。在不考虑其他因素的情况下，完全竞争市场上煤炭的价格由需求和供应决定，与供给成反比关系，与需求成正比关系。20世纪90年代，由于需求不足，导致我国煤炭价格持续走低，随之煤炭采矿权的价格也降低。近十年以来，由于我国经济的迅速发展，导致煤炭供不应求，煤炭价格随之上涨。

2. 煤炭行业技术水平

煤炭矿业权价格与煤炭行业的技术水平有很大的关系，其中开采技术水平和选冶技术水平是两个非常重要的因素。近年来，由于技术的进步，我国煤炭行业的技术水平有了大幅度的提高，和以前相比，劳动生产率与国外发达产煤国家不断接近。我国煤炭行业的开采技术和加工技术有了很大的进步，大幅度提高了煤炭行业的劳动生产率。另外，由于我国煤炭资源整体技术水平还不高，与国外相比相对落后，这会增加煤炭资源的成本，煤炭采矿权的价格也会受到影响。

3. 开采条件

开采条件对煤炭采矿权价格影响很大，开采条件好的矿井安全状况水平高、煤炭价格高，反之，安全条件得不到保证，不仅会降低煤炭价格，还会带来很大的负面影响。具体为：①煤炭的埋藏深度及煤层厚度。埋藏浅、煤层厚的煤炭，开采成本低，产生的经济价值高，反之，煤炭价格就越低。②煤矿体地质形态。越是地质形态复杂的煤矿，开采难度大，开采成本高，价格就越低。③煤炭矿体的走向、倾向和倾角。倾角越小，那么就越容易开采，相应地，开采成本就越低，采矿权价格就越高。④煤炭矿石及围岩性质。煤炭的岩石稳固性差，不易于穿爆，那么开采成本高，相应地，煤炭价格就越低。⑤井下水文地质条件。水文地质条件简单的煤矿，相应地，治水费用就越低，这样采矿权价格就高。

4. 区位条件

区位条件对煤炭采矿权价格的影响不容忽视，区位通常是通过煤炭运输来影响煤炭的价格，如果区位条件好，那么运输成本就越低，运输费用就越小，相应地，煤炭采矿权价格就越高。影响区位因素的因子，按照韦伯的理论分为主要影响因子和次要影响因子。影响煤炭采矿权价格的区位条件有：①煤炭矿区的地形，主要包括山地、丘陵和平原，一般来说，平原地区开采煤炭的成本低，山区开采煤炭的成本高。②经济地理区位主要是指开采煤炭相关的经济地理条件，包括开采煤炭水的供应、劳动力充足情况、电力供给情况和开采地区的经济发达程度。③交通地理区位包括交通状况和地理位置。交通地理位置是影响煤炭采矿权价格的关键因素，地理位置在煤炭价格上成本差额可高达几百元。地理区位影响在我国特别明显，由于我国煤炭消费主要集中在中东部地区，而煤炭主产地却位于中西部，这样就形成了"北煤南运、西煤东运"的局面，这样地理位置比较优越的相对煤炭价格竞争力就越大。

5. 政策因素

政策因素对采矿权价格影响因素主要有以下几个方面：①矿业制度。政府颁布的影响矿业权价格的规章制度、矿业法律等，对矿业权价格的影响最大的因素是矿业制度，主要包括我国的矿产资源法、矿业权转让管理办法、煤炭资源的开采登记管理办法、勘察区块登记管理办法、外国投资者勘探投资矿产资源的规定等规章制度。②税收政策。矿产资源的税费制度影响矿产资源的投资、开发，对其生产经营有重大的影响。③环保政策。煤炭资源的开采不可避免地会对环境造成破坏，在当今社会，环境成本是一项不容忽视的成本因素。

（三）评估价值指标体系的构建

根据晋城市煤矿的瓦斯含量、埋藏深度、水文条件等特点，选择以下指标作为研究晋城市煤矿采矿权评估的因素。晋城市煤矿评价指标体系如图8—1所示。

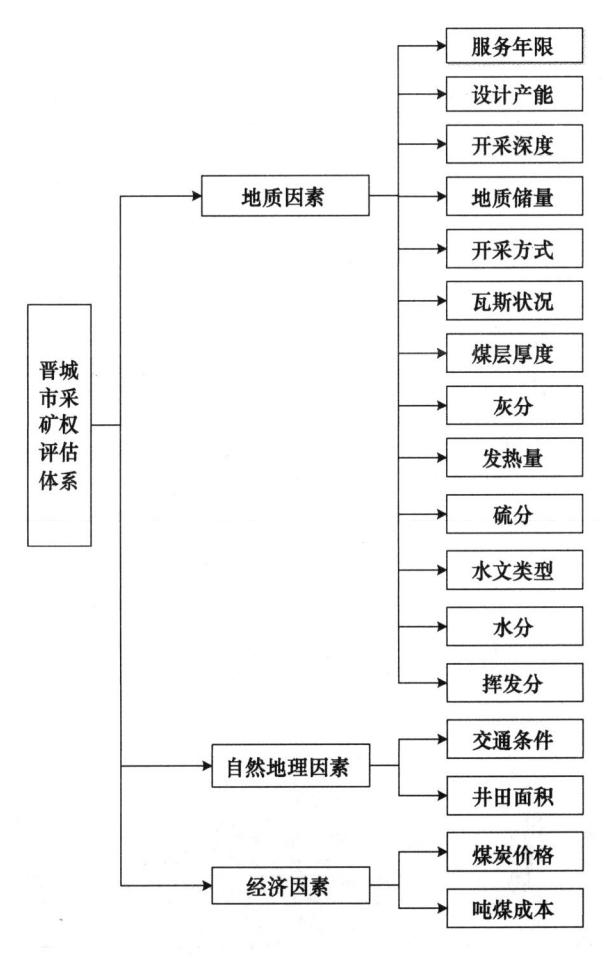

图8—1 晋城市煤矿评价指标体系

地质因素的定量化见表 8—6 至表 8—20。

表 8—6　　　　　　　　　　服务年限　　　　　　　　　　（年）

类别	1—10	10—20	20—30	30—40	40—50	>50
标准值	1	3	5	7	9	10

表 8—7　　　　　　　　　　设计产能　　　　　　　　　（万吨/年）

类别	45	60	90	120
标准值	1	3	5	7

表 8—8　　　　　　　　　　开采深度　　　　　　　　　　（米）

类别	<100	100—300	300—600	600—900	>900
标准值	5	4	3	2	1

表 8—9　　　　　　　　　　地质储量　　　　　　　　　　（亿吨）

类别	<1	1—2	2—3	3—4	4—5
标准值	1	3	5	7	9

表 8—10　　　　　　　　　　地理位置　　　　　　　　　（公里）

	类型	标准值
公路类型	<10 公里	5
	10—50 公里	4
	50—100 公里	3
	100—200 公里	2
	200 公里以上	1
铁路类型	<10 公里	5
	10—50 公里	4
	50—100 公里	3
	100—200 公里	2
	200 公里以上	1

表8—11　　　　　　　　　　井田面积　　　　　　　　　　（平方公里）

类别	8.5—12.5	12.5—17	17—21	21—24	24—27
标准值	1	3	5	7	9

表8—12　　　　　　　　　　开采方式

类别	露天	平硐	斜井	立井
标准值	5	3	2	1

表8—13　　　　　　　　　　瓦斯状况

类别	低瓦斯	高瓦斯
标准值	3	1

表8—14　　　　　　　　　　煤层厚度　　　　　　　　　　（米）

类别	1—3	3—5	5—7	7—9
标准值	1	3	5	7

表8—15　　　　　　　　　　灰分含量

类别	高灰分煤	中高灰煤	中灰分煤	低中灰煤	低灰分煤
标准值	1	3	5	7	9

表8—16　　　　　　　　　　发热量

类别	低热值煤	中低热值煤	中热值煤	中高热值煤	高热值煤
标准值	1	3	5	7	9

表8—17　　　　　　　　　　硫分含量

类别	高硫分煤	中高硫煤	中硫分煤	低中硫煤	低硫分煤
标准值	1	3	5	7	9

表8—18　　　　　　　　　　水文类型

类别	简单	中等	复杂
标准值	5	3	1

表 8—19　　　　　　　　　　　水分含量

类别	<0.5	0.5—1	1—1.5	1.5—2	2—3
标准值	9	7	5	3	1

表 8—20　　　　　　　　　　　挥发分

类别	<5	5—10	10—15	15—20	20—25
标准值	9	7	5	3	1

1. 样本的选取及整理

本案选取晋城市 25 座煤矿作为分析的对象，采取现场调查、发放问卷、访谈等形式获取相关资料。针对晋城市煤炭资源的特点，通过理论分析和专家询问等方式，共选取煤矿服务年限、设计产能、开采深度、地质储量、煤炭价格、交通位置等因素作为重点研究指标，并统计相关资料（见表 8—21）。

表 8—21　　　晋城市采矿权评价指标汇总表（截取部分）

序号	矿井	服务年限	设计产能	储量	地理位置	井田面积	深度	开采方式	瓦斯状况	煤层厚度	灰分	发热量	硫分	水文类型	水分	挥发分	价格	成本
1	兰煜	5	7	7	4	3	2	3	3	5	7	10	3	3	5	1	500	208.05
2	神农	3	3	7	2	3	4	2	3	9	5	5	3	3	3	1	500	228.29
3	南河	1	5	7	5	2	4	1.5	3	3	9	7	3	3	3	1	400	167.33
4	店上	1	1	7	5	2	5	1	3	3	5	5	3	3	5	1	400	166.89
5	大通	9	7	7	4	5	2	3	3	5	3	5	5	3	5	1	400	207.14
6	盛秦	7	7	7	4	5	4	1.5	3	7	3	7	3	3	5	1	400	219.23
7	四明山	9	7	7	5	7	2	2	3	3	3	5	3	3	3	1	450	221.7
8	盖州	9	5	7	4	7	2	3	3	1	3	7	7	3	5	1	450	146.35

续表

序号	矿井	服务年限	设计产能	储量	地理位置	井田面积	深度	开采方式	瓦斯状况	煤层厚度	灰分	发热量	硫分	水文类型	水分	挥发分	价格	成本
9	七一	5	5	7	5	3	2	1.5	3	3	5	7	3	3	1	1	550	185.87
10	侯甲	3	5	1	5	1	3	1	1	5	7	9	10	5	1	3	540	189.22
11	演礼	3	5	1	5	3	3	2	1	1	7	9	5	3	1	3	450	221.93
12	惠阳	3	1	1	5	3	2	1	1	1	7	9	5	3	1	3	350	238.85
…	…	…	…	…	…	…	…	…	…	…	…	…	…	…	…	…	…	…
25	关岭山	5	3	1	2	5	2	3	3	3	9	10	3	5	1	1	400	204.27

2. 实证分析

经过相关计算，利用 SPSS19.0. 统计软件对基础数据进行处理，聚类的结果系统自动给出，结果如以下图表。

（1）表8—22给出了25个变量的记录数统计结果，这些变量经过系统聚类分析。无缺失值记录，总记录数为25个。

表8—22　　　　　　　　　　案例处理

案例					
有效		缺失		合计	
	百分比		百分比		百分比
	100.0%		0.0%		100.0%

（2）表8—23为样本之间的距离矩阵，经过相关计算，样本之间的距离矩阵数据太大，限于篇幅的原因，它们中的部分结果如下所示。在本文中，一个样本代表一个煤矿，如果它们之间的距离越小，那么煤矿间的性质就越接近。

表 8—23　　　　　　　　样本距离矩阵（截取部分）

案例	1：Case1	2：Case2	3：Case3	4：Case4	5：Case5
1：Case1	0.000	31.296	26.882	51.320	20.632
2：Case2	31.296	0.000	32.977	29.546	35.735
3：Case3	26.882	32.977	0.000	18.464	43.776
4：Case4	51.329	29.546	18.464	0.000	51.413
5：Case5	20.632	35.735	43.775	51.413	0.000
6：Case6	19.885	27.527	15.281	26.722	20.610
7：Case7	22.589	36.249	33.409	43.012	9.835
8：Case8	10.993	36.627	28.712	41.295	15.058
9：Case9	23.837	28.484	20.675	28.430	30.328
10：Case10	56.526	58.013	38.989	48.999	75.168
11：Case11	33.930	49.921	24.861	42.297	47.138
12：Case12	56.555	62.269	32.555	44.067	60.905
13：Case13	27.725	39.408	31.306	31.222	38.222
14：Case14	32.803	57.586	35.140	46.243	46.228
15：Case15	38.279	57.608	50.843	63.519	59.807
16：Case16	38.059	51.850	29.013	44.024	53.389
17：Case17	12.895	30.282	25.477	37.156	24.403
18：Case18	10.320	24.799	11.255	28.802	25.658
19：Case19	19.477	40.668	11.737	24.162	31.504
20：Case20	41.984	56.587	34.954	42.111	66.203
21：Case21	26.479	48.624	29.796	43.644	47.007
22：Case22	26.068	43.466	50.057	56.082	16.987

（3）表8—24给出了反映聚类过程的凝聚过程表。

表8—24　　　　　　　　样本聚类过程的凝聚过程

阶	群集组合		系数	首次出现阶群集		下一阶
	集群1	集群2		集群1	集群2	
1	11	16	3.125	0	0	8
2	17	18	4.021	0	0	3
3	17	19	7.031	2	0	6
4	7	8	8.347	0	0	5
5	7	22	10.436	4	0	7
6	9	17	13.483	0	3	12
7	6	7	13.782	0	5	11
8	11	14	15.021	1	0	13
9	2	24	15.218	0	0	20
10	15	20	15.308	0	0	16
11	5	6	15.623	0	7	15
12	1	9	16.632	0	6	15
13	11	13	17.220	8	0	18
14	3	4	18.464	0	0	17
15	1	5	20.641	12	11	20
16	15	21	22.129	10	0	22
17	3	23	23.460	14	0	21
18	10	11	26.046	0	13	19
19	10	12	28.829	18	0	22
20	1	2	32.618	15	9	21
21	1	3	33.140	20	17	23
22	10	15	35.665	19	16	23
23	1	10	39.982	21	22	24
24	1	25	44.481	23	0	0

（4）表8—25为分类结果的类成员表，该表输出了划分2—5类时，每个样本属于某一类别的结果。

表 8—25　　　　　　　　　　类成员表

案例	5 群集	4 群集	3 群集	2 群集
1：Case1	1	1	1	1
2	1	1	1	1
3	2	1	1	1
4	2	1	1	1
5	1	1	1	1
6	1	1	1	1
7	1	1	1	1
8	1	1	1	1
9	1	1	1	1
10	3	2	1	1
11	3	2	1	1
12	3	2	1	1
13	3	2	1	1
14	3	2	1	1
15	4	2	1	1
16	3	2	1	1
17	1	11	1	1
18	1	1	1	1
19	1	1	1	1
20	4	3	2	1
21	4	3	2	1
22	1	1	1	1
23	2	1	1	1
24	1	1	1	1
25	5	4	3	2

(5) 图 8—2 为分类结果的垂直冰柱图。

观察以上聚类分析图表，研究对比分析 25 个煤矿样本分成 2—4 类时的分类结果。根据分析将煤矿样本分成 4 类时的聚类分析结果较为合理，即依据系统聚类结果，将 25 座煤矿样本分成四大类，分别命名为类 1、类 2、类 3、类 4。

每一类所包含的样本都具有相同或相似的特征，且都与其他类存在着明显差异。下面对划分结果进行归纳分析。

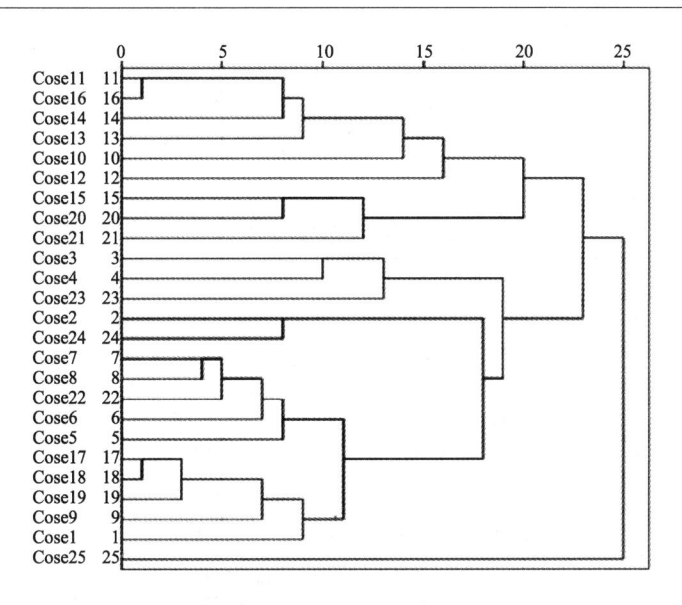

图8—2 分类结果的垂直冰柱图

类1包括煤矿1、2、3、4、5、6、7、8、9、17、18、19、22、23、24，类1中的煤矿主要分布在高平、泽州、沁水，分布比较集中，这几个地区地质条件相似，主要表现在地质储量大、低瓦斯、发热量不高、挥发分较低、煤层较厚、价格在500元以下。

类2包括煤矿10、11、12、13、14、16，类2中的煤矿主要分布在阳城县，它们地质条件类似，该地区地质储量小、地理位置距交通线近、开采方式多采用斜井开拓、发热量较高、瓦斯量较高、煤层不厚、硫分较高、挥发分较高、价格平均在500元以上。

类3包括煤矿15、20、21，这三个煤矿主要分布在泽州和沁水，它们除了以上地质条件相似之外，价格在600元以上，成本在200元左右。

类4包括煤矿25，该煤矿分布在陵川县，所以地质特征与其他煤矿有点不同，主要表现在发热量高、储量较小、灰分和发热量较高、水分和挥发分较低。

从以上分类可以看出，晋城南河煤矿属于类1煤矿。

（四）利用收益法进行采矿权价值评估

2008年的国际次贷危机表明，产品市场的价格波动在金融危机中是受最直接影响的。煤矿需求的原材料的价格的剧烈波动将对企业的利润和效益影响很大，因此，评估结论也会产生很大变化。本案根据收益法，以晋城南河煤矿为例对其采矿权价值进行评估，如表8—26所示。

表8—26 晋城市矿井采矿权价值评估表 （单位：万元）

煤矿名称	回收期	初设年限	收入	利润	收益法	储量	收益法平均
兰煜	4.00	20.50	27125	7346.00	81778.90	3211.00	25.47
神农	6.21	20.00	27000	7205.00	80172.63	1681.00	47.69
南河	3.03	9.80	36000	11126.00	80479.78	1146.40	70.20
店上	2.17	7.30	18000	5624.00	30798.81	428.80	71.83
大通	3.60	40.01	48000	12243.88	173054.24	6722.25	25.74
盛秦	4.58	33.50	48000	10487.43	141547.70	5630.08	25.14
四明山	2.15	45.41	54000	14632.00	211287.89	7059.90	29.93
盖州	3.76	49.00	40500	13552.00	198130.59	5754.80	34.43
七一	1.45	21.12	49500	19172.17	218415.63	2661.48	82.07
侯甲	4.35	10.30	48600	24539.56	177842.23	1205.40	147.54
演礼	4.72	17.50	40500	21044.00	221746.03	2047.00	108.33
惠阳	5.48	11.50	15750	6396.59	52625.77	673.00	78.20
大西	2.01	11.50	6000	2859.47	23525.32	1104.70	21.30
羊泉	4.52	18.26	36000	18451.00	194596.46	2350.00	82.81
四候	2.15	20.00	67500	32408.00	360615.49	2301.00	156.72
西河	2.98	18.49	24000	13984.00	147522.19	1553.00	94.99
裕兴	3.32	23.80	36000	12205.16	147471.80	3047.80	48.39
掌石沟	3.15	10.56	36000	11113.00	86063.83	1290.70	66.68
中岳	4.74	13.30	57400	24351.00	211747.85	1678.00	126.19
永丰	2.93	14.28	67500	31038.53	282975.00	1800.00	157.21
华阳	3.52	29.10	36000	12750.61	165391.34	2545.60	64.97
鑫基	5.25	72.20	60000	21767.95	328508.85	12127.00	27.09
峪煌	1.89	5.30	6750	2290.62	9352.80	307.70	30.40
首阳	3.17	22.40	36000	11244.00	130895.94	4203.00	31.14
关岭山	3.17	22.00	24000	6778.4	78886.17	1716.90	45.95

从表中可以看出，计算结果与分类大致吻合。

(五) 采矿权价值评估风险的敏感性分析

敏感性分析法是在矿业领域中一种常用的风险分析方法，在投资领域和区域规划中有着广泛的应用。由于项目的未来变化是不确定的，敏感性分析方法主要是根据未来的变化分析对项目的影响程度。敏感性分析法的主要思想是在众多不确定的因素中，通过分析判断，找出对效益有重要影响的因素，进一步分析这些因素对项目效益的影响程度，对项目的风险承受能力进行分析研究的方法。单因素敏感性分析法和多因素敏感性分析法是敏感性分析中经常用到的两类分析方法，变动因素只有一个，那么用单因素敏感性分析方法，如果有多个影响因素，那么用多因素敏感性分析方法。具体来说，单因素敏感性分析法是在分析过程中，保持其他因素不变，只变动一个因素的敏感性分析法。多因素敏感性分析法是指在分析过程中，如果有两个或者两个以上的影响因素，那么经过分析，这些因素项目经济效益的影响程度就可以得到。多因素敏感性分析法是建立在单因素分析方法基础上的，它们的基本原理大致相同。敏感性分析法作为一种动态性的分析方法，在矿山评估中有着重要的作用。[①]

1. 对晋煤矿业权评估价值进行敏感性分析的必要性

(1) 经济剧烈变化

2012年，世界经济整体放缓。欧债危机出现反复，美日经济低速增长，发达经济体陷入低迷或衰退。欧洲经济出现急速萎缩，对世界经济增长产生负面影响。2012年欧盟经济增长率为 -0.2%，比2011年下降1.6%。

(2) 煤炭市场剧烈波动

受欧债危机影响，世界经济增长整体放缓，基础能源需求受到抑制，全球动力煤市场遭到巨大冲击。在需求疲软的情况下，动力煤市场供应仍在不断增加，主要产煤国家产量在不断增长，美国大力开发页岩气，其煤炭出口量持续超额，哥伦比亚的煤炭出口量也在不断加大，俄罗斯和南非出口煤炭量也在不断增加，供应大于需求造成了过剩局面，造成了价格的大幅下跌。2012年上半年，澳大利亚纽卡斯尔港、南非理查兹港和欧洲

---

① 刘正伟：《煤炭资源采矿权价值评估及风险分析》，中国矿业大学博士学位论文，2013年。

三港动力煤现货价格全部一度跌破 90 美元/吨。在需求总体疲软情况下，由于原煤产量继续保持较快增长势头，煤炭进口大幅增长，煤矿、中转港、终端用户等各环节煤炭库存整体攀升，远高于正常水平，煤炭供过于求、过剩压力进一步加大，产业链各环节库存仍呈现持续上涨的态势，未见明显好转。受世界经济持续低迷、国内经济发展困难影响增多，煤炭经济运行下行的压力加大。下游煤炭需求萎缩，煤炭销量增速继续回落。由于经济增长放缓，电力、钢材、水泥等基础能源原材料需求明显降温，产量增速显著回落。由于下游需求持续不振，各主要环节煤炭库存均处于高位，国内煤炭整体持续弱势，使得铁路和港口的煤炭发运量同比增速出现不同程度的下降。2012 年上半年，全国煤炭铁路总运量 8.73 亿吨，同比增长 3.3%，增速同比回落 8.4 个百分点。主要港口转运煤炭 3.12 亿吨，同比下降 4.1%。

（3）煤炭价格剧烈波动

"秦皇岛港煤炭价格"和"广州港煤炭价格"是中国煤炭流通业内公认的具有代表性、标志性和参照性的全国煤炭消费价格的基准价格。按照煤炭流通业内的常规，在动力煤十几种不同煤质产品中，选取标准煤质（5500 千卡/公斤）的价格为代表样本；在无烟煤中选取其不同煤质产品价格的平均数。2000 年以前，煤炭价格受政府管制，煤炭价格长期处于低位，国有重点煤矿处于亏损状态。自 2000 年起至 2008 年 8 月，吨煤综合平均售价处于不断上涨趋势。以山西省国有重点煤矿实地调研成果为例，2000 年吨煤综合平均售价为 129.26 元/吨，到 2007 年吨煤综合平均售价为 330.65 元/吨，比 2000 年上涨了 201.39 元/吨，涨幅为 156%，平均年增幅为 22.3%。2000—2003 年，平均年增幅为 11.4%；2004 年起的连续两年内，吨煤的综合平均售价增幅较大，每年的原煤综合平均售价都比上年增长了约 30.6%，后自 2006 年到 2007 年，吨煤综合平均售价由 309.58 元/吨增长到 330.65 元/吨，增长幅度趋于平缓，平均增幅在 6%左右。2008 年，中国受美国次贷危机影响，经济下滑趋势明显，国内煤炭价格在当年 9 月之后不断下滑。2009 年，在 4 万亿元投资拉动下，中国经济在二季度企稳回升，煤炭价格在宏观环境向好的影响下开始上涨。2012 年，受全球经济衰退拖累，中国经济增速放缓，煤炭价格开始徘徊下行。

2. 敏感性分析过程

（1）不确定因素的分析选取

在进行敏感性分析之前，首先要选取不确定因素，对其进行分析，分析不确定因素的偏离基本情况的程度。对影响较大的、重要的不确定因素进行分析，而不是对所有的因素进行分析，是敏感性分析的一个很重要的特点。

（2）确定不确定因素变化程度

在对不确定因素进行分析的时候，往往选择±10%、±15%、±20%或±30%作为敏感性分析程度的指标。

（3）选取分析指标

内部收益率或净现值是项目评价分析最基本的两个指标，特别指出的是在进行敏感性分析的时候，根据项目的情况，也可以选择其他的指标，选择两个或者两个以上的指标作为分析对象。比如应用在矿业企业价值评估领域，可以明确分析指标就是矿业企业评估价值。

（4）计算敏感性指标

在对敏感性指标进行相关计算的时候，敏感度系数作为项目效益变化的关键因素，通常也代表着项目效益的变化。项目效益指标变化的百分率与不确定因素变化的百分率二者的比值即为敏感度系数。计算公式：

$$E = \frac{\triangle A}{\triangle F}$$

上式中，E 为敏感度系数，A 为项目效益指标变化的百分率，F 为不确定因素变化的百分率。当 $E>0$ 与 $E<0$ 分别表示评价指标与不确定因素同方向与反方向变化。$|E|$ 表示敏感度系数的绝对值，该值越大，不确定因素敏感程度越高。

以晋煤南河煤矿为例，对其进行敏感性分析（见表8—27）。

表8—27　　　　　晋煤矿业权评估价值的不确定性
因素敏感性分析　　　　　（单位：万元）

不确定因素	变动幅度±5%时变化率	变动幅度±10%时变化率	变动幅度±20%时变化率
矿产品储量	±0.20	±0.26	±0.43
初始投资	±0.09	±0.11	±0.22
经营成本	±0.13	±0.23	±0.37
产品价格	±0.25	±0.33	±0.78

从表 8—27 可看到，储量和价格的增加会使评估价值得到提高，成正比例关系；投资与成本的变化跟评估价值成反比例关系。在 4 种不确定因素中，对矿业权评估价值最为敏感的是矿产品价格的变化。因此，在对矿产品市场未来预测和形势判断上，对与产品价格的科学研判和定价，是矿业项目能否取得成功的关键（见图 8—3）。①

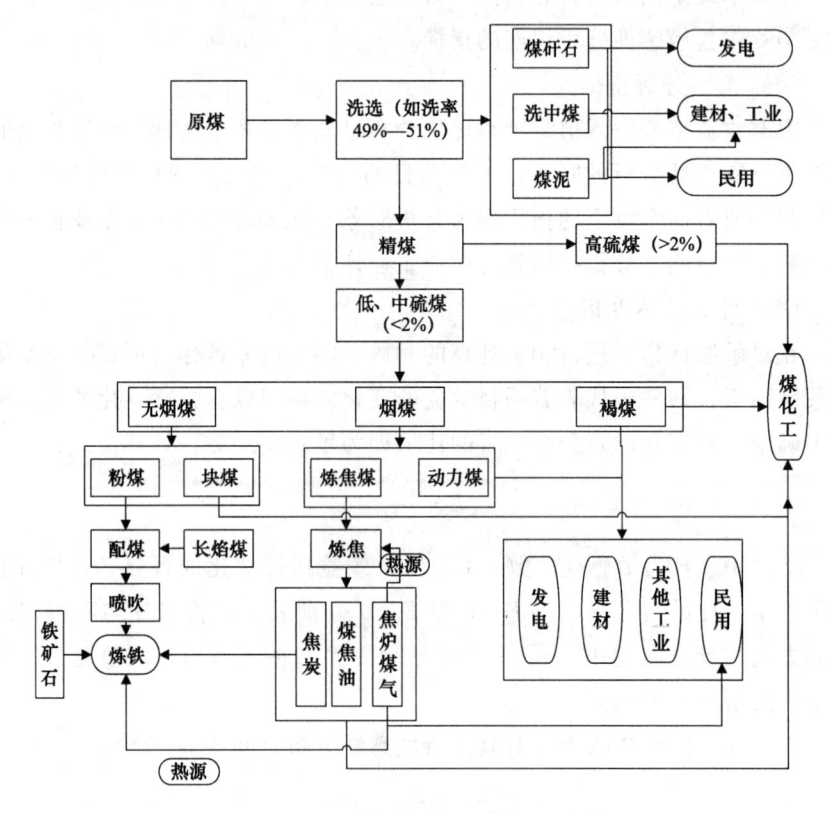

图 8—3 煤炭行业产业链产品结构

---

① 刘正伟：《煤炭资源采矿权价值评估及风险分析》，中国矿业大学博士学位论文，2013 年。

二 晋煤集团煤炭资源产业链分析

(一) 产业链产品结构

我国煤炭行业发展已经步入成熟阶段，上下游产业格局稳定，从现在的产业链来看，下游是影响煤炭行业发展的关键。与煤炭行业紧密联系的行业是煤炭采选业、炼焦产业和煤化工行业。

(二) 煤炭采选业

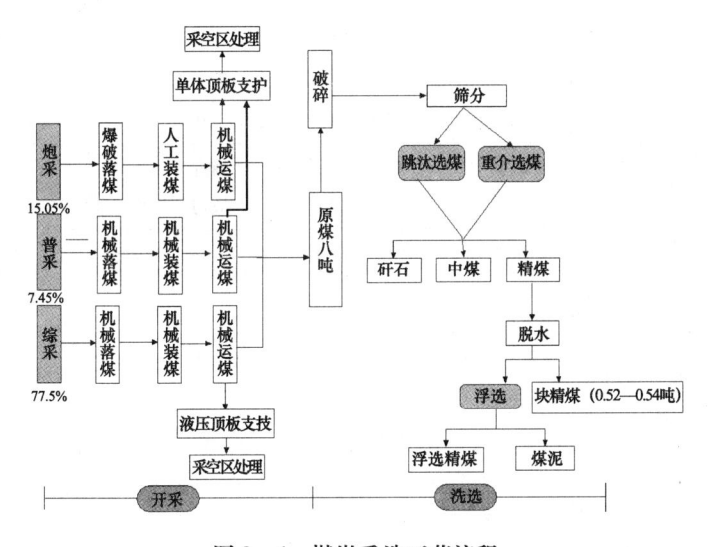

图 8—4 煤炭采选工艺流程

爆破采煤工艺（新中国成立至 60 年代初），简称"炮采"，其特点是爆破落煤，爆破及人工装煤，机械化运煤，用单体支柱支护工作空间顶板。

普通机械化采煤工艺（60 年代初至 70 年代中期），简称"普采"，其特点是用采煤机同时完成落煤和装煤工序，而运煤、顶板支护和采空区处理与炮采工艺基本相同。

综合机械化采煤工艺（70 年代中期以来），简称"综采"，即破、装、运、支、处五个生产工序全部实现机械化，因此综采是目前最先进的采煤工艺。

煤炭采选工艺流程如图8—4所示，煤炭采选业主要经济技术指标见表8—28。

表8—28　　　　　煤炭采选业主要经济技术指标

经济指标	盈利指标	销售毛利率 30.43%	销售利润率 12.82%	总资产报酬率 5.27%	净资产收益率 12.16%
	负债指标	负债率 61.67%	利息保障倍数 8.65%	亏损面 12.32%	—
	营运指标	应收账款周转率 7.63%	产成品周转率 10.44%	流动资产周转率 0.98%	总资产周转率 0.36%
	增长指标	应收账款周转率 14.82%	利润总额增长率 97.76%	资产增长率 29.29%	销售收入增长率 51.80%
技术指标	回采率 45%左右	原煤生产人员效率 4.599吨/工	平均回采工作面月产量 50475吨/个/月	掘进工作面平均月进度 153米/个/月	原煤入洗率 53%
销售方式	重点合同	国有重点煤炭企业与重点钢铁、电力、建材、化工企业	2008年为9.86亿吨，其中电煤6.98亿吨，占70.8%	重点合同是铁路运力重点保障的，价格远远低于后两者	约占全国煤炭销量的36%（2008年全国煤炭销量在27亿吨以上）
	非重点合同	煤炭企业与煤炭用户签订的购销合同或与中间商签订的购销合同	各自销售数量和比例不易确定，两者价格差不多，都远高于重点合同价	非重点合同煤和现货煤都没有铁路运力保障，一般经过公路运输	两者合计约占全国煤炭销量的64%左右
	现货销售	煤炭企业在市场上销售			

（三）炼焦行业

从成本来说，炼焦煤成本一般占炼焦成本的90%左右。炼焦工艺流程如图8—5所示，炼焦行业主要经济技术指标见表8—29。

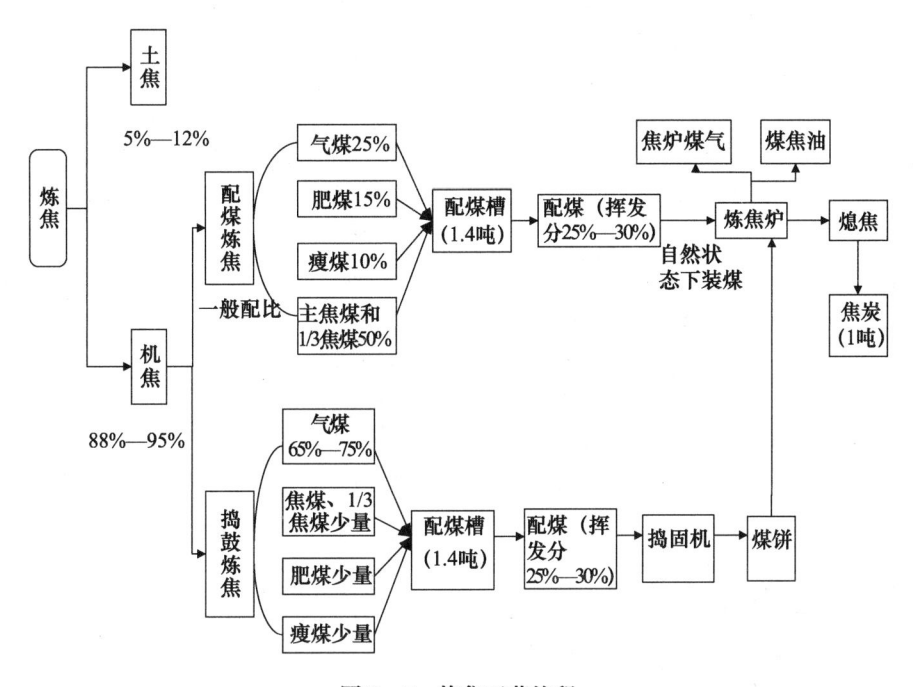

图8—5　炼焦工艺流程

配煤炼焦：特点是对较为稀缺的主焦煤依赖程度较大。典型企业：武钢、莱钢。

捣固炼焦：特点是适合我国肥煤焦煤紧俏的资源状况。目前上马的炼焦项目全部是捣固炼焦，这样不仅大量的气煤及弱粘煤资源得以充分利用，而且可以降低企业生产成本，提高盈利能力，简单的配煤炼焦由于需要耗费大量的主焦煤资源，正在逐渐遭到淘汰。

熄焦工艺：应选择节能环保的"干法熄焦技术"，淘汰落后的"湿法熄焦技术"。

表8—29　　　　　　　炼焦行业主要经济技术指标

经济指标	盈利指标	销售毛利率 18.06%	销售利润率 8.18%	总资产报酬率 5.7%	净资产收益率 13.51%
	负债指标	负债率 66.64%	利息保障倍数 4.77%	亏损面 17.5%	— —
	营运指标	应收账款周转率 9.32%	产成品周转率 6.75%	流动资产周转率 1.16%	总资产周转率 0.55%
	增长指标	应收账款周转率 29.43%	利润总额增长率 198.24%	资产增长率 42.67%	销售收入增长率 83.16%
技术指标	炉型 宝钢M型	炭化室有效容积 37.6M3	立火道个数 30个	结焦时间 20.7h	配煤比 —
销售方式	自备 焦化厂	钢铁企业 投资建设	焦炭主要供应 该钢铁公司	产品销售和该 厂的钢材产销 情况高度相关	—
	独立 焦化厂	由独立的投资 方投资建设	以合同方式销售 给钢铁企业， 现货销售较少	市场竞争激烈， 产品销路不够 稳定	—

（四）煤化工行业

煤气化工艺主要有固定床气化和气流床气化。煤直接液化技术是具有自主知识产权的煤炭直接液化技术，我国神华集团位于鄂尔多斯的100万吨煤制油是世界上第一个煤直接液化项目，存在技术放大等较大的技术风险。煤化工工艺流程如图8—6所示。

三　晋煤集团煤化工产业发展研究

（一）煤化工产业的发展前景

煤化工的技术路线主要有4种：

（1）煤—电石—乙炔路线。以煤为原料生产电石，电石与水反应制成乙炔，由乙炔可以生产乙烯、氯乙烯、乙醛、醋酸等化工产品。

（2）煤焦油路线。煤经过焦化产生焦炭、煤焦油、粗苯和煤气，其中煤焦油可以生产轻油、杂酚油、萘、沥青等产品，下游可衍生出苯酚、

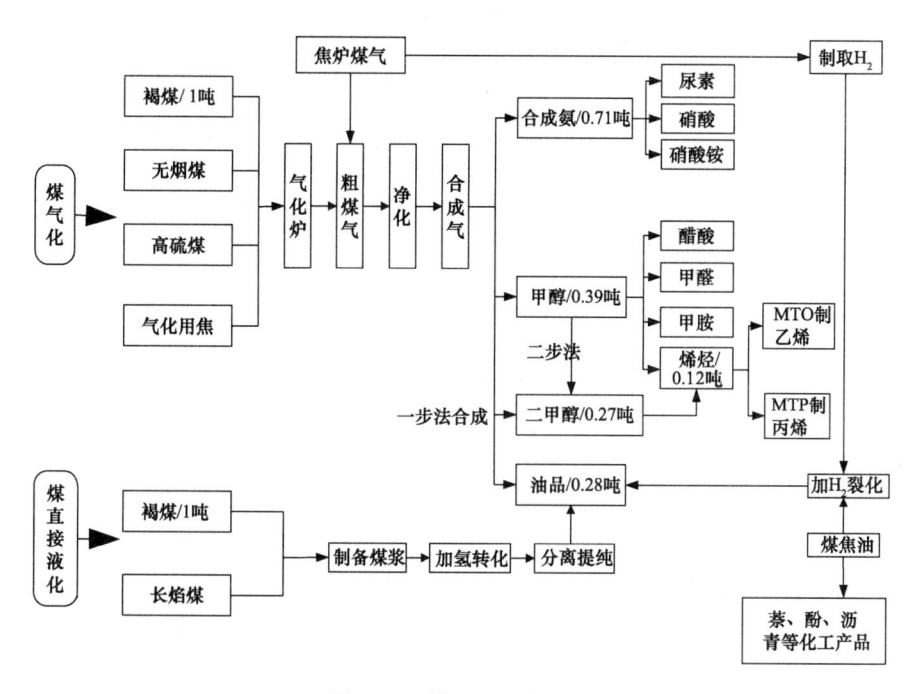

图 8—6 煤化工工艺流程

甲酚、苯酐等化工产品；粗苯可以生产纯苯、甲苯、二甲苯等化工产品；焦炉煤气可生产甲醇和合成氨。

（3）煤—合成气—燃料路线。由煤制成合成气，经合成气可生产汽、柴油等燃料，也可以生产乙烯、丙烯等烯烃产品。

（4）煤—合成气—化工产品路线。由煤制合成气进而生产氢气、甲醇、合成氨等，从氨可以生产尿素等化肥产品，从甲醇可以生产醋酸、乙烯、丙烯等烯烃产品。

四种煤化工技术路线当中，由煤气化后生产合成气进而大量生产各种化工产品，这是煤化工的主要技术路线。其中，国内煤化工领域发展的重点是煤制合成氨并进一步生产尿素等下游产品，煤制甲醇并生产下游各种化工产品。此外，近两年国内煤制油、煤制烯烃项目也在快速发展。2011年，全国合成氨产量达到5069万吨，甲醇总产量达到2627万吨，煤制烯烃产能达到196万吨，煤制油产能超过160万吨。

目前，国内煤化工产业未来发展前景如何，关键取决于三个因素：石油和天然气、煤炭价格的走势比较，环保技术的发展，气化技术的进步。其中重点是煤炭价格所带来的煤化工比较优势。

在原料路线上与煤化工产业有竞争关系的是以石油、天然气为原料的化工企业。由于世界油气价格持续高涨，所以以石油、天然气为原料的国外化工企业竞争力日益削弱，连美国政府也在努力推动更多使用煤炭，认为这有利于美国化工产业竞争力的增强。可见，从世界范围内来说，煤化工相对于石油、天然气化工的竞争优势日益突出。

由于在中国以外的世界范围内，煤化工都不是化工产业的主流，所以，石油和天然气价格的高位运行带来的结果是：国外尤其是欧美发达国家大量关闭技术含量较低的基础化工产业，而转向精细化工等高附加值化工产品的发展。这种趋势，将大量基础化工产业发展空间留给了中国等发展中国家，尤其是像中国这样以煤为主要化工原料的国家。所以，过去到未来的几年当中，中国煤化工产业具备一定发展空间和竞争优势，尤其是在化肥等低附加值产品和基础化工领域可以有所作为。

从国内情况看，中国是一个贫油少气富煤的国家，这种资源条件决定了煤化工是中国将来化工产业的主力。由于石油价格高涨，国内以油为原料的化工企业基本丧失竞争力，纷纷停产或改变原料路线，这是其一；其二，虽然国内在西部大规模开发了天然油气田，并建设规模浩大的西气东输工程，但由于中国从总体上还是一个天然气蕴藏较低的国家，随着社会经济发展和人民生活水平的提高，天然气资源在一定时间内主要满足民用需求，天然气化工在短期内可能面临气源不足、价格持续上涨的局面，从而像石油原料一样退出国内化工产业舞台。

综上所述，从世界范围内看，煤化工产业的竞争优势已十分明显，并且发展重点应该放在中国这样的煤化工大国；从国内来看，石油、天然气为原料的化工企业将由于竞争力的下降而转向煤化工的发展。所以，在煤炭价格当前大幅回落的背景下，煤化工发展前景比较乐观。

（二）晋煤集团煤化工产业的定位

1. 晋煤集团发展煤化工产业的使命和意义

晋煤集团从几年前进入煤化工领域以来，依托资源的优势，通过多年发展，终于成长为国内规模最大的煤化工企业。2011年全年，晋煤集团煤化工板块共完成总氨产量1212万吨，共生产尿素962万吨，共生产甲醇 312 万吨，全年实现营业收入 478.2 亿元。从晋煤集团的宏观发展战略来看，进入煤化工产业的使命和意义在于：

①扩大产业规模，壮大企业实力，形成可持续性发展的竞争力；

②进一步延伸产业链，增加产品附加值，提高企业经济效益；

③解决煤炭主业发展壮大后未来的市场销售问题。

2. 晋煤集团发展煤化工产业的优势

国内以合成氨、甲醇为产品路线的化工企业是煤化工产业的发展重点，下游产品众多，而多数又以煤作为原料，走的是煤—合成气—化工产品的技术路线。煤气化生产合成气，其核心是煤的气化技术。煤气化反应器有三种类型：固定床反应器、流化床反应器、气流床反应器，由于资金和产业技术水平发展的制约，目前多数煤化工企业仍采取的是固定床反应器的气化技术。作为固定床反应器气化技术的最理想原料，晋煤集团的无烟煤多年来供不应求，一直维持着较理想的市场价位，实际上对下游煤化工企业有很强的话语权。正因为如此，晋煤集团在过去几年当中大力发展煤化工产业，积极向下游延伸产业链，并在行业中建立了规模上的领先优势。资源优势、在合成氨行业的规模优势以及对下游煤化工企业竞争对手的制约影响是晋煤集团发展煤化工产业的最大优势。

3. 晋煤集团煤化工产业的危机和挑战

虽然目前晋煤集团在煤化工产业的原料控制上仍具有一定优势和主导权，但其煤化工产业的竞争优势并未充分发挥，同时也面临着危机和挑战。危机和挑战主要来自以下几个方面：

（1）技术危机

在煤气化反应器的三种类型中，固定床反应器虽然技术比较成熟，使用比较稳定，但平心而论，在技术原理上确实落后于流化床反应器和气流床反应器，尤其是同属于气流床反应器技术的德士古和壳牌工艺。德士古已经是一种比较成熟的技术，由于转化率高、技术先进，生产成本比固定床气化大幅降低，具有明显的竞争优势。壳牌工艺技术近年在国内受到广泛关注和推广，已有十多套生产装置建成投产。

而近年来，由于科技创新成效显著，我国在煤化工气化领域取得重大突破：多喷嘴水煤浆气化技术在国家"863"科技攻关等一系列政策支持下，已经实现大规模工业应用，目前签约客户超过 28 家，气化炉总台数超过 80 台；航天粉煤气化炉设备全部实现国产化，目前国内采用该技术的工程项目已达 18 个，其中 5 个已建成投产。清华炉以及新一代鲁奇炉的推广应用，也都对晋煤集团以固定床气化技术为主的煤化工企业造成很大冲击。

(2) 市场危机

由于近年来国内煤化工产业快速发展，主要产品的产能和产量迅速扩张，均保持世界第一。但与此同时，在煤化工领域也存在着一些令人担忧的问题：一些地区不顾资源、生态、环境等条件，盲目规划、竞相建设煤化工项目，导致传统煤化工产品产能严重过剩，部分产品装置能力开工严重不足，企业生产经营陷入困境。以甲醇为例，据统计，2011 年我国甲醇总产能达到 4654 万吨，而全年甲醇总产量只有 2627 万吨，产能过剩 40%；合成氨及尿素等其他产品同样存在严重的市场过剩，由此带动各种产品售价不断下滑，导致激烈的市场淘汰和竞争。而在这一过程中，晋煤集团旗下的多数煤化工企业并没有特殊的核心的竞争优势，导致企业只能随行就市，被动应对市场，效益大幅降低，对其煤化工企业和整个产业的持续健康发展都带来了一定威胁。

(3) 竞争力危机

目前，煤化工行业已进入了一个产业整合的高峰期，表现出了四个特点：一是石化系统在对自己原有的以石油、天然气为原料的大型化肥化工企业进行原料路线改造后，对各自旗下的化肥化工企业进行整合，形成大的企业集团，共同参与市场竞争。二是部分传统化肥企业经过近几年的积累发展，开始走上扩张并购之路，如湖北宜化集团等企业，已着手在全国进行产业布局。三是上游煤炭企业、天然气开采企业延伸产业链，对下游进行整合，并在规模上都力争达到一个比较可观的程度。这一点不仅表现在晋煤集团煤化工产业的发展扩张上，其他煤炭企业也同样在做这项工作，例如陕煤集团整合陕化、陕西长庆油田整合陕西兴平等化工企业。四是中石化、中海油等大型央企及电力、机械等行业领军企业如华能集团、三一重工等投资进入煤化工产业，加剧了行业的竞争。当然，最典型的还是神华集团和兖矿集团等上游煤炭行业巨头在煤化工产业的大举扩张、巨额投资。所以，今后煤化工的竞争将表现在集团的竞争而不是单个企业的单打独斗上。在这一方面，晋煤集团煤化工产业尚未形成合力，竞争力还没有表现出来。

(三) 晋煤集团煤化工产业发展形势对煤炭主业的影响

虽然煤炭产业与煤化工产业是上下游的产业链关系，但毕竟属于不同的行业，各自有着自身的行业特点。要保证两个产业的健康稳定和可持续发展，需要从所属行业的特点出发，去适应和探索行业运作的规律。对于煤炭企业来说，投资发展煤化工产业，要尊重和利用煤化工行业专业人员的知识和能力，要从行业特点出发，制定正确合理的煤化工产业发展战略。

同时，由于煤炭企业的主业与下游煤化工产业存在着紧密的互动关系，因此从当前的经济形势和两个行业面临的环境出发，考虑今后晋煤集团旗下各煤化工企业的发展，可能会对煤炭主业产生下列影响。

（1）随着煤炭主业生产能力的扩大和品种结构的调整，在煤化工企业的支持下，短期内煤炭产业仍会维持原料块煤产销基本平衡的局面，而末煤的销售可能会存在一定困难。

（2）由于煤化工气化反应技术的进步，几年后，晋煤集团的煤化工产业有可能面临这样一种尴尬：化工产业需要与时俱进、适应竞争，对原料路线和造气工艺进行改进的压力与原料路线上需要继续使用母公司无烟块煤造气这两者之间存在的矛盾冲突。

（3）如果由于其他煤化工产业集团在发展和竞争上超越晋煤集团的煤化工产业群，甚至在煤化工领域形成一定的控制和垄断地位，将对晋煤集团煤化工产业生存发展状况及竞争力造成巨大影响，甚至进一步传递影响到晋煤集团煤炭主业的健康平稳发展是否能够保持，影响到整个晋煤集团整体的生产经营。

（4）由于今后晋煤集团煤炭主业和煤化工产业的关联性更加紧密，为避免在不利的市场环境下形成连锁反应，煤炭主业必须在构建长期竞争力上继续下功夫。

综上，根据晋煤集团煤化工产业的现状和客观条件，在考虑煤炭主业和煤化工产业彼此影响的前提下，综合制定其煤炭主业和煤化工产业相融合的中长期发展战略是一项不容忽视的工作。

(四) 构建相互支持的煤炭与煤化工产业整体发展战略

作为一个多元化的产业集团，晋煤集团需要跳出煤炭企业的思维框架,从一个现代企业集团的立场出发,针对旗下相关产业综合利益,考虑相互支持、相互配合的整体发展战略。

(1) 利用现有的资源优势,进一步联合下游企业,继续扩大煤化工产业规模,争取在一个细分产品市场上形成规模和话语权,掌握龙头优势。

(2) 关注技术发展和科技进步,积极适应、开发和利用新型煤气化技术,降低成本,增强煤化工企业的市场竞争力。

(3) 走环保节能、循环经济的发展道路,挖掘企业利润潜力,实现可持续发展。

(4) 构建煤化工战略合作平台,整合资源,通过协会等合作形式,增强行业话语权,统一降低采购成本,形成竞争合力。

(5) 各煤化工企业要依靠技术进步,降低生产成本,提高环保水平,扩大生产规模,增强竞争能力;丰富产品结构,加大调节能力,提高应对市场风险的水平。

第五节　晋煤集团煤炭资源产业发展风险分析

一　财务风险

近年来,公司发展速度较快,固定资产投资较多,融资额度逐年增加,目前公司的资产负债率较高、流动比率和速动比率较低。而且预计公司未来两年煤炭资源整合收购小煤矿的技改投入仍有较大的投资计划,公司未来几年负债水平仍呈加重趋势,有一定的财务风险。

(一) 资产负债率较高风险

由于近年快速扩张,公司负债水平持续上升,债务负担重。2010—2012年,公司资产负债率分别为73.54%、76.13%、76.94%,2013年9月末达78.08%,虽保持相对稳定,但明显偏高,存在一定风险。

(二) 资产流动性风险

2010—2012年,公司流动比率分别为91.64%、101.18%、84.53%,

2013年9月末为86.33%；速动比率分别为76.57%、87.30%、71.93%，2013年9月末为73.19%。以上二指标虽有所改善，但仍处于较低水平，资产流动性存在一定风险。

（三）存货跌价风险

2011年以来，国内煤炭市场供需形势整体宽松，供大于求的格局明显，煤价自年初以来呈现高位持续下行的走势。截至2013年9月末，最具代表性的秦皇岛5500大卡发热量动力煤的价格跌至540元/吨，一年之间，每吨煤炭价格下跌了近300元，发行人的煤炭存货存在一定的价格下跌风险。

（四）资本支出较大风险

公司近年来因收购煤炭资源及对化肥企业的收购兼并使得对外投资较多，投资活动产生的现金净流量为负数，2010—2012年分别为 -1893889万元、-1956042万元、-2175379万元，2013年9月为 -1268608万元。2014—2016年，公司规划将投资719.63亿元用于煤炭、煤层气、电力、化工等重大项目建设，自筹资金215.89亿元，融资需求503.74亿元。公司投资主要集中在煤炭及煤化工板块，公司未来投资较大，资本支出存在一定风险。

二 经营风险

（一）经济周期风险[①]

煤炭市场价格逐步放开后，煤炭行业的市场化程度越来越高，与宏观经济周期的相关性越来越强，据煤炭工业协会统计数据分析，2000年以后煤炭消费与GDP的相关系数为0.93。由于国家经济发展的不确定性，如果未来经济增长放慢或出现衰退，煤炭企业的经营和发展将会受到负面影响。

（二）市场竞争风险

我国煤炭行业发展的总体趋势是市场化，随着市场准入逐步放开，包

---

① 任朝江：《煤炭资源安全风险分析》，太原理工大学硕士学位论文，2004年。

括外资在内的各种社会资本将越来越多地进入煤炭行业，将导致行业竞争日趋激烈。

（三）产业链整合风险

近年来，晋煤集团积极向下游产业链延伸，特别是煤化工业务发展迅速。2006—2012 年，晋煤集团下属二级煤化工板块企业由 7 家增至 20 家，煤化工业务收入由 53.23 亿元增至 628.01 亿元，已成为其主要收入来源。如晋煤集团不能尽快且顺利完成对煤化工产业的整合，则将可能影响其整体经营的顺利开展和战略规划的实施。

（四）安全生产风险

近年来，煤炭行业生产的安全问题比较突出，国家对于煤炭生产的安全问题越来越重视。晋煤集团近年来一直在不断加大安全生产建设投入，但是由于晋煤集团所属矿井多为高瓦斯矿井，存在突发安全事件出现的可能，一旦发生事故，将直接对企业正常生产经营带来不利影响。此外，煤炭资源整合过程中的待整合矿井也给晋煤集团安全生产带来了一定压力。

（五）运力不足的风险

根据集团公司"十二五"期间亿吨煤炭基地建设的整体规划要求，随着现有矿井的改造扩建和资源整合矿井工作的推进，在"十二五"末集团公司煤炭总产量将达到 11340 吨，其中资源整合矿井产量将达 3970 万吨左右，与之而来的是集团公司煤炭销售运力问题。

根据近几年铁路体制改革的方向以及目前现有运力的饱和程度，太焦线运力增长幅度有限；而侯月线运力将会由现在的 1.1 亿—1.2 亿吨增长到 1.5 亿—1.6 亿吨。目前，侯月线运力基本满足集团公司资源外运，太焦线运力则远远不能满足外运需求。由于集团公司铁路运力增长不足，公司只能用公路煤炭运输作为补充，近两年公路运输量迅速增长。综合来看，随着集团公司煤炭板块的快速发展，产运矛盾日益严重，运力的不足将制约集团公司煤炭产销规模的发展。

（六）在建项目未来收益不确定风险

晋煤集团目前在建项目较多，主要集中在煤炭、化工、煤层气等行业，基于目前宏观经济的变化，煤炭、化工等市场需求减少，使得相关在建项目未来收益存在一定的不确定性。

（七）公司对外担保数额大，存在或有债务风险

截至 2013 年 9 月末，发行人对内、对外担保总额分别为 2453208 万元、161600 万元，分别占发行人 2013 年 9 月末净资产（含少数股东权益）4465261 万元的 54.94%、3.62%。其中，对内主要被担保企业有阳城晋煤能源有限责任公司（担保余额 105000 万元）、河南晋开化工投资控股集团有限责任公司（担保余额 365471 万元）、山西晋城煤业集团长平煤业有限责任公司（担保余额 124500 万元）、山西蓝焰煤层气集团有限责任公司（担保余额 142300 万元）、石家庄金石化肥有限责任公司（担保余额 173847 万元）、江苏双多化工有限公司（担保余额 71725 万元）、安徽晋煤中能化工股份有限公司（担保余额 68110 万元）、山东明水化工有限公司（担保余额 114200 万元）、安徽昊源化工集团有限公司（担保余额 99289 万元）；对外主要被担保企业有山西潞安矿业集团有限责任公司（担保余额 161600 万元）。

未来若被担保公司生产经营活动发生重大不利变化，不能或不愿偿付到期债务，则晋煤集团需承担担保责任。

（八）煤炭价格波动风险

2013 年以来煤炭进口的大幅增长已经成为影响国内煤炭市场的重要因素。由于国际煤价持续下跌，从美国、澳大利亚等国家进口的煤炭价格，即使再加上运费、税率、到岸综合成本等因素，也比国内煤炭价格低廉。进口煤炭凭借明显的比价优势，大量进入我国市场，煤炭产量增长较快以及进口量屡创历史新高，导致全社会各流通环节煤炭库存快速增加。国内煤炭市场供需形势整体宽松，供大于求的格局明显，煤价自年初以来呈现高位持续下行的走势。若未来煤炭价格持续下跌，将会影响晋煤集团的盈利能力。

（九）盈利能力逐年下降风险

晋煤煤化工板块近三年发展迅速，收入占比由 2009 年的 48.07% 上升到 2010 年的 52.94%，上升了近 5 个百分点，2010 年下半年以来，随

着国内经济形势的逐步好转,煤炭价格一路走高,导致煤化工板块成本不断增加,其成本在公司总成本中占比由 2009 年的 54.95% 上升到 2010 年的 60.07%,上升了 5.12 个百分点,这也直接导致了公司总成本的大幅度增加,同时由于 2012 年下半年以来煤炭行情的持续疲软对公司的盈利能力也造成了较大影响,晋煤集团 2010 年至 2013 年 9 月末营业毛利率、净利润率、净资产收益率逐年下降,总成本上升幅度超过了收入上升幅度,如果公司总成本仍上升或者煤炭市场行情的持续走低,这将影响发行人的盈利能力。

(十)营业外收入占比较大风险

2013 年 9 月末公司营业外收入为 61759 万元,占营业总收入的 0.43%,其中主要为政府补助 48251 万元,主要为煤化工子公司获得的政府补贴,具有一定的可持续性,将来如无法获得政府补贴,具有一定的风险性。

三 管理风险

近年,晋煤集团处于快速发展期,通过多种方式完成了较低成本的快速扩张,控股和参股企业数目较多,存在扩张速度较快风险。例如化工板块方面,由于发行人进入煤化工行业的时间相对较短,且下属煤化工企业分布较散,公司管理半径较大,因此,目前发行人对煤化工业务的管理尚不能完全满足公司整体战略规划的要求。此外,煤炭资源整合完成后矿井数量将成倍增加,如何提高母公司控制力,规范集团成员企业的统一运作,还存在不少亟待解决的问题,存在一定的管理风险。[①]

四 政策风险

(一)煤炭产业政策风险

煤炭是我国最重要的基础性能源,因此其生产、流通等各个环节历来

---

① 王婷:《煤炭行业周期性转折点预测指标体系研究》,对外经济贸易大学硕士学位论文,2006 年。

受到政府的严格监管和控制。特别是 2007 年以来，国家有关部门先后发布了《煤炭产业政策》、《煤炭工业"十一五"规划》、《关于暂停受理煤炭探矿权申请的通知》和《煤矿安全生产"十一五"规划的通知》等多项针对煤炭行业的宏观调控政策。2008 年以来，山西省政府进一步推进煤炭行业的整合，以优化行业结构，先后下发了《山西省人民政府关于加快推进煤矿企业兼并重组的实施意见》、《关于印发山西省煤炭企业转产煤炭城市转型政策试点实施方案的通知》。煤炭产业政策的变化可能给公司的生产经营产生一定的影响和压力。

（二）煤化工产业政策风险

发展煤化工产业一度被当作中国保障未来能源安全的一个重要举措。鉴于中国丰富的煤炭资源和不断上涨的国际油价，中国企业对发展煤化工热情高涨。随着大量的煤化工项目进入规划并开工建设，煤化工的产能过剩问题已十分突出。未来，国家根据煤化工产业发展的实际情况，可能继续出台对煤化工的一系列产业政策，使得晋煤集团煤化工业务的发展存在着一定的不确定性，如国家煤化工产业政策发生变化，可能对公司业务发展存在一定的影响。

（三）环保政策风险

针对我国煤炭工业环境问题呈现逐年恶化的趋势，《国务院关于促进煤炭工业健康发展的若干意见》明确提出了保护和治理矿区环境的制度、原则及具体措施，建设循环经济产业区，对煤炭工业的环保要求很高。公司近年来不断加大下属矿井的环保资金投入，后续仍可能有大量资金投入，可能会对公司的财务状况及经营业绩产生不利影响。

（四）税收政策风险

1. 增值税

国务院自 2009 年 1 月 1 日起在全国所有地区、所有行业推行增值税转型改革，其中矿产品增值税税率由 13% 恢复到 17%。由于增值税税率上调，营业税金及附加支出的增加，对公司现金流和净利润有一定的负面影响。

2. 资源税

市场预期国家将再次启动资源税改革方案，资源税上调会增加煤炭企业的成本，对煤炭企业的盈利水平形成一定的压力。如煤炭价格持续下滑，公司又很难将成本转移到下游企业，则盈利水平将受到负面影响。[①]

第六节　晋煤集团煤炭资源产业发展竞争力优势研究

一　晋煤集团行业地位分析

在煤炭行业方面，国家煤矿安全监察局调度中心公布的2005年我国无烟煤主要生产矿区可采储量资料显示，晋城矿区仅次于山西阳泉矿区名列全国第二。晋煤集团是晋城矿区的主要煤炭企业、是全国主要的无烟煤生产基地之一，在全国无烟煤市场上有较大影响。2012年公司无烟煤产量4855万吨，仅次于山西省阳煤集团，位居全国第二。

煤化工方面，晋煤集团通过加强技术改造，加快项目建设，煤化工产业经济规模和效益大幅增长，成为全国最大的煤化工企业集团，煤化工产业的竞争力、发展力和话语权明显提升，现已形成了1435万吨/年的总氨产能、1195万吨/年的尿素产能。2012年集团公司完成总氨产量1335.87万吨，同比增加123.54万吨，增长10.19%；尿素产量1156.84万吨，同比增加194.4万吨，增长20.2%，均约占全国总产量的16%，为全国产量最大的煤化工企业集团。

二　晋煤集团竞争优势

（一）资源优势

相比于整体的煤炭市场，无烟煤的储备更为集中，产业集中度也很高。中国无烟煤由于其分布密集的特点，共形成了6大主要生产基地，地域的相对集中使得无烟煤市场呈现一定的垄断特征。另外，由于成煤时间和地质特性的差异，各大生产基地的无烟煤煤质也存在一定差别，导致了

[①] 张轶琛：《可持续发展战略对中国煤炭企业竞争力影响的研究》，北京林业大学硕士学位论文，2007年。

各矿区无烟煤的竞争力存在较大差别。晋煤集团所处晋东矿区（包括阳泉矿区、晋城矿区）是全国无烟煤储量最集中的地区，占山西省无烟煤储量的65%、占全国无烟煤储量的26%，资源数量优势明显。同时晋城无烟煤以其低灰、低硫、高热值、稳定性强、抗碎强度好等特点，长期以来在全国占有一定的垄断优势。

晋煤集团具备煤炭资源品质、开采条件和区位优势。在资源品质方面，3#无烟煤具有热稳定性好、发热量高、机械强度高、低灰、低硫、低挥发分等特点；在资源开采方面，3#煤层埋深较浅，赋存稳定，开采条件优越；在地理区位方面，晋城矿区地处山西东南部，俯视中原、辐射华中、华东、华南等地区，运输条件便捷。

（二）"煤—气—电—化—贸"产业链优势

晋煤集团形成了以煤为核心的"煤—气—电—化—贸"的大集团产业链布局，取得了战略协同的经济效益与规模效益，提升了应对风险因素时的适应能力和抗风险能力。

（三）瓦斯开发与治理优势

晋煤集团瓦斯开采与治理历史悠久，在实践中形成了成熟的"井上下抽采相结合、抽采利用相结合"的瓦斯治理模式，目前处于国内领先水平。

（四）资源整合优势

晋煤集团是山西省重点企业，是山西省确定的煤炭资源整合的开发主体之一。另外，《国家煤炭工业"十一五"发展规划》等政策一再明确大型煤炭基地内一个矿区原则上由一个主体开发。因此，在政策上晋煤集团将获得国家大力支持，并将逐步成为晋城矿区真正意义上的开发主体。

（五）市场资源优势

晋煤集团最主要的产品为煤炭产品和化工产品。其中：煤炭产品一直处于卖方市场，具有良好的市场口碑和品牌效应，产品畅销国内外，积累了牢固的市场与客户基础。煤化工子公司均位于我国的农业大省，直接面对终端市场,且在当地长期经营,对当地市场掌握透彻,具备良好的市场资源优势。

(六) 符合节能减排和资源综合利用政策优势

晋煤集团资源综合利用电厂是节能减排和资源综合利用的先锋,而且煤层气发电已形成全国领先的"绿色"电力集团群。煤层气产业大力推进省内的煤层气开发利用,受到国家政策的大力支持。

(七) 强大的管理和技术团队优势

晋煤集团具有经验丰富的管理与技术团队,强大的团队基础是晋煤集团不断成长与发展的源泉。

三 晋煤集团煤炭产业发展面临的主要问题

(一) 县分区煤矿的接续资源勘探程度较低[①]

晋煤煤炭地质勘察程度相对较高,但高级储量的资源只能满足市区煤矿的生产和建设需要。目前存在的突出问题是县分区煤矿的接续(包括下组煤延伸)资源勘探程度较低,无法满足安全生产和矿井建设需求,亟待进行煤炭资源的补充勘探。

(二) 采煤方法改革任务艰巨,复采工艺研究与推广落后

目前,全晋中市地方煤矿采掘机械化程度仅为12%,实行长壁开采的矿井仅占50%。特别是一些小型矿井,仍然是靠巷掘式(也称以掘代采)、仓房式和高落式等传统采煤方法开采,复采工艺落后,不仅造成了煤炭资源的严重破坏,而且抗灾能力低,煤矿安全难以得到有效保障。

(三) 煤炭资源综合利用率较低

长期以来,晋煤煤炭工业以向外输出初级产品为主,煤炭产品链较短,对市场依赖程度较高。根据科学发展观和建立环境友好型、节约型社

---

① 卫虎林:《山西省晋城市煤炭行业发展分析报告》,价值中国网,2008年2月。

会的要求，未来晋煤煤炭产业必须在做大做强煤炭工业的基础上，着重研究以煤为基础的煤炭产品链延伸和煤炭资源的综合利用问题，实现煤炭工业的可持续发展。

（四）煤炭管理体制改革滞后，管理职能弱化

自 2000 年国务院机构改革后，煤炭产业管理分属不同部门，国土资源部门负责探矿权和采矿权设置，煤矿安全监察机构负责实施安全监察职责，煤炭局负责煤炭产业管理。但在实际管理过程中，具体职责难以划清，造成政府对煤炭产业的管理职能弱化。加之地方煤炭管理体制改革滞后，煤炭主管部门人员和经费严重不足，对煤炭产业的健康发展造成了一定的影响。

（五）煤炭产业总体管理水平较低，管理人才与技术人才缺乏

受长期以来计划经济体制影响，晋煤煤炭产业普遍存在管理粗放、效率低下等问题。即使已经进行了公司制改造，也未形成规范的法人治理结构和现代企业运行制度。另外，煤炭产业技术人才和管理人才严重短缺，特别是缺乏从事井下安全生产、技术和管理的高技能人才和高级技术工人，绝大多数二轻和乡镇煤矿，一线采掘区工人以农民工为主，乡镇煤矿工人以临时工为主，工人素质亟待提高。[①]

四 保障措施和政策建议

（一）保障措施

1. 加大煤炭资源整合力度，提高煤炭产业集中度和产业素质

严格执行山西省人民政府关于煤炭资源整合政策，以经济的、市场化的手段为主，逐步改造提升 30 万吨左右的中型矿井。

2. 实施大集团大公司战略，重点扶持和建设一批现代化矿井

鼓励支持煤矿大企业兼并、收购、整合小煤矿资源等多种途径方式，以组建晋城无烟煤集团为龙头，新上一批现代化大矿井，扶持发展一批现代化大型煤矿企业。

[①] 卫虎林：《山西省晋城市煤炭行业发展分析报告》，价值中国网，2008 年 2 月。

3. 改革采煤方法，提高煤炭回采率，提高采矿机械化水平

从技术改造入手，下大力气改革采煤方法，通过技术改造，淘汰原始落后的非正规采煤方法，推广应用正规采煤方法，提高煤炭资源回收率，强化安全生产基础。

4. 建立管理、投入并重的煤矿安全保障体系

进一步强化煤矿安全生产职责，加强职工安全培训与教育；明确"企业负责、政府支持"的安全投入机制，企业足额提取安全生产费用，建议地方政府加大财政支持力度，用于支持煤矿安全改造。加强瓦斯治理科技攻关，对瓦斯抽采和利用实行税收优惠，争取用2—3年的时间，使煤矿瓦斯治理取得明显成效。

5. 坚持"一体化综合利用"原则，在煤炭产业大力发展循环经济

"一体化综合利用"是指对煤炭从开采、加工到使用过程中的各种资源以及排弃物进行全方位综合利用，建立使用、治理为一体的煤炭循环经济体系。一是大力发展煤炭深加工，推动洁净煤技术产业化发展；二是促进煤矸石和劣质煤综合利用产业的发展，建设煤层气开发、矿井水利用等示范工程，推动与煤伴生资源的综合开发与利用；三是建立矿山生态环境补偿机制，加大环境治理投入，使矿区环境治理步入良性循环；四是大力开展煤炭节约和有效利用，发展节能型经济，建设节能型社会。

6. 坚持以人为本，提高矿工生活质量

改善矿井作业环境，减轻矿工劳动强度，落实工伤保险待遇，提高矿工劳动保障水平。所有煤矿都要制定煤矿入井津贴标准，切实增加矿工工资收入，提高矿工生活质量。

（二）政策建议

1. 科学规划，合理布局，加强煤炭资源精查力度

根据国家有关部门预测，到2020年，全国煤炭精查储量缺口1250亿吨，详查储量缺口2100亿吨，普查储量缺口6600亿吨。"十二五"期间，晋煤集团资源勘察工作要在目前勘探区32个、详查区6个、普查区4个的基础上，"十二五"期末，详查区增加到10个，普查区增加到8个。在此基础上，对煤炭资源的开采合理规划，有序开发。

2. 煤炭资源开发的同时，加大对环境保护建设工作[①]

煤炭资源开发与环境保护要坚持"五同步"原则，即煤炭开发与资源环境保护同步规划、同步核准、同步设计、同步建设和同步经营。并按照"谁开发、谁保护，谁污染、谁治理，谁破坏、谁恢复"的原则，加强矿区废水、废渣、废气和采煤沉陷区"三废一沉"的综合治理和利用。

3. 加强与科研部门合作，延伸煤炭产业链

提高科技进步对煤炭增长的贡献率，加大与煤炭研究总院、中国矿业大学、中科院山西煤化所、太原理工大学等科研单位的联系，加大对煤炭产业链延伸的研究与开发，通过产业规划和产业政策的引导支持，大力发展煤、焦等深加工业，重点开发焦炉煤气，发展精细化工，着力培育和发展煤化工、煤电一体、煤制油、煤层气和焦炉煤气开发利用，延伸煤炭产业链条，转变经济增长方式。[②]

五 晋煤集团煤炭产业核心竞争力的培育与提升

晋煤集团煤炭产业培育一种核心能力，做到持续发展，就必须用明确的战略目标和核心价值观来引导企业决策层的行动，而且全身心地、锲而不舍地投入。不管遇到什么情况，都要遵守市场规律、自然规律和社会规律，坚持优化配置资源，用好国家资源；坚持搞好核心业务，不盲目扩张，不为泡沫经济活动的高回报诱惑所动。

（一）防止关键要素的流失，确保核心能力的传承

阿基米德曾说过，如果给他一个支点，他就能撬起整个地球。核心竞争力的关键因素就是这个支点，它能撑起整个公司。一个企业的核心竞争力可以表现在企业精神、专有人才、专利技术、战略资源储备、融资能力、社会资源和品牌等方面，但不同企业构成因素关键点不同。煤炭企业生存和发展的关键因素就是拥有资源的生产经营权，拥有了资源的生产经营权，就拥有了未来的资源市场，同时也达到了排挤和控制其他资源企业

[①] 刘玮、王新义、付丽娜：《资源环境约束下中国煤炭企业竞争力提升对策研究》，《特区经济》2012年第12期。

[②] 卫虎林：《山西省晋城市煤炭行业发展分析报告》，价值中国网，2008年2月。

竞争实力的目的。[①]

晋煤集团煤炭产业首先就要控制和经营煤炭资源，通过一系列的市场竞争策略和手段达到占有或控制有关煤炭资源的生产经营权，不仅要立足于企业所在的地区，而且要放眼于国内其他地区以至国外。这是企业规模扩张、范围经济扩大、市场占有率提高和排挤竞争对手的战略。可以说，企业控制资源的程度与其未来的发展呈正向关系。从某种程度上说，资源的优良度决定企业的规模大小、效益高低、技术选择，乃至企业制度、内部机制。在市场经济条件下，评价煤炭资源优良度至少有七条标准[②]：一是数量，有多少煤炭是企业形成规模非常关键的因素。二是品位，有发热量的品位，有煤种的品位，晋煤的无烟煤素有"绿色能源"之称。三是区位，晋煤集团矿距离华北消费中心很近，这是西部地区煤矿无法比拟的。四是运输条件，煤是大宗物资，受运力的制约带有普遍性。晋煤矿区铁路、公路、水运网络健全。五是伴生资源，比如高岭土。六是淡水资源，煤矿生产需要淡水资源，汾河横贯矿区。七是赋存条件，如开采过程当中的瓦斯问题、水问题、地压地温问题等。相对来讲，晋煤的煤矿前六条偏好，第七条较差。这就说明晋煤集团煤矿综合条件得天独厚，竞争优势明显，这是培育和提升企业核心竞争力的关键之所在。

（二）围绕核心能力展开业务范围，立足主营业务做文章，增强经营专业能力

盲目扩张和违背市场经济规律的兼并收购，已经成了我国许多大企业的通病。企业在没有战略目标的情况下，就会盲目扩张，随意涉足自己没有基础和优势的领域，动用主业的资源去并购不相干的企业，这样自然会分散主业资源，影响主业发展。主业被削弱，企业也就越困难，形成恶性循环。因此，盲目、过度和非相关的多元化和扩张，必然会稀释企业的核心竞争能力。

因此，煤炭产业和煤炭企业调整经济结构的方向是，从产业分散走向产业集聚，从粗放型经济增长方式转变为集约化经济增长方式。煤炭企业

[①] 陈艳芹：《煤炭企业内部会计控制的完善探讨》，《现代经济信息》2012年第22期。

[②] 肖永红、高良敏、文辉：《煤炭行业循环经济发展模式初探》，《环境保护与循环经济》2009年第3期。

在发展过程中，选择自己具有相对较强的技术或市场空间，集中企业人才、装备、管理等优势，专注于煤炭产业链的几种产品的生产，走专业化经营的道路，无疑是提升企业核心竞争力的明智之举。如果不顾自身条件，不遵循煤炭产业发展规律，去扩张那些同主业不相干的企业，分散企业的资金和人力等资源，转移和分散领导精力，使企业顾此失彼，一步一步地走入困境。

晋煤集团公司围绕无烟煤产品和衍生煤气层产业做强做大，通过兼并、合并、控股、参股等形式加强核心业务，撤销非核心业务的部门，强化产业集中度，发挥集团优势，实行规模经营，包括安全、生产、管理、为煤炭服务的同类项目等方面实施专业化管理。同时，产业资本和金融资本走向融合。

（三）运用核心能力，把握市场走势，提升市场开拓能力

没有市场的产品等于没有生命。要善于发现潜在市场和激发新的消费需求，建立以开发市场为先导的有效运作方式，构建强有力的营销网络。煤炭企业在国内市场份额多少，分布如何，品种、用户、行业等结构的市场份额如何，一旦能源结构的比例变动，总量控制、产品结构、市场开发上作怎样变动，要有应对的措施。例如，我们发现，煤炭市场以煤炭生产地作为圆心，半径600公里左右的消费区域比较有效，既有效率也有效益。晋煤集团公司的煤炭营销战略是"抓大户、理通道、树正气"。通道坚持以铁运为主，水运为辅，地销调节。① 大户着力于培育大户群，与战略大户、重点用户签订中长期煤炭合作协议，做好市场战略储备，预留市场空间。品牌，以现有资源为基础，发挥洗选加工优势，生产出满足用户需求的煤炭品种。通过市场创新，从产品、价格、渠道等营销的各个方面着手，努力培育更多、更忠诚的稳定顾客群，以增强煤炭核心竞争力。顾客群越多，顾客的忠诚度越高，企业核心竞争力就越强大，就越能经久不衰。

（四）处理好守成与创新的关系，防止内部核心刚性过度

核心竞争能力就是创新的能力，它表现为优势产品和市场位势以及具

---

① 吴玉萍：《煤炭行业低碳经济评价指标体系构建研究》，《工业技术经济》2012年第8期。

有个性特点的经营理念、先进的管理运行手段和强大的技术开发能力。就煤炭企业而言，当前重点要跟得上形势变化，防止把既有的优势、成功的经验神化和教条化，产生路径依赖性。为什么近年来煤矿重特大事故频发，给人民生命财产造成巨大损失？一条很重要的原因，就是固守过去的一套做法，没有及时跟进先进理念和先进技术。近两年煤炭很热，许多企业都开煤矿，拼命多出煤，而煤炭资源条件如深度、压力都在变化，如果再用原来的技术、原来的管理已经大大不适应了，必然要栽跟头。

开展创新，是提升晋煤集团煤炭产业核心竞争力的必然途径。当前要实施组合创新，即管理创新、技术创新和观念创新。

1. 管理创新

核心竞争力是成长在公司良好的土壤之中的，国有企业竞争力不强在很大程度上受到企业制度的束缚和制约，特别是法人治理结构不健全、组织和管理不对称等，使企业无力或无暇顾及和增强自身的核心竞争力。因此要按照现代企业制度要求，改造和改革现有的企业制度，使之更科学、更规范、更现代化，为煤炭企业核心竞争力的培育和提升提供制度保证。当前，要建立集团总部对二级单位和职能部室的有效评价和监督体系。在管理重点上，突出三大管理，即人力资源开发管理、财务运营管理和安全管理，人力资源开发管理是核心部分。人力资源开发主要包括管理理想、教育培训、人事发展以及组织结构等内容，特别要分一般员工、经营者阶层和技术创新者三个层次，目标把市场竞争的压力传递到每一个岗位，构建一个让每个人充分展现自身才能的新天地。财务运营主要对资本运营、资产运营、成本管理、投资控制、利润率等进行确定。安全管理主要在安全决策、执行和监督三个环节上。在管理手段上，要"严"字当头，规范操作，做到有工作就要有标准，有岗位就要有责任制，有行为就要有监督，有考核就要有奖惩。另外，可通过兼并，重新整合自己的内部资源，构造新的企业经营格局，调整产业结构与产品结构，构建新的企业经营机制。这也是打造企业核心竞争力的一条捷径。[①]

2. 技术创新

现代企业制度体现的是企业资源配置的高效性，而这种高效率能否充分发挥，主要依靠核心技术和技术创新。一个企业要形成和提高自己的核

---

① 陈六宪：《中国企业构建核心竞争力的途径研究》，《商场现代化》2006年第1期。

心竞争力，必须有自己的核心技术。企业在打造核心竞争力的过程中，必须清楚地了解自己的核心技术是什么。如不十分清楚或把握不准，可以对现有技术进行分解和整合，也就是对核心产品进行技术分解、归类和整合，弄清哪些是一般技术、哪些是通用技术、哪些是专有技术、哪些是关键技术，然后集中人力、物力、财力对专有技术和关键技术进行研究、攻关、开发、改造，并进一步提高和巩固，以形成自有知识产权的核心技术。煤炭企业要区分决策层、经营层和生产层的层次性[①]。较低的层次是生产层的技术革新，根据降低生产成本、提高煤炭质量的需要，从事采煤工艺改造、采区的优化设计和新装备的引进。中间的层次是经营层的技术开发，主要是高产高效矿井技术和煤矿安全保障技术以及与煤产品相关联的开发。如厚及特厚煤层放顶煤综采成套技术、薄煤层综采技术、矿井火灾防治技术等。最高层次是决策层的核心技术开发，主要从事较长期的研究和综合、关键、重大技术的开发，增强企业的技术储备和发展后劲，形成新的经济增长点。如煤矿瓦斯治理利用的技术、煤化工技术、新一代型煤技术和新型高效、经济实用的选煤技术和装备。像产业化基地建在晋煤集团晋城矿区的煤矿瓦斯治理国家工程研究中心，重点是煤矿安全关键技术开发与基础理论的研究，这就由晋煤集团公司决策层直接组织[②]。

3. 观念创新

美国西北航空公司的创始人哈伯说："文化无处不在，你的一切，竞争对手明天就可以模仿，但他们不能模仿我们的企业文化。"[③] 可见，企业文化是形成企业核心竞争力的深层次因素。有了全体员工共同认同的价值观，这个价值观无形中就形成了对员工的激励，使他们为此而奋斗，形成独特的核心竞争力。由于大多数煤矿封闭性较强，组织形式多年一贯制，习惯运作方式和旧的思想观念基础深厚，变革则容易破坏人们心理上的平衡，但也同时对转变职工观念、提高职工素质提供了机遇。煤矿企业的观念创新，就是向广大干部职工宣传发展理念、管理理念和经营理念，告诉他们正确的安全观、资源观、产权观、企业发展观等，使人在价值理念上，认可企业发展战略、整体制度安排和经济政策，从而落实到行动中

---

① 谷淑香、刘海：《煤炭企业经济管理创新研究》，《科技创新与应用》2013年第19期。
② 阎萍：《我国企业核心竞争力现状及对策分析》，《大众商务》2009年第9期。
③ 牛新礼：《推进煤炭企业文化建设刍议》，《中国煤炭工业》2013年第3期。

去。晋煤集团总公司确立了"一切为了发展、一切为了职工"的企业宗旨，确定了建成亿吨级煤炭生产规模和千万千瓦装机容量电力的华北地区大型能源基地的战略目标，这是企业的灵魂，已经形成了全体管理者和员工的共识和自觉行动。[1]

---

[1] 陈六宪：《中国企业构建核心竞争力的途径研究》，《商场现代化》2006 年第 1 期。

第九章

云南烟草制品业竞争情报研究

第一节 案例研究背景及意义

企业正身处于经济全球化步伐逐渐加快的大环境中，激烈的外部市场竞争压力是不言而喻的。为了稳定原有的市场份额，并积极开拓未来在国际市场中的竞争优势，众多企业正在努力寻找快速扩张的途径和对策。在这样的背景下，烟草行业通过并购这种方式急剧扩大自身规模，产生了几个规模与市场占有率都相当大的国际烟草巨头，在不断地并购整合过程中，其核心竞争力也得到了极大的提升。重组完成之后，目前全球烟草市场已基本被四大跨国烟草巨头瓜分。①

中国一直被公认为世界第一烟草大国，2010 年的一项调查显示，我国总吸烟人数为 3.56 亿，这一数字超过了美国的总人口数，约占世界吸烟人口数的 30%，每年消费卷烟 1.7 万亿支，市场零售总额近 3000 亿元，占世界销售市场的 1/3 左右。2011 年，中国卷烟工商利税为 7529.56 亿元，同比增长 22.5%，上缴国家财政 6001.18 亿元，同比增长 22.8%。由以上数据得知，烟草产品作为一种特殊的商品，尽管政府一直对其进行严格管制，但不可否认的是烟草行业对中国经济仍然有着举足轻重的影响。

但中国烟草企业与国外烟草企业仍有巨大差距，具体表现为：市场品牌集中度低，大小企业、优劣品牌混杂，地方保护严重，烟草企业经营观念及管理方式较陈旧，对零售客户的服务工作十分薄弱等。当前，世界烟

---

① 李保江：《影响我国烟草行业发展的背景条件分析》，《中国工业经济》2001 年第 6 期。

草市场基本上被菲利普·莫里斯公司、英美烟草公司、日本烟草公司和帝国烟草公司四大跨国烟草巨头所垄断，我国烟草企业无论是从规模上还是从核心竞争力上都无法与四大跨国烟草巨头相匹敌。近年来，中国烟草业进行了大刀阔斧的改革，"工商分离"、"联合重组"、"大市场、大品牌、大企业"等政策措施相继出台，虽然烟草企业数目有了较大幅度的缩减，但从总体上说，并购后的烟草企业核心竞争力并未有质的飞跃。核心竞争力之所以能使企业在激烈的市场经济中保持长盛不衰，是因为其对于企业完善战略管理具有重要的指导作用。随着中国加入WTO的不断深入，中国烟草行业面临着日益开放的国际市场和更大的竞争压力，外烟在中国市场的占有率逐步扩大，国内市场国际化日趋显现。中国烟草业要想在国际市场上占有一席之地，必须立足于提升烟草业的核心竞争力，整体部署，合理规划，更加注重长期效益的实现，使我国从名义总量上的烟草大国转变为真正实力雄厚的烟草强国。[①]

现阶段一系列的重大变革，正推动着中国烟草大品牌、大市场格局的形成，市场的逐步开放，国际市场的竞争将更加深入地与国内市场的竞争结合。国内市场渐趋饱和，面对国内市场即将到来的国际化竞争，实施"走出去"战略，到国际市场的大潮中探索，提高市场竞争中搏击风浪的本领，寻求更大的生存空间，走一条稳定发展之路，将是烟草业未来几年必须研究和探索的重要课题。云南烟草在云南省经济中占有举足轻重的地位，每年上缴的税收占云南财政收入的近70%，成为云南省的经济支柱产业，也是中国烟草经济的重要组成部分，云南烟草走国际化道路将是云南烟草发展壮大的必然选择。综上可见，对云南烟草制品业进行竞争情报分析研究势在必行。

第二节 烟草制品业的范围与分类

一 烟草制品业分类范围

（一）烟草制品业分类

根据《中华人民共和国烟草专卖法》，卷烟、雪茄烟、烟丝、复烤烟

[①] 王树文、张永伟、郭全中：《加快推进中国烟草行业改革研究》，《中国工业经济》2005年第2期。

叶统称烟草制品。根据国家统计局定义，烟草制造业（行业代码 16）分为烟叶复烤、卷烟制造和其他烟草制品加工三个细分行业。具体如下：

1. 烟叶复烤（行业代码为 161）

指在原烟（初烤）基础上进行第二次烟叶水分调整的活动。包括叶片（打叶复烤）、烟梗（打叶复烤）和把烟（挂杆复烤）。

2. 卷烟制造（行业代码为 162）

指各种卷烟生产，但不包括生产烟用滤嘴棒的纤维丝束原料的制造。包括：卷烟：烤烟型卷烟、混合型卷烟、其他型卷烟（含雪茄型卷烟和外香型卷烟）；雪茄烟：全叶卷雪茄烟、半叶卷雪茄烟；烟用滤嘴棒成型：二醋酸纤维丝束滤棒、聚丙烯纤维丝束滤棒、其他卷烟滤嘴棒。

3. 其他烟草制造加工（行业代码为 169）

该细分行业包括：烟草薄片（再造烟叶）；膨胀烟丝；斗烟、鼻烟、烟丝等烟草制造的生产。

（二）卷烟产品主要分类

根据国家税务总局制定的《消费税税目注释》的规定，卷烟是指将各种烟叶切成烟丝，按照配方要求均匀混合，加入糖、酒、香料等辅料，用白色盘纸、棕色盘纸或烟草薄片经机器或手工卷制的普通卷烟和雪茄型卷烟。

我国卷烟产品按照不同的分类方法可分成如下几类：

（1）根据现行卷烟国家标准的规定，我国卷烟产品按原料构成不同可分成烤烟型卷烟、混合型卷烟、雪茄型卷烟和外香型卷烟四类（见表9—1）。

表9—1　　　　　　　　　卷烟按照原料构成分类

产品类型	产品特点	配方特点
烤烟型	焦油含量高、味道单薄，以烤烟香味为主	烤烟型烟叶，烟丝为橙黄色
混合型	焦油含量低、味道浓郁	烤烟、香料烟、白肋烟、马里兰等多种原料配比

续表

产品类型	产品特点	配方特点
雪茄型	具有明显雪茄烟香气,有浓味、中味和淡味三种,产品多用棕色卷烟纸卷制	以雪茄型晾晒烟叶为主要原料制成
外香型	人工加香,使其具有独特外加香香气	两类叶组配方:一类是以烤烟型卷烟叶组配方为底子的外香型卷烟;一类是以混合型卷烟叶组配方为底子的外香型卷烟

(2) 2009 年,我国对烟产品消费税政策作了重大调整,原来的甲乙类香烟划分标准也进行了调整,原来 50 元的分界线上浮至 70 元,即每标准条(200 支)调拨价格在 70 元(不含增值税)以上(含 70 元)的卷烟为甲类卷烟,低于此价格的为乙类卷烟。

二 卷烟制品业在全国的地位及近几年的发展概况

烟草行业(此处包括烟草工业和烟草商业,烟草工业为烟草制品业)历来是我国中央财政和地方财政的利税大户,年利税平均占全国财政收入的 8% 左右。

中国是全球最大的烟草生产国和消费国:中国生产并消费了全球 1/3 的卷烟。巨大的市场意味着巨大的利润空间,反映到国家财政上,税收往往是最直接的体现。2010 年我国烟草行业上缴国家财政近 5000 亿元。

2010 年烟草系统上缴国家财政 4988.5 亿元,同比增加 872.5 亿元,增长 21.2%。据统计,全年有 13 个品牌销量超过 100 万箱;全年有 15 个品牌商业批发销售收入超过 200 亿元。

2011 年一季度,我国烟草制品业企业景气相比上季度有所回升。1—3 月,烟草行业工业销售产值为 2012.09 亿元,同比增长 22.70%,增速比 2010 年 2 月上升了 1.79 个百分点;产品销售收入为 1962.22 亿元,同比增长 21.63%,增速比 2010 年 2 月上升了 1.50 个百分点。累计成本费用总额 621.28 亿元,比 2010 年 2 月增加了 222.82 亿元。2011 年二季度,我国卷烟产量有所增长,增幅比去年同期略低。4—6 月累计生产卷烟 6768.05 亿支,同比增长 3.22%,增幅比上年同期下降了 0.38%。2011

年三季度，我国烟草制造业投资增长速度比去年同期大幅回落。7—9月，累计固定资产投资额为29.84亿元，同比减少21.20%，增幅比上年同期下降了68.70个百分点，增幅比同期制造业投资总额增速低50.40个百分点。2011年四季度，我国纸烟累计出口量为1585万条，同比增长8.3%，累计出口额为4742.0万美元，同比增长32.3%，实现贸易顺差4189.3万美元，比上年同期的3457.2万美元，增加了732.1万美元。

2012年，烟草行业运行持续较好，低焦油卷烟高速增长。2012年一季度，烟草行业卷烟产销同比增长，卷烟产品结构持续提升，行业重点品牌保持了较好发展态势。春节期间，高档卷烟市场需求旺盛，高结构卷烟销量大幅增长，行业实现良好开局。但3月以来，行业销量增幅趋缓，部分重点品牌价格出现波动，社会库存偏高，一类卷烟存销比偏高，给行业上半年平稳运行带来一定压力。4—6月，全国卷烟的产量达7229.97亿支，同比增长6.06%，高于去年同期2.84个百分点。7—9月，行业累计完成卷烟销量7330.5亿支（1466.1万箱），同比增长3.3%。累计实现销售收入3659.5亿元，同比增长18.0%。从全国卷烟零售市场监测情况看，2012年一季度，全国卷烟市场价格基本稳定，市场价格运行较平稳，36个大中城市烟草零售价格指数稍有回落，从1月的100.4下滑至3月的100.36。2012年二季度，我国烟草行业主营业务成本同比增速下降，但绝对值呈现相对增长，行业仍面临较大的成本上升压力，成本费用的控制仍是一项长期而艰巨的任务。三季度，烟草行业主营业务成本为585.56亿元，同比增长13.2%，增速比上年同期下降2.08个百分点，与上季度基本持平。2012年三季度，随着烟草收购价格的不断上涨，烟草制品主营业务收入继续增长，增速保持较高水平；规模以上烟草制品业企业实现主营业务收入达2352.06亿元，同比增长19.59%，略低于上年同期水平2.41个百分点。2012年四季度，我国烟草制品业固定资产投资总额达到29.58亿元，同比降幅由上年的21.2%下降至0.8%。2012年，烟草行业将继续坚持"稳健经营、规范运作"指导方针和"归口管理、分级负责、实体运作、加强监督"工作要求，加强多元化投资管理工作。[①]

2013年前三季度，全国卷烟产销量保持同比增长，销大于产，但产

---

① 国家信息中心：《中国烟草行业分析报告（2012年第四季度）》，中国经济信息网，2013年2月。

销增幅均同比降低。四季度，卷烟销售旺季因素不明显，使库存增长，促销压力加大。受宏观经济、政策环境的影响，卷烟销量同比下降情况增多。行业经济效益虽保持增长，但受结构、规模增长制约影响，效益增长压力也进一步加大。由于新一届中央政府限制"三公"经费支出、打击贪腐、提倡节俭等相关政策的出台和实施对我国卷烟市场产生深远影响，2014 年以来国内卷烟产销均陷入低迷。

2014 年一季度，受节假日等因素提振，卷烟当月产量呈现逐月增长势头，对比上半年增量明显。同时，由于烟草行业企业应对市场压力，进行了经营调整，推动烟草行业销售结构不断优化，主要表现为高档烟占比提高，重点品牌发展突出。二季度，一至三类卷烟销量持续增长，一类卷烟销量占行业总销量比重达到 18.0%，同比提高了 2.2 个百分点。一至三类卷烟销量占行业总销量的比重为 73.6%，同比提高了 4.5 个百分点。

第三节 我国烟草行业现状及分析

一 我国烟草行业现状

改革开放 30 多年以来，中国的烟草行业实现了跨越式发展。1982 年 1 月 1 日，建立了中国烟草总公司，确立了烟草专卖制度和集中管理系统。国务院于 1983 年颁布了《烟草专卖条例》，1984 年国家烟草专卖局发布《烟草专卖条例施行细则》，1991 年《中华人民共和国烟草专卖法》正式颁布，在这九年的时间中，一系列法律法规的陆续颁布从法律地位上确认了中国烟草专卖制度。从 1990 年到 2011 年这一期间，卷烟生产量从 3250 万箱增至 4895 万箱，工商利税从 270 亿元增至 7529.56 亿元，增长了 26.9 倍。[①]

随着我国烟草专卖体制改革的不断深入，卷烟生产根据市场需求情况的变化，已经从卖方市场过渡到买方市场，为了更好地体现行业"消费者利益至上"的宗旨，我国烟草行业加大了对全国性卷烟重点骨干品牌

---

① 赵亚娅：《对并购背景下烟草企业提升核心竞争力的研究》，云南财经大学硕士学位论文，2012 年。

的引导和培育力度，促进了重点品牌的健康发展，提高了产品对市场的满足能力。另一方面，我国烟草业积极加大对卷烟品牌的定向整合力度，推动跨省品牌整合，促进了生产要素的合理流动，不断提高资源配置的效率和水平。在"大市场、大品牌、大企业"战略的指导下，经过几年调整，卷烟产品结构已经发生了很大变化，截至 2008 年年底，行业卷烟品牌数量减少到 155 个，销量前 10 名品牌集中度达到 39.5%。[1]

中国烟草行业在烟草专卖制度的保护下，具有一定的垄断性，销售利润率不仅远远高于与它相近的制造业，也远远高于全国所有行业的平均水平。据中国烟草总公司公布的 2010 年业绩显示，该公司 2010 年净利润为 1177 亿元。根据 2010 年公布的上市公司年度报告显示，中国烟草总公司的净利润总额超过中国银行，略微落后于中国石油、工商银行和建设银行。而最近公布的 2012 年 1—2 月数据显示，国有企业实现利润总额为 3635 亿元，同比下降 10.9%，与去年同期相比实现利润增幅较大的行业仍然为烟草行业。

二 中国烟草在世界烟草中的地位

中国是世界烟草第一大国，烟叶产量和烟草产品销量均占世界的 30% 以上。据环球烟叶公司数据，2011 年，中国共种植烤烟 1820 万亩，收购烤烟 250.8 万吨。巴西是世界第二大烟叶生产国，2011 年该国烟叶收成满满，烤烟产量为 70.8 万吨，比上年增长 23.9%。印度作为世界第三大烟叶生产国，2011 年烟叶总产量超过 70 万吨，其中烤烟产量为 27.6 万吨，比上年下降了 17.6%。美国最近几年以来烟叶产量一直呈现下滑趋势，2011 年烤烟产量为 16.9 万吨，比上年下降 23.9%。非洲烟叶产量持续增长，其中津巴布韦 2011 年烤烟产量达 13.1 万吨，比上年增长 6.5%；坦桑尼亚烤烟产量达 11.6 万吨，比上年增长 33.1%；马拉维烟叶产量约为 21 万吨，比上年略微有所下降。[2]

---

[1] 王树文、张永伟、郭全中:《加快推进中国烟草行业改革研究》，《中国工业经济》2005 年第 2 期。

[2] 赵亚娅:《对并购背景下烟草企业提升核心竞争力的研究》，云南财经大学硕士学位论文，2012 年。

卷烟是最主要的烟草制品，占所有烟草制品消费总量的85%左右。近年来，由于受公共场所吸烟禁令日趋严格、卷烟税费上涨以及各国经济社会环境变化等因素的影响，一些国家卷烟销量呈现剧烈波动，卷烟销量从总体上呈现出下降趋势。从各国来看，2011年，中国卷烟销量为24432亿支，同比增长3.3%；俄罗斯卷烟销量约为3750亿支，同比下降2%；美国卷烟销量为2750亿支，同比下降2.8%；日本卷烟销量1953亿支，同比下降10.8%。

尽管从世界范围来看，中国可以称得上世界第一烟草大国，但到目前为止我国仍然没有一个巨型跨国烟草企业，也没有一个知名的卷烟品牌，我国烟草行业大而不强成为显而易见的事实。目前，中国以外的国际烟草市场，基本上被四大跨国烟草巨头瓜分，根据数据调查显示，2011年四大跨国烟草公司共销售卷烟24565亿支，占据中国以外国际卷烟市场份额的69.2%。2008年3月，菲利普·莫里斯国际公司正式宣布从奥驰亚集团中独立出来，成为当前世界第一大跨国烟草集团。2011年菲利普·莫里斯国际公司共销售卷烟9153亿支，同比增长1.7%。其中亚洲市场的销量占公司总销量的1/3，2011年亚洲市场销售态势良好，共销售卷烟3133亿支，同比增长11%；欧盟、拉美和加拿大市场卷烟销量略有小幅下降；东欧、中东和非洲市场销量占公司总销量的31.7%，卷烟销量在该市场有小幅增长。①

英美烟草公司是世界第二大跨国烟草公司，同时相较于其他烟草公司市场覆盖面也最广，其产品在180多个国家和地区均有销售。2011年共销售卷烟7050亿支，同比下降0.4%，各目标市场卷烟销量相比上一年未有较大幅度的变动。

日本烟草公司是目前世界第三大跨国烟草公司。2011年，由于国内政治环境动荡再加上遭受了毁灭性的地震和海啸，导致日本烟草公司国内卷烟销量大幅度减少，全年仅销售卷烟1084亿支，同比下降23.2%。销量占比最大的是独联体国家，2011年该市场销量同比减少2.8%。

帝国烟草公司是当今世界第四大跨国烟草集团。2011年共销售卷烟3021亿支，同比下降2.1%，销售细切烟丝（折算成卷烟）413亿支，同比增长3.8%。该公司其他烟草制品发展也十分迅猛，2011年细切烟丝和

---

① 李保江：《影响我国烟草行业发展的背景条件分析》，《中国工业经济》2001年第6期。

卷烟纸销量同比增长4%和5%，除去欧盟市场雪茄烟销量同比增长4%，鼻烟销量同比增长30%，其他烟草制品逐渐成为该公司的重点营销对象。据有关数据显示，早在2005年美国、英国和日本国内市场"四厂商集中度"和"四品牌集中度"就分别高达97.5%、91.5%、99%、52.5%、33%、47.5%，经过一轮轮的并购重组浪潮，这些指标数据得到进一步提高。但中国直至2008年，行业内卷烟销量前10名的品牌集中度才达到39.5%，可想而知，中国烟草行业单就这一指标来说差距十分巨大。而如果再综合考虑卷烟外销率、烟草产品销售所覆盖的国家和地区等其他指标，那么差距将会进一步扩大。[1]

第四节 云南烟草业的现状分析

一 云南省概况及地理气候条件

云南省地处中国西南，总面积39.4万平方公里，约占全国总面积的4.1%。2010年，全省下辖有8个地级市、8个自治州、12个市辖区、9个县级市、79个县、29个民族自治县。截至2010年年底，全省总人口为4596.6万人，少数民族人口数为1533.7万人，少数民族人口占全省总人口的33.37%。2010年，全省实现地区生产总值7220.14亿元，比上年增长12.3%，高于全国平均水平2个百分点；经济总量在全国排第24位，增长速度在全国排第22位。云南地处低纬度高原，全省大部分地区具有冬暖夏凉、四季如春的气候特征。干湿分明、光照充足、雨热同步的气候特点以及土壤质地疏松等优越的自然生长环境，使云南成为烟叶生产的风水宝地，同时也是世界著名的优质烟生产区之一。

全省共有12个州市种植烟叶，2011年全省烟叶生产规模突破2000万担，烤烟收购规模达1988万担，烤烟规模突破历史最高水平，约占全国的35%，全球的20%。2009年，国际优质烟叶开发高级专家咨询评审会在昆明召开，来自海内外的24位烟草界知名专家，对云南烟叶给出了

---

[1] 赵亚娅：《对并购背景下烟草企业提升核心竞争力的研究》，云南财经大学硕士学位论文，2012年。

较高评价，评价其为清逸、甜韵、香馨、圆润，质量上乘、风格突出，烟叶质量总体达到国际优质烟叶质量水平，与津巴布韦烟叶品质相类似，可与美国、巴西优质烟叶相媲美。目前众多中国品牌卷烟，如"云烟"、"玉溪"、"中华"、"黄鹤楼"、"芙蓉王"、"苏烟"、"帝豪"等都对云南烟叶有急切的需求。

二 省烟草专卖局及云南中烟现状

云南省烟草专卖局成立于1983年11月，截至2010年年底，下辖16个州（市）烟草专卖局（公司），拥有云南烟叶复烤有限责任公司、云南省烟草烟叶公司、中国烟草云南进出口有限公司以及云南省烟草实业公司等4个直属单位。2010年，全省共实现销售164.09万箱，同比增加7.05万箱，增长4.5%，超出全国平均增幅1.16个百分点，人均消费9.03条，同比增加0.33条。一、二、三类烟销量明显增加，四类烟销量小幅减少，五类烟销量大幅下降。① 全省销售居前三位的品牌有红河（硬甲）、云烟（紫）、红山茶（软），其销售量为57.65万箱，占总销量的35.14%（见表9—2）。

表9—2　　　　　　　2010年云南省各类烟销售情况

类别	销量（万箱）	同比增幅（%）	占比（%）	占比提高（%）
一类烟	15.83	52.77	9.65	3.05
二类烟	4.24	46.34	2.58	0.74
三类烟	61.95	32.15	37.75	7.9
四类烟	52.68	-9.72	32.1	-5.05
五类烟	29.40	-23.75	17.91	6.64

云南中烟工业有限责任公司成立于2011年1月27日，由原云南中烟工业公司更名改制而成，是目前全国最大的省级中烟工业公司。经营范围

---

① 一类卷烟，指卷烟生产企业每大箱（五万支）销售价格（不包括应向购货方收取的增值税税款，下同）在6410元（含）以上的卷烟，二、三类卷烟，指每大箱销售价格高于2137元（含）低于6410元的卷烟，四、五类卷烟，指每大箱销售价格在2137元以下的卷烟。

涉及卷烟生产销售、烟草物资配套供应、烟草机械生产和零配件生产、科研、教育培训等。公司下辖有红塔烟草（集团）有限责任公司、红云红河烟草（集团）有限责任公司、云南中烟物资（集团）有限责任公司、云南烟草科学研究院等九家直属单位。其中，红塔集团和红云红河集团是具有独立法人资格的卷烟生产企业。

"十一五"期间，云南中烟实现经济效益连年攀升，工商利税水平也在不断增长，在短短几年间，先后跨越了400亿元、500亿元以及600亿元的大关。2010年，云南省内工业系统共创造利税685亿元，卷烟生产规模达到了969万箱，这两项指标都刷新了历史最高纪录。[1]

第五节　云南烟草业在云南经济中发挥的重要作用

一　烟草种植业是云南农业的重要组成部分

2010年，云南省烟叶收购量96.81万吨（1936.2万担），其中收购烤烟93.88万吨（1877.59万担）、香料烟2.23万吨（44.6万担）、白肋烟0.7万吨（14万担），烟草总产值为140.78亿元，同比增长3.2%。当年云南农业总产值为925.58亿元，烟草产值是农业产值的15.2%，在整个农业中，烟草产值仅次于谷物和蔬菜园艺作物的产值，烟草种植业已经成为云南农业的重要组成部分。

二　云南烟草业对财政收入的贡献

云南作为一个烟草大省，烟草财政已经成为云南地方财政的特色。20世纪90年代，烟草利税在云南财政收入中的比重一度高达75%左右。近年来，云南一直在有计划地开发和利用各种资源优势，比如银、铜、锡等，蔗糖、茶叶的产业优势也已形成，再加上旅游业的振兴、电力产业的建设，云南的经济结构趋向于合理和多元化。虽然烟草利税在云南财政收

---

[1] 赵亚娅：《对并购背景下烟草企业提升核心竞争力的研究》，云南财经大学硕士学位论文，2012年。

入中的比重越来越少，目前为45%左右的水平，但烟草业对于云南来说仍然具有举足轻重的地位，它在云南工业中的比重是1/3左右，每年上缴的烟草利税大大充实了地方财政实力。2011年，云南省烟草行业工业产值突破1000亿元，工商利税水平突破1000亿元，产销规模也突破了1000万箱，原料收购突破2000万担，超前实现了省委、省政府确定的"1112"发展目标，为全省各项经济指标的完成、农民增收、农业发展条件的改善和推动"卷烟上水平"做出了突出贡献。

三　烟草行业对云南烟区的贡献

云南省地处西南边界，少数民族众多，经济社会发展水平相对于其他省份来说比较落后。与此同时，云南又是一个烟草大省，卷烟工业和烟草种植在全省经济社会发展中起着举足轻重的作用。秉承"国家利益至上，消费者利益至上"的行业共同价值观，云南省烟草公司积极落实中央"工业反哺农业，城市支持农村"的政策，认真推进现代烟草农业建设进程，积极落实烟叶基础设施建设水平，进一步加大对烟区的建设力度，同时还投身到云南扶贫事业当中，以实际行动支持云南贫困地区的发展和建设。2006—2010年短短五年时间当中，全省烟草系统共投入资金96.42亿元，建成项目95.82万件，其中烟水工程49.39万件，机耕路3811公里，调制设施42.81万座，配置烟草农业机械4.19万台（套）。高水平的烟叶基础设施极大地改善了烟区农业生产条件，增强了抵御自然灾害能力和综合生产能力，让烟区广大群众得到了实惠，部分地区烟水工程还解决了人畜饮水问题，农民生活条件得到了明显改善。[①]

四　云南烟草企业居云南省各企业百强首位

云南省100强企业排序名单于2011年8月30日正式出炉，排在第一位的是红塔烟草（集团）有限责任公司，综合年营业收入为6325981万元，红云红河烟草（集团）有限责任公司和昆明钢铁控股有限公司分别

---

① 赵亚娅：《对并购背景下烟草企业提升核心竞争力的研究》，云南财经大学硕士学位论文，2012年。

位列第二、第三位。相较上一年而言，红塔集团销售收入从 559.0222 亿元增加至 632.5981 亿元，红云红河集团从 502.3748 亿元增长到 549.9012 亿元，两家烟草企业销售收入都有较大幅度增长。纵观 2011 年云南 100 强企业排序名单，烟草制品及其配套产业总共占了 4 户，销售收入达到 1221.7262 亿元，占 100 强企业销售收入的 18.84%。可见，云南卷烟工业企业作为行业龙头，已经形成对云南市场强大的支撑力（见表 9—3）。

表 9—3　　　　　2011 年云南省 100 强企业前十强排名情况

名次	企业名称	地区	营业收入（万元）
1	红塔烟草（集团）有限责任公司	玉溪	6325981
2	红云红河烟草（集团）有限责任公司	昆明	5499012
3	昆明钢铁控股有限公司	昆明	5113076
4	云南电网公司	昆明	4888346
5	云天化集团有限责任公司	昆明	3766624
6	云南铜业（集团）有限公司	昆明	3719582
7	中国石油化工股份有限公司云南石油分公司	昆明	3313966
8	云南建工集团有限公司	昆明	2333215
9	云南煤化工集团有限公司	昆明	2082031
10	云南冶金集团股份有限公司	昆明	1707230

第六节　云南烟草业 SWOT 分析

一　云南烟草业的优势分析

（一）地理气候优势

云南地处低纬度高原，全省大部分地区具有冬暖夏凉、四季如春的气候特征。干湿分明、光照充足、雨热同步的这种气候特点以及土壤质地疏松等优越的自然生长环境特别适宜烟草的种植与生长，同时云南烟区特殊的立体气候也造就了包括晾晒烟、香料烟和白肋烟在内的烟叶非凡的品质。现代农业科学规划显示，云南现有总耕地面积 266.67 万公顷，其中适宜种植烟草的耕地面积高达 80 万公顷，适宜种烟面积占总耕地面积的近 30%，因此可以说云南是全球最适宜种植烟草的地区之一。[①]

（二）原料优势

优越的地理气候条件为云南烟叶的良好品质奠定了基础，再加上近年来广大烟草科技人员、烟农和基层干部在烟叶品种、栽培技术、植保技术、生产技术以及调制技术等方面的不懈努力，已培育出大批优良适产、抗病的烟草新品种，并在全国大面积示范推广，取得显著的经济和社会效益。"清甜香润"的云南烟叶在市场上一直处于供不应求的状况，2011 年烟叶年产量接近 2000 万担，占全国烟叶总产量的近 40%，优质的烟叶品质不仅是云产卷烟的主要原料，也受到全国各大品牌卷烟的青睐。

（三）品牌与规模优势

云南拥有数量众多的卷烟名优品牌。2004 年，在国家烟草专卖局公布的《卷烟产品百牌号目录》中，云南烟草行业有多达 20 个品牌入选。

2011 年，按照培育"532"44[②]、"461"[③] 知名品牌的发展目标，全行业这一年共诞生出 5 个年商业销量超过 200 万箱的重点品牌，其中，云南省的卷烟品牌"红塔山"、"云烟"、"红河"入选，"红塔山"销量突破 300 万箱，"云烟"、"红河"销量超过 200 万箱。在国内高端卷烟市场中，到 2011 年年底，"玉溪"品牌的产销规模已经突破了 100 万箱，站稳中国高端卷烟市场前三甲的位置。广为人知的知名品牌，为云南烟草业培养了一大批忠实消费群体，销售状态势如破竹。云南烟草经过三次重组后，诞生了全国前两大烟草集团，完成重组的红塔集团和红云红河集团产量规模都在 400 万箱以上，而红云红河集团更是成为继四大跨国烟草巨头后的世界第五大烟草集团。重组完成后，云南烟草业综合实力大大得到提升，两家国内烟草巨头呈现出一种齐头并进、共赢共利的局面。

---

① 王嘉慧：《烟草行业的五力模型分析》，《当代经济》2007 年第 6 期。
② "532"发展目标是指通过五年或更长一段时间，全行业要培育出 2 个产销规模超过 500 万箱、3 个超过 300 万箱、5 个 200 万箱以上，定位清晰、风格特色突出的知名品牌，并在国际市场有所突破。
③ "461"发展目标是指通过五年或更长一段时间，培育出 12 个批发销售收入（含税）超过 400 亿元的品牌，其中 6 个超过 600 亿元、1 个超过 1000 亿元。

(四) 开发中式卷烟的技术优势

2003年,"中式卷烟"这一概念在全国烟草行业降焦减害工作会议上提出。所谓中式卷烟是指经过较长时间形成的适应中国卷烟消费者吸食口味的卷烟,中式卷烟的独特制作工艺拥有自主知识产权和核心技术,主要包括中式烤烟型卷烟[①]和中式混合型卷烟[②]两类。而在中式卷烟典型代表的七个品牌中,云南烟草就占有三席:"红塔山"、"云烟"和"红河"。自2006年以来,云南中烟科技创新项目多达91项,投入资金17.9亿元,重点对烟叶原料、特色工艺、减害降焦、特色香原料开发等进行科技攻关。其中,"云烟"品牌的"清甜香"品类构建提升了云烟的内涵价值,也是中式卷烟发展大品类中的一个重大突破。

(五) 设备优势

"八五"期间,云南省共投入技术改造资金100多亿元,使固定资产净值从1990年的11.63亿元增加到1995年的68.73亿元,先后引进制丝线17条,5000支/分钟以上的卷接设备、300包/分钟以上的包装设备300台套,全省卷烟工业设备达到20世纪80年代末、90年代初国际先进水平。[③] 到目前为止,云南烟草业的设备水平已经有了较大幅度的提升,玉溪、昆明、红河等卷烟厂的工业装备可与国外现代化烟草企业相媲美,大理、昭通等卷烟厂经过几轮技术装备改造其水平也已经位于全国中上游水平。

(六) 资金优势

近五年来,云南烟草产业健步疾行,利税连续翻越了400亿元、500亿元、600亿元高峰,2010年云南所生产的卷烟规模达到969万箱,省内企业实现利税685亿元。烟草行业的快速发展积累了雄厚的资金基础,这

---

① 中式烤烟型卷烟是指以中国烤烟烟叶为主体原料,其香气风格和吸味特征明显不同于英式烤烟型卷烟(包括意大利、澳大利亚等国),具有明显适应中国消费者习惯的烤烟型卷烟。

② 中式混合型卷烟是指基于多类型烟叶原料配比的原理,以烤烟、白肋烟、香料烟等烟叶为主体配方原料,或者部分添加中草药提取液的卷烟。其香气风格和吸味特征有别于美式和日式等混合型卷烟,具有明显适宜中国部分消费者习惯的混合型卷烟。

③ 杨国安:《云南烤烟发展史述略》,《中国烟草》1992年第4期。

一方面使云南卷烟工业企业具有较强的资本扩张能力，兼并重组步伐加快；另一方面大量的资金也使烟草企业具备了抵御市场风险的能力。充沛的资金优势使云南烟草业向多元化经营不受资金困扰。利用雄厚的资金基础，烟草企业积极向宾馆酒店业、金融证券保险业、能源电力业、交通运输业、房地产业等非烟产业进行投资。例如，红塔集团截至2011年年底，共参与投资项目70个，总投资额164.14亿元，涉及金融证券行业、能源交通行业、酒店房地产行业、烟草配套及材料行业等。[①]

二 云南烟草业的劣势分析

（一）烟草专卖制度的弊端

中国烟草专卖制度带有浓厚的计划经济和行政主导色彩。虽然在烟草专卖制度保护下，云南烟草行业取得了长足的进步，但面对着竞争日益激烈的国际市场，这一制度的弊端也牵绊了云南烟草业面向国内市场、开拓国际市场的战略方针。首先，在烟草专卖制度保护下，烟草行业长期存在着对市场的垄断，全国烟草企业均实施高于成本的价格政策，虽然这一政策使烟草企业一直保持着较高的行业利润率，但也使烟草产品的价格严重背离了价值。这种情况在国内烟草市场早已司空见惯，但云南烟草企业在参与国际竞争的过程中，价格虚高极其不利于国际市场的竞争力提升。其次，长期以来，烟草系统内部实行烟厂、烟草专卖局和烟草公司三位一体的体制，严格控制外烟进入本地市场。再加上各地方政府每年财政收入中的相当大部分都来源于烟草企业，因此为了保证自身利益来源的稳定性，各地方政府都尽可能拒绝外烟进入本地市场，实行地方保护。地方封锁使得云南烟草很难大规模深入到其他省份，也难以与其他省份的烟草企业展开充分的竞争，一定程度上抑制了企业的主动性和创造性。[②]

（二）现代企业制度并未完全建立

目前国际四大烟草巨头在体制方面已经较为健全，它们拥有规范化的

---

① 赵亚娅：《对并购背景下烟草企业提升核心竞争力的研究》，云南财经大学硕士学位论文，2012年。

② 王嘉慧：《烟草行业的五力模型分析》，《当代经济》2007年第6期。

治理结构、制度化和科学化的母子公司组织模式。由于我国烟草长期实行专卖制度，这一特殊性使烟草企业的现代企业制度进程比较缓慢。近年来国务院有关文件明确提出，"行业进一步理顺资产管理体制、深化企业改革的目标和任务"，为烟草行业的改革指明了方向。云南省红云红河集团、红塔集团作为"明晰产权关系，建立完善的法人治理结构"改革试点单位，也初步建立了公司法人治理结构。但大多关于卷烟企业现代企业制度的建立都流于形式，改制后产权关系并没有完全理顺，权利与职责界限不明确，形式上的改革不能完全激发出云南省卷烟工业企业的活力，在全球化市场竞争中处于劣势。

（三）卷烟外销率较少

发达国家面对国内越来越狭窄的发展空间，纷纷将发展重点转向海外，菲利普·莫里斯公司每年的卷烟外销增长率高达20%，海外营业收入占公司营业总收入的将近一半。而长期以来，云南烟草企业基本依赖于国内市场进行生存和发展，烟草产品外销率严重不足。2010年，云南省卷烟销售收入为262.49亿元，出口卷烟总值为17.97亿元，出口总值仅占全年销售收入的6.8%，这说明云南烟草在国际市场上竞争力不强，还缺乏开拓海外市场的经验和能力。

（四）降焦整体水平低

低焦型卷烟均集中在高端品牌。目前，控烟形势日趋严峻，消费者日益重视吸烟对健康造成的危害，低焦低害卷烟自然而然成为未来中国卷烟品牌的发展方向，"减害降焦"也成为烟草企业科技突破的动力和立足点。2011年，烟草行业新增低焦油规格卷烟141个，累计销售330万箱，同比增幅为365.7%，大大超出年初制定的"全年167万箱"的目标任务。

从各省级卷烟工业企业来看，上海烟草、中烟实业、福建中烟、川渝中烟、湖北中烟的低焦油品牌卷烟年产量和销量都较大，均超过20万箱。从国际范围来看，发达国家卷烟的平均焦油含量已降到8毫克/支左右，而在另外一些国家，低于5毫克/支的超低焦油卷烟也渐渐受到市场和消费者的追捧。

云南近年来也十分注重降低焦油含量技术的开发，"十一五"期间，全省卷烟产品平均焦油含量、一氧化碳释放量平均值下降至12毫克/支左右，但这与发达国家的平均焦油量相比，仍然相去甚远。在2011年低焦油卷烟销量前十位品牌中，云南仅有"红塔山"一个品牌入围，可见云南低焦油卷烟品牌不多，销量也并不十分乐观。全新推出的高端低焦油卷烟"玉溪（8090）"，其焦油量为8毫克/支，零售价为320元/条，"云烟（5mg印象）"焦油量仅为5毫克/支，零售价却高达800元/条。如此高端的卷烟品牌，对于大多数的消费者来说仍然是无法企及的，云产卷烟未来的发展目标应是低焦油型覆盖大多数品牌产品。

（五）人才劣势

人才是企业发展的保障，只有人才上水平，才能保证"卷烟上水平"。近年来，云南烟草的发展取得了巨大成效，但与跨国烟草巨头相比仍然存在较大的差距，特别体现在人才短缺上，在人才建设方面缺乏一支高水平、高素质的队伍，对人才资源的开发也比较滞后。经济发展的关键是科技，科技进步的关键是人才，但云南烟草的技术研发人员还较缺乏，员工的知识层次总体上不高，学习和培训机制不健全，员工自我学习能力不强。目前，云南烟草公司系统有专职科研人员1361人，高级研究人员103人，拥有博士学位22人，高级职称人员83人，高层技术人才相对较少。[①]

三 云南烟草业的机会分析

（一）国家政策对云南烟草业并购重组大力支持

中国已成为世贸组织的正式成员，经济全球化融合加快，市场竞争也越来越激烈，在这样的宏观背景下，为了扩大规模、提高重点行业的整体实力，国家相关政策大力支持重要行业进行并购重组。早在《"十五"计划纲要》中就明确提出："在关系国民经济命脉的重要行业和关键领域，要通过上市、兼并、联合、重组等形式，形成一批拥有著名品牌和自主知识产权、主业突出、核心能力强的大公司和企业集团。国家将综合运用经

[①] 赵亚娅：《对并购背景下烟草企业提升核心竞争力的研究》，云南财经大学硕士学位论文，2012年。

济、法律和必要的行政手段，发挥价格、税收、利率、汇率等经济杠杆作用，为培育形成具有国际竞争力的大公司和企业集团创造良好的体制、政策和市场环境。"

国家烟草专卖局姜成康局长也强调："烟草行业面临着更加激烈的市场竞争，如何提高中国烟草的整体竞争实力，迎接更为严峻的市场挑战已显得刻不容缓，这也是行业上下极为关注并且是必须解决的重要课题……要从战略高度抓好'突出主业，增强企业核心竞争力'，大力培育大市场、大企业、大品牌，确保行业整体竞争实力不断提高……加快结构调整，优化企业组织结构，全面提升企业核心竞争力，积极发展具有国际竞争力的大企业是当前烟草行业改革与发展的战略任务。"[①]

云南烟草业在国家相关政策的指导与支持下，于 2008 年实现了"三变二"的卷烟工业企业大整合，成立了红塔集团和红云红河集团两大国内烟草巨头，使云南烟草行业的整体竞争实力得到迅速提高。云南烟草业目前已基本完成省内资源整合，在"大企业、大品牌、大市场"政策的引导下，云南烟草行业将进行更大规模的跨省资源整合。

（二）加入 WTO 为云南烟草打开国际市场提供机会

加入 WTO 以后，中国烟草参与国际竞争与加强各国间产品交流的环境大大得到了改善。根据有关最惠国待遇和国民待遇的原则，中国企业在 135 个缔约方享受多边的、无条件的、稳定的、长期的最惠国待遇。云南烟草业在面向国际市场时，可以充分利用世界贸易组织的规则保护自身的合法权益，以更好地参与国际竞争。同时，国家为支持和鼓励各类企业积极"走出去"，建立和完善各类支持体系、改革对外投资外汇管理审批制度、完善各类服务和保障体系，这些都为云南烟草业面向更加广阔的国际市场提供了强大政策支持。不仅如此，近几年我国积极参与了区域性多边合作组织的建设，如 APEC、东盟等，云南烟草将有更好的条件向俄罗斯、东盟、拉美、非洲等新兴市场扩展。

（三）云南烟草应抓住与跨国烟草公司合作的机会

中国卷烟消费的绝对量已超过 1.9 万亿支/年，占世界卷烟总销量的

[①] 王嘉慧：《烟草行业的五力模型分析》，《当代经济》2007 年第 6 期。

1/3。从最近几年的平均数来看，中国国内卷烟消费量是美国的 5 倍，日本的 7 倍，德国的 15 倍，西班牙的 20 倍，法国的 23 倍，英国的 26 倍。因此对几大跨国烟草公司而言，中国的卷烟消费市场具有巨大的吸引力。国际烟草巨头为了实现本身的国际化战略，都有与中国烟草加强合作的强烈愿望。云南烟草可以充分发挥其在国内市场的优势，有选择地与境外烟草公司进行战略性合作，通过合作的方式引进先进技术装备，学习有益的管理经验，使云南烟草的整体竞争实力再上一个台阶。

（四）"桥头堡"战略给云南烟草带来的机会[①]

云南省位于我国西南边陲，是重要的边界省份和多民族聚居区，地理位置十分优越，与越南、老挝、缅甸三国接壤，与东南亚、南亚地区多国邻近，具有向西南开放的独特优势。2009 年 7 月，国家主席胡锦涛考察云南后，提出"把云南建成中国面向东南亚、南亚及印度洋的桥头堡，把云南建成中国沿边开放经济区"。"桥头堡"战略作为我国一项重大的决策，对于云南省的发展而言是一个千载难逢的绝好机会。

"桥头堡"战略包括东南亚、南亚、西亚、非洲东部沿印度洋周边的国家和地区，共计 28 亿人口，蕴含着巨大的卷烟消费市场。云南卷烟工业企业应紧紧抓住"桥头堡"建设的重大历史机遇，努力拓展东南亚、南亚地区的卷烟市场，实现原料采购与销售、加工工业、批发与零售业务全方位对外开放的格局，并以东南亚、南亚市场为带动和辐射，积极实施"走出去"战略，使云南烟草业在国际卷烟市场中形成强大的竞争力。[②]

四 云南烟草业的威胁分析

（一）省外烟草企业发展迅猛

经过"九五"的发展，上海、湖南、湖北、安徽、四川等省市的烟

[①] 国务院办公厅：《国务院关于支持云南省加快建设面向西南开放重要桥头堡的意见》，国发〔2011〕11 号。

[②] 赵亚娅：《对并购背景下烟草企业提升核心竞争力的研究》，云南财经大学硕士学位论文，2012 年。

草企业综合实力大大增强,以湖南长沙烟厂、常德烟厂为核心的"湘烟"可以称得上是一股异军突起的新势力,拥有"白沙"、"芙蓉王"系列品牌,2008年湖南省卷烟交易成交量占全国的9.94%,"白沙"品牌在2008年全国烟草行业名优烟成交量位居第三,仅次于"红梅"和"红塔山"。另一个强大的竞争对手是上海烟草集团公司,其以上海为龙头,联合京津,携手宁杭,拥有"中华"、"大红鹰"等知名品牌。其他省市烟草企业也正进行着急剧的规模扩张,并与云南烟草企业展开近乎白热化的市场竞争。

(二) 国际烟草巨头对中国烟草市场虎视眈眈

我国已成为WTO的正式成员,也在积极履行着应承担的责任:大幅减让关税、削减非关税壁垒、撤销非关税保护措施、开放市场。同时法律、法规及行政要求中国全面遵守本国产品和进口产品之间实行非歧视性原则,其中,烟叶、卷烟、烤烟的关税税率降幅高达30%、40%和23%,这对于一向被国家保护的烟草企业来说压力和挑战是十分巨大的。

云南烟草企业虽然在劳动力成本、国内营销渠道和经验、区域优势、短期内消费者偏好等方面优势明显,但在人力资本、技术开发创新、管理能力、规模经营能力、多元化经营能力和体制优势方面与国际烟草巨头仍存在较大差距。外烟在没有了"特种烟草专卖零售许可证"的限制以后,其销售点及市场覆盖率得到迅速增加,跨国烟草集团的强力渗透会导致云南卷烟工业企业原有市场份额不断收缩。[1]

(三) 我国履行《世界卫生组织烟草控制框架公约》

2003年11月,中国政府正式签署《世界卫生组织烟草控制框架公约》(以下简称《公约》),成为全球第77个签约国,2006年1月9日,这项在全球都备受关注的公约正式生效。《公约》生效至今已有六年多时间,在这段时间中,中国政府积极履行《公约》的有关规定:加强对吸烟有害健康的宣传,进一步完善相关法律法规,加强《烟草专卖法》、《未成年人保护法》等法律法规的执法力度,依法规范烟草生产厂商的经

---

[1] 赵亚娅:《对并购背景下烟草企业提升核心竞争力的研究》,云南财经大学硕士学位论文,2012年。

营行为，禁止和限制烟草广告，让青少年远离烟草。另一方面，禁烟行动也一直在全社会展开广泛的宣传和推广。在 2011 年 3 月发布的《国民经济和社会发展第十二个五年规划纲要（草案）》中，提出了"全面推行公共场所禁烟"，控烟举措首次出现在中国经济和社会发展五年规划中。一系列控烟、反烟运动的空前高涨，使吸烟有害健康的观念深入人心，也越来越影响消费者的购买行为，这势必将对云南烟草业的未来发展产生诸多方面的约束和限制。

（四）云南连续三年遭受特大干旱，烤烟生产受到严重影响

从 2009 年 7 月至 2013 年年初，云南已连续 3 年遭遇大旱。这次干旱影响范围广、持续时间长、危害程度深、造成损失大，多数地区为 80 年不遇，部分地区为百年一遇。截至 2012 年 2 月 16 日，干旱已造成云南全省 13 州市 91 个县（市、区）631.83 万人受灾，饮水困难人口 242.76 万人，其中生活困难需政府救助人口 231.38 万人，饮水困难大牲畜 155.45 万头，持续干旱的天气还造成小春作物大幅减产，大春作物播种告急，烤烟生产也受到了严重影响。

云南省共有 3037 个烤烟育苗点需拉水抗旱，84 个育苗点需异地育苗；343.7 万亩栽烟地块需要拉水，86.8 万亩栽烟地块无水。严重的旱情使要种烟草的沃土变成了一片枯黄土地，全省烟区蓄水总量比常年同期减少了一半，修建、修补水利设施导致每亩成本大大提高，这一方面会影响到烟叶收成的总量和品质，另一方面也使烟草产品成本增加，影响了云南烟草行业在市场上的竞争力。

（五）制假卖假行为威胁到云南烟草的品牌和声誉

长期以来，假冒卷烟严重影响了烟草市场的正常有效运转，同时其低劣的质量也危害着人民的身体健康。制造假冒卷烟的不法分子为了牟取暴利，不惜采用卷烟下脚料、劣质甚至霉变烟叶、烟丝制作卷烟，这些烟叶、烟丝由于没有经过符合国家标准的工艺处理，内含的汞、铅、砷等重金属元素严重超标，极大地扰乱了市场秩序，危害到人民的身体健康。2010 年，云南省全烟草系统共查办涉烟案件 1.12 万起，查获假冒卷烟 1.19 亿支（2380 箱），走私烟 262 万支，烟叶、烟丝 4618 吨，查获各类烟草机械 6 台。破获非法涉烟网络案件 25 起，其中达到国家烟草专卖局

标准的21起，公安机关刑事拘留861人，追究刑事责任558人。虽然云南省各级烟草专卖部门加强与公、检、法等有关执法部门的协作，积极联合开展卷烟打假打私工作，也取得了很大的成效，但由于制假卖假利润相当可观，所以这种违法行为屡禁不止，一定程度上也给云南烟草的品牌和声誉造成了影响。[①]

第七节　云南烟草业外部环境分析

一　宏观经济影响分析

2013年1—11月，我国工业生产向好，固定资产投资增速进一步趋稳并好于预期，虽然受到物价因素影响但社会消费总体平稳，进出口数据超出了市场的预期，经济稳定向好的趋势继续保持。我国工业利润较快增长。其中，中国规模以上工业主营业务收入62.45万亿元，同比增长31.8%；实现利润38828亿元，同比增加12831亿元，增长49.4%；上缴税金27101亿元，同比增长28.5%。1—11月，规模以上工业企业亏损面12.9%，同比收窄4.5个百分点；亏损企业亏损额2457亿元，同比下降24.5%（1—8月同比下降29.4%），企业亏损面继续收窄。我国消费品保持了平稳较快增长，社会消费品零售总额达到13.9万亿，超过上年全年水平，同比增长18.4%，比上年同期加快3.1个百分点。2013年全年居民消费价格同比上涨3.3%，其中烟酒及用品上涨1.6%。[②]

经国家统计局核定，云南省2013年GDP完成11720.91亿元，增长12.1%，增速排列全国第3位。其中，第一产业完成增加值1895.34亿元，增长6.8%；第二产业完成增加值4927.82亿元，增长13.3%，其中工业完成增加值3767.58亿元，增长12.0%，建筑业完成增加值1160.24亿元，增长18.4%；第三产业完成增加值4897.75亿元，增长12.4%。2013年，云南省规模以上工业实现增加值3470.66亿元，比上年增长

---

① 赵亚娅：《对并购背景下烟草企业提升核心竞争力的研究》，云南财经大学硕士学位论文，2012年。

② 国家信息中心：《中国烟草行业分析报告（2013年三季度）》，中国经济信息网，2013年11月。

12.3%。其中,轻工业实现工业增加值 1528.14 亿元,增长 7.4%;重工业实现工业增加值 1942.53 亿元,增长 16.3%。全省规模以上工业能源消费量为 6752.30 万吨标准煤,增长 8.1%。全省固定资产投资(不含农户投资)9621.83 亿元,比上年增长 27.4%。全省实现社会消费品零售总额 4036 亿元,比上年增长 14.0%。其中,城镇市场实现消费品零售额 3240.40 亿元,增长 13.8%;乡村市场实现消费品零售额 795.6 亿元,增长 14.5%,增速比城镇市场高 0.7 个百分点。2013 年全省进出口总额完成 258.3 亿美元,比上年增长 22.9%,增速比全国高 15.3 个百分点。其中,出口贸易实现 159.6 亿美元,增长 59.3%;进口贸易实现 98.7 亿美元,下降 10.2%。2013 年全省地方公共财政预算收入完成 1610.69 亿元,比上年增长 20.4%。其中,税收收入完成 1215.06 亿元,增长 14.2%;非税收入完成 395.63 亿元,增长 44.3%。2013 年 12 月末,全省金融机构人民币存款余额为 20691.55 亿元,比年初增加 2718.36 亿元,同比增长 15.2%;全省金融机构人民币贷款余额 15782.46 亿元,比年初增加 1920.11 亿元,同比增长 14.0%。

通过利用销量和利税两大代表性经济维度分析来看,烟草经济发展具有明显周期性,第一周期销量、利税快速增长,第二周期销量保持平稳、利税较快增长,第三周期销量、利税再次快速同步增长,从烟草经济增长周期分析来看,主要表现为"变化周期递减、经济高位增长"趋势,且烟草经济发展的三个周期与宏观经济发展轨迹基本吻合。2013 年 1—11 月,云南省经济形势较好,烟草行业受宏观经济及政策的双重影响也有较好的表现,行业销售收入和利润总额较 2012 年同期有不同程度增长。[①]

二 财政政策对行业的影响分析

2010 年,我国烟草行业实现工商利税 6045.52 亿元,同比增加 876.39 亿元,增长 16.95%;上缴国家财政(含国有资本收益)4988.5 亿元,同比增加 872.5 亿元,增长 21.2%。

[①] 国家信息中心:《中国烟草行业分析报告(2013 年三季度)》,中国经济信息网,2013 年 11 月。

在 2011 年年初举行的"中国烟草经济与税收政策研讨会"上，国家税务总局有关人士称目前正在制订新的烟草税调整方案，为了进一步加大控烟力度，烟草税率有很大可能会继续提高。我国卷烟消费税开征以来，经历了四次大调整，最新一次调整是在 2015 年。自 2015 年 5 月 10 日起，卷烟批发环节从价税税率由 5% 提高至 11%，税率提高 6 个百分点，并按 0.005 元/支加征从量税。也有分析人士表示，烟草厂家为了保持香烟市场价格的稳定，将其调价进行了内部消化，使通过提高烟草税率来达到控烟效果的目的"大打折扣"。但是，低价烟因为本来利润空间就低于中高档烟，所以会有一些明显影响。

国税总局有意推高烟价，并实行"税价联动"，在零售环节加价，减少烟草企业的利润空间，同时遏制终端消费者。但鉴于目前烟草企业在国内的强势市场地位，以及烟草本身雄厚的经营利润，税费改革难以削弱行业本身的经营实力。

三 货币政策对行业的影响分析

近年我国宏观调控政策的主基调没有变化，名义上一直实行的是"积极的财政政策和适度宽松的货币政策"，但政策内涵却发生了重大变化。"适度宽松的货币政策"已从"宽松"转向"趋紧"，货币供应量增速明显回落，多次提高存款准备金率，已连续两次动用加息手段。

2010 年 11 月 19 日，中国人民银行宣布，为加强流动性管理，适度调控货币信贷投放，决定从 2010 年 11 月 29 日起，上调存款类金融机构人民币存款准备金率 0.5 个百分点。此次调整之后，大型商业银行的存款准备金率达到 18%，加之前期的一些差别化调整措施，部分金融机构的存款准备金率已高达 19%，创下历史最高水平。截至 11 月中旬，当月新增贷款已接近 6000 亿元，全年 7.5 万亿元的信贷规模几近告罄，全年新增贷款突破计划额度似成定局。2010 年全年，广西区金融机构本外币存款余额 11813.90 亿元，全年新增存款 2175.01 亿元；金融机构本外币贷款余额 8979.87 亿元，全年新增贷款 1619.43 亿元。

由于烟草行业不是国家调控的产业，另外其行业属性使其受趋紧信贷政策影响较小，因此预计国家货币政策对云南烟草制造行业影响较小。

四 产业政策对行业的影响分析

2013年我国烟草行业减害降焦取得明显进步。全国卷烟焦油量实测平均值降至每支11.9毫克，烟气一氧化碳量平均值降至每支12.9毫克，每支同比分别下降0.3毫克和0.8毫克。

中国已经成为世界最大的烟草消费国、生产国和因烟死亡人口最多的国家，这本身就给我们带来巨大的负面国际影响。我国烟草导致的健康危害已使其社会经济效应呈负值，其社会净效益已由1998年的正1.5亿元骤降至2012年的负600亿元。这意味着，由吸烟导致的包括医疗成本、劳动力损失等社会成本已经远远高于烟草行业的总成本、缴税总额、就业贡献等价值总额，而且在未来20年这种净效益还会增大。

2006年1月9日，《世界卫生组织烟草控制框架公约》（以下简称《公约》）在中国正式生效。作为《公约》缔约方，五年来，中国全民吸烟率没有下降，二手烟的受害者还大幅增加。全面控烟目标要成为"十二五"规划约束性指标之一，"十二五"时期，要实施全面控烟国家战略。

2011年1月14日，中共中央、国务院在北京隆重举行国家科学技术奖励大会。由国家烟草专卖局、中国烟草总公司推荐，郑州烟草研究院、军事医学科学院放射与辐射医学研究所、湖南中烟工业有限责任公司、川渝中烟工业公司、南开大学、红塔烟草（集团）有限责任公司等单位承担的"卷烟危害性评价与控制体系建立及其应用"项目获得国家科学技术进步二等奖。郑州烟草研究院申报的"同时测定烟草中钾钙镁的方法"等14项专利获得国家知识产权局授权，2013年获得专利授权达到71项。

基于构建和谐社会和健康友好型社会的目标，将全面控烟目标正式纳入《国家"十二五"规划纲要》，作为各级政府履行和实现人民健康的约束性指标之一。此外，众多专家还提出了制定《国家全面控烟专项行动计划》，采取有力措施限制烟草产业，促进全面转型以及逐步提高烟草消费税率，建立"价税联动"机制，有效利用市场手段抑制私人消费需求等多项措施。

五 行业外部环境综合评价

我们按照银联信的行业外部环境风险评价模型,分别从经济周期、财政政策、货币政策、产业政策四个维度,对云南烟草业的外部环境风险进行评分,结论如表9—4所示。

表9—4　　　　　　　云南烟草业外部环境风险评级

序号	评价内容	行业表现	风险评价	权重
1	经济周期对行业的影响	□行业与经济发展密切相关,经济下滑已经严重波及到行业内部,致使行业经营状况有所恶化。 □行业与经济发展有一定的关联,经济下滑对行业构成一定的影响,但是影响程度有限。 □行业与经济发展关联不大,宏观经济变化对行业几乎没有影响。 ■行业发展与经济有一定的关联,宏观经济增长对该行业有一定的积极促进。 □行业与经济发展密切相关,宏观经济增长带动该行业需求旺盛增长,行业发展趋势持续向好。	□5 □4 □3 ■2 □1	25%
2	财政政策对行业的影响	□本年度出台的与该行业相关的财政政策几乎全是限制该行业发展的政策,对于行业未来发展极为不利。 ■本年度出台的与该行业相关的财政政策大部是限制该行业发展,对行业未来发展构成一定的消极影响。 □本年度出台的与该行业相关的财政政策限制和鼓励参半,对行业未来发展既有促进的方面又有限制的作用。 □本年度出台的与该行业相关的财政政策限制少于鼓励,对行业未来发展既有促进和扶持的作用。 □本年度出台的与该行业相关的财政政策主要是鼓励和扶持政策,对该行业发展将会起到积极的促进作用,行业发展前景十分明朗。	□5 ■4 □3 □2 □1	25%

续表

序号	评价内容	行业表现	风险评价	权重
3	货币政策对行业的影响	□本年度出台的与该行业相关的货币政策以从紧的政策为主，将会极大地增加该行业内部企业的融资成本，对企业融资造成较大的不利影响。 □本年度出台的与该行业相关的货币政策适度从紧，对行业内部企业融资构成一定的消极影响。 ■本年度出台的与该行业相关的货币政策变化不大，对于未来企业融资几乎不会产生影响。 □本年度出台的与该行业相关的货币政策适度积极，有利于降低该行业内部企业的融资成本，对于行业发展构成利好。 □本年度出台的与该行业相关的货币政策比较宽松，国家已经明确对于该行业给予资金方面的支持，会对内部企业融资发展将会起到积极的促进作用，行业发展前景十分明朗。	□5 □4 ■3 □2 □1	25%
4	产业政策对行业的影响	□本年度出台的与该行业相关的产业政策主要是以限制为主，行业未来发展前景不容乐观。 ■本年度出台的与该行业相关的产业政策适度限制为主，对行业未来发展构成一定的消极影响。 □本年度出台的与该行业相关的产业政策变化不大，对于未来行业发展不会带来影响。 □本年度出台的与该行业相关的产业政策适度鼓励，有利于行业长期发展，行业未来具有一定的发展前景。 □本年度出台的与该行业相关的产业政策主要以鼓励为主，国家已经明确该行业是我国未来发展的重点，行业发展前景十分乐观。	□5 ■4 □3 □2 □1	25%
	行业外部环境评价：(3) 中度风险		—	100%

说明：风险度分为 5、4、3、2、1 五个等级，其中 5 为高风险，4 为较高风险，3 为中度风险，2 为中低风险，1 为低风险。

第八节 云南省烟草业经营情况分析

一 烟草制品业运行情况

2013年，云南省卷烟产销量保持同比增长，销大于产，但产销增幅均同比降低。但第三、四季度，卷烟销售旺季因素不明显，使库存增长，促销压力加大。受宏观经济、政策环境的影响，卷烟销量同比下降情况增多。行业经济效益虽保持增长，但受结构、规模增长制约影响，效益增长压力也进一步加大。

（一）总体情况：经济企稳复苏及节日效应拉动工业增加值增速总体回升

2013年，中央政府限制"三公"经费支出以及打击贪腐等相关政策的相继出台对我国卷烟市场产生了深远影响，卷烟产销均陷入低迷。2013年三季度，我国宏观经济增速出现企稳回升迹象，当季GDP同比增速达7.8%。同时，中秋、国庆等节日的到来也增加了卷烟的市场需求。在此背景下，云南省烟草制品业工业增加值增速在7月、8月连续走高，8月达到本年增速峰值，9月则随宏观经济复苏势头减弱而再次下降。7—9月，云南省烟草制品业工业增加值增速分别为9.7%、12.1%和4.8%，单季增速水平略好于上年。[①]

（二）产销：生产回暖，销售改善，结构优化

1. 卷烟产量逐月增长，总体平稳略增

产量方面，2013年前三季度我国烟草行业累计生产卷烟19780.06亿支，同比略增0.39%；以箱为单位计算，累计生产内销卷烟3919.0万箱，同比增长0.3%，均显示生产总量保持平稳略增。从三季度各月情况来看，云南省卷烟当月产量呈现逐月增长势头，对比上半年增量明显，同比则呈现小幅增长，仅9月受影响出现负增长。7月、8月、9月卷烟产

---

① 国家信息中心：《中国烟草行业分析报告（2013年三季度）》，中国经济信息网，2013年11月。

量增速分别为 3.86%、5.46% 和 -2.24%。

2. 销售结构不断优化，高档烟占比提高，重点品牌发展突出

销售方面，卷烟市场调控政策瞄准"降低库存、稳定价格、增加适销对路卷烟供给"，进行结构优化。2013 年前三季度，行业实现卷烟销量 3957.1 万箱（约 19785.5 亿支），同比增长 1.1%。其中，一至三类卷烟销量持续增长，销量增幅分别为 15.2%、16.0% 和 3.5%，一类卷烟销量占行业总销量比重达到 18.0%，同比提高了 2.2 个百分点。一至三类卷烟销量占行业总销量的比重为 73.6%，同比提高了 4.5 个百分点。根据行业公布的数据，1—9 月，我国烟草制品业重点品牌累计销售 3105.4 万箱，同比增长 7.0%，占行业总销量比重达 78.5%；实现商业销售收入 9130.1 亿元，同比增长 11.2%，占行业销售收入比重达到 91.5%。1—9 月，行业一至三类卷烟销量前 15 名品牌累计销售 2344.4 万箱，同比增长 9.5%，占行业总销量比重为 59.2%，同比提高了 4.6 个百分点；实现商业销售收入 7872.8 亿元，同比增长 11.8%，占行业销售收入总额的 78.9%，同比提高 2.2 个百分点。

"双十五"品牌不断提升。2013 年 1—10 月，一至三类卷烟销量排名前 15 位的重点品牌中，"云烟"销量超过 300 万箱，"红塔山"销量超过 260 万箱；"玉溪"销量超过 100 万箱。"云烟"、"玉溪"既是销量增量很大的重点品牌，又是销量增幅最高的重点品牌（见表 9—5）。①

表 9—5　　2013 年 1—10 月"双十五"品牌前 5 位销量指标情况

排序	增量前五位品牌	同比增量（万箱）	增幅前五位品牌	同比增幅（%）
1	云烟	42.47	黄金叶	27.91
2	黄金叶	36.69	玉溪	18.10
3	利群	25.16	芙蓉王	17.18
4	芙蓉王	20.34	云烟	16.48
5	玉溪	19.57	利群	16.31

1—10 月，销售收入排名前 15 位的重点品牌中，"云烟"、"玉溪"

---

① 国家信息中心：《中国烟草行业分析报告（2013 年三季度）》，中国经济信息网，2013 年 11 月。

等 6 个品牌均超过 600 亿元。销售收入增额最多的 5 个品牌与销售收入增幅最高的 5 个品牌中均有"云烟"、"玉溪"（见表 9—6）。

表 9—6　　2013 年 1—10 月"双十五"品牌前 5 位销售收入指标情况

排序	增量前五位品牌		增幅前五位品牌	
	品牌	同比增额（亿元）	品牌	同比增幅（%）
1	云烟	130.22	黄金叶	27.47
2	中华	129.50	玉溪	18.98
3	利群	108.79	云烟	18.05
4	芙蓉王	104.80	利群	18.01
5	玉溪	101.90	黄鹤楼	15.88

在采取应对市场压力而做出的经营调整后，云南省卷烟的销售品结构正持续优化，这也将有利于云南烟草行业的持续健康发展。

3. 库存继续处于高位，但环比有所下降。

从库存情况来看，2013 年 9 月末，行业卷烟工商库存为 356.2 万箱，同比增加 18.5 万箱。其中，工业库存 107.0 万箱，商业库存 249.2 万箱。9 月，我国烟草制品业存货量为 3003.53 亿元，同比增长 28.86%，绝对值比 6 月下降 51.78 亿元或 1.69%。统计局数据显示，截至 2013 年 9 月，云南省规模以上烟草企业的存货量继续处于高位，但对比 6 月来说已经有所下降。

（三）价格：风气整治政策进一步收紧，居民烟草消费价格指数持续走低

2013 年，受中央政府进一步打击贪腐、提倡节俭并限制"三公"支出等政策影响，国内烟草消费价格水平持续下降，其中云南省内居民烟草消费价格指数继续向下运行，7 月、8 月、9 月分别为 100.44、100.39 和 100.31。9 月已经达到 2012 年以来最低增速水平。

二　烟草制品行业进出口情况

（一）进口市场：季末进口大幅增长，进口单价有所提高

2013 年三季度，我国卷烟进口量价齐增。7—9 月纸烟进口量合计为

712万条,同比增长42.12%;进口额合计为3121.7万美元,同比增长56.97%;进口平均单价高于上年同期。前3季度,我国卷烟进口累计为1817万条,进口额为7527.7万美元,分别同比增长32.7%和38.6%。

(二)出口市场:国际贸易环境较差,量值均有所下降

2013年三季度,我国卷烟出口量值与上年基本一致,均略有减少。7月至9月卷烟出口量合计为2756万条,同比下降0.97%;出口额合计为9831.9万美元,同比下降3.93%;出口平均单价较上年同期有所下降。前3季度,我国卷烟出口累计为7714万条,出口额为27848.4万美元,分别同比增长2.8%和2.3%。

2014年1—5月,烟草及制品继续领头云南省农产品出口,出口量达3.1万吨,实现创汇1.2亿美元,分别较上年同期增长29.5%和88.6%。根据昆明海关统计,最大品种烤烟出口近2.9万吨,创汇9949万美元,出口价格同比大幅上涨38.7%,直接增加外汇收益2200多万美元。比利时、印度尼西亚及菲律宾继续对烤烟表现较强的需求,进口量同比增长显著。

三 烟草制品行业投资情况

据国家烟草总局2013年的计划安排,2014—2015年将新建122个基地单元来实现烟草种植的科学设计、合理布局。为此,全国在烟水配套、机耕路、育苗设施、土地整理、田间机械化等项目方面的行业补贴预算达到108.7亿元,这极大地促进了我国烟草行业在基础建设方面的投资。2013年,我国烟草制品业累计实现固定资产投资193.23亿元,同比增长21.3%,增速较上年同期大幅提高23个百分点。受此鼓舞,2013年前3季度,云南省烟草制品业固定资产投资增速明显高于上年3季度投资力度明显加大,加上上年同期投资水平不断下滑,7月、8月、9月投资增速分别达到11.6%、20.7%和21.3%。

四 烟草制品行业经营情况

2013年三季度,云南省烟草制品企业通过调整思路,改善产品结构,

优化销售模式，较好地控制了销售成本，并实现了销售收入增长快于成本增长的目标，销售利润率有所提高。因此，企业利润保持稳定增长，但受制于不利的经济和产业政策环境，增速同比明显下滑。

（一）成本得到较好控制，行业销售利润率同比提高

2013—2014 年，云南省烟草制品业销售收入平稳增长，虽受政策影响引起产品销售收入增速进一步下滑，但烟草企业通过成本优化控制，提高了销售利润率水平。2013 年 1—9 月，烟草制品业产品销售收入同比增长 9.52%，增幅同比下降 5.78 个百分点；销售成本同比增长 7.55%，增幅同比上升 0.33 个百分点。

（二）利润增速比上年明显下降

2013 年，云南烟草制品业利润保持平稳增长，表现略好于上半年，烟草制品业累计利润额同比增长 15.07%，增幅同比下降 13.5 个百分点，但略高于上半年增幅。总体来看，受大环境影响，烟草利润增速水平比上年有较为明显的下降。

云南烟草行业先后进行了两轮联合重组，品牌竞争力大幅增强，税利实现跨越式增长。从 2011 年云南省烟草工作座谈会上了解到，2010 年云南烟草利税达到 685 亿元，比 2005 年增长 253 亿元，增长 58.6%。"十一五"期间，云南烟草行业实施卷烟企业"4 变 3"、"3 变 2"联合重组，成功组建了新的红塔集团和红云红河集团。云南中烟工业公司改制工作顺利推进，理顺了工业公司资产管理关系，构建了三级母子公司体制，完成了下属企业现代公司制改造、现代企业制度建设和法人治理结构建立健全工作。通过整合，资源快速向四个重点骨干品牌聚集，2010 年与 2005 年相比，内销卷烟品牌比 2005 年的 26 个减少 13 个；平均单牌号产量比 2005 年的 24 万箱增长 30 万箱，增长 1.3 倍。四大品牌商业销量、商业销售收入均跻身行业前列，2010 年总销量达 737 万箱，占总量比重达 76%。品牌结构持续上移，中高档卷烟占总量的比重达 65%，结构提升拉动作用明显，对经济增长的贡献度达 70%。[①]

[①] 国家信息中心：《中国烟草行业分析报告（2013 年三季度）》，中国经济信息网，2013 年 11 月。

五 行业经营水平综合评价

按照银联信的行业经营风险评价模型,分别从行业发展阶段、市场供需、偿债能力、盈利能力、营运能力、发展能力等八个维度,对云南烟草业的经营风险进行评分,结论如表9—7所示。

表9—7　　　　　　　云南烟草业经营风险评级

序号	环境因素	现状	风险度	权重
1	□行业发展阶段	□进入衰退或下行周期 □增速下滑 □保持稳定 ■平稳增长 □持续快速增长	□5 □4 □3 ■2 □1	20%
2	□市场供需情况	□严重供过于求,且呈加剧趋势 □严重供过于求,正在改善 □供求基本平衡,但有结构性的过剩 ■供求基本平衡 □供不应求	□5 □4 □3 ■2 □1	15%
3	产品价格	□最近半年持续下滑 □最近一个季度有所下滑且将持续 □最近一个季度有所下滑但将止跌 ■价格基本稳定 □价格有上涨空间	□5 □4 □3 ■2 □1	15%
4	偿债能力	□差 □较差 □尚可 ■良好 □优秀	□5 □4 □3 ■2 □1	10%
5	盈利能力	□差 □较差 □尚可 □良好 ■优秀	□5 □4 □3 □2 ■1	10%

续表

序号	环境因素	现状	风险度	权重
6	营运能力	□差 □较差 ■尚可 □良好 □优秀	□5 □4 ■3 □2 □1	10%
7	发展能力	□差 □较差 □尚可 ■良好 □优秀	□5 □4 □3 ■2 □1	10%
8	行业亏损面	□行业亏损面急剧上升 □行业亏损面略有上升 □行业亏损面基本不变 ■行业亏损面有所下降 □行业亏损面大幅下降，行业经营向好	□5 □4 □3 ■2 □1	10%
行业经营水平综合评价		风险度：（2）中低风险		100%

第九节　云南省烟草业产业链分析

一　产业链结构及工艺流程图

卷烟行业产业链由烟叶种植、烟叶购销、烟叶加工与卷烟制造、卷烟批发、卷烟零售组成。卷烟的上游行业包括烟叶种植、烟叶购销，下游行业则包括烟草制品批发、烟草零售业等（见图9—1）。其中烟叶购销、烟叶加工与卷烟制造和卷烟批发由国家垄断经营，构成了我国的烟草专卖政策。

从行业的产业链分析可知，上游的烟草种植业是整个行业的基础产业，烟叶原料质量的好坏直接影响下游产业的卷烟产品质量，烟叶原料的供应量制约着卷烟产品的产量。卷烟制造位于行业产业链的中心地位，其发展直接带动上下游相关产业的发展和繁荣。下游产业链上，卷烟的批发由各地的国营烟草销售公司承担，烟草零售一般由分散在各地的零售商和个体企业组成。

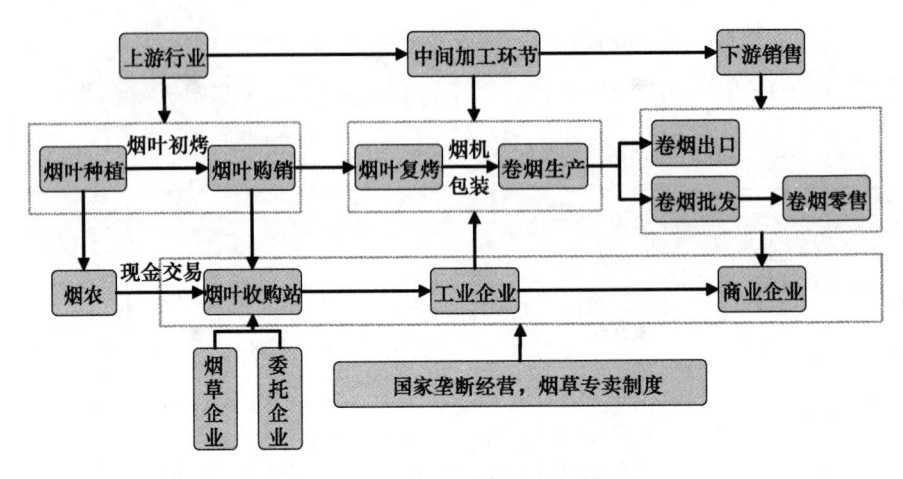

图 9—1　烟草制品业产业链构成

烟草制品行业具有非常鲜明的产业特征：国家垄断行业，上游原材料供需受自然条件波动较大，下游需求增长稳定。上游烟叶的质量直接关系到卷烟的品质，烟叶能否持续发展直接关系到卷烟品牌的培育和规模化生产；烟叶能否实现规模化生产和建立科学的管理制度，将制约着烟草行业的未来走向。此外，烟苗培育成本，包括运输成本、用水、人工等成本必然提高，根据国家大力扶持农业发展的政策，成本的增加不会转嫁在农民身上，那么消费者将最终消化这些成本，预期将来可能会带来卷烟价格的小幅度上调。下游随着居民收入继续保持增长态势，这将有利于促进烟草行业盈利能力的提高。

二　上游行业及其对烟草制品业的影响分析

（一）上游烟叶种植产业动态

1. 2010 年云南完成烤烟收购任务

2010 年 11 月 9 日，云南省已全面完成烤烟收购任务，共收购烤烟 1877.59 万担，比 2009 年增加 109.18 万担；烟农售烟收入达 138.3 亿元，比 2009 年增加近 4 亿元，为大旱之年确保农民增收打下了基础。2010 年是云南省烟叶生产最困难的一年，罕见的自然灾害给烟叶生产带来重重困难。围绕育苗移栽、中耕管理、烘烤收购等烟叶生产关键环节攻克难关。实施地膜覆盖保水栽培516.8万亩，提高了抗旱能力。

2. 重要战略性优质烟叶基地建设

宜良县于2011年建成了2个特色优质烟叶基地单元，分别是耿家营基地单元（对口工业企业为福建中烟）和竹山基地单元（对口工业企业为云南中烟红云红河集团），2013年新建1个特色优质烟叶基地单元，即九乡基地单元（对口工业企业为云南中烟红云红河集团）。宜良县烟叶基地正紧紧围绕行业"卷烟上水平"的基本方针和战略任务，按照"坚持市场导向、突出风格特色、实现基地生产、满足工业需求"的总体思路，以"532"、"461"知名高端品牌发展需求为导向，以基地单元为载体，以综合服务型烟农专业合作社建设为重点，以机械化作业为突破口，以提高优质烟叶有效供给能力为目标，按照基地单元建设工作方案开展好各项工作，集中力量、集聚资源、集成技术，全面推进现代烟草农业建设，切实加快烟叶生产方式转变，努力提升烟叶质量，实现原料供应基地化、烟叶品质特色化、生产方式现代化，推进烟叶生产向优质、特色、生态、安全方向转变，努力提升烟叶基地单元建设水平，提升宜良县原料保障上水平，确保新建基地单元当年规划、当年建设、当年验收，已建基地单元得到全面完善和提高。

到"十二五"末，凤庆县将建设成10万亩优质、适产、高效、稳定的高标准基本烟田地（"十一五"末有5万亩，需新建5万亩），种植面积10万亩，亩产达到3担，收购烟叶30万担。其中，2011年规划种植面积8.5万亩，生产烟叶21万担；2012年规划种植面积8.8万亩，生产烟叶23万担；2013年规划种植面积9.3万亩，生产烟叶27万担；2014年规划种植面积9.5万亩，生产烟叶28万担；2015年规划种植面积10万亩，生产烟叶30万担。

3. 云南曲靖烤烟新品种示范推广工作进展良好

近年来，云南省曲靖市烟草公司技术中心品种组根据公司发展战略目标及市场需求，通过多种渠道积极引进烤烟新品种进行试种推广。在公司领导高度重视下，在各分公司的积极配合下，全市烤烟新品种引进示范推广工作取得了显著成绩，丰富了曲靖市烤烟生产品种，改善了该市品种单一、结构不合理以及更新换代品种匮乏等问题，满足了不同卷烟工业对烤烟品种的需求。现将近年来曲靖市引进示范推广的烤烟新品种作简单介绍，结合实际深入推进品种工作。

云烟97：是近年来引进的新品种中最成功的新品种。从2005年引进曲靖进行试验试种，2006年示范种植面积仅有1302亩，2007年种植面积增至27875亩，2008年达74120亩，2009年更达389110亩。逐步成为曲靖烤烟生产主栽品种。

中烟100：是为解决曲靖市种植烤烟品种后期赤星病严重而从北方育种中心引进的高抗赤星病的品种，2003年引进曲靖进行试种试验，2003—2004年进行了小面积示范推广，2005年示范推广面积仅有1250亩，2006年示范推广面积增至16089亩，2007年示范推广面积达24148亩，2008年示范推广面积达56330亩，2009年示范推广面积51699亩，该新品种较受烟农喜爱。

云烟202、云烟203：这两个新品种是为解决生产上烤烟花叶病发生日益严重而引进种植的高抗花叶病的新品种。云烟202至今示范推广面积累计达72572亩，云烟203推广面积达39938亩。

NC102、NC297：这两个新品种是根据红云红河卷烟集团的需要而引进的美国烤烟品种。NC102从2007年引进试种，至今示范推广面积达55518亩，NC297从2008年引进试种，至今示范推广面积达75272亩。

PVH19：该品种是为解决曲靖市烤烟后期低温冷害而从巴西引进的早熟品种，它的大田生育期较K326提前10—12天，比云烟85提前10—15天。

KRK26：该品种是南方育种中心从津巴布韦引进的烤烟新品种，通过两年试种，反应较好。

云烟100、云烟105：这两个新品种是近两年从南方育种中心引进的新品种，通过近两年在陆良、师宗、沾益试种，反应较好，下一步准备扩大试种范围。

（二）烟叶种植对烟草行业的影响

伴随重点骨干品牌的加速成长，卷烟品牌的集中度也越来越高，稳定的原料支撑显得尤为重要：唯有烟叶原料保持数量和质量的稳定，才能支撑新一轮的重点骨干品牌的规模扩张与结构调整；唯有从整体上提升行业的优质原料保障能力,才能从根本上保证"卷烟上水平"、"利税保增长"目标的实现。在国家烟草专卖局出台的《中国烟叶生产可持续发展规划纲要(2006—2010)》中就重点强调指出要"逐步解决烟叶千家万户种植与卷烟品牌规模生产的矛盾","以市场为导向,科学合理配置资源,加大主产区生态环境保护和基础设施建设力度,持续改进烟叶质量,提高烟叶可用性,确保烟叶种植规模、烟叶数量相对稳定,保持烟叶资源长期稳定供应,有效支撑和实现中式卷烟原料的有效供给"。由此可见,在培育大品牌、大企业的重要时期,烟叶的质量直接关系到卷烟的品质,烟叶能否持续发展直接关系到卷烟品牌的培育和规模化生产;烟叶能否实现规模化生产和建立科学的管理制度,将制约着烟草行业的未来走向。

重视烟叶种植的另一项重要举措来自国家发展改革委、国家烟草专卖局联合下发了《关于2010年烟叶收购价格政策的通知》(发改价格〔2010〕231号),对2010年烟叶收购价格作了明确规定。全国烤烟收购价格保持上年水平不变。即各价区中准级烤烟(X2F,下同)每50公斤收购价格为:一价区740元,二价区730元,三价区690元。烟叶是卷烟工业生产所需的重要基础原料,烟叶产量与质量水平对烟草行业发展至关重要。烟叶收购价格直接影响烟农收益和农民种烟积极性,是稳定烟叶产量、保持烟叶质量的重要基础。合理制定烟叶收购价格,对保护烟农利益、促进烟叶生产稳定发展和结构调整、保持烟叶产需平衡、促进烟草行业可持续发展,具有十分重要的意义。

(三)卷烟辅料行业

卷烟行业的发展在很大程度上决定着辅料产业的发展,目前,国内外卷烟市场竞争十分激烈,导致了卷烟辅料市场的竞争日趋激烈。世界卷烟消费量下降,加之我国政府已经正式签署了《烟草控制框架公约》,国际烟草的竞争将愈演愈烈;随着中国卷烟和烤烟进口关税降至25%和10%,"特零证"的取消,外烟将对中国市场形成强烈的冲击。中国烟草市场格局发生了根本性变化。为了适应激烈的市场竞争,一些卷烟企业纷纷开始对卷烟辅料产品实行公开招标采购,卷烟辅料企业面临着巨大的压力和挑战。

现阶段,玉溪已经初步建成了中国乃至亚洲重要的卷烟辅料产业基地。重点培育了以玉溪水松纸厂、云溪香精香料公司等39户为重点的红塔集团辅料产业集群，产品也由单一的商标印刷发展到现在的滤嘴棒、水松纸、金拉线、激光镭射膜等30多个种类，产品不仅满足了红塔集团的需要，而且还销往省外市场，成为全国卷烟辅料生产供应的重要基地。玉溪卷烟辅料产业仍存在着一些比较突出的问题，主要体现在：依赖较强、缺乏活力；基础性和系统性的科学技术研究还相对比较薄弱；缺乏协同，制约发展，与最大的辅料需求方红塔集团发展战略不协同；核心力不足，影响竞争；企业的信息化建设重视不够。

针对上述问题，我国卷烟辅料行业首先转变观念，增强危机意识，要提高忧患意识和危机意识，加强企业的风险管理，提高企业自身对抗风险的能力；加大研发，积极创新。一是要加大科研投入，健全技术创新体系，提高科技创新能力；注重协同效应，卷烟制品行业的发展在很大程度上取决于卷烟辅料行业，因此卷烟辅料行业应该与下游卷烟制造行业谋求协同发展。

三　下游行业及其对烟草制品业的影响分析

连锁经营以其巨大的生命力和发展潜力，成为流通领域中最具活力的经营方式。当前烟草零售市场中烟草公司市场占有率几乎为零，烟草公司涉足烟草零售市场实行烟草连锁经营是烟草公司的发展方向。发展烟草连锁经营，有利于实现规模化经营和规模化管理，更好地树立中国烟草形象，壮大企业经济实力，增强抵御风险能力；有效地提高市场占有率，可以规范烟草销售网络，可以实时监控烟草市场，大大降低市场监控成本，对烟草专卖起到积极作用；有助于品牌战略的实施。借助连锁经营网络可以使烟草的新品、名优品牌等在最短的时间内进入各级市场，满足市场不同层次的需求。

烟草行业由于其特殊性，在广告宣传等方面大多数国家都进行了严格的限制，使顾客对产品的了解途径大大减少。在法律许可的范围内，如何利用好网络资源，探索新的营销形式——虚拟营销，是烟草商业企业要认真面对的一个问题。

我国烟草行业长期以来一直实行的是专卖制度，是典型的垄断行业。短时间内是不可能取消专卖制度的，而且过早取消专卖制度只会弊大于利。我国烟草行业如今实行了烟草工商分离机制，即在现行烟草专卖专营体制下，各省级烟草公司将不再身兼销售和管理生产二职，而是只管销售，将各省公司的烟草销售部分收归旗下，全国统一运作，商业企业与工业企业彻底划清界限，商业公司只需按照市场需求来经营。新成立的中烟工业公司则负责管理卷烟生产企业。这种工商分离模式，为烟草企业实施虚拟营销提供了一定条件。利用虚拟营销模式，有助于提高卷烟产品内在竞争力，有助于重构企业供应与销售渠道，同时还有助于促使烟草商业企业积极培育自己的核心竞争力。

四 产业链风险综合评价

我们按照银联信的产业链风险评价模型，分别从行业对上游的议价能力和行业对下游行业的议价能力等几个维度，对云南烟草制造行业的产业链风险进行评分，结论如表9—8所示。

表9—8　　　　　云南省烟草制造行业产业链风险评级

序号	影响因素	现状	风险度	权重
1	行业对上游的议价能力	□低 □较低 ■一般 □较高 □高	□5 □4 ■3 □2 □1	50%
4	行业对下游行业的议价能力	□低 □较低 □一般 ■较高 □高	□5 □4 □3 ■2 □1	50%
行业经营水平综合评价		风险度：（3）中度风险	

第十节　云南省烟草业核心竞争力分析及提升策略

一　云南烟草企业竞争概况

烟草制品业是云南省经济支柱与最为重要的财政收入来源，是云南省重点支持与引导行业。云南省是全国最大烟叶种植基地，具有得天独厚的烟叶种植地理环境与自然条件，烟草生产历史悠久，并拥有红塔与红河红云两大实力超强的烟草集团。云南烟草产业经过多年积累，形成了具有深厚底蕴的烟草文化，企业文化及服务品牌建设成效显著。

云南烟草行业按照国家烟草专卖局实行工商管理体制改革的要求，于2003年年底完成了工商分离，此后于2004年组建了云南中烟工业公司。根据国家烟草专卖局提出的"深化改革，推动重组，走向联合，共同发展"的行业任务，云南中烟工业公司适时提出"做精做强做大品牌，做实做强做大企业"的发展战略，集合全力推进全省卷烟工业企业的并购重组工作。2004年9月，云南卷烟工业企业成功实施"九变四"，其中，红塔集团兼并大理和楚雄卷烟厂，昆明卷烟厂兼并春城卷烟厂，红河卷烟厂兼并昭通卷烟厂，曲靖卷烟厂兼并会泽卷烟厂，被兼并的各厂取消原有法人资格。并购完成后，云南品牌卷烟相较去年销售业绩突出。2004年，云南共有六个品牌进入全国卷烟销量前20位，其中"红河"销量居全国第一位，"红河"、"红梅"销量突破100万箱；2007年，"红山茶"、"红塔山"、"云烟"销量超过100万箱，而此时"红梅"的销量已突破200万箱。[①]

2005年11月8日，昆明卷烟厂与曲靖卷烟厂合并，红云集团正式成立，"四变三"战略重组宣告完成，红塔集团、红云集团、红河卷烟总厂三红分云南烟草市场天下。红云集团成立后，以年生产规模240万箱一跃成为继红塔集团之后的中国第二大烟草集团。在省委、省政府的大力支持下，2008年11月8日，原红云集团、红河卷烟总厂、新疆卷烟厂重组为

[①] 马孟丽、李开慧：《结合红河烟厂的经验谈烟草行业如何提升企业核心竞争力》，《企业观察》2011年第1期。

红云红河集团。至此，从 2004 年开始不到五年的时间，云南烟草工业企业先后完成了"九变四，四变三，三变二"的巨大变革。红云红河集团成功组建后，产销规模突破 400 万箱，成为国内第一，并且成为继奥驰亚集团、英美烟草公司、日本烟草公司、帝国烟草公司之后的世界第五大烟草集团。

截至 2010 年 11 月，云南省烟草制品业规模以上企业数量为 21 家，企业数量较上年减少了 2 家。在行业经营效益上，虽然行业主营业务收入同比增速为 11.23%，但其利润总额出现了同比 9.38% 的下滑，行业盈利空间缩小（见表9—9）。

表 9—9　　　　　2004—2010 年云南省烟草制品业
主要经营指标变动情况　　　（单位：家、千元、%）

时间	规模以上企业数量		主营业务收入		利润总额	
	数量	同比增长	金额	同比增长	金额	同比增长
2004 年	20	0	52549139	8.37	9234607	30.65
2005 年	20	0	57584791	9.58	9858508	6.76
2006 年	21	5	61260407	6.38	8695363	-11.8
2007 年 1—11 月	21	0	64765524	13.15	11645320	28.1
2008 年 1—11 月	21	0	73941262	14.17	11737325	0.79
2009 年 1—11 月	23	9.52	80490169	8.86	10635816	-9.38
2010 年 1—11 月	21	-8.7	89530099	11.23	9343636	-12.15

数据来源：国家统计局银联信。

2010 年 1—11 月，云南省烟草制品业偿债能力高于全国平均水平，行业负债水平也较低；但行业在盈利能力、营运能力和成长能力上与全国仍有一定差距，行业整体经营水平有待改善（见表9—10）。

表 9—10　　2010 年 1—11 月云南省烟草制品业主要指标与全国平均水平对比　　（单位：倍、次、%）

	指标	本地水平	全国平均水平	全国最好水平	全国最差水平
偿债能力	资产负债率	17.07	24.92	0	207.57
	债务股权倍数	20.58	33.2	-192.96	∞
	利息保障倍数	-95.76	-559.1	2150.9	-1503.39
盈利能力	销售毛利率	71.53	71.19	87.52	0
	销售利润率	10.44	12.68	27.03	-10.82
	资产报酬率	7.45	11.83	119.11	-123.84
营运能力	总资产周转次数	0.73	0.97	11.9	0.69
	流动资产周转次数	1.13	1.4	2.6	-1.81
	产成品周转次数	30.04	67.28	1436.52	17.55
	应收账款周转次数	7.93	12.04	32.49	4.69
成长能力	销售收入同比增长率	11.23	17.23	43.61	0
	利润总额同比增长率	-12.15	5.29	410.52	-96.81
	资本累积率	10.54	12.14	127.61	-69.04

数据来源：国家统计局银联信。

二　烟草企业核心竞争力组成要素

核心竞争力同样也是烟草企业获取持续竞争优势的力量之源，云南烟草企业要想在经济全球化大浪潮中占有一席之地，最有效同时也是最关键的一点就是不断提高企业的核心竞争力。企业核心竞争力是一个复杂且多元的系统，可以归纳为战略管理能力、企业研究开发和创新能力、核心营销能力、规模扩张能力以及文化凝聚能力。针对云南卷烟工业企业，其核心竞争力构成要素可以从以下几个方面进行分析。

（一）管理模式

云南卷烟工业企业紧紧抓住管理是企业健康发展的这个前提条件，全省上下夯实管理基础，加强和改善管理方式、方法及效率，大力弘扬求真务实的精神，全面落实科学发展观，把加强企业规范管理这项工作作为建立现代企业制度、推进烟草行业持续稳定健康发展的重中之重来抓。

1. 推行目标管理的用人机制

在烟草企业内部全面推行目标管理和绩效考核，是培育企业核心竞争力的必经之路。云南烟草工业企业根据目标管理的要求，一方面以企业的发展目标为导向，层层分解，逐级展开，制定企业各部门直至每个职工的目标，这样极大地激发了员工的主观能动性。同时，把目标管理延伸到企业的末梢，形成了一套比较完整的目标体系；另一方面云南烟草在全省范围内实施绩效考核和薪酬设计，在企业管理、专卖市场管理以及销售经营管理等方面进行考核。在推行目标管理的过程中，配套实行绩效考核和薪酬设计，使目标管理真正落到实处，调动了全体员工的积极性、创造性，使云南卷烟工业企业运作质量进一步提高。同时，云南卷烟工业企业进一步加强人才队伍建设、加强员工管理能力、职业技能、综合素质的培养和提高。其中，红塔集团在培训体系建设方面做得尤为出色，2010 年，共开展各类培训 678 项，参训人员 34500 人次。

2. 建立财务资产管理体系

云南卷烟工业企业认真组织安排各项财务管理工作，财务管理体系有效运行。第一，加强了财务基础管理工作，完善财务制度体系建设，进一步提升财务核算规范化和全面预算管理水平；第二，完善全面预算管理，持续深化设备设施维修业务、预算、核算管理模式；第三，加强财务监管，配合各级审计部门开展国有资产经营预算执行情况审计和多元化审计管理；第四，重视财务专业知识培训，提高财务人员综合管理业务素质；第五，严格财务收支，及时、准确开展会计核算和提供各种财务会计信息。

3. 加强信息化建设

为了提升信息化管理水平，云南卷烟工业企业积极建立健全信息化管理体系。按照信息化综合管理、信息化运维管理、信息资源管理 3 个一级分类，信息化规划、信息化预算、信息化建设、信息化标准、信息化绩效、综合运维、基础设施运维、管理信息系统运维、结构化信息资源、非结构化信息资源和信息分析展现 11 个二级分类，制定各项业务流程，保证了各个卷烟工业企业的业务运行顺利通畅、有条不紊。2010 年 12 月 1 日，红塔集团 IT 运维综合管理平台建设项目正式运行。该平台通过对集团主机房、网络、服务器、信息安全、互联网应用、工控弱电、管理信息系统的实时过程监控，设定各项关键控制指标，进行红、黄、绿三级故障报警,对异常情况进行追踪,及时处理故障。该项目的建设搭建起集团与工厂两级统一的运维管理平台,提高了集团的信息化管理水平。

4. 加强安全生产管理

云南卷烟工业企业坚持"安全第一、预防为主、综合治理、以人为本、安全发展"的安全管理方针认真落实安全生产责任制。抓好安全检查和专项整治,积极推进安全设施建设,深化安全宣传教育培训,开展安全生产月活动,大力推进安全文化建设,推进安全标准化建设,落实安全防范措施。努力营造良好的安全生产经营秩序,为全省"卷烟上水平"提供安全保障,确保全省卷烟工业企业的安全、稳定、和谐发展。

5. 加强专卖管理

云南省各级烟草专卖局建立并落实了专卖执法责任制度体系,严格开展执法责任制运行情况检查考核。同时,严厉打击非法经营烟叶违法犯罪活动。探索借助缉毒缉枪警务站的工作职能,建立由烟草专卖部门与缉毒缉枪警务站的"两烟"打假打私联合工作机制,确保烟草专卖部门与缉毒缉枪警务站联合打假打私工作有序开展进行。2009年出动打假打私人员14.2万人次,破获18起网络案件,查处各类涉烟案件1.3万起。其中,假冒卷烟案件2546起,假冒卷烟6982万支,走私烟298万支;查获烟叶、烟丝3923吨,查获烟草机械19台,刑拘950人,追究刑事责任532人。

(二) 科技创新工作

创新是烟草企业不断发展壮大的永恒主题,创新管理是烟草企业的灵魂,同时也是推动烟草企业长盛不衰的动力源泉。经济学家熊彼特说过,经济发展的主要原因不是资本和劳动力,而是来自企业内部的自身创新性。"不创新,就死亡"成为新经济时代企业生存发展必须时刻铭记的准则。在新形势下,云南烟草行业初步建立了省烟草专卖局(公司)科技管理部门——云南烟草农业科学研究院——州(市)公司生产技术中心——基层技术推广站为主体的四级科技创新体系,不断完善各级创新部门的科技服务体系,提升烟叶生产科技水平和服务水平。加强科技队伍建设,培养一批具有较强创新能力的学科带头人和科技骨干,同时,建立了一整套以"科学技术突出贡献奖"、"科技进步奖"、"创新工作先进个人"为主的科技创新激励体系,极大地调动了广大科技人员进行自主创新的积极性。加大科技成果推广力度，研发出的新品种云烟97在全国推广种植122万亩，云烟85和云烟87种植面积分别为198.1万亩和324.3万亩，占全国烟叶种植面积的19.1%和32.2%。加强烟草农业机械研发和信息化建设，形成现代烟草农业的有力支撑。

（三）营销模式

为了更好地服务市场、开拓市场，云南卷烟工业企业深刻认识到卷烟营销网络建设的重要性，吸纳了先进的营销理念和管理模式，以市场为导向、客户为中心，对卷烟营销网络进行了全面升级，积极推进云南烟草向现代流通方向发展。建立了"电话订货，网上配货，电子结算，现代物流"的先进营销模式，实现了系统集成、规范高效的运营模式；以"打造服务品牌，建设满意终端"为突破点，把零售客户作为服务对象的核心，优化零售客户的分类管理工作，完善零售客户卷烟经营的前、中、后一体化服务，提高客户的满意度和忠诚度；着力提升客户经理的队伍建设水平，从明确工作职责、优化岗位设置、加大培训力度以及完善考核激励和人才选拔制度几方面，不断提升客户经理的营销水平和工作积极性；抓好现代物流工作，建立物流成本核算体系、成本预算体系、成本绩效考核体系和标准管理体系，通过信息化与传统商业企业的不断融合，提高卷烟运行效率。

2009年云南省烟草行业共销售卷烟157.04万箱，增加6.1万箱，增长4.1%；全省卷烟单箱含税销售收入1.58万元，增加1292元，增长8.9%；实现利税47.7亿元，增加7.41亿元，增长18.4%。全国"20+10"[①]重点骨干品牌销售112.68万箱，占总量的71.75%，增长15.52%，重点骨干品牌集中度进一步提高。零售客户满意度达到90.5%。

---

① 2008年7月3日，《全国性卷烟重点骨干品牌评价体系》出台，在百牌号的基础上评选出"中华"、"云烟"、"芙蓉王"、"玉溪"、"白沙"、"红塔山"、"苏烟"、"利群"、"红河"、"黄鹤楼"、"七匹狼"、"黄山"、"南京"、"双喜"、"红双喜"、"红梅"、"娇子"、"黄果树"、"真龙"、"帝豪"等20个全国重点骨干品牌，同时又将"泰山"、"钻石"、"金圣"、"好猫"、"兰州"、"长白山"、"中南海"、"都宝"、"金桥"、"贵烟"10个视同前20名全国性卷烟重点骨干品牌进行考核。

(四) 规模扩张的能力

在国家实施烟草专卖制度以来的很长一段时间内，云南烟草行业同样存在着企业数量众多、生产布局分散、行业集中度低等问题。近年来，云南卷烟工业企业紧紧围绕"深化改革，推动重组，走向联合，共同发展"的行业任务，在省委、省政府的大力支持下，积极推进卷烟工业企业实施并购重组。"十一五"期间，云南烟草行业先后推行卷烟企业"四变三"、"三变二"的联合重组工作，成功组建了红塔集团和红云红河集团，行业的重组整合取得了非常显著的成效。2010年与2005年相比，内销卷烟品牌从26个减少到13个，平均单牌号产量从24万箱增长到54万箱，增长了1.3倍。四大品牌的销量和销售收入均跻身行业前列，2010年四大品牌销量达737万箱，占总量的76%。

(五) 烟草文化建设

云南烟草业近年来紧紧围绕"卷烟上水平"的基本方针，持续推进以"两个至上"（国家利益至上、消费者利益至上）为核心的企业文化建设工作。主旨在于：强化内核，以文化凝聚人心；打造品牌，以文化提升形象；培育队伍，以文化提高素质；融入经营，以文化增强活力；强化保障，以文化引领发展。云南卷烟品牌经历了长期的发展过程，逐步形成丰富的文化内涵。目前，烟草系统正全力采取两项措施以期能够推动云南烟草文化的建设发展。一是建设主题庄园，把独具特色的云南少数民族文化、生态文化注入烟草品牌中。二是在昆明计划建设一个云南烟草博物馆，展示云南丰富多彩的烟草种植历史及其云南烟草产业发展情况。云南烟草在扶贫、助学、赈灾、节能减排、提质降耗以及支持云南社会经济发展等方面也做了大量的努力，凸显出负责任的云南烟草形象。例如，红云红河集团一直以实际行动开展助学助教活动，为支持和推动云南教育事业发展做出了巨大贡献。从2011年11月30日到2012年1月10日这短短的40天中，共有云南13所高校中的951名优秀教师及2047名贫困学子获得了"红云园丁奖、红河助学金"。

三 提升云南烟草业核心竞争力的策略

(一) 坚持深化内部改革,不断完善体制机制支撑发展

为了推动行业持续健康发展、增强企业活力就需要不断深化改革、推进体制机制创新。深化云南卷烟工业企业公司制改革,建立和完善法人治理结构,健全现代企业制度。首先,要健全董事会规章制度,明确董事会、经理层的权责,形成权责一致、决策科学、执行顺畅、监督有力的管理体制。其次,要健全董事会规章制度,明确董事会、经理层的权责,形成权责一致、决策科学、执行顺畅、监督有力的管理体制。再次,进一步理顺省级工业公司内部机构,明确职能定位,精简管理机构和人员,把工作重心放在"四大中心"[1]建设上,把"四大中心"建设成为相对独立的非法人实体,真正实现从管理型向经营实体转变。最后,要进一步明确省公司和基层企业职责,落实企业生产经营自主权。省公司应把主要精力放在抓管理、抓监督、抓资产经营、抓队伍建设等方面,不应干预企业的生产经营自主权。[2]

(二) 加强管理整合,促使并购活动协调有序进行

虽然并购是现代企业成长壮大的通行路径,但也充满了风险和挑战。许多企业由于在并购之后不能进行有效的整合,最后走向了失败。最近几年,云南烟草业在推动卷烟工业企业并购方面已经取得了显著进展,当前工作的重点应是加强管理整合,促使红塔集团和红云红河集团高效顺畅、协调有序地运行。要注意做好以下几项工作:一是通过理顺产权关系、建立完善现代企业制度和法人治理结构,努力为企业运行提供制度性保障;二是妥善处理好各方面的利益关系,加强各个利益相关者之间的交流、协调和沟通,保护好、维护好各方面的积极性;三是按照"国家利益至上,消费者利益至上"的要求,培育共同的价值观,树立共同的目标和理念,推进企业文化融合,统一企业发展愿景;四是统筹配置各种资源要素,合力打造名优品牌,不断增强企业核心竞争力;五是通过调整组织架构,明

---

[1] 所谓"四大中心",即技术中心、营销中心、物资采购中心、生产制造中心。
[2] 郭言平:《紧迫的重大任务,不懈的奋斗目标》,《中国烟草》2008年第16期。

确岗位职责，优化业务流程，加快信息化建设，创新管理方式，不断提高企业决策水平和管理效率。①

（三）积极推动卷烟工业企业的跨省并购活动

随着云南省卷烟工业企业"三变二"联合重组的顺利完成，云南烟草业的重组整合必将迈上一个新台阶。在当前和未来的一个时期内，跨省区的强强联合是烟草行业重组整合不断向前推进的重大课题。跨省区的并购重点不再是过去规模相对较小，谈判、执行和整合都相对较容易的卷烟厂与卷烟厂之间股份制合作，而是将重点转移到经过公司制改造后的大型企业之间，包括省级中烟工业公司之间的重组整合，规模和难度都比先前大得多。为此，积极推动卷烟工业企业进行跨省区重组整合，促使生产要素在更大范围内合理流动和优化配置，是未来一段时间并购工作的重中之重。

（四）更加注重自主创新

创新是推动行业持续发展、提高效率的强大动力，没有创新，那么企业也就失去了生命力。首先，继续加强重大专项研究。要紧紧围绕消费者吸食口味变化趋势和减害降焦两条主线，重点在原料使用、增香保润和产品质量安全等核心技术展开攻关，抢占技术的制高点和主动权。其次，完善技术创新体系。加强联合实验室建设，要选择一批创新能力突出、技术优势明显的单位，进一步深化合作领域，健全完善实验室管理体系，加强项目评价考核，切实提高合作创新的效率和效益。进一步增强技术中心在应用研究、成果转化和集成创新方面的能力和水平。最后，切实做好产品维护，加大新产品研发力度。产品维护要准确把握消费者吸食口味变化，在质量把握和成本控制上寻找最佳结合点；新产品开发的重点要放在低焦低害产品和品类创新上，研发储备一批能引导消费、引导市场的产品。②

---

① 赵亚娅：《对并购背景下烟草企业提升核心竞争力的研究》，云南财经大学硕士学位论文，2012年。

② 王树文、张永伟、郭全中：《加快推进中国烟草行业改革研究》，《中国工业经济》2005年第2期。

(五) 进一步加强队伍建设

首先,要坚持"以用为本"的原则。继续深化"人才来源于基层、人才培养依靠基层"的理念,进一步发挥省内各卷烟厂、中心作为人才培养基地和人才储备中心的作用,以培养高层次、高技能、高素质人才为重点,以提升员工素质和职业技能为核心,以绩效贡献为导向,打造一支与云南烟草行业发展相适应的队伍。其次,要加快培训机制创新。以云南烟草发展战略为导向,优化培训资源,加大培训力度,构建"统一规划,分类指导,突出重点,重心下移"的教育培训体系,切实提高培训质量,同时积极引进高素质科研人才,逐步解决人才储备不足的问题。最后,要进一步健全完善职业技能鉴定评价体系。进一步拓宽和加强员工职业发展通道建设,要落实政策,完善制度,要用事业留人,用感情留人,用适当的待遇留人,激发人才队伍活力,为员工成长营造良好环境。

(六) 创新推进卷烟营销

第一,创新卷烟营销思路。把培育品牌作为营销工作的主线,紧紧围绕"532"、"461"品牌发展战略,坚持把改善销售结构作为营销工作的主攻方向,完善品牌培育机制,营造公平市场环境,努力构建与云南卷烟市场发展相适应的卷烟销售结构。第二,创新营销工作机制。强化市场信息采集分析体系和需求预测制度等工作基础,加强对消费市场发展趋势的分析和研究,进一步深化精准营销和工商协同营销,着力保持良好市场状态,持续提高把握市场的能力。第三,创新现代营销手段。充分发挥信息化支撑作用,大力推广网上订货、网上配货、网上结算,加快建立"工商一体、批零互打、电子商务、现代物流"为主要内容的现代营销网络。第四,创新营销服务方式。突出以服务为灵魂的营销文化建设,深化"七彩服务、情动云岭"优质服务品牌建设机制,充分利用满意终端建设的平台,为客户提供更有效的增值服务和经营指导。第五,提升营销队伍素质。加强教育培训,加强营销管理团队建设,建立完善卷烟营销激励与约束机制,切实加强基层营销队伍建设。

(七) 做好国际市场发展规划

针对国际市场消费需求特点,加强新产品研发,注重品牌形象宣传推广和营销渠道建设。按照实体运作、重点突破的发展策略，加快"走出去"步伐，为提升云南烟草国际化水平，进一步积累经验、锻炼队伍、打牢基础。加强国际市场研究，制定发展规划，重点做好"四大板块"的市场开拓：东南亚市场，依托"桥头堡"战略的政策支持，中国香港、越南、老挝项目支撑发展；东欧及欧洲市场，依托中烟国际欧洲公司、红塔瑞士的资源优势，进一步拓宽市场；中南美市场，抓住与阿根廷烟草企业合作的机会，力争辐射南美经济区；中东市场，要加快项目研究，形成资产管理、品牌生产、市场营销的完整方案。同时，云南烟草在加快推进"走出去"的进程中，应把跨国并购纳入战略考虑中，综合分析各种有利条件和限制因素，敢想敢为，争取在国际烟草市场上争得一席之地。

（八）积极落实抗大旱保增收工作部署

历经 2010 年云南特大干旱，云南省烟草公司系统把烟叶工作摆在首位，做好以下几方面工作，努力推进烟叶生产平稳发展。第一，切实加强组织领导。云南省局（公司）应把抗旱保生产作为全系统的中心任务，及早谋划抗旱保生产工作，及时启动抗旱应急预案，成立领导小组，指挥、组织和协调全系统抗旱工作。第二，加快烟水工程建设。面对严峻旱情，全省烟草公司系统应抓住冬春农闲有利时机，迅速掀起基础设施建设高潮，及时开展已建烟水设施的修缮工作，切实加快建设进度，确保在抗旱中发挥效益。第三，优先保证资金和物资供应。按照"科学安排、突出重点、综合统筹、保障需要"的原则，科学规范调动抗旱资金，确保育苗和移栽所需资金和物资及时保障到位。①

---

① 赵亚娅：《对并购背景下烟草企业提升核心竞争力的研究》，云南财经大学硕士学位论文，2012 年。

参考文献

[1] 庄晓东:《小米手机销量比增近300% 软硬结合生态圈效应显现》,《通信信息报》2014年第7期。

[2] 李丽珂:《基于CRM导向的知识型企业商业模式创新研究——以小米公司为例》,《市场论坛》2015年第7期。

[3] 张惠:《国内手机厂商陷"有量无利"窘境》,《中国商报》2013年第5期。

[4] 李桂林:《SCIP的发展及其对我国的启示》,《现代情报》2007年第10期。

[5] 孟昭鹏:《国外竞争情报与竞争情报专业人员协会》,《中国信息导报》1994年第1期。

[6] 姬霖:《基于战略成本管理的竞争情报系统构建》,吉林大学硕士学位论文,2007年。

[7] 彭靖里、李建平、杨斯迈:《国内外竞争情报的发展模式及其特征比较研究》,《情报理论与实践》2008年第2期。

[8] 彭靖里、邓艺、刘建中、杨斯迈:《国内外竞争情报产业的发展与研究述评》,《情报理论与实践》2005年第4期。

[9] 王磊、丛玲:《日本企业竞争情报的探讨与启示》,《情报杂志》2011年第2期。

[10] 陈建宏、王珏:《日本竞争情报的分析与启示》,《竞争情报》2008年第1期。

[11] 彭靖里、李建平、杨斯迈、邓艺:《竞争情报研究与服务业的发展态势及其述评》,《情报杂志》2008年第5期。

[12] 彭靖里、张汝斌、王建彬、Kwangsoo Kim:《亚洲"四小龙"的竞

争情报发展现状与特征分析》,《情报探索》2008 年第 11 期。
[13] 党芬、王敏芳:《我国竞争情报发展分析》,《情报探索》2005 年第 5 期。
[14] 焦慧敏、唐惠燕、任延安:《国内外竞争情报研究与应用综述》,《农业图书情报学刊》2009 年第 3 期。
[15] 仲超生:《浅议竞争情报与企业竞争》,《山西科技》2003 年第 6 期。
[16] 陈海秋:《企业竞争力与企业核心竞争力》,《河北企业》2003 年第 10 期。
[17] 包昌火:《竞争情报与企业竞争力》,华夏出版社 2001 年版。
[18] 宋天和:《论竞争情报在企业信息化中的作用》,《图书馆学研究》1998 年第 4 期。
[19] 张树良:《竞争情报在企业发展中的作用》,《图书与情报》2004 年第 3 期。
[20] 包昌火、谢新洲:《企业竞争情报系统》,华夏出版社 2002 年版。
[21] 司有和:《竞争情报理论与方法》,清华大学出版社 2009 年版。
[22] 王玥:《企业获取竞争情报的途径与方法》,《图书情报知识》2002 年第 4 期。
[23] 宋登平、张荷立:《浅析竞争情报与现代企业发展》,《科技情报开发与经济》2011 年第 17 期。
[24] 宋晓枫:《竞争情报如何在企业信息化中发挥作用》,《现代情报》2006 年第 1 期。
[25] 周晓惠:《竞争情报在企业信息化中的作用》,《现代商业》2010 年第 12 期。
[26] 李建华:《竞争情报(CI)对企业信息化的作用探讨》,《2005 第九届办公自动化国际学术研讨会论文集》2005 年第 12 期。
[27] 包昌火:《人际网络开发与竞争情报发展》,《情报杂志》2008 年第 3 期。
[28] 潘杏梅:《竞争情报促进企业信息化发展》,《信息化建设》2008 年第 12 期。
[29] 胡玉婷:《竞争情报与企业创新》,《情报学报》2006 年第 12 期。
[30] 郑兵云、李邃:《环境对竞争战略与企业绩效关系的调节效应研

究》,《中国科技论坛》2011 年第 3 期。
- [31] 孙月珠:《竞争环境分析》,《中国中小企业》2000 年第 6 期。
- [32] 王淮海:《竞争环境信息分析的切入点与方法》,《情报理论与实践》1999 年第 7 期。
- [33] 张杨:《动态竞争环境与边缘竞争战略》,《经济师》2008 年第 4 期。
- [34] 毛晓燕、环菲菲:《竞争对手情报分析》,《情报探索》2006 年第 3 期。
- [35] 桂萍、谢科范、何山:《企业合作竞争中的风险不守恒》,《武汉理工大学学报》2002 年第 1 期。
- [36] 包昌火、谢新洲、黄英:《竞争对手跟踪分析》,《情报学报》2003 年第 4 期。
- [37] 彭靖里、赵光洲、宋林清、马敏象:《论企业竞争对手的模糊判别模型及其应用》,《情报理论与实践》2004 年第 2 期。
- [38] 叶克林:《企业竞争战略理论的发展与创新——综论 80 年代以来的三大主要理论流派》,《江海学刊》1998 年第 11 期。
- [39] 吴晓伟、吴伟昶、徐福缘:《竞争战略差异度的定量研究》,《情报学报》2004 年第 10 期。
- [40] 王华:《今麦郎食品有限公司竞争战略研究》,首都经济贸易大学硕士学位论文,2008 年。
- [41] 杨德平、陈中文、郭丽英、吴恒梅:《论企业竞争情报流程的合理整合》,《科技创业月刊》2006 年第 9 期。
- [42] 王春、房俊民:《企业竞争情报系统定制之前期规划调研》,《现代情报》2009 年第 1 期。
- [43] 陈飚:《企业竞争情报系统和竞争情报工作体系研究》,《中国信息界》2010 年第 3 期。
- [44] 于丹辉、刘英涛:《吉林省企业竞争情报系统的建立》,《图书馆学研究》2005 年第 5 期。
- [45] 谢建:《企业竞争情报系统中的知识管理思想》,《情报资料工作》2006 年第 2 期。
- [46] 许娟:《基于社会关系网络聚类的竞争情报系统》,《工程与建设》2010 年第 6 期。

[47] 邹超君：《基于企业竞争力的竞争情报系统的设计与分析》，《中国水运（下半月）》2009 年第 8 期。

[48] 陈飔：《企业竞争情报工作体系的设计规划》，《软件工程师》2011 年第 1 期。

[49] 周琳洁：《国内外竞争情报软件及其功能与特点》，《科技情报开发与经济》2008 年第 10 期。

[50] 王日芬、巫玲：《国内外几种竞争情报软件》，《中国信息导报》2003 年第 7 期。

[51] 陈佶：《基于网络的竞争情报获取渠道及工具探讨》，《上海化工》2010 年第 12 期。

[52] 吴伟：《国外竞争情报软件研究》，《情报理论与实践》2004 年第 1 期。

[53] 刘全飞：《对国内几种重要竞争情报软件的比较研究》，《阿坝师范高等专科学校学报》2007 年第 9 期。

[54] 梁冰、赵泽江：《国内竞争情报软件比较评价研究》，《情报杂志》2007 年第 6 期。

[55] 金学慧、刘细文：《国内外典型竞争情报系统软件功能的差异性分析》，《情报杂志》2009 年第 9 期。

[56] 谢新洲、尹科强：《竞争情报软件的分析与评价》，《情报学报》2004 年第 23 期。

[57] 黄永文、李广建：《竞争情报管理软件的分析研究》，《情报理论与实践》2006 年第 29 期。

[58] 马德辉：《中外竞争情报网站面面观》，《中国信息导报》2002 年第 7 期。

[59] 赵云志：《国外竞争情报网站现状分析及启示》，《情报理论与实践》2001 年第 2 期。

[60] 秦铁辉、罗超：《基于信息安全的企业反竞争情报体系构建》，《情报科学》2006 年第 10 期。

[61] 王宏、张素芳：《企业反竞争情报能力的影响因素及其构成研究》，《情报杂志》2011 年第 11 期。

[62] 朱礼龙：《企业反竞争情报能力及其评价研究》，《情报科学》2009 年第 4 期。

[63] 李丹、张翠英:《基于内部控制理论的企业反竞争情报体系构建》,《科技情报开发与经济》2009年第21期。

[64] 周金元、何嘉凌:《国内外反竞争情报研究》,《现代情报》2009年第11期。

[65] 左川、王延飞:《论反竞争情报方法》,《科技情报开发与经济》2013年第3期。

[66] 沈固朝:《竞争情报的理论与实践》,科学出版社2008年版。

[67] 杨威:《浅论竞争情报的反收集方法》,《科技创业月刊》2014年第1期。

[68] 陈旭华、张文德:《企业反竞争情报体系构建策略研究——基于知识产权保护的视角》,《情报杂志》2009年第28期。

[69] 罗雪英、邹凯:《论竞争情报与企业信息安全》,《情报科学》2003年第8期。

[70] 王鹏、司有和、任静:《基于控制论的企业反竞争情报工作研究》,《图书馆学研究》2009年第6期。

[71] 张翠英、杨之霞:《企业反竞争情报活动中的知识流转换及其控制策略》,《中国图书馆学报》2008年第9期。

[72] 李鸣娟、蔡华利:《对企业反竞争情报工作模式的分析》,《科技情报开发与经济》2005年第8期。

[73] 陈维军、廖志宏:《我国企业反竞争情报工作研究综述》,《情报理论与实践》2003年第4期。

[74] 李恩来:《刍议企业反竞争情报的工作内容及其法律保障》,《江南社会学院学报》2002年第9期。

[75] 李响:《竞争情报收集合法性划分及保护》,《现代情报》2006年第9期。

[76] 吴晓伟、宋文官、徐福缘:《企业竞争情报分析方法来源及发展》,《情报杂志》2006年4月。

[77] 付瑶:《2007—2011年国内竞争情报方法研究综述》,《情报探索》2013年第2期。

[78] 李明玉:《浅谈战略管理中的SWOT分析法》,《价值工程》2011年第3期。

[79] 郜新明:《SWOT分析应用》,《经济师》2010年第4期。

[80] 侯延香：《基于 SWOT 分析法的企业专利战略制定》，《情报科学》2007 年第 1 期。

[81] 俞涛：《SWOT 分析模型在战略形成中的应用研究》，《经济技术协作信息》2008 年第 3 期。

[82] 彭靖里、王晓旭、邓艺、赵光洲：《SWOT 分析方法在竞争情报研究中的应用及其案例》，《情报杂志》2005 年第 7 期。

[83] 肖洪：《论企业竞争力与企业专利战略》，《情报科学》2004 年第 22 期。

[84] 张燕舞、兰小筠：《企业战略与竞争分析方法之——专利分析法》，《情报科学》2003 年第 8 期。

[85] 唐炜、刘细文：《专利分析法及其在企业竞争对手分析中的应用》，《现代情报》2005 年第 9 期。

[86] 李映洲、邓春燕：《竞争对手情报研究中的专利情报分析法》，《情报理论与实践》2005 年第 1 期。

[87] 房华龙、张鹏：《技术引进中的专利分析方法探讨》，《中国发明与专利》2012 年第 1 期。

[88] 周东生、王柏玲：《实施定标比超中的常见失误分析》，《现代情报》2003 年第 11 期。

[89] 王也平、周东生：《关于定标比超几种错误认识分析》，《现代情报》2004 年第 10 期。

[90] 谢新洲、吴淑燕：《竞争情报分析方法——定标比超》，《北京大学学报》（哲学社会科学版）2003 年第 3 期。

[91] 杨铮、张松：《定标比超法及其在提升企业竞争力中的应用探讨》，《南京理工大学学报》（社会科学版）2003 年第 4 期。

[92] 王知津、玄国花：《战争游戏法在企业竞争中的应用》，《情报探索》2008 年第 2 期。

[93] 王知津、孙立立：《竞争情报战争游戏法研究》，《情报科学》2006 年第 3 期。

[94] 王晓慧：《竞争情报战争游戏法的实施——以谷歌、微软、美国在线和雅虎之战争游戏为例》，《情报科学》2009 年第 5 期。

[95] 李海斌、王琼海：《波士顿矩阵分析法的局限、修正及应用》，《科技创新导报》2009 年第 33 期。

[96] 张镜天：《波士顿矩阵在酒类营销中的运用》，《中国酒业》2006 年第 1 期。

[97] 戴志申：《关于波士顿矩阵局限性的再思考》，《商业时代》2010 年第 14 期。

[98] 卞志刚、董慧博：《波士顿矩阵与产品生命周期理论的比较研究》，《商场现代化》2008 年第 36 期。

[99] 吴雅云、陈黎琴、李琼、鱼莎、刘鹏梁：《浅谈运用波士顿矩阵分析李宁的战略选择》，《中外企业家》2012 年第 1 期。

[100] 郑娜、路世昌：《运用价值链分析法确定企业竞争优势》，《辽宁工程技术大学学报》（社会科学版）2005 年第 11 期。

[101] 刘义鹃：《价值链中节点企业之间关系的协调机制研究》，《财贸研究》2006 年第 10 期。

[102] 张辉：《战略成本管理中价值链分析方法应用》，《商业文化（下半月）》2011 年第 2 期。

[103] 王知津、张收棉：《企业竞争情报研究的有力工具——价值链分析法》，《情报理论与实践》2005 年第 7 期。

[104] 刘勇：《浅谈价值链分析法在企业核心竞争力识别中的应用》，《企业家天地》（理论版）2011 年第 4 期。

[105] 杜明拴：《基于情景分析的医用耗材供应管理研究及系统设计》，江苏大学硕士学位论文，2009 年。

[106] 田光明：《情景分析法》，《晋图学刊》2008 年第 3 期。

[107] 邹菲：《内容分析法的理论与实践研究》，《评价与管理》2006 年第 12 期。

[108] 邱均平、余以胜、邹菲：《内容分析法的应用研究》，《情报杂志》2005 年第 8 期。

[109] 李洁、王勇：《基于内容分析法的网络购物研究》，《知识管理论坛》2013 年第 2 期。

[110] 曾忠禄、马尔丹：《文本分析方法在竞争情报中的运用》，《情报理论与实践》2011 年第 8 期。

[111] 黄晓斌、成波：《内容分析法在企业竞争情报研究中的应用》，《中国图书馆学报》2006 年第 3 期。

[112] 邱丽彬、舒微微：《财务分析方法及应用》，《经营与管理》2011

年第 7 期。
[113] 宫婕：《财务分析方法体系浅析》，《财会通讯》2009 年第 6 期。
[114] 马晓、陈娜、王利娟：《基于财务分析法的竞争对手分析》，《企业导报》2011 年第 8 期。
[115] 王曰芬、甘利人：《竞争对手的情报研究》，《情报理论与实践》2001 年第 24 期。
[116] 姜晓旭：《基于用户行为的网络广告点击欺骗检测与研究》，西安科技大学硕士学位论文，2011 年。
[117] 杨亚刚：《数据仓库增量数据抽取在保险行业的应用》，北京邮电大学硕士学位论文，2009 年。
[118] 李征：《数据挖掘技术在北京网通高价值客户流失预测系统中的应用》，北京邮电大学硕士学位论文，2008 年。
[119] 范勇：《Web 信息的知识挖掘研究》，武汉大学硕士学位论文，2004 年。
[120] 梁英：《应用数据挖掘进行客户关系管理》，《湖南商学院学报》2004 年第 9 期。
[121] 叶得学、韩如冰：《浅谈数据仓库与 OLAP 技术》，《信息技术》2009 年第 2 期。
[122] 李阳憨：《OLAP 技术的数据分析的研究》，《硅谷》2012 年第 2 期。
[123] 常恩翔、刘洪芳：《数据仓库与 OLAP 技术的应用研究》，《电脑知识与技术》2009 年第 11 期。
[124] 曹洪：《OLAP 技术在数据分析中的应用》，《计算机光盘软件与应用》2013 年第 1 期。
[125] 潘莹：《基于目标识别的几种信息融合算法研究》，哈尔滨工业大学硕士学位论文，2007 年。
[126] 刘红刚：《现代农业生产环境监测组态与融合技术的研究和示范应用》，华南理工大学硕士学位论文，2011 年。
[127] 片锦英：《案例推理技术研究及其应用》，《人力资源管理》2010 年第 6 期。
[128] 李东生、王宏亮：《案例推理技术在 MES 系统中的应用》，《太原城市职业技术学院学报》2009 年第 5 期。

[129] 余红梅、梁战平：《文本可视化技术与竞争情报》，《图书情报工作》2011 年第 4 期。

[130] 牛新礼：《推进煤炭企业文化建设刍议》，《中国煤炭工业》2013 年第 3 期。

[131] 陈六宪：《中国企业构建核心竞争力的途径研究》，《商场现代化》2006 年第 1 期。

[132] 肖永红、高良敏、文辉：《煤炭行业循环经济发展模式初探》，《环境保护与循环经济》2009 年第 3 期。

[133] 吴玉萍：《煤炭行业低碳经济评价指标体系构建研究》，《工业技术经济》2012 年第 8 期。

[134] 刘玮、王新义、付丽娜：《资源环境约束下中国煤炭企业竞争力提升对策研究》，《特区经济》2012 年第 12 期。

[135] 卫虎林：《山西省晋城市煤炭行业发展分析报告》，价值中国网，2008 年 2 月。

[136] 陈艳芹：《煤炭企业内部会计控制的完善探讨》，《现代经济信息》2012 年第 22 期。

[137] 王婷：《煤炭行业周期性转折点预测指标体系研究》，对外经济贸易大学硕士学位论文，2006 年。

[138] 李保江：《影响我国烟草行业发展的背景条件分析》，《中国工业经济》2001 年第 6 期。

[139] 张铁琛：《可持续发展战略对中国煤炭企业竞争力影响的研究》，北京林业大学硕士学位论文，2007 年。

[140] 任朝江：《煤炭资源安全风险分析》，太原理工大学硕士学位论文，2004 年。

[141] 刘正伟：《煤炭资源采矿权价值评估及风险分析》，中国矿业大学博士学位论文，2013 年。

[142] 曹莉：《对山西煤炭企业的 SWOT 分析》，《山西焦煤科技》2008 年第 3 期。

[143] 赵新业：《兖矿集团多元化战略研究》，山东大学硕士学位论文，2013 年。

[144] 申利芳：《浅谈晋煤未来发展及矿井瓦斯气的合理利用》，《煤炭工业节能减排与循环经济发展论文集》2012 年第 6 期。

［145］王嘉慧：《烟草行业的五力模型分析》，《当代经济》2007 年第 6 期。

［146］赵亚娅：《对并购背景下烟草企业提升核心竞争力的研究》，云南财经大学硕士学位论文，2012 年。

［147］王树文、张永伟、郭全中：《加快推进中国烟草行业改革研究》，《中国工业经济》2005 年第 2 期。

［148］郭言平：《紧迫的重大任务，不懈的奋斗目标》，《中国烟草》2008 年第 16 期。

［149］马孟丽、李开慧：《结合红河烟厂的经验谈烟草行业如何提升企业核心竞争力》，《企业观察》2011 年第 1 期。